TRAITÉ

DE

CALCUL DIFFÉRENTIEL

ET DE

CALCUL INTÉGRAL.

SECONDE PARTIE.

TRAITÉ

DE
CALCUL DIFFÉRENTIEL

ET DE

CALCUL INTÉGRAL.

Par J. A. J. COUSIN, de l'Inftitut National des Sciences & des Arts.

Opus hoc æternum irrevocabiles habet motus......
Hoc probari, nifi Geometræ adjuverint, non poteft.

Sen. Nat. Queft.

À PARIS,

Chez RÉGENT & BERNARD, Libraires, quai des Auguftins, Nᵒ. 37.

L'AN 4ᵉ. — 1796.

TABLE SOMMAIRE
DE LA SECONDE PARTIE.

CHAPITRE PREMIER.

DE L'INTÉGRATION DES FORMULES DIFFÉRENTIELLES QUI NE RENFERMENT QU'UNE SEULE VARIABLE.

CHAPITRE II.

DE LA SÉPARATION DES VARIABLES DANS LES ÉQUATIONS DIFFÉRENTIELLES.

II. Partie.   a

CHAPITRE III.

DE LA MANIÈRE D'INTÉGRER LES ÉQUATIONS DIFFÉREN-
TIELLES EN LES MULTIPLIANT PAR DES FACTEURS.

CHAPITRE IV.

DE L'INTÉGRATION DES ÉQUATIONS AUX DIFFÉRENCES PARTIELLES.

CHAPITRE V.

DE L'INTÉGRATION DES ÉQUATIONS AUX DIFFÉRENCES PAR-
TIELLES QUI N'ONT POINT D'INTÉGRALES SUCCESSIVES.

C H A P I T R E   V I.

DES ÉQUATIONS DIFFÉRENTIELLES DU SECOND ORDRE ET DES ORDRES SUPÉRIEURS, CONSIDÉRÉES COMME ÉQUATIONS AUX DIFFÉRENCES PARTIELLES.

C H A P I T R E   V I I.

DE L'INTÉGRATION DES ÉQUATIONS AUX DIFFÉRENCES FINIES.

CHAPITRE VIII.

USAGE DU CALCUL AUX DIFFÉRENCES PARTIELLES POUR RÉSOUDRE LE PROBLÊME DU RETOUR DES SUITES, SUIVI D'UN SUPPLÉMENT A LA MÉTHODE DES VARIATIONS.

Fin de la Table.

TRAITÉ
DE CALCUL DIFFÉRENTIEL
ET DE CALCUL INTÉGRAL.

SECONDE PARTIE.

CHAPITRE PREMIER.

DE L'INTÉGRATION DES FORMULES DIFFÉRENTIELLES QUI NE RENFERMENT QU'UNE SEULE VARIABLE.

(361). $\mathbf{I}$L va être question de l'intégration de la formule différentielle $X dx$; dans laquelle X est une fonction quelconque de la seule variable x & de constantes. Premièrement, si X est une fraction rationnelle, on pourra toujours, lorsqu'on connoîtra les facteurs du dénominateur, décomposer $X dx$ en une suite finie qui ne renfermera que des termes de la forme de $a x^n dx$, $\dfrac{a\, dx}{(p + qx)^n}$; $\dfrac{(a + bx)\, dx}{(p^2 + 2pqx \cos. \theta + q^2 x^2)^n}$; n est un nombre entier positif, & a, b, p, q font des co-efficiens constans quelconques (n°s. 83 & *suiv.*).

L'intégrale complète de $a x^n dx$ est $\dfrac{a x^{n+1}}{n + 1} + c$, hors le cas de $n = -1$; où cette intégrale est log. $c x^a$: celle de $\dfrac{a\, dx}{(p + qx)^n}$ est $\dfrac{-a}{q(n-1)(p + qx)^{n-1}} + c$, à moins que n ne soit $= 1$, car alors cette différentielle devient $\dfrac{a\, dx}{p + qx}$, dont l'intégrale complète est $\dfrac{a}{q}$ log. $\dfrac{p + qx}{c}$. Il reste la troisième formule $\dfrac{(a + bx)\, dx}{(p^2 + 2pqx \cos. \theta + q^2 x^2)^n}$ que nous nous proposerons d'intégrer d'abord dans le cas de $n = 1$.

Partie II.   A.

(362). Je fais $p^2 + 2pqx\cos.\zeta + q^2 x^2 = t$, & prenant de part & d'autre la différentielle logarithmique, il me vient $\dfrac{2pq\,dx\cos.\zeta + 2q^2 x\,dx}{p^2 + 2pqx\cos.\zeta + q^2 x^2} = \dfrac{dt}{t}$, d'où je tire

$$\frac{x\,dx}{p^2 + 2pqx\cos.\zeta + q^2 x^2} = \frac{1}{2q^2}\frac{dt}{t} - \frac{p}{q}\cdot\frac{dx\cos.\zeta}{p^2 + 2pqx\cos.\zeta + q^2 x^2}, \&$$

$$\frac{(a+bx)\,dx}{p^2 + 2pqx\cos.\zeta + q^2 x^2} = \frac{b}{2q^2}\frac{dt}{t} + \frac{aq - bp\cos.\zeta}{q}\cdot\frac{dx}{p^2 + 2pqx\cos.\zeta + q^2 x^2}.$$

Ainsi tout se réduit à intégrer $\dfrac{dx}{p^2 + 2pqx\cos.\zeta + q^2 x^2}$. Mais je remarque que $p^2 + 2pqx\cos.\zeta + q^2 x^2 = p^2\sin.\zeta^2 + p^2\cos.\zeta^2 + 2pqx\cos.\zeta + q^2 x^2$ (car, le rayon étant 1, $\sin.\zeta^2 + \cos.\zeta^2 = 1$) $= p^2\sin.\zeta^2 + (p\cos.\zeta + qx)^2$; donc si je fais $p\cos.\zeta + qx = pu\sin.\zeta$, & par conséquent $dx = \dfrac{pdu\sin.\zeta}{q}$, la formule différentielle $\dfrac{dx}{p^2 + 2pqx\cos.\zeta + q^2 x^2}$ se changera en celle-ci

$$\frac{1}{pq\sin.\zeta}\frac{du}{1+u^2}$$ qui a pour intégrale $\dfrac{A\,\text{tang.}\,u}{pq\sin.\zeta}$. Donc la formule différentielle $\dfrac{(a+bx)\,dx}{p^2 + 2pqx\cos.\zeta + q^2 x^2}$ a pour intégrale complète

$$\frac{b}{2q^2}\log.t + \frac{aq - bp\cos.\zeta}{pq^2\sin.\zeta}A\,\text{tang.}\,u + c = \frac{b}{2q^2}\log.(p^2 + 2pqx\cos.\zeta + $$
$$q^2 x^2) + \frac{aq - bp\cos.\zeta}{pq^2\sin.\zeta}A\,\text{tang.}\,\frac{p\cos.\zeta + qx}{p\sin.\zeta} + c.$$

Au lieu de la constante arbitraire c, je puis écrire $c' - \dfrac{aq - bp\cos.\zeta}{pq^2\sin.\zeta}A\,\text{tang.}\,\dfrac{\cos.\zeta}{\sin.\zeta}$, & de cette manière les deux derniers termes de l'intégrale deviendront

$$\frac{aq - bp\cos.\zeta}{pq^2\sin.\zeta}\left(A\,\text{tang.}\,\frac{p\cos.\zeta + qx}{p\sin.\zeta} - A\,\text{tang.}\,\frac{\cos.\zeta}{\sin.\zeta}\right) + c';$$

or (n°. 9) nous avons démontré que, le rayon étant pris pour l'unité, $\text{tang.}\,(y - \chi) = \dfrac{\text{tang.}\,y - \text{tang.}\,\chi}{1 + \text{tang.}\,y\,\text{tang.}\,\chi}$; donc

$$A\,\text{tang.}\,\frac{p\cos.\zeta + qx}{p\sin.\zeta} - A\,\text{tang.}\,\frac{\cos.\zeta}{\sin.\zeta} = A\,\text{tang.}\,\frac{qx\sin.\zeta}{p + qx\cos.\zeta}.$$

En faisant ces changemens, au lieu de l'intégrale complète trouvée précédemment, on a celle-ci :

$$\frac{b}{2q^2}\log.(p^2 + 2pqx\cos.\zeta + q^2 x^2) + \frac{aq - bp\cos.\zeta}{pq^2\sin.\zeta}A\,\text{tang.}\,\frac{qx\sin.\zeta}{p + qx\cos.\zeta} + c'.$$

(363. Le seul cas qui paroît échapper est celui où $\zeta = 0$; alors la diffé-

rentielle devient $\frac{(a + b x) d x}{(p + q x)^2}$, qui est égale à $\frac{b d x}{q (p + q x)} + \frac{(a q - b p) d x}{q (p + q x)^2}$,

dont l'intégrale complète est $\frac{b}{q^2}$ log. $(p + q x) - \frac{a q - b p}{q^2 (p + q x)} + c$.

Mais si au lieu de supposer $\zeta = 0$, on l'eût supposé infiniment petit, ce qu'on exprime en écrivant pour cos. ζ l'unité, pour sin. ζ l'arc ζ lui-même, & $\frac{q x \zeta}{p + q x}$

pour A tang. $\frac{q x \sin. \zeta}{p + q x \cos. \zeta}$; la formule intégrale du n°. précédent auroit donné dans

ce cas-ci $\frac{b}{q^2}$ log. $(p + q x) + \frac{(a q - b p) x}{p q (p + q x)} + c'$, ou, mettant $c - \frac{a q - b p}{p q^2}$ pour c',

$\frac{b}{q^2}$ log. $(p + q x) - \frac{a q - b p}{q^2 (p + q x)} + c$.

(364). Nous aurons résolu complétement le problême, si nous pouvons faire dépendre l'intégrale de $\dfrac{(a + b x) d x}{(p^2 + 2 p q x \cos. \zeta + q^2 x^2)^{n + 1}}$ de celle de

$\dfrac{d x}{(p^2 + 2 p q x \cos. \zeta + q^2 x^2)^{n}}$; car en descendant toujours de la même manière, nous parviendrons enfin à une formule différentielle que nous saurons intégrer. On supposera

$$\int \frac{(a + b x) d x}{(p^2 + 2 p q x \cos. \zeta + q^2 x^2)^{n + 1}} = \frac{A + B x}{(p^2 + 2 p q x \cos. \zeta + q^2 x^2)^{n}} + \int \frac{K d x}{(p^2 + 2 p q x \cos. \zeta + q^2 x^2)^{n}},$$

A, B, K étant des co-efficiens constans indéterminés. En différentiant & divisant par $d x$, on en tire

$$\frac{a + b x}{(p^2 + 2 p q x \cos. \zeta + q^2 x^2)^{n + 1}} = \frac{- n (A + B x) (2 p q \cos. \zeta + 2 q^2 x)}{(p^2 + 2 p q x \cos. \zeta + q^2 x^2)^{n + 1}} + \frac{B + K}{(p^2 + 2 p q x \cos. \zeta + q^2 x^2)^{n}};$$

& réduisant tout au même dénominateur, après avoir fait pour abréger $B + K = H$, on a l'équation identique

$$a + b x = H p^2 - 2 A n p q \cos. \zeta + (2 H - 2 B n) p q x \cos. \zeta - 2 A n q^2 x + (H q^2 - 2 B n q^2) x^2,$$

qui donne

$$H p^2 - 2 A n p q \cos. \zeta = a, (2 H - 2 B n) p q \cos. \zeta - 2 A n q^2 = b, H - 2 B n = 0;$$

& par conséquent

$$2 B n p^2 - 2 A n p q \cos. \zeta = a, \quad 2 B n p q \cos. \zeta - 2 A n q^2 = b,$$

d'où l'on tire

$$A = \frac{a q \cos. \zeta - b p}{2 n p q^2 \sin. \zeta^2}, \quad B = \frac{a q - b p \cos. \zeta}{2 n p^2 q \sin. \zeta^2}, \quad K = \frac{(2 n - 1)(a q - b p \cos. \zeta)}{2 n p^2 q \sin. \zeta^2},$$

Le problême est donc résolu, & on a

$$\int \frac{(a + bx)\,dx}{(p^2 + 2pqx\cos.\delta + q^2 x^2)^{n+1}} = \frac{apq\cos.\delta - bp^2 + (aq^2 - bpq\cos.\delta)x}{2np^2 q^2 \sin.\delta^2 (p^2 + 2pqx\cos.\delta + q^2 x^2)^n} +$$
$$\int \frac{(2n-1)(aq - bp\cos.\delta)\,dx}{2np^2 q\sin.\delta^2 (p^2 + 2pqx\cos.\delta + q^2 x^2)^n}.$$

On voit de plus (comme Jean Bernoulli l'a dit le premier dans les Mémoires de l'académie de 1702) que l'intégrale complète de toute formule différentielle rationnelle ne peut renfermer d'autres quantités transcendantes que des logarithmes & des arcs de cercle; il nous reste à éclaircir les propositions que nous venons de démontrer, par des exemples.

(365). On demande d'intégrer la fraction rationnelle $\frac{(a + bx)\,dx}{a' + b'x + c'x^2}$?

Si le dénominateur a ses deux facteurs réels & inégaux, on pourra les représenter par $e + fx$, $g + hx$; & la fraction proposée deviendra

$$\frac{(a + bx)\,dx}{(e + fx)(g + hx)} = \frac{ah - bg}{he - fg}\frac{dx}{g + hx} - \frac{af - be}{he - fg}\frac{dx}{e + fx},$$

dont l'intégrale complète est

$$\frac{ah - bg}{he - fg} \cdot \frac{\log.(g + hx)}{h} - \frac{af - be}{he - fg} \cdot \frac{\log.(e + fx)}{f} + c.$$

Si les deux facteurs sont réels & égaux, on aura à intégrer

$$\frac{(a + bx)\,dx}{(g + hx)^2} = \frac{(ah - bg)\,dx}{h(g + hx)^2} + \frac{b\,dx}{h(g + hx)};$$ & il est visible que ce second

membre a pour intégrale complette $\frac{bg - ah}{h^2(g + hx)} + \frac{b}{h^2}\log.(g + hx) + c.$

Enfin si les deux facteurs sont imaginaires, on pourra donner à la proposée la

forme que voici : $\frac{(a + bx)\,dx}{p^2 + 2pqx\cos.\delta + q^2 x^2}.$

Soit encore pris pour exemple la formule différentielle $\frac{dx}{(1 + x^4)^2}.$

On trouvera, par les méthodes expliquées (n°. 90), qu'elle est égale à

$$\frac{(1 - x\sqrt{2})\,dx}{8(1 - x\sqrt{2} + x^2)^2} + \frac{3(2 - x\sqrt{2})\,dx}{16(1 - x\sqrt{2} + x^2)} + \frac{(1 + x\sqrt{2})\,dx}{8(1 + x\sqrt{2} + x^2)^2} +$$
$$\frac{3(2 + x\sqrt{2})\,dx}{16(1 + x\sqrt{2} + x^2)}.$$

Donc $\int \frac{dx}{(1 + x^4)^2} = \frac{1}{8\sqrt{2}(1 - x\sqrt{2} + x^2)} - \frac{3}{16\sqrt{2}}\log.(1 - x\sqrt{2} + x^2)$

$+ \frac{3\sqrt{2}}{16}\,A\,\text{tang.}\,\frac{x}{\sqrt{2} - x} - \frac{1}{8\sqrt{2}(1 + x\sqrt{2} + x^2)} + \frac{3}{16\sqrt{2}}$

$\log.(1 + x\sqrt{2} + x^2) + \frac{3\sqrt{2}}{16}\,A\,\text{tang.}\,\frac{x}{\sqrt{2} + x}.$

Mais

Mais le rayon étant pris pour l'unité, on a (n°. 9)

$$\text{tang.} \; (y + \zeta) = \frac{\text{tang.}\, y + \text{tang.}\, \zeta}{1 - \text{tang.}\, y \, \text{tang.}\, \zeta} \; ; \; \text{donc}$$

$$A \, \text{tang.} \; \frac{x}{\sqrt{2 + x}} + A \, \text{tang.} \; \frac{x}{\sqrt{2 - x}} = A \, \text{tang.} \; \frac{x\sqrt{2}}{1 - x^2} \; ;$$

& l'intégrale complète demandée est

$$c + \frac{x}{4(1 - x^4)} + \frac{3}{16\sqrt{2}} \, \log. \; \frac{1 + x\sqrt{2} + x^2}{1 - x\sqrt{2} + x^2} + \frac{3\sqrt{2}}{16} \, A \, \text{tang.} \; \frac{x\sqrt{2}}{1 - x^2} .$$

Il feroit inutile d'ajouter un plus grand nombre d'exemples, après les détails où nous sommes entrés dans les (n°ˢ. 83 & *suiv.*) Nous passerons à la manière de rendre rationnelles les formules différentielles qui ne le font pas, en avertissant qu'il ne nous fera pas possible de nous étendre beaucoup fur cette partie importante de la méthode des quadratures qui n'est encore que très-peu avancée.

(366). On propose de rendre rationnelle la formule $\dfrac{d\,x}{\sqrt{(a + bx + cx^2)}}$.

Premiérement (n°ˢ. 100 & *suiv.*) les facteurs de $a + bx + cx^2$ font inégaux, mais réels & représentés par $e + fx, \; g + hx$; on fera $(e + fx)(g + hx) = (e + fx)^2 \zeta^2$,

d'où il fera facile de tirer $x = - \dfrac{e\zeta^2 - g}{f\zeta^2 - h}, \; dx = \dfrac{2(eh - fg)\zeta \, d\zeta}{(f\zeta^2 - h)^2} \; ,$

$$\sqrt{[(e + fx)(g + hx)]} = - \frac{(eh - fg)\zeta}{f\zeta^2 - h}, \; \& \; \text{par conféquent}$$

$\dfrac{d\,x}{\sqrt{(a + bx + cx^2)}} = \dfrac{-2\,d\zeta}{f\zeta^2 - h}$. Si f & h ont le même figne, cette formule

rationnelle pourra être changée en celle-ci $\dfrac{1}{\sqrt{h}} \left(\dfrac{d\zeta}{\zeta\sqrt{f} + \sqrt{h}} - \dfrac{d\zeta}{\zeta\sqrt{f} - \sqrt{h}} \right)$,

qui a pour intégrale complète $\dfrac{1}{\sqrt{hf}} \, \log. \; \dfrac{\zeta\sqrt{f} + \sqrt{h}}{\zeta\sqrt{f} - \sqrt{h}} + c$; ou mettant pour ζ fa

valeur $\dfrac{\sqrt{(g + hx)}}{\sqrt{(e + fx)}}$, on trouvera pour l'intégrale complète demandée ,

$$\frac{1}{\sqrt{hf}} \, \log. \; \frac{\sqrt{f}\sqrt{(g + hx)} + \sqrt{h}\sqrt{(e + fx)}}{\sqrt{f}\sqrt{(g + hx)} - \sqrt{h}\sqrt{(e + fx)}} + c.$$

Si les deux lettres f & h ont différens fignes, la formule rationnelle $\dfrac{-2\,d\zeta}{f\zeta^2 - h}$

aura pour intégrale $\dfrac{2}{\sqrt{(-hf)}} \, A \, \text{tang.} \; \zeta\sqrt{\dfrac{-f}{h}}$; & on aura pour l'intégrale

complète demandée $\dfrac{2}{\sqrt{(-hf)}} \, A \, \text{tang.} \; \dfrac{\sqrt{-f}\sqrt{(g + hx)}}{\sqrt{h}\sqrt{(e + fx)}} + c.$

Mais les deux facteurs de $a + bx + cx^2$ peuvent être imaginaires ; dans ce cas on donnera à ce trinome la forme que voici $p^2 + 2pqx \, \cos. \, \zeta + q^2 x^2$; &

Partie II.   B

supposant cette dernière quantité égale à $(p z + q x)^2$, on aura

$$x = \frac{p(1 - z^2)}{2 q (z - \cos. \delta)^2}, \quad dx = \frac{- p \, dz (1 - 2 z \cos. \delta + z^2)}{2 q (z - \cos. \delta)^2}.$$

Donc dans le cas de deux facteurs imaginaires, $\dfrac{dx}{(\sqrt{a + b x + c x^2})}$ devient

$\dfrac{- dz}{q (z - \cos. \delta)}$, & a pour intégrale complète $\dfrac{-1}{q} \log. (z - \cos. \delta) + c =$

$$\frac{-1}{q} \log. \frac{\sqrt{(p^2 + 2 p q x \cos. \delta + q^2 x^2)} - q x - p \cos. \delta}{p} + c.$$

Il est clair que par les mêmes substitutions on rendra rationnelle toute formule qui ne renfermera que des quantités radicales de cette forme $\sqrt{(a + b x + c x^2)}$. Ainsi on pourra toujours rendre rationnelle la formule

$$K x^{i r - 1} d x (n + p x^r + q x^{2r})^{\frac{s}{2}},$$

si i & s sont des nombres entiers positifs ou négatifs ; car en faisant $x^r = u$, cette formule devient $\dfrac{K}{r} u^{i - 1} du (n + p u + q u^2)^{\frac{s}{2}}$, qui ne peut renfermer d'autre quantité radicale que $\sqrt{(n + p u + q u^2)}$.

(367). On demande les cas où il est possible de rendre rationnelle la formule $K x^m d x (p + q x^r)^s$? Si s est un nombre entier quelconque ou zéro, il suffira de supposer $x = y^\mu$, μ étant le commun dénominateur des deux exposans m & r. Mais si s est un nombre fractionnaire $\dfrac{\sigma}{\rho}$, & qu'il soit question de rendre rationnelle la formule $K x^m d x (p + q x^r)^{\frac{\sigma}{\rho}}$; on fera $p + q x^r = u^\rho$, d'où

$$(p + q x^r)^{\frac{\sigma}{\rho}} = u^\sigma, \quad x = \left(\frac{u^\rho - p}{q} \right)^{\frac{1}{r}}, \quad x^m = \left(\frac{u^\rho - p}{q} \right)^{\frac{m}{r}}, \quad dx = \frac{u^{\rho - 1} du}{q r} \left(\frac{u^\rho - p}{q} \right)^{\frac{1}{r} - 1};$$

en substituant ces valeurs, la formule proposée deviendra

$$\frac{K \rho}{q r} u^{\sigma + \rho - 1} d u \left(\frac{u^\rho - p}{q} \right)^{\frac{m + 1}{r} - 1}, \quad \text{qui sera rationnelle toutes les fois que}$$

$\dfrac{m + 1}{r}$ sera un nombre entier quelconque ou zéro.

Je donne à la même formule la forme que voici,

$$K x^{m + \frac{\sigma r}{\rho}} d x (p x^{-r} + q)^{\frac{\sigma}{\rho}}; \quad \text{\& je fais } p x^{-r} + q = u^\rho,$$

d'où $(p x^{-r} + q)^{\frac{\sigma}{\rho}} = u^\sigma$, $x = \left(\dfrac{p}{u^\rho - q} \right)^{\frac{1}{r}}$, $x^{m + \frac{\sigma r}{\rho}} = \left(\dfrac{p}{u^\rho - q} \right)^{\frac{m}{r} + \frac{\sigma}{\rho}}$,

$$d x = \frac{- p \rho u^{\rho - 1} d u}{r (u^\rho - q)^2} \left(\frac{p}{u^\rho - q} \right)^{\frac{1}{r} - 1};$$

ce qui la change en celle-ci $\dfrac{-Kp\rho u^{\sigma+\rho-1}\,du}{r(u^\rho-q)^2}\left(\dfrac{p}{u^\rho-q}\right)^{\frac{m+1}{r}+\frac{\sigma}{\rho}-1}$, qui

est rationnelle si $\dfrac{m+1}{r}+\dfrac{\sigma}{\rho}$ est un nombre entier quelconque ou zéro.

Ainsi on rendra rationnelle la formule $\dfrac{dx}{\sqrt{(p^2+x^2)}}$, en faisant $p^2 x^{-2}+1=u^2$;

& on la changera en celle-ci $\dfrac{-du}{u^2-1}$, dont l'intégrale complète est

$$\tfrac{1}{2}\log.\frac{u+1}{u-1}+c=\tfrac{1}{2}\log.\frac{\sqrt{(p^2+x^2)}+x}{\sqrt{(p^2+x^2)}-x}+c.$$

Si j'eusse fait $\sqrt{(p^2+x^2)}=x+u$; j'aurois changé la formule proposée

en celle-ci $\dfrac{-du}{u}$; & j'aurois trouvé pour l'intégrale complète demandée

$-\log.[\sqrt{(p^2+x^2)}-x]+c'$, ou $\log.\dfrac{1}{\sqrt{(p^2+x^2)}-x}+c'$

En déterminant la constante arbitraire par la condition que l'intégrale soit nulle lorsque $x=0$, on trouve

$$\int'\frac{dx}{\sqrt{(p^2+x^2)}}=\tfrac{1}{2}\log.\frac{\sqrt{(p^2+x^2)}+x}{\sqrt{(p^2+x^2)}-x}=\log.\frac{p}{\sqrt{(p^2+x^2)}-x}=$$

$\log.\dfrac{\sqrt{(p^2+x^2)}+x}{p}$. Par ces deux mêmes transformations, on rendra rationnelle la formule $Kx^4\,dx\sqrt{(p^2+x^2)}$. Car si l'on fait $p^2 x^{-2}+1=u^2$,

elle devient $\dfrac{-Kp^6 u^2\,du}{(u^2-1)^4}$; & si l'on fait $\sqrt{(p^2+x^2)}=x+u$, on la change

en celle-ci $\dfrac{-K\,du}{u}\left(\dfrac{p^2+u^2}{2u}\right)^2\left(\dfrac{p^2-u^2}{2u}\right)^4.$

La formule $Kx^m dx\left(\dfrac{p+qx^r}{p'+q'x^r}\right)^{\frac{\sigma}{\rho}}$ étant proposée, on fera $\dfrac{p+qx^r}{p'+q'x^r}=u^\rho$

d'où $\left(\dfrac{p+qx^r}{p'+q'x^r}\right)^{\frac{\sigma}{\rho}}=u^\sigma$, $x=\left(\dfrac{p'u^\rho-p}{q-q'u^\rho}\right)^{\frac{1}{r}}$, $x^m=\left(\dfrac{p'u^\rho-p}{q-q'u^\rho}\right)^{\frac{m}{r}}$,

$$dx=\frac{\rho}{r}\left(\frac{p'u^\rho-p}{q-q'u^\rho}\right)^{\frac{1}{r}-1}\left(\frac{p'u^{\rho-1}\,du}{q-q'u^\rho}+\frac{q'(p'u^\rho-p)u^{\rho-1}\,du}{(q-q'u^\rho)^2}\right);$$

& comme par ces substitutions cette formule devient

$$\frac{K\rho u^{\sigma+\rho-1}\,du}{r(q-q'u^\rho)}\left(\frac{p'u^\rho-p}{q-q'u^\rho}\right)^{\frac{m+1}{r}-1}\left(p'+\frac{q'(p'u^\rho-p)}{q-q'u^\rho}\right);$$

on voit qu'elle sera rationnelle toutes les fois qu'on aura pour $\dfrac{m+1}{r}$ un nombre entier quelconque ou zéro.

(363). Ainſi dans la méthode des quadratures, on ſe propoſe pour but principal de ramener une différentielle propoſée à quelqu'autre différentielle que l'on ſache intégrer. Soient, par exemple, ces deux formules différentielles

$$h\,x^m\,d\,x\,(p+qx^r)^s \quad \& \quad i\,x^n\,d\,x\,(p+qx^r)^s\,;$$

on demande quand il eſt poſſible de faire dépendre l'intégrale de l'une de l'intégrale de l'autre; ou, ce qui revient au même, quand on peut ſuppoſer que

$$\int h\,x^m\,d\,x\,(p+qx^r)^s = \Psi + K\int x^n\,d\,x\,(p+qx^r)^s\,,$$

Ψ étant une fonction algébrique de x & de conſtantes, & K un co-efficient conſtant quelconque.

On tire de cette équation $d\Psi = (h\,x^m - K\,x^n)\,(p+qx^r)^s\,d\,x$; & il eſt clair que Ψ ne peut être égal qu'à $(p+qx^r)^{s+1}$ multiplié par une ſuite finie de cette forme, $A\,x^\lambda + B\,x^{\lambda+\mu} + C\,x^{\lambda+2\mu} +$ &c., A, B, C, &c. étant des co-efficiens conſtans, & λ, μ des nombres quelconques. Je ſuppoſerai donc

$$\int h\,x^m\,d\,x\,(p+qx^r)^s = (p+qx^r)^{s+1}\,(A\,x^\lambda + B\,x^{\lambda+\mu} + C\,x^{\lambda+2\mu} + \ldots$$
$$+ H\,x^{\lambda+\theta\mu}) + K\int x^n\,d\,x\,(p+qx^r)^s\,.$$

Après avoir différentié cette équation, je diviſe tous les termes par $d\,x\,(p+qx^r)^s$, & je fais pour abréger $(s+1)\,r = \rho$; ce qui me donne

$$h\,x^m = (\lambda+\rho)\,q\,A\,x^{\lambda+r-1} + (\lambda+\mu+\rho)\,q\,B\,x^{\lambda+\mu+r-1} +$$
$$(\lambda+2\mu+\rho)\,q\,C\,x^{\lambda+2\mu+r-1} + \ldots + (\lambda+\theta\mu+\rho)\,q\,H\,x^{\lambda+\theta\mu+r-1}$$
$$+ \lambda\,p\,A\,x^{\lambda-1} + (\lambda+\mu)\,p\,B\,x^{\lambda+\mu-1} + (\lambda+2\mu)\,p\,C\,x^{\lambda+2\mu-1} + \ldots$$
$$+ (\lambda+\theta\mu)\,p\,H\,x^{\lambda+\theta\mu-1} + K\,x^n\,.$$

J'ordonne cette équation identique comme il ſuit :

$$\left[
\begin{array}{l}
(\lambda+\rho)\,q\,A\,x^{\lambda+r-1} + (\lambda+\mu+\rho)\,q\,B\,x^{\lambda+\mu+r-1} + (\lambda+2\mu+\rho)\,q\,C\,x^{\lambda+2\mu+r-1} + \ldots \\
\qquad * \qquad\quad + \quad\;\; \lambda\,p\,A\,x^{\lambda-1} \qquad + \quad (\lambda+\mu)\,p\,B\,x^{\lambda+\mu-1} \qquad + \ldots \\
+ (\lambda+\iota\mu+\rho)\,q\,H\,x^{\lambda+\theta\mu+r-1} \qquad\qquad ** \\
+ (\lambda+(\iota-1)\cdot\mu)\,p\,G\,x^{\lambda+(\theta-1)\cdot\mu-1} + (\lambda+\theta\mu)\,p\,H\,x^{\lambda+\theta\mu-1}
\end{array}
\right] = 0\,;$$

j'ai laiſſé deux places vacantes, l'une marquée *, l'autre marquée **, pour y pouvoir placer alternativement les termes $-h\,x^m$ & $K\,x^n$. Si je mets le premier à la place marquée *, & l'autre à la place marquée **, j'aurai

$$\lambda+r-1 = m,\; \mu+r = 0,\; \lambda+\theta\mu-1 = n\,;$$

d'où l'on tire $\lambda = m-r+1$, $\mu = -r$ & $\theta+1 = \dfrac{m-n}{r}$.

Or $\dfrac{m-n}{r}$ étant l'expreſſion du nombre des termes de la ſérie $A\,x^\lambda +$ &c. doit

être

être un nombre entier positif; & dans ce cas on a, pour déterminer les co-efficiens, cette suite d'équations

$$(a) \ldots \ldots (\lambda + \rho) \, qA = h, \; (\lambda + \mu + \rho) \, qB + \lambda p A = 0,$$
$$(\lambda + 2\mu + \rho) \, qC + (\lambda + \mu) \, pB = 0, \ldots \ldots (\lambda + \theta\mu + \rho) \, qH +$$
$$(\lambda + (\theta - 1) . \mu) \, pG = 0, \; K + (\lambda + \theta\mu) \, pH = 0.$$

Je mets le terme Kx^n à la place marquée *, & le terme $- hx^m$ à la place marquée **; cela me donne

$$\lambda + r - 1 = n, \; \mu + r = 0, \; \lambda + \theta\mu - 1 = m;$$

d'où l'on tire $\lambda = n - r + 1, \; \mu = - r$ & $\theta + 1 = \dfrac{n - m}{r}.$

Ainsi $\dfrac{n - m}{r}$ doit être un nombre entier positif; & dans ce second cas, on a pour déterminer les co-efficiens cette suite d'équations

$$(b) \ldots \ldots (\lambda + \rho) \, qA + K = 0, \; (\lambda + \mu + \rho) \, qB + \lambda p A = 0,$$
$$(\lambda + 2\mu + \rho) \, qC + (\lambda + \mu) \, pB = 0, \ldots \ldots (\lambda + \theta\mu + \rho) \, qH +$$
$$(\lambda + (\theta - 1) . \mu) \, pG = 0, \; (\lambda + \theta\mu) \, pH = h.$$

On peut ordonner la même équation identique de cette autre manière :

$$\left[\begin{array}{l} \lambda p A x^{\lambda - 1} + (\lambda + \mu) p B x^{\lambda + \mu - 1} + (\lambda + 2\mu) p C x^{\lambda + 2\mu - 1} + \ldots \ldots \\[4pt] * \qquad + (\lambda + \rho) q A x^{\lambda + r - 1} + (\lambda + \mu + \rho) q B x^{\lambda + \mu + r - 1} + \ldots \ldots \\[4pt] + \qquad (\lambda + \theta\mu) p H x^{\lambda + \theta\mu - 1} \qquad\qquad\qquad ** \\[4pt] + (\lambda + (\theta - 1) . \mu + \rho) q G x^{\lambda + (\theta - 1) . \mu + r - 1} + (\lambda + \theta\mu + \rho) q H x^{\lambda + \theta\mu + r - 1} \end{array} \right] = 0;$$

en conservant toujours deux places pour y mettre alternativement les termes $- hx^m$ & Kx^n. Si je mets $- hx^m$ à la place marquée *, & Kx^n à l'autre place, j'aurai

$$\lambda - 1 = m, \; \mu = r, \; \lambda + \theta\mu + r - 1 = n;$$

d'où l'on tire $\theta + 1 = \dfrac{n - m}{r}$, qui est l'une des conditions qu'on a déjà trouvées. Cet arrangement donne alors pour déterminer les co-efficiens, cette suite d'équations

$$(c) \ldots \ldots \lambda p A = h, \; (\lambda + \mu) \, pB + (\lambda + \rho) \, qA = 0, \; (\lambda + 2\mu) \, pC +$$
$$(\lambda + \mu + \rho) \, qB = 0 \ldots \ldots (\lambda + \theta\mu) \, pH + (\lambda + (\theta - 1) . \mu + \rho) \, qG = 0,$$
$$K + (\lambda + \theta\mu + \rho) \, qH = 0,$$

qui ne diffèrent pas des équations b, comme il sera facile de s'en assurer en substituant dans les unes & dans les autres, pour $\theta + 1$ sa valeur $\dfrac{n - m}{r}.$ En mettant $K x^n$ à la place marquée * & $- h x^m$ à l'autre place, on trouvé

$$\lambda - 1 = n, \quad \mu = r \quad \& \quad \lambda + \theta \mu + r - 1 = m,$$

d'où l'on tire $\theta + 1 = \dfrac{m - n}{r}$, qui est l'autre des conditions qu'on a déjà trouvées ; & on aura pour déterminer les co‑efficiens dans ce cas‑ci une suite d'équations qui feront les mêmes que les équations a. Ainsi ce second arrangement ne nous apprend rien de plus que le précédent ; & le problème n'est possible que lorsque l'une de ces deux quantités $\dfrac{m - n}{r}$ ou $\dfrac{n - m}{r}$ est un nombre entier positif.

Si $\dfrac{m - n}{r} = \theta + 1$, & est par conséquent un nombre entier positif, les équations a donnent

$$A = \frac{h}{(m + s r + 1)q}, \quad B = -\frac{(m - r + 1)p A}{(m + (s-1)\cdot r + 1)q}, \quad C = -\frac{(m - 2r + 1)p B}{(m + (s-2)\cdot r + 1)q},$$

$$\dots\dots H = -\frac{(m - \theta r + 1)p G}{(m + (s-\theta)\cdot r + 1)q}, \quad K = -(m - (\theta+1)r + 1)p H;$$

$$\& \; (A) \dots\dots \int h x^m dx (p + q x^r)^s = (p + q x^r)^{s+1}\left(\frac{h x^{m-r+1}}{(m + s r + 1)q} - \right.$$

$$\frac{(m - r + 1)p (1)}{(m + (s-1)\cdot r + 1)q x^r} - \frac{(m - 2r + 1)p (2)}{(m + (s-2)\cdot r + 1)q x^r} - \dots\dots$$

$$\left.\frac{(m - \theta r + 1)p (\theta)}{(m + (s-\theta)\cdot r + 1)q x^r}\right) \pm \frac{(m - r + 1)(m - 2r + 1)\dots\dots(m - (\theta+1)\cdot r + 1)}{(m + s r + 1)(m + (s-1)\cdot r + 1)\dots\dots(m + (s-\theta)\cdot r + 1)}.$$

$$h \left(\frac{p}{q}\right)^{\theta+1} \int x^n dx (p + q x^r)^s.$$

Si $\dfrac{n - m}{r} = \theta + 1$, & est par conséquent un nombre entier positif, les équations c donnent

$$A = \frac{h}{(m + 1)p}, \quad B = -\frac{(m + (s+1)\cdot r + 1)q A}{(m + r + 1)p}, \quad C = -\frac{(m + (s+2)\cdot r + 1)q B}{(m + 2r + 1)p},$$

$$\dots\dots H = -\frac{(m + (s+\theta)\cdot r + 1)q G}{(m + \theta r + 1)p}, \quad K = -(m + (s+\theta+1)\cdot r + 1)q H;$$

$$\& \; (B) \dots\dots \int h x^m dx (p + q x^r)^s = (p + q x^r)^{s+1}\left(\frac{h x^{m+1}}{(m + 1)p} - \right.$$

$$\frac{(m + (s+1)\cdot r + 1)q x^r (1)}{(m + r + 1)p} - \frac{(m + (s+2)\cdot r + 1)q x^r (2)}{(m + 2r + 1)p} - \dots\dots$$

$$\left.\frac{(m + (s+\theta)\cdot r + 1)q x^r (\theta)}{(m + \theta r + 1)p}\right) \pm \frac{(m + (s+1)\cdot r + 1)(m + (s+2)\cdot r + 1)\dots(m + (s+\theta+1)\cdot r + 1)}{(m + 1)(m + r + 1)\dots\dots\dots(m + \theta r + 1)}.$$

$$h \left(\frac{q}{p}\right)^{\theta+1} \int x^n dx (p + q x^r)^s.$$

Dans l'une & l'autre formule, (1) marque le premier terme de la suite finie, (2) le second, &c. ; & quant au dernier terme de chacune, il aura le signe $+$ ou le signe $-$, selon que $\theta + 1$ sera pair ou impair.

(369). Nous trouverons, par exemple, que l'intégrale de $\dfrac{x^{2e}\,dx}{\sqrt{(1 \pm x^2)}}$, e étant un nombre entier positif, dépend de celle de $\dfrac{dx}{\sqrt{(1 \pm x^2)}}$, que l'on sait être log. $(x + \sqrt{(1 + x^2)})$ lorsque x^2 a le signe $+$, & A sin. x lorsque x^2 a le signe $-$. En effet, $\dfrac{m-n}{r}$, étant égal à e, est un nombre entier positif; on fera usage de la première formule, & on aura

$$\int \frac{x^{2e}\,dx}{\sqrt{(1 \pm x^2)}} = \sqrt{(1 \pm x^2)}\left(\frac{x^{2e-1}}{\pm 2e} - \frac{(2e-1)x^{2e-3}}{2e(2e-2)} + \frac{(2e-1)(2e-3)x^{2e-5}}{\pm 2e(2e-2)(2e-4)}\cdots\right) \pm \frac{(2e-1)(2e-3)\ldots(1)}{2e(2e-2)(2e-4)\ldots(2)}(\pm 1)^e \int \frac{dx}{\sqrt{(1 \pm x^2)}}.$$

Si $e = 1$, la proposée est $\dfrac{x^2\,dx}{\sqrt{(1 \pm x^2)}}$, qui a pour intégrale complète

$$\pm \frac{x}{2}\sqrt{(1 \pm x^2)} \mp \tfrac{1}{2}\int \frac{dx}{\sqrt{(1 \pm x^2)}} + c;$$

si $e = 2$, la proposée est $\dfrac{x^4\,dx}{\sqrt{(1 \pm x^2)}}$, qui a pour intégrale complète

$$\left(\frac{x^3}{\pm 4} - \frac{3x}{2\cdot 4}\right)\sqrt{(1 \pm x^2)} + \frac{1\cdot 3}{2\cdot 4}\int \frac{dx}{\sqrt{(1 \pm x^2)}} + c; \text{ \&c.}$$

En faisant usage de la seconde formule, nous trouverons que l'intégrale de $\dfrac{dx}{x^{2e+1}\sqrt{(1 \pm x^2)}}$, e étant toujours un nombre entier positif, dépend de celle de $\dfrac{dx}{x\sqrt{(1 \pm x^2)}}$ que l'on sait être $\tfrac{1}{2}$ log. $\dfrac{\pm\sqrt{(1 \pm x^2)} \mp 1}{\sqrt{(1 \pm x^2)} + 1}$. En effet, $\dfrac{n-m}{r}$ étant égal à e, est un nombre entier positif; & on a

$$\int \frac{dx}{x^{2e+1}\sqrt{(1 \pm x^2)}} = \sqrt{(1 \pm x^2)}\left[-\frac{x^{-2e}}{2e} \pm \frac{(2e-1)x^{-2e+2}}{2e(2e-2)} - \frac{(2e-1)(2e-3)x^{-2e+4}}{2e(2e-2)(2e-4)}\ldots\right] \pm \frac{(2e-1)(2e-3)\ldots(1)}{2e(2e-2)(2e-4)\ldots(2)}(\pm 1)^e \int \frac{dx}{x\sqrt{(1 \pm x^2)}}.$$

Si $e = 1$, la proposée devient $\dfrac{dx}{x^3\sqrt{(1 + x^2)}}$, & a pour intégrale complète

$$-\frac{\sqrt{(1 \pm x^2)}}{2x^2} \mp \tfrac{1}{2}\int \frac{dx}{x\sqrt{(1 \pm x^2)}} + c;$$

fi $e = 2$, la propofée devient $\dfrac{dx}{x^3 \sqrt{(1 \mp x^2)}}$, & a pour intégrale complète

$$\sqrt{(1 \pm x^4)}\left(-\frac{x^{-4}}{4} \pm \frac{1 \cdot 3\, x^{-2}}{2 \cdot 4}\right) + \frac{1 \cdot 3}{2 \cdot 4}\int\frac{dx}{x\sqrt{(1 \mp x^2)}} + c\,;\ \&c.$$

Il pourroit arriver que $\dfrac{m-n}{r}$ étant un nombre entier pofitif, & $\dfrac{m+1}{r} + s$ un nombre entier pofitif ou zéro ; ou que $\dfrac{n-m}{r}$ étant un nombre entier pofitif, & $\dfrac{m+1}{r}$ un nombre entier négatif ou zéro, un des termes de la fuite finie fût $\frac{1}{0}$ ou infinie, & que le problême ne fût pas réfolu. Par exemple, on verra aifément que $\dfrac{dx}{\sqrt{(1-x^2)}}$ ne peut pas dépendre de $\dfrac{dx}{x^4\sqrt{(1-x^2)}}$, quoiqu'on ait $m = 0$, $n = -4$, $r = 2$, & par conféquent $\dfrac{m-n}{r}$ un nombre entier pofitif. On fait que la première de ces quantités eft la différentielle d'un arc de cercle ; l'autre a pour intégrale $-\dfrac{2x^2+1}{3x^3}\sqrt{(1-x^2)}$. Mais nous avons démontré précédemment que dans les deux cas dont il eft ici queftion, la différentielle $h\,x^m\,dx\,(p + q\,x^r)^s$ pouvoit toujours être rendue rationnelle.

(370). Les formules A & B donnent $h\,x^m\,dx\,(p + q\,x^r)^s$ intégrable algébriquement dans les deux cas fuivans. 1°. Lorfque $m - \theta + 1 ; r + 1$ fera zéro fans que $m + (s - \theta)\,r + 1$ le foit, ou toutes les fois que s n'étant pas égal à -1, $\dfrac{m+1}{r}$ fera un nombre entier pofitif ;

2°. lorfque $m + (s + \theta + 1)\,r + 1$ fera zéro, fans que $m + \theta\,r + 1$ le foit, ou toutes les fois que s n'étant point égal à -1, $\dfrac{m+1}{-r} - s$ fera un nombre entier pofitif. D'où il fuit que les deux différentielles $\dfrac{x^{2e+1}\,dx}{\sqrt{(1 \pm x^r)}}$ & $\dfrac{dx}{x^{2e}\sqrt{(1 \pm x^r)}}$, e étant toujours un nombre entier pofitif, font intégrables algébriquement. L'intégrale complète de la première eft

$$\left(\pm\frac{x^{2e}}{2e+1} - \frac{2e\,x^{2e-2}}{(2e+1)(2e-1)} \pm \frac{2e(2e-2)\,x^{2e-4}}{(2e+1)(2e-1)(2e-3)} \cdots\right)$$
$$\sqrt{(1 \pm x^2)} + c\,;$$

la feconde a pour intégrale complète

$$\left(-\frac{x^{-2e+1}}{2e-1} \pm \frac{(2e-2)\,x^{-2e+3}}{(2e-1)(2e-3)} - \frac{(2e-2)(2e-4)\,x^{-2e+5}}{(2e-1)(2e-3)(2e-5)} \cdots\right)$$
$$\sqrt{(1 \pm x^2)} + c.$$

Je ferai en paſſant une remarque qui pourra paroître intéreſſante. L'intégrale de $\frac{dx}{\sqrt{(1-x^2)}}$, priſe de manière qu'elle s'évanouiſſe lorſque $x=0$, devient $\frac{\pi}{2}$ lorſqu'on fait $x=1$, π étant la demi-circonférence dont le rayon eſt 1; s'il étoit queſtion de trouver ce que deviendroient $\int\frac{x^{2c}\,dx}{\sqrt{(1-x^2)}}$ & $\int\frac{x^{2c+1}\,dx}{\sqrt{(1-x^2)}}$, dans les mêmes hypothèſes, les formules précédentes donneroient

$$\int\frac{x^{2c}\,dx}{\sqrt{(1-x^2)}}=\frac{1\cdot3\cdot5\cdots\cdots2c-1}{2\cdot4\cdot6\cdots\cdots\cdots2c}\cdot\frac{\pi}{2}\,,\quad\int\frac{x^{2c+1}\,dx}{\sqrt{(1-x^2)}}=\frac{2\cdot4\cdot6\cdots\cdots2c}{3\cdot5\cdot7\cdots\cdots2c+1}\,;$$

donc $\int\frac{x^{2c}\,dx}{\sqrt{(1-x^2)}}\cdot\int\frac{x^{2c+1}\,dx}{\sqrt{(1-x^2)}}=\frac{1}{2c+1}\cdot\frac{\pi}{2}.$

Soit $x=\zeta^\lambda$; cela poſé, comme λ étant poſitif, $x=0$ donne $\zeta=0$, & $x=1$ donne $\zeta=1$, on a

$$\lambda^2\int\frac{\zeta^{2c\lambda+\lambda-1}\,d\zeta}{\sqrt{(1-\zeta^{2\lambda})}}\cdot\int\frac{\zeta^{2c\lambda+2\lambda-1}}{\sqrt{(1-\zeta^{2\lambda})}}=\frac{1}{2c+1}\cdot\frac{\pi}{2}\,;$$

ou (faiſant $2c\lambda+\lambda-1=\mu$, d'où l'on tire $2c+1=\frac{\mu+1}{\lambda}$)

$$\int\frac{\zeta^{\mu}\,d\zeta}{\sqrt{(1-\zeta^{2\lambda})}}\cdot\int\frac{\zeta^{\mu+\lambda}\,d\zeta}{\sqrt{(1-\zeta^{2\lambda})}}=\frac{1}{\lambda\cdot(\mu+1)}\cdot\frac{\pi}{2}.$$

Ainſi le produit de ces deux intégrales, priſes de manière qu'elles s'évanouiſſent lorſque $x=0$, devient $\frac{1}{\lambda\cdot(\mu+1)}\cdot\frac{\pi}{2}$ lorſqu'on fait $x=1$; & il pourroit arriver que chacune en particulier ne fût ni algébrique ni dépendante d'un arc de cercle.

(371). Lorſque l'intégrale de $h\,x^m\,dx\,(p+qx^r)^s$ n'étant point algébrique, on voudra l'avoir enſuite infinie, on pourra faire uſage de ces mêmes formules qui donneront pour intégrale approchée l'une ou l'autre de ces deux ſuites dont on choiſira la plus convergente.

$$(\mathrm{I})\ldots\ldots(p+qx^r)^{s+1}\left(\frac{h\,x^{m-r+1}}{(m+sr+1)q}-\frac{(m-r+1)\,p\,(1)}{(m+(s-1)\cdot r+1)\,q\,x^r}-\right.$$
$$\left.\frac{(m-2r+1)\,p\,(2)}{(m+(s-2)\cdot r+1)\,q\,x^r}-\&c.\right);$$

$$(\mathrm{II})\ldots\ldots(p+qx^r)^{s+1}\left(\frac{h\,x^{m+1}}{(m+1)p}-\frac{(m+(s+1)\cdot r+1)\,q\,x^r\,(1)}{(m+r+1)\,p}-\right.$$
$$\left.\frac{(m+(s+2)\cdot r+1)\,q\,x^r\,(2)}{(m+2r+1)\,p}-\&c.\right).$$

Mais on ne pourra pas faire uſage de la première ſuite, lorſque $\frac{m+1}{r}+s$ ſera un nombre entier poſitif ou zéro; on ne pourra pas faire uſage de la ſeconde;

lorfque $\dfrac{m+1}{r}$ fera un nombre entier négatif ou zéro ; & on ne pourra faire ufage ni de l'une ni de l'autre lorfque les deux chofes auront lieu à la fois. Au refte, nous avons déjà remarqué que dans tous ces cas la différentielle pouvoit être facilement rendue rationnelle. On obfervera encore que pour trouver de cette manière les intégrales complètes, il faut, en intégrant, ajouter des conftantes arbitraires ; & lorfqu'en faifant ufage des deux fuites, il fera poffible d'avoir l'intégrale complète d'une différentielle propofée fous deux formes différentes, on ne fuppofera pas qu'elles renferment chacune la même conftante arbitraire, car il eft évident que les deux fuites diffèrent d'une quantité conftante.

Enfin, pour donner un exemple, je propoferai de trouver en fuite infinie l'intégrale complète de $\dfrac{dx}{\sqrt{(1-x^2)}}$ qui fera la valeur de l'arc qui a x pour finus, le rayon étant égal à l'unité, fi elle eft prife de manière qu'elle foit nulle lorfque $x=0$. A caufe de $m=0$, $r=2$, $s=-\frac{1}{2}$, on a $\dfrac{m+1}{r}+s=0$, & il eft clair qu'on ne peut faire ufage que de la feconde fuite qui donne

$$A \text{ fin. } x = \left(x + \frac{2\,x^3}{3} + \frac{2\cdot4\,x^5}{3\cdot5} + \&c. \right) \sqrt{(1-x^2)}.$$

Lorfque $x=1$, l'arc eft de $90°$; cependant à caufe de $\sqrt{(1-x^2)}=0$, on pourroit être tenté de croire que nous avons trouvé o pour fa valeur. Mais en y faifant plus d'attention, on verra que la fuite qui a pour facteur o, eft $\frac{1}{0}$ ou infinie, & qu'ainfi nous n'avons trouvé pour l'expreffion de l'arc de $90°$ que $\frac{0}{0}$, ou une quantité indéterminée, ce qui n'eft point abfurde.

(372). Au lieu de fuppofer que le binome $p+q\,x^r$ eft élevé à la même puiffance dans chacune des différentielles, nous le fuppoferons élevé à des puiffances différentes ; & nous demanderons les conditions qui doivent avoir lieu pour que l'équation

$$\int h\,x^m\,dx\,(p+q\,x^r)^s = (p+q\,x^r)^{s+1}\,\Psi + K\int x^n\,dx\,(p+q\,x^r)^t$$

foit poffible ; par Ψ on entend une fuite finie de la forme de celle dont nous avons fait ufage dans le problême précédent. En différentiant on aura, après avoir divifé par dx, & fait pour abréger $(s+1)\cdot r = \rho$,

$$h\,x^n\,(p+q\,x^r)^s = \rho\,q\,x^{r-1}\,(p+q\,x^r)^s\,\Psi + (p+q\,x^r)^{s+1}\,\frac{d\Psi}{dx} + K\,x^n\,(p+q\,x^r)^t.$$

Maintenant ou s eft plus grand, ou il eft moindre que t ; s'il eft plus grand, je ferai $s-t=\tau$, & je changerai l'équation précédente en celle-ci,

$$h\,x^m\,(p+q\,x^r)^\tau = \rho\,q\,x^{r-1}\,(p+q\,x^r)^\tau\,\Psi + (p+q\,x^r)^{\tau+1}\,\frac{d\Psi}{dx} + K\,x^n.$$

Soit $(p+q\,x^r)^{\tau+1}\,\Psi = \Pi$; en fubftituant dans la dernière équation pour

$(p + q x^r)^\tau \Psi$ & $(p + q x^r)^{\tau + 1} \dfrac{d \Psi}{d x}$ leurs valeurs, je trouve, après avoir fait pour abréger $(p - r \cdot (\tau + 1)) q = q'$,

$$h x^m (p + q x^r)^{\tau + 1} = q' x^{r-1} \Pi + (p + q x^r) \dfrac{d \Pi}{d x} + K x^n (p + q x^r).$$

Il est clair que pour qu'on puisse supposer

$$\Pi = A x^\lambda + B x^{\lambda + \mu} + C x^{\lambda + 2 \mu} + \ldots\ldots + H x^{\lambda + \theta \mu},$$

il faut que τ soit un nombre entier positif, & si cette condition n'avoit pas lieu, le problême proposé ne seroit pas possible. Mais cela étant, on a

$$h x^m (p + q x^r)^{\tau + 1} = (\alpha) \ldots hp^{\tau + 1} x^m + (\tau + 1) . h p^\tau q x^{m + r} +$$
$$\ldots\ldots + h q^{\tau + 1} x^{m + (\tau + 1) \cdot r},$$

c'est le premier membre de notre transformée, le second sera composé des deux suites

$$(\mathcal{C}) \ldots\ldots (q' + q \lambda) A x^{\lambda + r - 1} + (q' + q \cdot (\lambda + \mu) B x^{\lambda + \mu + r - 1} +$$
$$(q' + q \cdot (\lambda + 2 \mu) C x^{\lambda + 2 \mu + r - 1} + \ldots + (q' + q \cdot (\lambda + \theta \mu)) H x^{\lambda + \theta \mu + r - 1},$$

$$(\aleph) \ldots\ldots p \lambda A x^{\lambda - 1} + (\lambda + \mu) \cdot p B x^{\lambda + \mu - 1} + (\lambda + 2 \mu) \cdot p C x^{\lambda + 2 \mu - 1} +$$
$$\ldots\ldots + (\lambda + \theta \mu) \cdot p h x^{\lambda + \theta \mu - 1},$$

& des deux termes $K p x^n + K q x^{n + r}$. Si l'on fait $\mu + r = 0$, les deux suites $\mathcal{C}$ & $\aleph$ n'en feront qu'une que je représenterai par

$$(\delta) \ldots\ldots A' x^{\lambda + r - 1} + B' x^{\lambda - 1} + \ldots\ldots + I' x^{\lambda - \theta r - 1}.$$

J'ordonnerai la transformée $\alpha = \delta + K p x^n + K q x^{n + r}$, en mettant le dernier terme de la suite α sous le premier de la suite δ & $K p x^n$ sous le dernier terme de la suite δ, ce qui donnera

$$m + (\tau + 1) \cdot r = \lambda + r - 1 \ \& \ \lambda - \theta r - 1 = n,$$

d'où l'on tirera $\dfrac{m - n}{r} + \tau + 1 = \theta + 1$. Je mettrai le premier terme de la suite α sous le dernier terme de la suite δ & $K q x^{n + r}$ sous le premier terme de la suite δ, ce qui donnera $\lambda - \theta r - 1 = m \ \& \ \lambda - 1 = n$, d'où l'on tirera $\dfrac{n - m}{r} + 1 = \theta + 1$. Je ferai $\mu = r$, & les deux suites $\mathcal{C}$ & $\aleph$ n'en feront qu'une que je représenterai par

$$(e) \ldots\ldots A'' x^{\lambda - 1} + B'' x^{\lambda + r - 1} + \ldots\ldots + I'' x^{\lambda + (\theta + 1) \cdot r - 1}.$$

J'ordonnerai la transformée $\alpha = e + K p x^n + K q x^{n + r}$ en mettant le premier terme de la suite α sous le premier terme de la suite e, & $K q x^{n + r}$ sous le dernier terme de la fuite e, ce qui donnera $\lambda - 1 = m$ & $\lambda + (\theta + 1) \cdot r - 1 = n + r$,

d'où je tirerai $\dfrac{n - m}{r} + 1 = \theta + 1$, qui eſt une des conditions déjà trouvées.

Je mettrai le dernier terme de la fuite a fous le dernier terme de la fuite e, & $K p x^n$ fous le premier terme de la fuite e, ce qui donnera

$$m + (\tau + 1) \cdot r = \lambda + (\theta + 1) \cdot r - 1 \;\&\; \lambda - 1 = n,$$

d'où je tirerai $\dfrac{m - n}{r} + \tau + 1 = \theta + 1$, qui eſt l'autre des conditions déjà

trouvées. Ces deux équations $\dfrac{m - n}{r} + \tau + 1 = \theta + 1$ & $\dfrac{n - m}{r} + 1 = \theta + 1$

montrent que quel que foit le nombre entier poſitif τ, le problème ne fera poſſible que lorſque la différence des deux expoſans m & n diviſée par r fera un nombre entier, &c.

(373). Nous avons fuppofé jufqu'ici que dans la différentielle $X \, d x$, X étoit une fonction algébrique de x & de conſtantes; maintenant nous regarderons cette fonction comme pouvant renfermer des quantités tranſcendantes telles que des logarithmes, des arcs de cercle, &c. D'abord on fe pofe d'intégrer $p \, d x \log. q$, où p & q font deux fonctions algébriques de x & de conſtantes ? Par une transformation dont nous avons fouvent fait ufage, on trouve

$$\int p \, d x \log. q = \log. q \int p \, d x - \int \left(\frac{d q}{q} \int p \, d x \right).$$

Je fuppofe que par les méthodes précédentes on ait intégré $p \, d x$, & je nomme V cette intégrale; on aura

$$\int p \, d x \log. q = V \log. q - \int \frac{V \, d q}{q} ;$$

& fi par hafard V étoit une fonction algébrique de q ou de $\log. q$, il ne feroit

plus queſtion que de faire en forte d'intégrer $\dfrac{V \, d q}{q}$ par les mêmes méthodes.

Par exemple, fi la différentielle propofée étoit $x^n d x \log. x$; à caufe de $p = x^n$ & de $q = x$, on auroit

$$V \left(= \int p \, d x \right) = \frac{x^{n+1}}{n+1} \;\&\; \int \frac{V \, d q}{q} = \frac{x^{n+1}}{(n+1)^2}.$$

Ainſi, hors le cas de $n = -1$,

$$\int x^n \, d x \log. x = c + \frac{x^{n+1}}{n+1} \left(\log. x - \frac{1}{n+1} \right);$$

lorſque $n = -1$, la transformation précédente donne

$$\int \frac{d x}{x} \log. x = (\log. x)^2 - \int \frac{d x}{x} \log. x,$$

& par conféquent $\displaystyle\int \frac{d x}{x} \log. x = c + \tfrac{1}{2} (\log. x)^2.$

Je

Je prendrai pour second exemple la différentielle $\frac{d x}{1-x}$ log. x. On a $p =$

$\frac{1}{1-x}$, $q = x$, & par conséquent

$$V = -\log.(1-x), \int \frac{d x}{1-x} \log. x = -\log. x \log.(1-x) + \int \frac{d x}{x} \log.(1-x).$$

On trouvera de la même manière

$$\int \frac{d x}{x} \log.(1-x) = \log. x \log.(1-x) + \int \frac{d x}{1-x} \log. x \; ;$$

& en substituant cette valeur, on tombera dans une équation identique, qui n'apprendra rien absolument. Mais si avant de faire aucune transformation, nous

réduisons $\frac{1}{1-x}$ en série, nous aurons

$$\frac{d x}{1-x} \log. x = d x \log. x + x d x \log. x + x^2 d x \log. x + \&c. \&$$

$$\int \frac{d x \log. x}{1-x} = \log. x \left(x + \frac{x^2}{2} + \frac{x^3}{3} + \frac{x^4}{4} + \&c. \right) - x - \frac{x^2}{4} - \frac{x^3}{9} - \frac{x^4}{16} - \&c.$$

On sait que log. $\frac{1}{1-x} = x + \frac{x^2}{2} + \frac{x^3}{3} + \frac{x^4}{4} + \&c.$; donc

$$\int \frac{d x \log. x}{1-x} = \log. x \log. \frac{1}{1-x} - x - \frac{x^2}{4} - \frac{x^3}{9} - \frac{x^4}{16} - \&c.$$

si cette intégrale doit être prise de manière qu'elle s'évanouisse lorsque $x = 0$.

Je fais $1 - x = y$, & j'ai $\frac{d x \log. x}{1-x} = \frac{d y}{y} \log. \frac{1}{1-y}$, d'où je tire

$$\int \frac{d x \log. x}{1-x} = c + y + \frac{y^2}{4} + \frac{y^3}{9} + \frac{y^4}{16} + \&c.$$

Pour que cette intégrale s'évanouisse lorsque $x = 0$ ou lorsque $y = 1$, il faut faire $c = -1 - \frac{1}{4} - \frac{1}{9} - \frac{1}{16} - \&c.$; & on aura

$$\log. x \log. \frac{1}{1-x} = x + \frac{x^2}{4} + \frac{x^3}{9} + \frac{x^4}{16} + \&c. + y + \frac{y^2}{4} + \frac{y^3}{9} +$$

$$\frac{y^4}{16} + \&c. - 1 - \frac{1}{4} - \frac{1}{9} - \frac{1}{16} - \&c.$$

Lorsque $x = \frac{1}{2}$ on a aussi $y = \frac{1}{2}$; & il suit de l'équation précédente que s'il

étoit possible de sommer la suite $x + \frac{x^2}{4} + \&c.$ dans le cas de $x = 1$, on

auroit encore cette somme dans le cas de $x = \frac{1}{2}$. Or Jean Bernoulli a démontré que la suite $1 + \frac{1}{4} + \&c.$ avoit pour somme la sixième partie de la demie-circonférence dont le rayon est l'unité ; voici cette démonstration.

(374). Nous avons vu (n°. 164) que

$$\text{fin. } s = s - \frac{s^3}{2 \cdot 3} + \frac{s^5}{2 \cdot 3 \cdot 4 \cdot 5} - \frac{s^7}{2 \cdot 3 \cdot 4 \cdot 5 \cdot 6 \cdot 7} + \&c. ;$$

Partie II.

E

cette équation étant résolue, donneroit le nombre infini d'arcs qui répondent au même sinus. Si nous prenons sin. $s = 0$, nous aurons le second membre de l'équation $= 0$, & l'ayant divisé par s, il viendra

$$1 - \frac{s^2}{2 \cdot 3} + \frac{s^4}{2 \cdot 3 \cdot 4 \cdot 5} - \frac{s^6}{2 \cdot 3 \cdot 4 \cdot 5 \cdot 6 \cdot 7} + \&c. = 0,$$

où les valeurs de s ne peuvent être que les multiples de la demi-circonférence ; c'est-à-dire que ces valeurs feront π, 2π, 3π, 4π, &c. Soit $s^2 = \frac{1}{u}$, notre équation deviendra

$$1 - \frac{1}{2 \cdot 3 \cdot u} + \frac{1}{2 \cdot 3 \cdot 4 \cdot 5 \cdot u^2} - \frac{1}{2 \cdot 3 \cdot 4 \cdot 5 \cdot 6 \cdot 7 \cdot u^3} + \&c. = 0;$$

or si nous multiplions tous les termes par la plus haute puissance de u, nous aurons une équation dont le second terme aura pour co-efficient $\frac{-1}{2 \cdot 3}$, mais par la nature des équations, ce co-efficient, pris avec un signe contraire, est égal à la somme de toutes les racines ; donc

$$\tfrac{1}{6} = 1 : \pi^2 + 1 : (2\pi)^2 + 1 : (3\pi)^2 + 1 : (4\pi)^2 + \&c.$$

d'où l'on tire, en multipliant les deux membres par π^2, $\frac{1}{6}\pi^2 = 1 + \frac{1}{4} + \frac{1}{9} + \frac{1}{16} + \&c.$

Le co-efficient du troisième terme, c'est-à-dire $\frac{1}{2 \cdot 3 \cdot 4 \cdot 5}$, est égal à la somme des produits qu'on peut former en multipliant toutes les racines deux à deux, c'est-à-dire qu'on aura, comme on peut s'en assurer par un calcul fort simple,

$$1 : \pi^4 + 1 : (2\pi)^4 + 1 : (3\pi)^4 + 1 : (4\pi)^4 + \&c. = \left(\tfrac{1}{6}\right)^2 - \frac{2}{2 \cdot 3 \cdot 4 \cdot 5} = \frac{1}{90},$$

& par conséquent $\frac{1}{90}\pi^4 = 1 + \frac{1}{2^4} + \frac{1}{3^4} + \frac{1}{4^4} + \&c.$

En faisant sur les autres co-efficiens des remarques analogues & fondées sur la nature des équations, on parviendra à démontrer que la suite infinie

$$1 + \frac{1}{2^{2n}} + \frac{1}{3^{2n}} + \frac{1}{4^{2n}} + \&c.$$ n étant un nombre entier positif, a

pour somme π^{2n} multiplié par un nombre rationnel. Il est donc démontré que

la suite infinie $x + \frac{x^2}{4} + \frac{x^3}{9} + \frac{x^4}{16} + \&c.$ est sommable dans les deux

cas de $x = 1$ & de $x = \frac{1}{2}$; elle a pour somme dans le premier, $\frac{1}{12}\pi^2$, & dans le second, $\frac{1}{6}\pi^2 - \frac{1}{2}(\log. 2)^2$. Telle suite qui n'est pas sommable, telle différentielle qui n'est point intégrable, pour toutes les valeurs de la variable, pourroient l'être pour quelques valeurs particulières; & y a un très-grand nombre de questions importantes dont la solution dépend de semblables recherches.

(375). On demande d'intégrer $(\log. x)^n\, dp$, où p est une fonction de x & de constantes ? On a

$$\int (\log. x)^n\, dp = p\, (\log. x)^n - \int \frac{n\, p\, dx}{x} (\log. x)^{n-1}.$$

J'intègre $\frac{p\, dx}{x}$ & je nomme V cette intégrale ; il suit de-là que

$$\int \frac{p\, dx}{x} (\log. x)^{n-1} = V (\log. x)^{n-1} - (n-1) \int \frac{V\, dx}{x} (\log. x)^{n-2}.$$

Nous trouverons de la même manière, en nommant V' l'intégrale de $\frac{V\, dx}{x}$,

$$\int \frac{V\, dx}{x} (\log. x)^{n-2} = V' (\log. x)^{n-2} - (n-2) \int \frac{V'\, dx}{x} (\log. x)^{n-3};$$

en nommant V'' l'intégrale de $\frac{V'\, dx}{x}$,

$$\int \frac{V'\, dx}{x} (\log. x)^{n-3} = V'' (\log. x)^{n-3} - (n-3) \int \frac{V''\, dx}{x} (\log. x)^{n-4};$$

& ainsi de suite.

Donc $\int (\log. x)^n\, dp = p\, (\log. x)^n - n\,V (\log. x)^{n-1} + n \cdot (n-1)\, V'$ $(\log. x)^{n-2} - n\,(n-1)\,(n-2)\, V'' (\log. x)^{n-3} + $ &c.

Soit $p = x^m$; on aura $V = \frac{x^m}{m}$, $V' = \frac{x^m}{m^2}$, $V'' = \frac{x^m}{m^3}$ &c. ;

& par conséquent

$$\int (\log. x)^n\, x^{m-1}\, dx = \frac{x^m}{m} \left[(\log. x)^n - \frac{n}{m} (\log. x)^{n-1} + \frac{n(n-1)}{m^2} \right.$$
$$\left. (\log. x)^{n-2} - \frac{n(n-1)(n-2)}{m^3} (\log. x)^{n-3} + \text{&c.} \right].$$

Lorsque $m = 0$, on a à intégrer $\frac{dx}{x} (\log. x)^n$, & alors la suite précédente ne donne rien ; mais

$$\int \frac{dx}{x} (\log. x)^n = (\log. x)^{n+1} - n \int \frac{dx}{x} (\log. x)^n,$$

d'où l'on tire $\int \frac{dx}{x} (\log. x)^n = \frac{1}{n+1} (\log. x)^{n+1}$.

Hors l'exception dont nous venons de parler, cette suite donnera toujours l'intégrale, & elle se terminera toutes les fois que n sera un nombre entier positif ; on aura dans ce cas

$$\int (\log. x)^n\, x^{m-1}\, dx = \frac{x^m}{m} \left[(\log. x)^n - \frac{n}{m} (\log. x)^{n-1} + \frac{n(n-1)}{m^2} \right.$$
$$\left. (\log. x)^{n-2} - \ldots \ldots \pm \frac{1 \cdot 2 \cdot 3 \ldots \cdot n}{m^n} \right];$$

quant au dernier terme, il aura le signe $+$ lorsque n sera un nombre pair, & le figne —— lorfqu'il fera impair. En fuppofant que m foit pofitif, l'intégrale précédente eft prife de manière qu'elle foit nulle lorfque $x = 0$; j'aurai donc

$$\pm \frac{1 \cdot 2 \cdot 3 \cdots n}{m^{n+1}}$$ pour ce que devient l'intégrale de $(\log. x)^n\, x^{m-1}\, dx$,

lorfqu'on fait $x = 1$, cette intégrale étant prife de manière qu'elle s'évanouiffe lorfque $x = 0$, bien entendu que m eft toujours un nombre pofitif quelconque, & n un nombre entier pofitif.

(376). Lorfque n fera un nombre entier négatif, ou lorfque n étant un nombre entier pofitif, on aura $\dfrac{p'\, dx}{(\log. x)^n}$; on donnera à la différentielle propofée la forme que voici : $p'\, x\, \dfrac{dx}{x\,(\log. x)^n}$; & comme

$$\int \frac{dx}{x\,(\log. x)^n} = \frac{-1}{(n-1)(\log. x)^{n-1}}, \text{ on aura}$$

$$\int \frac{p'\, dx}{(\log. x)^n} = \frac{-p'\, x}{(n-1)(\log. x)^{n-1}} + \frac{1}{n-1} \int \frac{d \cdot p'\, x}{(\log. x)^{n-1}}.$$

Soit $d \cdot p'\, x = p''\, dx$; il vient

$$\int \frac{p''\, dx}{(\log. x)^{n-1}} = \frac{-p''\, x}{(n-2)(\log. x)^{n-2}} + \frac{1}{n-2} \int \frac{d \cdot p''\, x}{(\log. x)^{n-2}};$$

&, faifant $d \cdot p''\, x = p'''\, dx$,

$$\int \frac{p'''\, dx}{(\log. x)^{n-2}} = \frac{-p'''\, x}{(n-3)(\log. x)^{n-3}} + \frac{1}{n-3} \int \frac{d \cdot p'''\, x}{(\log. x)^{n-3}}; \&c.$$

En opérant toujours de même, on trouvera

$$\int \frac{d p}{(\log. x)^n} = -\frac{p'\, x}{(n-1)(\log. x)^{n-1}} - \frac{p''\, x}{(n-1)(n-2)(\log. x)^{n-2}} -$$
$$\frac{p'''\, x}{(n-1)(n-2)(n-3)(\log. x)^{n-3}} - \cdots + \frac{1}{(n-1)(n-2)\cdots 1} \int \frac{p^n\, dx}{(\log. x)}.$$

Pour rendre cela plus clair, je fuppoferai $p = x^m$, d'où je tirerai

$$p' = m x^{m-1}, \quad p'' = m^2 x^{m-1}, \quad p''' = m^3 x^{m-1} \cdots p^n = m^n x^{m-1};$$

$$\& \int \frac{x^{m-1}\, dx}{(\log. x)^n} = -\frac{x^m}{(n-1)(\log. x)^{n-1}} - \frac{m x^m}{(n-1)(n-2)(\log. x)^{n-2}} -$$
$$\frac{m^2 x^m}{(n-1)(n-2)(n-3)(\log. x)^{n-3}} - \cdots$$
$$+ \frac{m^{n-1}}{(n-1)(n-2)\cdots 1} \int \frac{x^{m-1}\, dx}{\log. x}.$$

Si $n = 2$, $\displaystyle\int \frac{x^{m-1}\, dx}{(\log. x)^2} = -\frac{x^m}{\log. x} + m \int \frac{x^{m-1}\, dx}{\log. x}$.

Si $n = 3$, $\displaystyle\int \frac{x^{m-1}\, dx}{(\log. x^3)} = -\frac{x^m}{2(\log. x)^2} - \frac{m x^m}{1 \cdot 2 \log. x} + \frac{m^2}{1 \cdot 2} \int \frac{x^{m-1}\, dx}{\log. x}; \&c.$

Mais

Mais on ne fait intégrer la différentielle $\dfrac{x^{m-1}\,dx}{\log.\,x}$ que dans le cas de $m = 0$, elle est alors $\dfrac{dx}{x\log.\,x}$, & a pour intégrale complète log. log. x. Lorsque m n'est pas zéro, soit $x^m = u$, d'où l'on tire $\log.\,x = \dfrac{\log.\,u}{m}$, & $\dfrac{x^{m-1}\,dx}{\log.\,x} = \dfrac{du}{\log.\,u}$; il seroit important de pouvoir intégrer cette différentielle en apparence si simple, autrement que par une suite infinie ; mais on n'y est point parvenu jusqu'ici. En faisant $\log.\,u = \zeta$, d'où l'on tire $u = e^\zeta$, e étant le nombre dont le logarithme est l'unité, $du = e^\zeta\,d\zeta$, on transformera la différentielle $\dfrac{du}{\log.\,u}$ en celle-ci $e^\zeta\,\dfrac{d\zeta}{\zeta}$, qu'on réduira en série de la manière suivante. Il résulte de la formule du (n°. 163) que $e^\zeta = 1 + \zeta + \dfrac{\zeta^2}{2} + \dfrac{\zeta^3}{2\cdot3} + \&c.$; donc

$$\int e^\zeta\,\frac{d\zeta}{\zeta} = c + \log.\,\zeta + \zeta + \frac{\zeta^2}{2\cdot2} + \frac{\zeta^3}{2\cdot3\cdot3} + \&c.,$$

& mettant pour ζ, $\log.\,u$,

$$\int \frac{du}{\log.\,u} = c' + \log.\log.\,u + \log.\,u + \frac{1}{2\cdot2}(\log.\,u)^2 + \frac{1}{2\cdot3\cdot3}(\log.\,u)^3 + \&c. ;$$

on ne pourra pas déterminer la constante arbitraire d'après les suppositions que l'intégrale disparoisse lorsque $u = 0$, ou lorsque $u = 1$.

(377). Si l'on propose d'intégrer $p\,a^x\,dx$, où p est une fonction quelconque de x ; à cause de $\int a^x\,dx = \dfrac{1}{\log.\,a}\,a^x$, on donnera à cette différentielle la forme que voici, $b\,p\,d.\,a^x$, en faisant pour abréger $\dfrac{1}{\log.\,a} = b$. On supposera $dp = p'\,dx$, $dp' = p''\,dx$, $dp'' = p'''\,dx$, &c., & on trouvera

$$\int p\,a^x\,dx = b\,p\,a^x - b\int p'\,a^x\,dx = b\,p\,a^x - b^2\,p'\,a^x + b^2\int p''\,a^x\,dx =$$
$$b\,p\,a^x - b^2\,p'\,a^x + b^3\,p''\,a^x - b^3\int p'''\,a^x\,dx\ldots\ldots\ldots\ldots$$

En continuant toujours de même, on arrivera enfin à cette équation

$$\int p\,a^x\,dx = b\,a^x\,(p - b\,p' + b^2\,p'' - b^3\,p''' + \ldots\ldots\ldots \mp b^n p^{n\prime}) \mp b^{n+1}\int p^{(n+1)\prime}\,a^x\,dx ;$$

il faut entendre que la formule intégrale $\int p^{(n+1)\prime}\,a^x\,dx$ est la plus simple que l'on puisse trouver de cette manière.

Si $p = x^n$ (n étant un nombre entier positif ou zéro), $p' = n\,x^{n-1}$; $p'' = n.(n-1).x^{n-2}\ldots p^{n\prime} = n.(n-1).(n-2)\ldots1$, $p^{(n+1)\prime} = 0$; & on aura

$$\int a^x\,x^n\,dx = b\,a^x\,(x^n - b\,n\,x^{n-1} + b^2.n.(n-1).x^{n-2} - b^3\,n.$$
$$(n-1).(n-2).x^{n-3} + \ldots \mp b^n n.(n-1).(n-2)\ldots1) + c.$$

Partie II.   F

On peut transformer la formule proposée de cette autre manière,

$$\int a^x . p\,dx = a^x \int p\,dx - \log. a . \int (a^x\,dx \int p\,dx).$$

Soit $\int p\,dx = V$, $\int V\,dx = V'$, $\int V'\,dx = V''$, &c.

on aura $\int a^x p\,dx = V a^x - \log. a . V' a^x + (\log. a)^2 V'' a^x - $ &c.

Ainsi cette transformation suppose que l'on puisse intégrer $p\,dx$, $V\,dx$, &c. ; nous allons en faire usage pour résoudre le cas où la différentielle proposée seroit $\dfrac{a^x\,dx}{x^n}$, n étant un nombre entier positif. Nous aurons $V = \dfrac{-1}{(n-1)\,x^{n-1}}$ &

$$\int \frac{a^x\,dx}{x^n} = -\frac{a^x}{(n-1)\,x^{n-1}} + \frac{\log. a}{n-1} \int \frac{a^x\,dx}{x^{n-1}} = -\frac{a^x}{(n-1)\,x^{n-1}} +$$

$$\frac{\log. a}{n-1} \cdot \left(-\frac{a^x}{(n-2)\,x^{n-2}} + \frac{\log. a}{n-2} \int \frac{a^x\,dx}{x^{n-1}} \right) \ldots\ldots$$

En continuant toujours de même, nous ferons dépendre l'intégrale demandée de celle-ci $\int a^x \dfrac{dx}{x}$ qui réduite en suite infinie, est égale à

$$c + \log. x + x \log. a + \frac{x^2 (\log. a)^2}{2 \cdot 2} + \frac{x^3 (\log. a)^3}{2 \cdot 3 \cdot 3} + \text{&c.}$$

Mais ni l'une ni l'autre transformation ne pourra donner l'intégrale $a^x x^n\,dx$, autrement que par une suite infinie, lorsque n sera un nombre fractionnaire. Si, par exemple, $n = -\frac{1}{2}$, la première donne pour l'intégrale complète de $\dfrac{a^x\,dx}{\sqrt{x}}$,

$$c + \frac{b\,a^x}{\sqrt{x}} \left(1 + \frac{b}{2\,x} + \frac{3\,b^2}{4\,x^2} + \frac{3 \cdot 5\,b^3}{8\,x^3} + \text{&c.} \right) ;$$

l'autre donne pour l'intégrale complète de la même différentielle,

$$+ a^x \sqrt{x} \left(2 - \frac{4\,x \log. a}{3} + \frac{8\,x^2 (\log. a)^2}{3 \cdot 5} + \frac{16\,x^3 (\log. a)^3}{3 \cdot 5 \cdot 7} + \text{&c.} \right)$$

Je passe à l'intégration des fonctions différentielles qui renferment des arcs de cercle & leurs sinus, cosinus, &c.

(378). On propose d'intégrer la différentielle $p\,dx\, A \sin. x$, où p est une fonction quelconque de x ? Soit $\int p\,dx = V$; on aura

$$\int p\,dx\, A \sin. x = V A \sin. x - \int \frac{V\,dx}{\sqrt{(1 - x^2)}}, \text{ car } d. A \sin. x = \frac{dx}{\sqrt{(1 - x^2)}}.$$

Si $p = x^n$, $V = \dfrac{x^{n+1}}{n+1}$, & $\int x^n\,dx\, A \sin. x = \dfrac{x^{n+1}}{n+1} A \sin. x - \dfrac{1}{n+1} \int \dfrac{x^{n+1}\,dx}{\sqrt{(1 - x^2)}}.$

On trouvera de la même manière

$$\int p\,dx\, A \cos. x = V A \cos. x + \int \frac{V\,dx}{\sqrt{(1 - x^2)}},$$

$$\int p\,dx\, A \tan. x = V A \tan. x - \int \frac{V\,dx}{1 + x^2}, \text{&c.} ;$$

& dans le cas de $p = x^n$, on parviendra toujours à des formules intégrales dont nous nous sommes beaucoup occupés précédemment.

Pour intégrer la différentielle $d\zeta$ sin. ζ^n, je la mets sous cette forme $d\zeta$ sin. ζ . sin. ζ^{n-1} ; &, à cause de $\int d\zeta$ sin. $\zeta = -\cos.\zeta$, j'ai

$$\int d\zeta \,\text{sin.}\, \zeta^n = -\cos.\zeta \,\text{sin.}\,\zeta^{n-1} + (n-1)\int d\zeta \cos.\zeta^2 \,\text{sin.}\,\zeta^{n-2}.$$

En changeant cos. ζ^2 en $1 -$ sin. ζ^2, j'ai

$$\int d\zeta \cos.\zeta^2 \,\text{sin.}\,\zeta^{n-2} = \int d\zeta \,\text{sin.}\,\zeta^{n-2} - \int d\zeta \,\text{sin.}\,\zeta^n ;$$

donc $\displaystyle \int d\zeta \,\text{sin.}\,\zeta^n = -\frac{\cos.\zeta \,\text{sin.}\,\zeta^{n-1}}{n} + \frac{n-1}{n}\int d\zeta \,\text{sin.}\,\zeta^{n-2}.$

Je trouverai de la même manière

$$\int d\zeta \,\text{sin.}\, \zeta^{n-2} = -\frac{\cos.\zeta \,\text{sin.}\,\zeta^{n-3}}{n-2} + \frac{n-3}{n-2}\int d\zeta \,\text{sin.}\,\zeta^{n-4},$$

$$\int d\zeta \,\text{sin.}\, \zeta^{n-4} = -\frac{\cos.\zeta \,\text{sin.}\,\zeta^{n-5}}{n-4} + \frac{n-5}{n-4}\int d\zeta \,\text{sin.}\,\zeta^{n-6},$$

$$\int d\zeta \,\text{sin.}\, \zeta^{n-6} = -\frac{\cos.\zeta \,\text{sin.}\,\zeta^{n-7}}{n-6} + \frac{n-7}{n-6}\int d\zeta \,\text{sin.}\,\zeta^{n-8}, \&c.$$

Lorsque n est un nombre entier positif, il y a deux cas à distinguer ; le premier lorsque ce nombre est pair, & où l'on a

$$\int d\zeta \,\text{sin.}\,\zeta^n = -\frac{\cos.\zeta}{n}\Big(\text{sin.}\,\zeta^{n-1} + \frac{n-1}{n-2}\,\text{sin.}\,\zeta^{n-3} + \frac{(n-1)\cdot(n-3)}{(n-2)\cdot(n-4)}\,\text{sin.}\,\zeta^{n-5} +$$
$$\frac{(n-1)\cdot(n-3)\cdot(n-5)}{(n-2)\cdot(n-4)\cdot(n-6)}\,\text{sin.}\,\zeta^{n-7} + \dots + \frac{(n-1)\cdot(n-3)\cdot(n-5)\cdot(n-7)\dots 1}{(n-2)\cdot(n-4)\cdot(n-6)\cdot(n-8)\dots 2}$$
$$\text{sin.}\,\zeta\Big) + \frac{(n-1)\cdot(n-3)\cdot(n-5)\cdot(n-7)\cdot(n-9)\dots 1}{n\cdot(n-2)\cdot(n-4)\cdot(n-6)\cdot(n-8)\dots 2}\cdot\zeta ;$$

le second lorsqu'il est impair, & où l'on a

$$\int d\zeta \,\text{sin.}\,\zeta^n = -\frac{\cos.\zeta}{n}\Big(\text{sin.}\,\zeta^{n-1} + \frac{n-1}{n-2}\,\text{sin.}\,\zeta^{n-3} + \frac{(n-1)\cdot(n-3)}{(n-2)\cdot(n-4)}\,\text{sin.}\,\zeta^{n-5} +$$
$$\frac{(n-1)\cdot(n-3)\cdot(n-5)}{(n-2)\cdot(n-4)\cdot(n-6)}\,\text{sin.}\,\zeta^{n-7} + \dots + \frac{(n-1)\cdot(n-3)\cdot(n-5)\cdot(n-7)\dots 2}{(n-2)\cdot(n-4)\cdot(n-6)\cdot(n-8)\dots 1}\Big) ;$$

dans le second cas, l'intégrale est donnée en sinus & cosinus, au lieu que dans le premier elle renferme un arc, & est par conséquent une quantité transcendante. Ainsi, par exemple, l'intégrale complète de $d\zeta$ sin. ζ^5 est égale à

$$c - \frac{\cos.\zeta}{5}\Big(\text{sin.}\,\zeta^4 + \tfrac{4}{3}\,\text{sin.}\,\zeta^2 + \frac{4\cdot 2}{3\cdot 1}\Big) ;$$

celle de $d\zeta$ sin. ζ^6 est égale à

$$c - \frac{\cos.\zeta}{6}\Big(\text{sin.}\,\zeta^5 + \tfrac{5}{4}\,\text{sin.}\,\zeta^3 + \frac{5\cdot 3}{4\cdot 2}\,\text{sin.}\,\zeta\Big) + \frac{5\cdot 3\cdot 1}{6\cdot 4\cdot 2}\,\zeta.$$

Les mêmes formules pourront servir à intégrer $d\varphi\cos.\varphi''$; car en faisant $\varphi = 90° - \theta$, on a $d\varphi = -d\theta$, sin. $\varphi = \cos.\theta$, cos. $\varphi = \sin.\theta$, & $\int d\varphi\cos.\varphi'' = -\int d\theta\sin.\theta''$. On trouvera, par exemple, que

$$\int d\varphi\,\cos.\varphi^6 = c + \frac{\sin.\varphi}{6}\left(\cos.\varphi^5 + \frac{5}{4}\cos.\varphi^3 + \frac{5\cdot3}{4\cdot2}\cos.\varphi\right) - \frac{5\cdot3\cdot1}{6\cdot4\cdot2}(90° - \varphi),$$

ou simplement que

$$\int d\varphi\,\cos.\varphi^6 = c + \frac{\sin.\varphi}{6}\left(\cos.\varphi^5 + \frac{5}{4}\cos.\varphi^3 + \frac{5\cdot3}{4\cdot2}\cos.\varphi\right) + \frac{5\cdot3\cdot1}{6\cdot4\cdot2}\varphi.$$

(379). En différentiant sin. $\theta^m\cos.\theta^q$, je trouve

$$m\,d\theta\,\sin.\theta^{m-1}\cos.\theta^{q-1}\cos.\theta^2 - q\,d\theta\,\sin.\theta^2\sin.\theta^{m-1}\cos.\theta^{q-1},$$

qui devient à cause de sin. $\theta^2 + \cos.\theta^2 = 1$,

$$\text{ou } m\,d\theta\,\sin.\theta^{m-1}\cos.\theta^{q-1} - (m+q)\,d\theta\,\sin.\theta^{m+1}\cos.\theta^{q-1},$$

$$\text{ou } (m+q)\,d\theta\,\sin.\theta^{m-1}\cos.\theta^{q+1} - q\,d\theta\,\sin.\theta^{m-1}\cos.\theta^{q-1}.$$

Je tire delà ces deux formules

$$(a)\dots\dots \int d\theta\,\sin.\theta^\lambda\cos.\theta^\mu = \frac{\lambda-1}{\lambda+\mu}\int d\theta\,\sin.\theta^{\lambda-2}\cos.\theta^\mu - \frac{\sin.\theta^{\lambda-1}\cos.\theta^{\mu+1}}{\lambda+\mu},$$

$$(b)\dots\dots \int d\theta\,\sin.\theta^\lambda\cos.\theta^\mu = \frac{\mu-1}{\lambda+\mu}\int d\theta\,\sin.\theta^\lambda\cos.\theta^{\mu-2} + \frac{\sin.\theta^{\lambda+1}\cos.\theta^{\mu-1}}{\lambda+\mu}.$$

Dans les deux cas de $\lambda=0$ ou de $\lambda=1$, la proposée est $d\theta\cos.\theta^\mu$ ou $d\theta$ sin. $\theta\cos.\theta^\mu$; & dans les autres cas, en faisant usage de la formule a, on la fera dépendre de l'une de ces deux différentielles, pourvu que λ soit un nombre entier positif plus grand que 1; elle dépendra de la première lorsque λ sera pair, & de la seconde lorsqu'il sera impair. Hors le cas de $\mu = -1$, la seconde, c'est-à-dire, $d\theta$ sin. $\theta\cos.\theta^\mu$, a pour intégrale $-\dfrac{\cos.\theta^{\mu+1}}{\mu+1}$; mais dans ce cas particulier, elle devient $\dfrac{d\theta\,\sin.\theta}{\cos.\theta}$, & elle a pour intégrale $-\log.\cos.\theta$.

Dans le même cas particulier de $\mu = -1$, la première devient $\dfrac{d\theta}{\cos.\theta}$, que j'intègre de la manière suivante. Je la transforme en celle-ci,

$$\frac{d\theta\,\cos.\theta}{\cos.\theta^2} = \frac{d\theta\,\cos.\theta}{1-\sin.\theta^2} = \frac{1}{2}\left(\frac{d\theta\,\cos.\theta}{1+\sin.\theta} + \frac{d\theta\,\cos.\theta}{1-\sin.\theta}\right),$$

& je vois alors qu'elle a pour intégrale $\frac{1}{2}\log.\dfrac{1+\sin.\theta}{1-\sin.\theta}$. Dans les deux cas

de

de $\mu = 0$ ou de $\mu = 1$, $dc\,\sin c^\lambda \cos c^\mu$ devient $dc\,\sin c^\lambda$ ou $dc\,\cos c\,\sin c^\lambda$; & dans les autres cas, en faisant usage de la formule b, on la fera dépendre de l'une de ces deux différentielles, pourvu que μ soit un nombre entier positif plus grand que 1; elle dépendra de la première lorsque μ sera pair; & de la seconde lorsqu'il sera impair. Hors le cas de $\lambda = -1$, la seconde a pour intégrale $\dfrac{\sin c^{\lambda+1}}{\lambda+1}$; mais dans ce cas particulier elle devient $\dfrac{dc\,\cos c}{\sin c}$, & elle a pour intégrale $\log \sin c$. Dans ce même cas particulier la première devient $\dfrac{dc}{\sin c}$ qu'on peut mettre sous cette forme

$$\frac{dc\,\sin c}{\sin c^2} = \frac{dc\,\sin c}{1-\cos c^2} = \frac{1}{2}\left(\frac{dc\,\sin c}{1+\cos c} + \frac{dc\,\sin c}{1-\cos c}\right),$$

& on voit alors qu'elle a pour intégrale $\frac{1}{2} \log \dfrac{1-\cos c}{1+\cos c}$.

(380). On tire des deux formules a & b,

$$\int dc\,\sin c^{\lambda-2}\cos c^\mu = \frac{\lambda+\mu}{\lambda-1}\int dc\,\sin c^\lambda \cos c^\mu + \frac{\sin c^{\lambda-1}\cos c^{\mu+1}}{\lambda-1} \ \&$$

$$\int dc\,\sin c^\lambda \cos c^{\mu-2} = \frac{\lambda+\mu}{\mu-1}\int dc\,\sin c^\lambda \cos c^\mu - \frac{\sin c^{\lambda+1}\cos c^{\mu-1}}{\mu-1};$$

on a donc en mettant dans la première λ pour $\lambda-2$, & dans la seconde μ pour $\mu-2$, ces deux autres formules,

$$(a')\ldots\ldots \int dc\,\sin c^\lambda \cos c^\mu = \frac{\lambda+\mu+2}{\lambda+1}\int dc\,\sin c^{\lambda+2}\cos c^\mu + \frac{\sin c^{\lambda+1}\cos c^{\mu+1}}{\lambda+1},$$

$$(b')\ldots\ldots \int dc\,\sin c^\lambda \cos c^\mu = \frac{\lambda+\mu+2}{\mu+1}\int dc\,\sin c^\lambda \cos c^{\mu+2} - \frac{\sin c^{\lambda+1}\cos c^{\mu+1}}{\mu+1}.$$

Si λ est un nombre entier négatif plus grand que -1, en faisant usage de la première, on pourra toujours faire dépendre $dc\,\sin c^\lambda \cos c^\mu$ de l'une de ces deux différentielles $\dfrac{dc\,\cos c^\mu}{\sin c}$ & $dc\,\cos c^\mu$; de la première si λ est impair, & de la seconde s'il est pair. On pourra toujours, en faisant usage de la seconde formule, faire dépendre la même différentielle de l'une de ces deux-ci, $\dfrac{dc\,\sin c^\lambda}{\sin c}$ & $dc\,\sin c^\lambda$; de la première lorsque μ sera un nombre entier négatif impair plus grand que -1, de la seconde lorsque ce nombre entier négatif sera pair.

(381). En faisant $\mu = -1$, dans l'équation a, & $\lambda = -1$ dans l'équation b, on les change en celles-ci,

$$\int \frac{d\theta \, \sin.\theta^{\lambda}}{\cos.\theta} = \int \frac{d\theta \, \sin.\theta^{\lambda-2}}{\cos.\theta} - \frac{\sin.\theta^{\lambda-1}}{\lambda-1} \quad \&$$

$$\int \frac{d\theta \, \cos.\theta^{\mu}}{\sin.\theta} = \int \frac{d\theta \, \cos.\theta^{\mu-2}}{\sin.\theta} + \frac{\cos.\theta^{\mu-1}}{\mu-1} \, ,$$

dont la première nous apprend que λ étant un nombre entier positif, on pourra toujours ramener $\dfrac{d\theta \, \sin.\theta^{\lambda}}{\cos.\theta}$ à l'une de ces deux différentielles $\dfrac{d\theta \, \sin.\theta}{\cos.\theta}$ & $\dfrac{d\theta}{\cos.\theta}$; à la première lorsque λ sera impair, à la seconde lorsqu'il sera pair. On tire de la seconde équation que si μ est un nombre entier positif, on pourra toujours ramener $\dfrac{d\theta \, \cos.\theta^{\mu}}{\sin.\theta}$ à l'une de ces deux différentielles $\dfrac{d\theta \, \cos.\theta}{\sin.\theta}$, $\dfrac{d\theta}{\sin.\theta}$; à la première lorsque μ sera impair, à la seconde lorsqu'il sera pair. Si λ & μ font des nombres entiers négatifs, ou si, m étant un nombre entier positif, on a les deux différentielles $\dfrac{d\theta}{\cos.\theta \, \sin.\theta^{m}}$ & $\dfrac{d\theta}{\sin.\theta \, \cos.\theta^{m}}$, on les multipliera chacune par $\sin.\theta^2 + \cos.\theta^2 = 1$, & on aura ces deux - ci ,

$$\frac{d\theta}{\cos.\theta \, \sin.\theta^{m-2}} + \frac{d\theta \, \cos.\theta}{\sin.\theta^{m}} \quad \& \quad \frac{d\theta \, \sin.\theta}{\cos.\theta^{m}} + \frac{d\theta}{\sin.\theta \, \cos.\theta^{m-2}} \, .$$

Ainsi $\dfrac{d\theta}{\cos.\theta \, \sin.\theta^{m}}$ ne dépendra jamais que d'une différentielle de cette forme $\dfrac{d\theta \, \cos.\theta}{\sin.\theta^{m}}$ & de l'une de ces deux - ci $\dfrac{d\theta}{\cos.\theta}$, ou $\dfrac{d\theta}{\cos.\theta \, \sin.\theta}$, selon que m sera pair ou impair ; de même $\dfrac{d\theta}{\sin.\theta \, \cos.\theta^{m}}$ ne dépendra jamais que d'une différentielle de cette forme $\dfrac{d\theta \, \sin.\theta}{\cos.\theta^{m}}$, & de l'une de ces deux-ci, $\dfrac{d\theta}{\sin.\theta}$ ou $\dfrac{d\theta}{\sin.\theta \, \cos.\theta}$, selon que m sera pair ou impair : Il reste à intégrer $\dfrac{d\theta}{\sin.\theta \, \cos.\theta}$; mais si on se rappelle que $\sin.\theta \cos.\theta = \frac{1}{2} \sin.2\theta$, on verra que cette différentielle devient $\dfrac{2 \, d\theta}{\sin.2\theta}$, & que par conséquent elle a pour intégrale $\frac{1}{2} \log. \dfrac{1 - \cos.2\theta}{1 + \cos.2\theta}$.

(382). Je fais $\mu = 0$ dans l'équation a' & $\lambda = 0$ dans l'équation b', ce qui me donne

$$\int d\zeta\,\text{fin.}\,\zeta^{\lambda} = \frac{\lambda+2}{\lambda+1}\int d\zeta\,\text{fin.}\,\zeta^{\lambda+2} + \frac{\text{fin.}\,\zeta^{\lambda+1}\cos.\zeta}{\lambda+1} \quad\&$$

$$\int d\zeta\,\cos.\zeta^{\mu} = \frac{\mu+2}{\mu+1}\int d\zeta\,\cos.\zeta^{\mu+2} - \frac{\text{fin.}\,\zeta\,\cos.\zeta^{\mu+1}}{\mu+1}.$$

L'une de ces équations fait voir que toutes les fois que λ fera un nombre entier négatif, la différentielle $d\zeta\,\text{fin.}\,\zeta^{\lambda}$ pourra être ramenée à l'une de ces deux-ci, $d\zeta$ & $\dfrac{d\zeta}{\text{fin.}\,\zeta}$; à la première lorfque λ fera pair, & à la feconde lorfqu'il fera impair. On voit par l'autre équation que toutes les fois que μ fera un nombre entier négatif, la différentielle $d\zeta\,\cos.\zeta^{\mu}$ pourra être ramenée à l'une de ces deux-ci, $d\zeta$ & $\dfrac{d\zeta}{\cos.\zeta}$; à la première lorfque μ fera pair, & à la feconde lorfqu'il fera impair.

Si, λ étant un nombre entier pofitif, on a $\lambda+\mu=0$, on ne pourra pas faire ufage de la formule a, & on aura recours à la formule b' qui devient alors

$$\int d\zeta\left(\frac{\text{fin.}\,\zeta}{\cos.\zeta}\right)^{\lambda} = \frac{-2}{\lambda-1}\int\frac{d\zeta\,\text{fin.}\,\zeta^{\lambda}}{\cos.\zeta^{\lambda-2}} + \frac{\text{fin.}\,\zeta\,\cos.\zeta}{\lambda-1}\left(\frac{\text{fin.}\,\zeta}{\cos.\zeta}\right)^{\lambda},$$

& nous montre qu'on pourra toujours faire dépendre $d\zeta\left(\dfrac{\text{fin.}\,\zeta}{\cos.\zeta}\right)^{\lambda}$, λ étant un nombre entier pofitif, de l'une de ces deux différentielles $d\zeta\,\text{fin.}\,\zeta^{\lambda}$ ou $\dfrac{d\zeta\,\text{fin.}\,\zeta^{\lambda}}{\cos.\zeta}$, felon que λ fera pair ou impair. Si, μ étant un nombre entier pofitif, on a $\lambda+\mu=0$, on ne pourra pas faire ufage de la formule b, & on aura recours à la formule a' qui devient alors

$$\int d\zeta\left(\frac{\cos.\zeta}{\text{fin.}\,\zeta}\right)^{\mu} = \frac{-2}{\mu-1}\int\frac{d\zeta\,\cos.\zeta^{\mu}}{\text{fin.}\,\zeta^{\mu-2}} - \frac{\text{fin.}\,\zeta\,\cos.\zeta}{\mu-1}\left(\frac{\cos.\zeta}{\text{fin.}\,\zeta}\right)^{\mu},$$

& nous montre qu'on pourra toujours faire dépendre $d\zeta\left(\dfrac{\cos.\zeta}{\text{fin.}\,\zeta}\right)^{\mu}$, μ étant un nombre entier pofitif, de l'une de ces deux différentielles $d\zeta\,\cos.\zeta^{\mu}$ ou $\dfrac{d\zeta\,\cos.\zeta^{\mu}}{\text{fin.}\,\zeta}$, felon que μ fera pair ou impair.

(383). Je fuppofe $\lambda+\mu$ un nombre entier pair que je repréfenterai par $2i$, & je mets dans la formule a' pour μ fa valeur $2i-\mu$, & dans la formule b' pour μ fa valeur $2i-\lambda$, ce qui donne

$$\int d\zeta\,\text{fin.}\,\zeta^{2i}\left(\frac{\cos.\zeta}{\text{fin.}\,\zeta}\right)^{\mu} = \frac{2i+2}{2i-\mu+1}$$

$$\int d\zeta\,\text{fin.}\,\zeta^{2i+2}\left(\frac{\cos.\zeta}{\text{fin.}\,\zeta}\right)^{\mu} + \frac{\text{fin.}\,\zeta^{2i+1}}{2i-\mu+1}\left(\frac{\cos.\zeta}{\text{fin.}\,\zeta}\right)^{\mu+1},$$

$$\int d\zeta\,\cos.\zeta^{2i}\left(\frac{\text{fin.}\,\zeta}{\cos.\zeta}\right)^{\lambda} = \frac{2i+2}{2i-\lambda+1}$$

$$\int d\zeta\,\cos.\zeta^{2i+2}\left(\frac{\text{fin.}\,\zeta}{\cos.\zeta}\right)^{\lambda} - \frac{\cos.\zeta^{2i+2}}{2i-\lambda+1}\left(\frac{\text{fin.}\,\zeta}{\cos.\zeta}\right)^{\lambda+1},$$

Il est clair que toutes les fois que i sera un nombre négatif, ces deux différentielles seront intégrables algébriquement ; il en faut excepter le cas de $\mu = -1$, où la première devient $\frac{d\zeta \sin \zeta^{2i+1}}{\cos \zeta}$, & celui de $\lambda = -1$, où l'autre devient $\frac{d\zeta \cos \zeta^{2i+1}}{\sin \zeta}$; car alors elles seront intégrables par logarithmes.

En mettant dans la formule a pour λ sa valeur $2i-\mu$, & dans la formule b pour μ sa valeur $2i-\lambda$, elles deviennent

$$\int d\zeta \sin \zeta^{2i}\left(\frac{\cos\zeta}{\sin\zeta}\right)^{\mu} = \frac{2i-\mu-1}{2i}\int d\zeta \sin\zeta^{2i-2}\left(\frac{\cos\zeta}{\sin\zeta}\right)^{\mu} - \frac{\sin\zeta^{2i}}{2i}\left(\frac{\cos\zeta}{\sin\zeta}\right)^{\mu+1} \;\&$$

$$\int d\zeta \cos \zeta^{2i}\left(\frac{\sin\zeta}{\cos\zeta}\right)^{\lambda} = \frac{2i-\lambda-1}{2i}\int d\zeta \cos\zeta^{2i-2}\left(\frac{\sin\zeta}{\cos\zeta}\right)^{\lambda} + \frac{\cos\zeta^{2i}}{2i}\left(\frac{\sin\zeta}{\cos\zeta}\right)^{\lambda+1};$$

d'où l'on tire que toutes les fois que i sera un nombre positif on pourra ramener nos deux différentielles, l'une à $d\zeta\left(\frac{\cos\zeta}{\sin\zeta}\right)^{\mu}$, l'autre à $d\zeta\left(\frac{\sin\zeta}{\cos\zeta}\right)^{\lambda}$.

Or $\frac{\sin\zeta}{\cos\zeta}$ étant égal à tang. ζ & $d\zeta$ à $\frac{d\cdot\tan\zeta}{1+\tan\zeta^{2}}$, tout se réduit à intégrer une différentielle de cette forme $\frac{\tan\zeta^{\rho}\,d\cdot\tan\zeta}{1+\tan\zeta^{2}}$. Si ρ est un nombre entier plus grand que 1, cette différentielle n'est point rationnelle, mais on la rendra telle en faisant tang. $\zeta = x^{\rho}$; car par cette substitution elle deviendra $\frac{\rho\,x^{r+\rho-1}\,dx}{1+x^{2\rho}}$.

(384). La différentielle $d\zeta \sin\zeta^{\lambda}\cos\zeta^{\mu}$ étant proposée, j'aurois pu faire tout d'un coup sin. ζ ou cos. ζ égal à x, & l'ayant changée par-là en celle-ci, $x^{\lambda}dx(1-x^{2})^{\frac{\mu-1}{2}}$, ou en celle-ci, $x^{\mu}dx(1-x^{2})^{\frac{\lambda-1}{2}}$, j'aurois trouvé par les méthodes exposées au commencement de ce chapitre, comme par les transformations précédentes, 1°. que la proposée seroit intégrable algébriquement, si l'un des deux exposans λ ou μ étoit un nombre entier positif impair, ou si la somme des deux étoit un nombre entier négatif pair, à moins que l'un des deux ne fût $= -1$, cas où elle dépendroit des logarithmes ; 2°. que la proposée pourroit être rendue rationnelle, si l'un des deux exposans étoit un nombre entier positif ou négatif impair, ou si la somme des deux étoit un nombre entier positif ou négatif pair.

Par cette même substitution de x pour sin. ζ, je transformerai $\dfrac{d\zeta}{m+n\,\text{sin.}\,\zeta}$ en cette autre différentielle $\dfrac{dx}{(m+nx)\sqrt{(1-x^2)}}$, que je rendrai rationnelle en faisant $1-x^2=(1+x^2)y^2$; elle devient par cette substitution $\dfrac{-2\,dy}{m+n+(m-n)y^2}$, qui a pour intégrale $\dfrac{1}{\sqrt{(n^2-m^2)}}$ log. $\dfrac{\sqrt{(n^2-m^2)}-y(n-m)}{\sqrt{(n^2-m^2)}+y(n-m)}$, lorsque n est plus grand que m, & $\dfrac{-2}{\sqrt{(m^2-n^2)}}\,A$ tang. $\dfrac{y(m-n)}{\sqrt{(m^2-n^2)}}$, lorsque m est plus grand que n. Lorsque $n=m$, la proposée devient $\dfrac{-dy}{m}$ & a pour intégrale $-\dfrac{y}{m}$; donc $\displaystyle\int\dfrac{d\zeta}{1+\text{sin.}\,\zeta}=1-\dfrac{\cos.\,\zeta}{1+\text{sin.}\,\zeta}$, cette intégrale étant prise de manière qu'elle soit nulle lorsque $\zeta=0$. Je trouverai, en faisant cos. $\zeta=x$ & $1-x^2=(1+x)^2y^2$, que $\displaystyle\int\dfrac{d\zeta}{m+n\cos.\,\zeta}$ est égal à $\dfrac{1}{\sqrt{(n^2-m^2)}}$ log. $\dfrac{\sqrt{(n^2-m^2)}+y(n-m)}{\sqrt{(n^2-m^2)}-y(n-m)}$, lorsque n est plus grand que m, à $\dfrac{2}{\sqrt{(m^2-n^2)}}\,A$ tang. $\dfrac{y(m-n)}{\sqrt{(m^2-n^2)}}$, lorsque m est plus grand que n, à $\dfrac{y}{m}$ lorsque $n=m$. Donc $\displaystyle\int\dfrac{d\zeta}{1+\cos.\,\zeta}=\dfrac{\text{sin.}\,\zeta}{1+\cos.\,\zeta}$, cette intégrale étant prise de manière qu'elle soit nulle lorsque $\zeta=0$. En se rappellant que $d\cdot\text{sin.}\,\zeta=d\zeta\cos.\,\zeta$, $d\cos.\,\zeta=-d\zeta\,\text{sin.}\,\zeta$, on verra aisément que les intégrales de $\dfrac{d\zeta\cos.\,\zeta}{m+n\,\text{sin.}\,\zeta}$, $\dfrac{d\zeta\,\text{sin.}\,\zeta}{m+n\cos.\,\zeta}$ sont $\dfrac{1}{n}$ log. $\dfrac{m+n\,\text{sin.}\,\zeta}{m}$, $\dfrac{1}{n}$ log. $\dfrac{m}{m+n\cos.\,\zeta}$, ces intégrales étant prises de manière qu'elles soient nulles lorsque $\zeta=0$. Quant aux différentielles, $\dfrac{d\zeta\,\text{sin.}\,\zeta}{m+n\,\text{sin.}\,\zeta}$, $\dfrac{d\zeta\cos.\,\zeta}{m+n\cos.\,\zeta}$, on les transformera en celles-ci, $\dfrac{d\zeta}{n}-\dfrac{m\,d\zeta}{n(m+n\,\text{sin.}\,\zeta)}$, $\dfrac{d\zeta}{n}-\dfrac{m\,d\zeta}{n(m+n\cos.\,\zeta)}$ dont les intégrales dépendent des précédentes.

(385). L'une de ces deux différentielles $\dfrac{d\zeta}{(m+n\,\text{sin.}\,\zeta)^\lambda}$ & $\dfrac{d\zeta}{(m+n\cos.\,\zeta^\lambda)}$ étant intégrée, l'intégrale de l'autre s'ensuivra nécessairement. Soit proposé d'intégrer celle-ci $\dfrac{p\,d\zeta+q\,d\zeta\cos.\,\zeta}{(m+n\cos.\,\zeta)^\lambda}$, qui est plus générale, dans le cas où λ seroit un nombre entier positif.

On fera $\displaystyle\int\dfrac{(p+q\cos.\,\zeta)\,d\zeta}{(m+n\cos.\,\zeta)^\lambda}=\dfrac{A\,\text{sin.}\,\zeta}{(m+n\cos.\,\zeta)^{\lambda-1}}+\displaystyle\int\dfrac{(B+C\cos.\,\zeta)\,d\zeta}{(m+n\cos\,\zeta)^{\lambda-1}}$;

Partie II. H

& après avoir différentié, réduit & fait pour abréger $A + C = K$, il viendra
$p + q \cos. \mathfrak{C} = B m + Bn + Km) \cos. \mathfrak{C} + Kn \cos. \mathfrak{C}^2 + (\lambda - 1) \cdot nA \sin. \mathfrak{C}^2$.
Donc, à cause de $\sin. \mathfrak{C} = 1 - \cos. \overset{\circ}{\omega}$, on aura les équations

$$p = B m + (\lambda - 1) \cdot nA, \quad q = Bn + Km, \quad K = (\lambda - 1) \cdot A;$$

d'où il sera facile de tirer

$$A = \frac{q m - p n}{(\lambda - 1)(m^2 - n^2)}, \quad B = \frac{p m - q n}{m^2 - n^2}, \quad C = \frac{\lambda - 2}{\lambda - 1} \cdot \frac{q m - p n}{m^2 - n^2}.$$

De la même manière on fera dépendre l'intégrale de $\dfrac{(B + C \cos. \mathfrak{C}) d \overset{\circ}{\omega}}{(m + n \cos. \overset{\circ}{\omega})^{\lambda}}$ de celle

de $\dfrac{(E + F \cos. \mathfrak{C}) d \overset{\circ}{\omega}}{(m + n \cos. \overset{\circ}{\omega})^{\lambda - 2}}$; & par une suite d'opérations semblables, on arrivera à
une différentielle que l'on saura intégrer.

(386). Il y a si peu de fonctions différentielles qu'il soit possible d'intégrer
exactement, que les méthodes d'approximation font une des parties les plus
importantes du calcul intégral. Parmi ces méthodes nous avons remarqué le
théorème de Taylor (n°. 163) qui n'est pas le seul moyen que nous offre le
calcul différentiel pour résoudre ces sortes de problème. On propose de développer en série la fonction $[x + \sqrt{(1 + x^2)}]^n = y$.
On fera $n \log. [x + \sqrt{(1 + x^2)}] = \log. y$,

d'où $\dfrac{n d x}{\sqrt{(1 + x^2)}} = \dfrac{d y}{y}$, & $(1 + x^2) \cdot \dfrac{d y^2}{d x^2} - n^2 y^2 = 0$;

on tire de cette équation, en regardant dx comme constant,

$$(1 + x^2) \cdot \frac{d^2 y}{d x^2} + x \frac{d y}{d x} - n^2 y = 0.$$

On verra aisément que la série demandée peut être de cette forme

$$y = 1 + n x + A x^2 + B x^3 + C x^4 + D x^5 + \&c.$$

donc $\dfrac{d y}{d x} = n + 2 A x + 3 B x^2 + 4 C x^3 + 5 Dx^4 + \&c.$

$$\frac{d^2 y}{d x^2} = 2 A + 2 \cdot 3 B x + 3 \cdot 4 C x^2 + 4 \cdot 5 D x^3 + \&c.;$$

substituant & réduisant, on a l'équation identique,

$$\left. \begin{aligned} 2 A + 2 \cdot 3 B \\ - n^2 + \\ n^3 \\ \end{aligned} \right\} x + \left. \begin{aligned} 3 \cdot 4 C \\ 2 A \\ 2 A \\ n^2 A \end{aligned} \right\} x^2 + \left. \begin{aligned} 4 \cdot 5 D \\ 2 \cdot 3 B \\ 3 B \\ - n^2 B \end{aligned} \right\} x^3 + \&c. = 0,$$

d'où l'on tire

$$A = \frac{n^2}{2}, \quad B = \frac{n}{2} \cdot \frac{n^2 - 1}{3}, \quad C = \frac{n^2}{2} \cdot \frac{n^2 - 4}{3 \cdot 4}, \quad D = \frac{n^2}{2} \cdot \frac{n^2 - 4}{3 \cdot 4} \cdot \frac{n^2 - 9}{4 \cdot 5}, \&c.$$

(387). Le rayon étant pris pour l'unité, si on nomme y le sinus d'un angle x & ζ son cosinus, on aura

$$\frac{dy}{dx} = \sqrt{(1 - y^2)} \ \& \ \frac{d\zeta}{dx} = - \sqrt{(1 - \zeta^2)}.$$

On tire delà

$$\frac{dy^2}{dx^2} = 1 - y^2, \ \frac{d\zeta^2}{dx^2} = 1 - \zeta^2; \ \& \ \frac{d^2 y}{dx^2} = - y, \ \frac{d^2 \zeta}{dx^2} = - \zeta.$$

Je suppose

$$y = x + A x^{\lambda + 1} + B x^{2\lambda + 1} + C x^{3\lambda + 1} + \&c.,$$

$$\zeta = 1 + a x^{\mu} + b x^{2\mu} + c x^{3\mu} + \&c.;$$

cela est fondé sur ces deux considérations, 1°. que $x = 0$ doit donner $y = 0$ & $\zeta = 1$; 2°. que plus l'arc diminue, plus il approche d'être égal à son sinus, ce qui fait que le premier terme de la valeur supposée de y ne doit avoir d'autre co-efficient ni d'autre exposant que l'unité. Donc

$$\frac{dy}{dx} = 1 + (\lambda + 1) . A x^{\lambda} + (2\lambda + 1) . B x^{2\lambda} + (3\lambda + 1) C x^{3\lambda} + \&c.$$

$$\frac{d^2 y}{dx^2} = \lambda . (\lambda + 1) . A x^{\lambda - 1} + 2\lambda . (2\lambda + 1) . B x^{2\lambda - 1} + 3\lambda . (3\lambda + 1) .$$
$$C x^{3\lambda - 1} + \&c.$$

$$\frac{d\zeta}{dx} = \mu a x^{\mu - 1} + 2\mu b x^{2\mu - 1} + 3\mu c x^{3\mu - 1} + \&c.$$

$$\frac{d^2 \zeta}{dx^2} = \mu . (\mu - 1) . a x^{\mu - 2} + 2\mu . (2\mu - 1) . b x^{2\mu - 2} + 3\mu .$$
$$(3\mu - 1) . c x^{3\mu - 2} + \&c.$$

Substituant pour y & $\frac{d^2 y}{dx^2}$, ζ & $\frac{d\zeta}{dx}$ leurs valeurs dans les équations $\frac{d^2 y}{dx^2} + y = 0$, $\frac{d^2 \zeta}{dx^2} + \zeta = 0$, on aura les équations identiques,

$$\left. \begin{matrix} \lambda . (\lambda + 1) . A x^{\lambda - 1} + 2\lambda . (2\lambda + 1) . B x^{2\lambda - 1} + \\ 3\lambda . + x \qquad\qquad + \qquad\qquad A x^{\lambda + 1} + \\ (3\lambda + 1) . C x^{3\lambda - 1} + \&c. \\ B x^{2\lambda + 1} + \&c. \end{matrix} \right\} = 0,$$

$$\left. \begin{matrix} \mu . (\mu - 1) . a x^{\mu - 2} + 2\mu . (2\mu - 1) . b x^{2\mu - 2} + \\ 3\mu . + 1 \qquad\qquad + \qquad\qquad a x^{\mu} + \\ (3\mu - 1) . c x^{3\mu - 2} + \&c. \\ b x^{2\mu} + \&c. \end{matrix} \right\} = 0.$$

Je fais dans la première $\lambda - 1 = 1$, ou $\lambda = 2$, & il me vient

$$A = \frac{-1}{2 \cdot 3}, \quad B = \frac{1}{2 \cdot 3 \cdot 4 \cdot 5}, \quad C = \frac{-1}{2 \cdot 3 \cdot 4 \cdot 5 \cdot 6 \cdot 7}, \quad \&c\,;$$

je fais dans la seconde $\mu - 2 = 0$ ou $\mu = 2$, & j'en tire

$$a = \frac{-1}{2}, \quad b = \frac{1}{2 \cdot 3 \cdot 4}, \quad c = \frac{-1}{2 \cdot 3 \cdot 4 \cdot 5 \cdot 6}, \quad \&c.$$

Si j'eusse substitué dans les deux équations $\frac{dy}{dx} = \zeta$ & $\frac{d\zeta}{dx} = -y$, pour $y\,\zeta$, $\frac{dy}{dx}$, $\frac{d\zeta}{dx}$ leurs valeurs tirées des hypothèses précédentes, j'aurois eu

$$\left.\begin{aligned}(\lambda + 1) \cdot A x^{\lambda} &+ (2\lambda + 1) \cdot B x^{2\lambda} &+ (3\lambda + 1) \cdot C x^{3\lambda} &+ \&c. \\ - a x^{\mu} - & & b x^{2\mu} - & & c x^{3\mu} - \&c.\end{aligned}\right\} = 0\,;$$

$$\left.\begin{aligned}\mu a x^{\mu-1} &+ 2\mu b x^{2\mu-1} &+ 3\mu c x^{3\mu-1} &+ \&c. \\ + x &+ A x^{\lambda+1} &+ B x^{2\lambda+1} &+ \&c.\end{aligned}\right\} = 0\,;$$

& faisant dans la première $\lambda = \mu$, & dans la seconde $\mu = 2$, j'aurois tiré de l'une & de l'autre ces deux suites d'équations

$$3A = a, \ 5B = b, \ 7C = c, \&c. \quad 2a + 1 = 0, \ 4b + A = 0, \ 6c + B = 0, \&c.$$

lesquelles donnent pour A, B, &c. a, b, &c. les mêmes valeur que ci-dessus.

(388). Il est clair que $(1 + n \cos. \zeta)^{m} = 1 + m n \cos. \zeta + m \cdot \frac{m-1}{2} n^2$ $\cos. \zeta^2 + m \cdot \frac{m-1}{2} \cdot \frac{m-2}{3} n^3 \cos. \zeta^3 + m \cdot \frac{m-1}{2} \cdot \frac{m-2}{3} \cdot \frac{m-3}{4} n^4 \cos. \zeta^4 + \&c.$

Or, en substituant pour $\cos. \zeta^2$, $\cos. \zeta^3$, &c. leurs valeurs (n°. 8) on trouvera aisément pour A, B, &c. ce qui suit,

$$A = 1 + m \cdot \frac{m-1}{2} \cdot \frac{n^2}{2} + m \cdot \frac{m-1}{2} \cdot \frac{m-2}{3} \cdot \frac{m-3}{4} \cdot \frac{3 n^4}{8} + m \cdot \frac{m-1}{2} \cdot$$

$$\frac{m-2}{3} \cdot \frac{m-3}{4} \cdot \frac{m-4}{5} \cdot \frac{m-5}{6} \cdot \frac{5 n^6}{16} + \&c.,$$

$$B = m n + m \cdot \frac{m-1}{2} \cdot \frac{m-2}{3} \cdot \frac{3 n^3}{4} + m \cdot \frac{m-1}{2} \cdot \frac{m-2}{3} \cdot \frac{m-3}{4} \cdot$$

$$\frac{m-4}{5} \cdot \frac{5 n^5}{8} + \&c.$$

&c. Mais lorsqu'on connoîtra les deux premiers co-efficiens A & B, il sera plus court de chercher les autres de la manière suivante.

De l'équation $(1 + n \cos. \zeta)^{m} = A + B \cos. \zeta + C \cos. 2\zeta + \&c.$, on tire

$$m \log. (1 + n \cos. \zeta) = \log. (A + B \cos. \zeta + C \cos. 2\zeta + \&c.)\,;$$

différentiant

différentiant & divisant par $- d\varphi$, il vient

$$\frac{m\,n\,\sin.\,\varphi}{1 + n\cos.\,\varphi} = \frac{B\sin.\,\varphi + 2\,C\sin.\,2\varphi + \&c.}{A + B\cos.\,\varphi + C\cos.\,2\varphi + \&c.}\,, \quad \&$$

$A\,m\,n\,\sin.\,\varphi + B\,m\,n\,\sin.\,\varphi\cos.\,\varphi + C\,m\,n\,\sin.\,\varphi\cos.\,2\varphi + \&c. = B\sin.\,\varphi + 2\,C\sin.\,2\varphi + \&c. + B\,n\sin.\,\varphi\cos.\,\varphi + 2\,C\,n\cos.\,\varphi\,.\,\cos.\,2\varphi + \&c.$

On tirera aisément des formules du (n°. 7)

$$2\sin.\,\lambda\varphi\cos.\,\varphi = \sin.\,(\lambda + 1)\,\varphi + \sin.\,(\lambda - 1)\,.\,\varphi, \quad \&$$
$$2\sin.\,\varphi\cos.\,\lambda\varphi = \sin.\,(\lambda + 1)\,\varphi - \sin.\,(\lambda - 1)\,.\,\varphi;$$

faisant donc les substitutions nécessaires dans la précédente équation, elle devient

$$B\sin.\,\varphi + 2\,C\,.\,\sin.\,2\varphi + 3\,D\,.\,\sin.\,3\varphi + 4\,E\sin.\,4\varphi + \&c. = 0;$$

$$\begin{array}{cccc}
& + \frac{n}{2}\,B & + n\,C & + \frac{3\,n}{2}\,D \\[4pt]
+ n\,C & + \frac{3\,n}{2}\,D & + 2\,n\,E & + \frac{5\,n}{2}\,F \\[4pt]
- m\,n\,A & - \frac{m\,n}{2}\,B & - \frac{m\,n}{2}\,C & - \frac{m\,n}{2}\,D \\[4pt]
+ \frac{m\,n}{2}\,C & + \frac{m\,n}{2}\,D & + \frac{m\,n}{2}\,E & + \frac{m\,n}{2}\,F
\end{array}$$

on en tire $(m + 2)\,.\,n\,C + 2\,B - 2\,m\,n\,A = 0,$

$\quad (m + 3)\,.\,n\,D + 4\,C - n\,.\,(m - 1)\,.\,B = 0,$

$\quad (m + 4)\,.\,n\,E + 6\,D - n\,.\,(m - 2)\,.\,C = 0,$

$\quad (m + 5)\,.\,n\,F + 8\,E - n\,.\,(m - 3)\,.\,D = 0, \&c.; \&$

$$C = m\,.\,\frac{m - 1}{2}\,.\,\frac{n^2}{2} + m\,.\,\frac{m - 3}{2}\,.\,\frac{m - 2}{3}\,.\,\frac{m - 3}{4}\,.\,\frac{n^4}{2} + m\,.\,\frac{m - 1}{2}\,.$$
$$\frac{m - 2}{3}\,.\,\frac{m - 3}{4}\,.\,\frac{m - 4}{5}\,.\,\frac{m - 5}{6}\,.\,\frac{15\,n^6}{32} + \&c.$$

$$D = m\,.\,\frac{m - 1}{2}\,.\,\frac{m - 2}{3}\,.\,\frac{n^3}{4} + m\,.\,\frac{m - 1}{2}\,.\,\frac{m - 2}{3}\,.\,\frac{m - 3}{4}\,.\,\frac{m - 4}{5}\,.\,\frac{5\,n^5}{16} + \&c.,$$

$$E = m\,.\,\frac{m - 1}{2}\,.\,\frac{m - 2}{3}\,.\,\frac{m - 3}{4}\,.\,\frac{n^4}{8} + m\,.\,\frac{m - 1}{2}\,.\,\frac{m - 2}{3}\,.\,\frac{m - 3}{4}\,.$$
$$\frac{m - 4}{5}\,.\,\frac{m - 5}{6}\,.\,\frac{3\,n^6}{16} + \&c.,$$

&c.

(389). Ayant réduit $(1 + n\cos.\,\varphi)^m$ en une série de cette forme ,

$$A + B\cos.\,\varphi + C\cos.\,2\varphi + D\cos.\,3\varphi + E\cos.\,4\varphi + \&c.;$$

on trouvera que l'intégrale de $(1 + n\cos.\,\varphi)^m\,d\varphi$ est égale à

$$A\varphi + B\sin.\,\varphi + \tfrac{1}{2}\,C\sin.\,2\varphi + \tfrac{1}{3}\,D\sin.\,3\varphi + \tfrac{1}{4}\,E\sin.\,4\varphi + \&c.$$

Partie II.   I

Si m est un nombre entier positif, on aura chacun des co-efficiens & l'intégrale elle-même sous une forme finie; par exemple, si $m = 3$, on aura

$$A = 1 + \frac{3n^2}{2}, \quad B = 3n + \frac{3n^3}{4}, \quad C = \frac{3n^2}{2}, \quad D = \frac{n^3}{4} \quad E = 0;$$

si $m = 4$, on aura $A = 1 + 3n^2 + \frac{3}{8}n^4$, $B = 4n + 3n^3$, $C = 3n^2 + \frac{n^4}{2}$,

$$D = n^3, \quad E = \frac{n^4}{8} \quad F = 0; \&c.$$

Mais si $m = -1$, on aura

$$A = 1 + \frac{n^2}{2} + \frac{3n^4}{8} + \frac{5n^6}{16} + \&c. \qquad B = -\left(n + \frac{3n^3}{4} + \frac{5n^4}{8} + \&c.\right);$$

& les autres co-efficiens seront donnés par les équations

$$nC + 2B + 2nA = 0, \quad nD + 2C + nB = 0, \&c.$$

Dans ce cas lorsque n est moindre que 1,

$$A = \frac{1}{\sqrt{(1-n^2)}}, \quad B\left(= -\frac{2}{n}\left(-1 + 1 + \frac{n^2}{2} + \frac{3n^4}{8} + \&c.\right)\right) =$$
$$\frac{2}{n}\left(1 - \frac{1}{\sqrt{(1-n^2)}}\right), \&c.$$

Il ne sera pas toujours aussi facile de trouver une relation entre les deux premiers co-efficiens A & B; cependant si l'on veut faire attention que

$$\frac{2An^2 + Bn}{m+2} = n^2 + m : \frac{m-1}{2} \cdot \frac{n^4}{4} + m \cdot \frac{m-1}{2} \cdot \frac{m-2}{3} \cdot \frac{m-3}{4} \cdot \frac{n^6}{8} + \&c.$$

& que si l'on différentie cette équation en regardant n comme variable, on a

$$\frac{(4An + B)\cdot dn + 2n^2 dA + ndB}{m+2} = 2ndn\left(1 + m \cdot \frac{m-1}{2} \cdot \frac{n^2}{2}\right.$$
$$\left. + m \cdot \frac{m-1}{2} \cdot \frac{m-2}{3} \cdot \frac{m-3}{4} \cdot \frac{3n^4}{8} + \&c.\right) = 2Andn,$$

on verra que cette relation est donnée généralement par l'équation

$$d.Bn = 2Amndn - 2n^2 dA,$$ d'où l'on tire

$$Bn = 2\int(Amndn - n^2 dA) = -2n^2 A + 2(m+2)\int Andn;$$

l'intégrale $\int Andn$ doit être prise de manière qu'elle s'évanouisse lorsque $n = 0$, puisqu'alors $B = 0$.

(390). Soit toujours $(1 + n\cos.\zeta)^m = A + B\cos.\zeta + C\cos.2\zeta + \&c.$; soit fait aussi $(1 + n\cos.\zeta)^{m-1} = A' + B'\cos.\zeta + C'\cos.2\zeta + \&c.$ Si l'on multiplie la seconde suite par $1 + n\cos.\zeta$, elle doit être égale à la première; donc, à cause de $\cos.\zeta\,\cos.\lambda\zeta = \dfrac{\cos.(\lambda+1)\cdot\zeta + \cos.(\lambda-1)\cdot\zeta}{2}$,

on aura l'équation

$$A + B \cos. \epsilon + C \cos. 2\epsilon + D \cos. 3\epsilon + \&c.$$
$$= A' + B' \cos. \epsilon + C' \cos. 2\epsilon + D' \cos. 3\epsilon + \&c.,$$
$$+ \frac{n B'}{2} + n A' \quad + \frac{n B'}{2} \quad + \frac{n C'}{2}$$
$$+ \frac{n C'}{2} \quad + \frac{n D'}{2} \quad + \frac{n E'}{2}$$

d'où l'on tire

$$B' = \frac{2(A - A')}{n}, \quad C' = \frac{2(B - B')}{n} - 2A', \quad D' = \frac{2(C - C')}{n} - B',$$
$$E' = \frac{2(D - D')}{n} - C', \&c.$$

Pour trouver A', A étant donné, je remarque que

$$A = 1 + m . \quad \frac{m-1}{2} . \frac{n^2}{2} + m . \quad \frac{m-1}{2} . \frac{m-2}{3} . \frac{m-3}{4} . \frac{3 n^4}{8} + \&c. ;$$
$$A' = 1 + (m-1) . \frac{m-2}{2} . \frac{n^2}{2} + (m-1) . \frac{m-2}{2} . \frac{m-3}{3} . \frac{m-4}{4} . \frac{3 n^4}{8} + \&c. ;$$

or la première étant multipliée par n^{-m}, & différentiée, en regardant n comme variable, donne

$$\frac{d . A n^{-m}}{d n} = - m n^{-m-1} \left(1 + (m-1) . \frac{m-1}{2} . \frac{n^2}{2} + (m-1) . \right.$$
$$\left. \frac{m-2}{2} . \frac{m-3}{3} . \frac{m-4}{4} . \frac{3 n^4}{8} + \&c. \right) = - m A' n^{-m-1} ;$$

donc la relation entre ces deux co-efficiens sera donnée par l'équation $A' = \frac{d . A n^{-m}}{d . n^{-m}}$. On trouveroit de la même manière que $B' = \frac{d . B n^{-m}}{d . n^{-m}}$, $C' = \frac{d . C n^{-m}}{d . n^{-m}}$, &c.; mais on a aussi $B' = \frac{2(A - A')}{n}$, donc $\frac{2 d A}{m d n} = B - \frac{n d B}{m d n}$,

d'où l'on tire, en multipliant les deux membres par n^{-m-1},

$$B = - 2 n^m \int n^{-m-1} d A = - \frac{2 A}{n} - 2(m+1) n^m \int A n^{-m-2} d n.$$

En égalant cette valeur de B à celle-ci, $B = - 2 n A + \frac{2(m+2)}{n} \int A n d n$;

on aura l'équation

$$A + (m+1) n^{m+1} \int A n^{-m-2} d n = n^2 A - (m+2) \int A n d n,$$

& en différentiant deux fois pour faire disparoître les deux signes d'intégrations, on trouvera l'équation linéaire du second ordre

$$(1 - n^2) \frac{d^2 A}{d n^2} + \frac{2(m-1) n^2 + 1}{n} \frac{d A}{d n} - m . (m-1) . A = 0.$$

Soit a la valeur de A lorsque m est un nombre entier positif que je nomme i ;

$$\frac{a}{(1-n^2)^i \sqrt{(1-n^2)}}$$ sera la valeur de A lorsque m est un nombre entier négatif $-i-1$. Si, par exemple, $m = 3$, l'équation précédente donnera $A = 1 + \frac{3 n^2}{2}$; & si $m = -4$, elle donnera $A = \frac{1 + \frac{3 n^2}{2}}{(1-n^2)^3 \sqrt{(1-n^2)}}$: si $m = 4$, $A = 1 + 3 n^2 + \frac{3}{8} n^4$; & si $m = -5$, $A = \frac{1 + 3 n^2 + \frac{1}{8} n^4}{(1-n^2)^4 \sqrt{(1-n^2)}}$.

Mais si m est un nombre fractionnaire, on aura A par la série donnée (n°. 388), & qui sera d'autant plus convergente que n sera plus petit que 1. Il pourroit se faire que n différât peu de l'unité, & qu'il fût nécessaire de prendre un très-grand nombre de termes de la série; alors on auroit recours au moyen suivant pour déterminer ce premier co-efficient dont tous les autres dépendent.

(391). On fera pour plus de commodité,

$$(1 + n \cos. \mathcal{C})^m = A + A \, 1 \cos. \mathcal{C} + A \, 2 \cos. 2 \mathcal{C} + A \, 3 \cos. 3 \mathcal{C} + \&c.$$

& on aura

$$(1 - n \cos. \mathcal{C})^m = A - A \, 1 \cos. \mathcal{C} + A \, 2 \cos. 2 \mathcal{C} - A \, 3 \cos. 3 \mathcal{C} + \&c.$$

Maintenant soit pris un autre angle quelconque g, & soit écrit les deux équations

$$(1 + n \cos. g)^m = A + A \, 1 \cos. g + A \, 2 \cos. 2 g + A \, 3 \cos. 3 g + \&c.$$
$$(1 - n \cos. g)^m = A - A \, 1 \cos. g + A \, 2 \cos. 2 g - A \, 3 \cos. 3 g + \&c.$$

qui étant ajoutées ensemble donnent

$$\tfrac{1}{2} (1 + n \cos. g)^m + \tfrac{1}{2} (1 - n \cos. g)^m = A + A \, 2 \cos. 2 g + A \, 4 \cos. 4 g + \&c.$$

On mettra dans cette équation $90^\circ - g$ pour g, ce qui la changera en celle-ci

$$\tfrac{1}{2} (1 + n \sin. g)^m + \tfrac{1}{2} (1 - n \sin. g)^m = A - A \, 2 \cos. 2 g + A \, 4 \cos. 4 g - \&c.$$

qu'on ajoutera à la précédente pour avoir

$$A + A \, 4 \cos. 4 g + A \, 8 \cos. 8 g + \&c. = (K) \ldots\ldots \tfrac{1}{4} (1 + n \cos. g)^m +$$
$$\tfrac{1}{4} (1 - n \cos. g)^m + \tfrac{1}{4} (1 + n \sin. g)^m + \tfrac{1}{4} (1 - n \sin. g)^m.$$

Soit $4 g = 90^\circ$, on aura $\cos. 4 g = 0$, $\cos. 8 g = -1$, &c. & l'équation $A = K + A \, 8 - \&c.$; or comme $A \, 8$ & les co-efficiens suivans seront souvent assez petits pour pouvoir être négligés, on aura dans beaucoup de cas $A = K$ à très-peu de chose près. Mais si cette approximation ne paroît pas suffisante, on prendra un second angle quelconque g', & ayant nommé K' ce que devient K en mettant g' pour g, on aura une équation qui étant ajoutée à la précédente, donnera

$$2 A + A \, 4 \, (\cos. 4 g + \cos. 4 g') + A \, 8 \, (\cos. 8 g + \cos. 8 g') +$$
$$A \, 12 \, (\cos. 12 g + \cos. 12 g') + A \, 16 \, (\cos. 16 g + \cos. 16 g') + \&c.$$
$$= K + K'.$$

Soit

Soit $4g = 45° \& 4g' = 3 \cdot 45°$; à caufe de cos. $4g +$ cos. $4g' = 0$, cos. $8g +$ cos. $8g' = 0$, cos. $12g +$ cos. $12g' = 0$, cos. $16g +$ cos. $16g' = -2$, &c.

on trouvera $A = \dfrac{K + K'}{2} + A\,16 - $ &c. $\& A = \dfrac{K + K'}{2}$,

en négligeant le co-efficient $A\,16$, & les fuivans. Si on n'eft point encore content de cette approximation, on prendra un troifième angle g'', & ayant formé une équation qu'on ajoutera aux deux premières, on aura, en nommant K'' ce que devient K en mettant g'' pour g, $3A = K + K' + K'' + $ &c. On fera $4g = 30°$, $4g' = 3 \cdot 30°$, $4g'' = 4 \cdot 30°$, & on trouvera que cette fomme cos. $4g +$ cos. $4g' +$ cos. $4g''$ eft égale à zéro auffi bien que les fuivantes jufqu'à celle-ci, cos. $24g +$ cos. $24g' +$ cos. $24g''$ qui eft $= -3$; on aura donc $A = \dfrac{K - K' + K''}{3} + A\,24 - $ &c. &c. Pour peu que n foit moindre que 1, on pourra de cette manière déterminer A avec la plus grande exactitude. On ne doute point qu'il ne foit fouvent de la plus grande importance d'avoir des féries très - convergentes ; c'eft pourquoi nous ajouterons ce qui fuit à ce que nous avons déjà dit fur l'art de développer les fonctions en féries.

(392). Il fuit du théorême de Taylor (n°. 163), que y étant une fonction quelconque de x, fi l'on nomme K la valeur de y qui répond à $x = a \& A\,1$, $B\,1$, $C\,1$, ce que deviennent les rapports $\dfrac{dy}{dx} = p$, $\dfrac{d^2y}{dx^2} = q$, $\dfrac{d^3y}{dx^3} = r$, &c. dans la même hypothèfe ; il fuit, dis-je, de ce théorême, que fi a augmente de la différence $x - a$, $y = K + A\,1\,(x - a) + B\,1\,\dfrac{(x - a)^2}{2} +$

$$C\,1\,\frac{(x - a)^3}{2 \cdot 3} + D\,1\,\frac{(x - a)^4}{2 \cdot 3 \cdot 4} + \text{\&c.} ;$$

& que fi x diminue de la même différence,

$$K = y - p\,(x - a) + q\,\frac{(x - a)^2}{2} - r\,\frac{(x - a)^3}{2 \cdot 3} + s\,\frac{(x - a)^4}{2 \cdot 3 \cdot 4} - \text{\&c.}$$

d'où l'on tire $y = K + p\,(x - a) - q\,\dfrac{(x-a)^2}{2} + r\,\dfrac{(x-a)^3}{2 \cdot 3} - s\,\dfrac{(x-a)^4}{2 \cdot 3 \cdot 4} + $ &c.

Soit $y = \int X\,dx$, on aura $p = X$, &c. ; de plus, fi on fuppofe que pour arriver à x, a ait paffé fucceffivement par a, a', a'', $a''' \ldots x$, on aura évidemment cette fuite d'équations ;

$$K' = K + A\,1\,(a' - a) + B\,1\,\frac{(a' - a)^2}{2} + C\,1\,\frac{(a' - a)^3}{2 \cdot 3} +$$

$$D\,1\,\frac{(a' - a)^4}{2 \cdot 3 \cdot 4} + \text{\&c.},$$

Partie II.   **K**

$$K'' = K' + A' \mathbf{1} (a'' - a') + B' \mathbf{1} \frac{(a'' - a')^2}{2} + C' \mathbf{1} \frac{(a'' - a')^3}{2 \cdot 3} +$$

$$D' \mathbf{1} \frac{(a'' - a')^4}{2 \cdot 3 \cdot 4} + \&c. ,$$

$$K''' = K'' + A'' \mathbf{1} (a''' - a'') + B'' \mathbf{1} \frac{(a''' - a'')}{2} + C' \mathbf{1} \frac{(a''' - a'')^3}{2 \cdot 3} +$$

$$D'' \mathbf{1} \frac{(a''' - a'')^4}{2 \cdot 3 \cdot 4} + \&c. ,$$

$$\cdots\cdots\cdots\cdots\cdots\cdots\cdots\cdots\cdots\cdots\cdots\cdots$$

$$y = {'y} + {'p} (x - {'x}) + {'q} \frac{(x - {'x})^2}{2} + {'r} \frac{(x - {'x})^3}{2 \cdot 3} + {'s} \frac{(x - {'x})^4}{2 \cdot 3 \cdot 4} + \&c. ,$$

qui étant ajoutée enfemble, donneront, lorfque les différences $a' - a$, $a'' - a'$, &c.
feront conftantes & repréfentées par Δa,

$$y = K + \Delta a (A \mathbf{1} + A' \mathbf{1} + A'' \mathbf{1} + \cdots\cdots\cdots + {'p})$$

$$+ \frac{\Delta a^2}{2} (B \mathbf{1} + B' \mathbf{1} + B'' \mathbf{1} + \cdots\cdots\cdots + {'q})$$

$$+ \frac{\Delta a^3}{2 \cdot 3} (C \mathbf{1} + C' \mathbf{1} + C'' \mathbf{1} + \cdots\cdots\cdots + {'r})$$

$$+ \frac{\Delta a^4}{2 \cdot 3 \cdot 4} (D \mathbf{1} + D' \mathbf{1} + D'' \mathbf{1} + \cdots\cdots\cdots + {'s})$$

$$\&c.$$

Il n'eft pas moins évident qu'on aura auffi cette autre fuite d'équations,

$$K' = K + A' \mathbf{1} (a' - a) - B' \mathbf{1} \frac{(a' - a)^2}{2} + C' \mathbf{1} \frac{(a' - a)^3}{2 \cdot 3} -$$

$$D' \mathbf{1} \frac{(a' - a)^4}{2 \cdot 3 \cdot 4} + \&c. ,$$

$$K'' = K' + A'' \mathbf{1} (a'' - a') - B'' \mathbf{1} \frac{(a'' - a')^2}{2} + C'' \mathbf{1} \frac{(a'' - a')^3}{2 \cdot 3} -$$

$$D'' \mathbf{1} \frac{(a'' - a')^4}{2 \cdot 3 \cdot 4} + \&c. ,$$

$$K''' = K'' + A''' \mathbf{1} (a''' - a'') - B''' \mathbf{1} \frac{(a''' - a'')^2}{2} + C''' \mathbf{1} \frac{(a''' - a'')^3}{2 \cdot 3} -$$

$$D''' \mathbf{1} \frac{(a''' - a'')^4}{2 \cdot 3 \cdot 4} + \&c. ;$$

$$\cdots\cdots\cdots\cdots\cdots\cdots\cdots\cdots\cdots\cdots\cdots\cdots$$

$$y = {'y} + p (x - {'x}) - q \frac{(x - {'x})^2}{2} + r \frac{(x - {'x})^3}{2 \cdot 3} - s \frac{(x - {'x})^4}{2 \cdot 3 \cdot 4} + \&c. ;$$

d'où l'on tirera dans la même hypothèfe des différences $a' - a$, $a'' - a'$, &c.
regardées comme conftantes, & repréfentées par Δa,

$$y = K + \Delta a \left(A'1 + A''1 + A'''1 + \dots\dots\dots\dots + p \right)$$
$$+ \frac{\Delta a^2}{2} \left(B'1 + B''1 + B'''1 + \dots\dots\dots\dots + q \right)$$
$$+ \frac{\Delta a^3}{2\cdot 3} \left(C'1 + C''1 + C'''1 + \dots\dots\dots\dots + r \right)$$
$$+ \frac{\Delta a^4}{2\cdot 3\cdot 4} \left(D'1 + D''1 + D'''1 + \dots\dots\dots\dots + s \right)$$
$$\&c.$$

(393). En prenant entre ces deux valeurs de y une moyenne arithmétique, on trouvera

$$y = K + \Delta a \left(A1 + A'1 + A''1 + \dots\dots\dots\dots \right.$$
$$\left. + p - \frac{A1 + p}{2} \right) + \frac{\Delta a^2}{4} \left(B1 - q \right)$$
$$+ \frac{\Delta a^3}{2\cdot 3} \left(C1 + C'1 + \bar{C}''1 + \dots\dots\dots\dots \right.$$
$$\left. + r - \frac{C1 + r}{2} \right) + \frac{\Delta a^4}{4\cdot 3\cdot 4} \left(D1 - s \right)$$
$$+ \frac{\Delta a^5}{2\cdot 3\cdot 4\cdot 5} \left(E1 + E'1 + E''1 + \dots\dots\dots\dots \right.$$
$$\left. + t - \frac{E1 + t}{2} \right) + \frac{\Delta a^6}{4\cdot 3\cdot 4\cdot 5\cdot 6} \left(F1 - u \right)$$
$$+ \&c. ;$$

& cette valeur de y sera d'autant plus approchée, qu'on aura pris la différence Δa plus petite. On verra aisément que de cette manière on doit trouver des séries très-convergentes ; mais il ne sera pas inutile de faire remarquer que cette formule peut servir dans des cas où les autres méthodes d'approximation ne seroient d'aucun usage.

On demande, par exemple, d'intégrer $e^{-\frac{1}{x}} d x$, de manière que l'intégrale disparoisse lorsque $x = 0$.

On a $p = e^{-\frac{1}{x}}$, $q = \frac{1}{x^2} e^{-\frac{1}{x}}$, $r = \left(\frac{1}{x^4} - \frac{2}{x^3} \right) e^{-\frac{1}{x}}$, $s = \left(\frac{1}{x^6} - \frac{6}{x^5} + \frac{6}{x^4} \right) e^{-\frac{1}{x}}$, &c. Lorsque $x = 0$, $K = 0$, & $e^{-\frac{1}{x}} = 1 : \frac{1}{0} = 0$; nous aurons, en mettant $\frac{1}{\delta}$ pour Δa, $A'1 = e^{-\delta}$, $A''1 = e^{-\frac{\delta}{2}}$, $A'''1 = e^{-\frac{\delta}{3}}$, &c. ; $C'1 = (\delta^4 - 2\delta^3) e^{-\delta}$, $C''1 = \left(\frac{\delta^4}{2^4} - \frac{2\delta^3}{2^3} \right) e^{-\frac{\delta}{2}}$, $C'''1 = \left(\frac{\delta^4}{3^4} - \frac{2\delta^3}{3^3} \right) e^{-\frac{\delta}{3}}$, &c. &c.

Donc $y = \dfrac{1}{\delta}\left(e^{-\delta} + e^{-\frac{\delta}{2}} + e^{-\frac{\delta}{3}} + \ldots + e^{-\frac{1}{x}}\right) - \dfrac{1}{2\delta}$

$e^{-\frac{1}{x}}\left(1 + \dfrac{1}{2\delta x^2}\right) + \dfrac{1}{6}\left((\delta - 2)\cdot e^{-\delta} + \dfrac{\delta - 4}{2^4}\, e^{-\frac{\delta}{2}} + \dfrac{\delta - 6}{3^4}\right.$

$\left. e^{-\frac{\delta}{3}} + \ldots + \dfrac{1}{2\delta^3}\left(\dfrac{1}{x^4} - \dfrac{2}{x^3}\right) e^{-\frac{1}{x}}\right) - \dfrac{1}{48\,\delta^4}\left(\dfrac{1}{x^6} - \dfrac{6}{x^5} + \right.$

$\left. \dfrac{6}{x^4}\right) e^{-\frac{1}{x}} + \&c.$

Il pourroit arriver qu'en faifant $x = a$, on rendît quelques-uns des co-efficiens A 1, B 1, C 1, &c., infinis, fans que y le fevînt ; alors quoique l'intégrale fût poffible, la formule précédente ne donneroit rien ; mais on pourra toujours trouver quelque quantité à fubftituer pour x, qui transformera la différentielle propofée en une autre qui ne fera pas fujette à cet inconvénient ; ou bien on fera ufage de la méthode donnée par Dalembert, & que nous avons rapportée (n°. 289). . . . .

(394). Newton, dans les traités *de Quadaturâ curvarum* & *Methodus Fluxionum & ferierum infinitarum*, donne de très-belles méthodes pour rapporter autant qu'il eft poffible les intégrales aux aires des fections coniques. Côtes fimplifie beaucoup cette théorie dans fon livre intitulé. *Harmonia menfurarum*, en faifant voir qu'on peut toujours réduire ces intégrales aux logarithmes & aux arcs de cercle. C'eft fous ce dernier point de vue que les géomètres les confidèrent maintenant ; & lorfqu'une différentielle n'eft point intégrable algébriquement, ni par les tables de finus & des logarithmes, on a recours à la méthodes des féries. Cependant il pourroit être utile de favoir fi une différentielle propofée ne feroit pas réductible à la quadrature ou à la rectification d'autres courbes algébriques. On trouve les premières recherches fur cette matière dans le *Traité des Fluxions* de Maclaurin ; ces recherches ont été continuées & beaucoup augmentées par Dalembert dans les *Mémoires de Berlin de* 1746 & 1748. Nous commencerons par les différentielles qui font réductibles à la rectification de l'ellipfe & de l'hyperbole.

Soit une ellipfe ou une hyperbole dont l'un des axes eft $2\,a$, le paramètre de cet axe p, l'abfciffe prife du centre x, l'ordonnée y ; on a pour l'équation de l'ellipfe $y^2 = \dfrac{p}{2a}(a^2 - x^2)$, & pour l'équation de l'hyperbole $y^2 = \dfrac{p}{2a}(x^2 - a^2)$.

Donc l'élément d'un arc d'ellipfe $= \dfrac{dx}{\sqrt{(a^2 - x^2)}}\sqrt{\left(a^2 - x^2 + \dfrac{p}{2a}x^2\right)}$;

& l'élément d'un arc d'hyperbole $= \dfrac{dx}{\sqrt{(x^2 - a^2)}}\sqrt{\left(x^2 - a^2 + \dfrac{p}{2a}x^2\right)}$.

Je fais $a^2 - x^2 + \dfrac{p}{2a}x^2 = a\,\zeta$, & j'ai la différentielle

(dS) . . . . . $\dfrac{d\zeta\,\sqrt{(a\zeta)}}{\sqrt{(2\zeta - 2a)}\,\sqrt{(p - 2\zeta)}}$ qui dépend de la rectification de

l'ellipfe ;

l'ellipse; je fais aussi $x^2 - a^2 + \frac{p}{2a} x^2 = az$, & j'ai la différentielle (ds).....

$\frac{dz\sqrt{(az)}}{\sqrt{(2z+2a)}\sqrt{(2z-p)}}$ qui dépend de la rectification de l'hyperbole. Cela posé, si on propose la différentielle $(d\sigma)$.... $\frac{dz\sqrt{z}}{\sqrt{(fz^2+gz+h)}}$, on distinguera tous les cas suivans.

(395). 1°. Si f & h sont des quantités négatives, g étant une quantité positive; au lieu de la proposée, on prendra celle-ci, $\frac{dz\sqrt{z}}{\sqrt{(mz-z^2-n^2)}} =$

$$\frac{dz\sqrt{z}}{\sqrt{\left[z - \frac{m}{2} + \sqrt{\left(\frac{m^2}{4} - n^2\right)}\right]} \cdot \sqrt{\left[\frac{m}{2} + \sqrt{\left(\frac{m^2}{4} - n^2\right)} - z\right]}},$$

& en la comparant à dS, on verra qu'elle dépend de la rectification d'une ellipse dont l'un des axes que je nomme $2r = m - \sqrt{(m^2 - 4n^2)}$, le paramètre de cet axe que je nomme $p' = m + \sqrt{(m^2 - 4n^2)}$; l'autre axe sera $= 2n$ à cause de $2r : 2n :: 2n : p'$. On peut donner au dénominateur $\sqrt{(mz^2 - z^2 - n^2)}$ la forme que voici $\sqrt{\left[\frac{m^2}{4} - n^2 - \left(\frac{m}{2} - z\right)^2\right]}$, qui fait voir que $\frac{m^2}{4}$ doit nécessairement être plus grand que n^2, sans quoi la différentielle proposée seroit imaginaire. Le même dénominateur peut être mis sous cette forme $\sqrt{\left[\left(\frac{m}{2} - r\right)^2 - \left(\frac{m}{2} - z\right)^2\right]}$,

ou sous celle-ci $\sqrt{\left[\left(r - \frac{m}{2}\right)^2 - \left(z - \frac{m}{2}\right)^2\right]}$,

selon que r est plus grand ou moindre que $\frac{m}{2}$; on tire de l'une & de l'autre que z doit être plus grand que r. De plus, soit $y^2 = \frac{p'}{2r}(r^2 - x^2)$ l'équation de cette ellipse, on aura $r^2 - x^2 + \frac{p'}{2r} x^2 = rz$ & $x^2 = \frac{rz - r^2}{\frac{p'}{2r} - 1}$;

donc, à cause de $rz > r^2$ & de $p' > 2r$, x^2 est une quantité positive comme cela doit être pour que l'abscisse ne soit point imaginaire.

2°. Si f étant positif & h négatif, on a g positif ou négatif; au lieu de la proposée on prendra $\frac{dz\sqrt{z}}{\sqrt{(z^2 \pm mz - n^2)}} =$

$$\frac{dz\sqrt{z}}{\sqrt{\left[z \pm \frac{m}{2} + \sqrt{\left(\frac{m^2}{4} + n^2\right)}\right]} \cdot \sqrt{\left[z \pm \frac{m}{2} - \sqrt{\left(\frac{m^2}{4} + n^2\right)}\right]}},$$

& en la comparant à $d\,s$, on verra qu'elle dépend de la rectification d'une hyperbole dont l'un des axes que je nomme $2\,r = \pm\,m + \sqrt{(m^2 + 4\,n^2)}$, le paramètre de cet axe que je nomme $p' = \mp\,m + \sqrt{(m^2 + 4\,n^2)}$; l'autre axe sera $= 2\,n$ à cause de $2\,r : 2\,n :: 2\,n : p'$. Si l'on prend pour l'équation de cette hyperbole $y^2 = \dfrac{p'}{2\,r}(x^2 - r^2)$,

on aura $x^2 - r^2 + \dfrac{p'}{2\,r}\,x^2 = r\,\zeta$ & $x = \pm\,\sqrt{\left(\dfrac{r^2 + r\,\zeta}{\frac{p'}{2\,r} + 1}\right)}$

qui est toujours une quantité réelle.

3°. Si f & h étant négatif, on a g positif ou négatif; au lieu de la proposée, on prendra $\dfrac{d\,\zeta\sqrt{\zeta}}{\sqrt{(n^2 \pm m\,\zeta - \zeta^2)}}$ qui devient, en faisant $\zeta = \dfrac{n^2}{u}$,

$$\frac{-n^2\,du}{u\sqrt{u}\sqrt{(u^2 \pm m\,u - n^2)}} = -\frac{u^2\,du + n^2\,du}{u\sqrt{u}\sqrt{(u^2 \pm m\,u - n^2)}} + \frac{du\sqrt{u}}{\sqrt{(u^2 \pm m\,u - n^2)}};$$

Nous venons d'intégrer le second terme; quant au premier, il devient

$$-\frac{du + \dfrac{n^2\,du}{u^2}}{\sqrt{\left[u \pm m - \dfrac{n^2}{u}\right]}}.$$

Or si nous faisons $u \pm m - \dfrac{n^2}{u} = t$, ce qui donne $du + \dfrac{n^2\,du}{u^2} = d\,t$, cette quantité se changera en celle-ci $-\dfrac{d\,t}{\sqrt{t}}$, dont l'intégrale est $-2\sqrt{t}$.

4°. Il ne nous reste plus que le cas où, f & h étant positifs, g seroit positif ou négatif; & où il seroit question d'intégrer $\dfrac{d\,\zeta\sqrt{\zeta}}{\sqrt{(n^2 \pm m\,\zeta + \zeta^2)}}$. Les deux facteurs de $n^2 \pm m\,\zeta + \zeta^2$ font

$$\zeta \pm \frac{m}{2} + \sqrt{\left(\frac{m^2}{4} - n^2\right)} \quad \& \quad \zeta \pm \frac{m}{2} - \sqrt{\left(\frac{m^2}{4} - n^2\right)};$$

nous examinerons en premier lieu ce qui arrive lorsqu'ils font réels.

Soit $\sqrt{\left(\dfrac{m^2}{4} - n^2\right)} = m'$ & $\zeta \pm \dfrac{m}{2} \mp m' = u$;

la différentielle $\dfrac{\zeta\,d\,\zeta}{\sqrt{\zeta}\sqrt{(n^2 \pm m\,\zeta + \zeta^2)}}$, qui n'est autre que la proposée, se changera en celle-ci

$$\frac{\left(u \mp \frac{m}{2} \pm m'\right) du}{\sqrt{u}\,\sqrt{(u \pm 2m')}\,\sqrt{\left(u \mp \frac{m}{2} \pm m'\right)}} = \frac{du\,\sqrt{u}}{\sqrt{(u \pm 2m')}\,\sqrt{\left(u \mp \frac{m}{2} \pm m'\right)}}$$

$$\frac{\left(\pm \frac{m}{2} \mp m'\right) du}{\sqrt{u}\,\sqrt{(u \pm 2m')}\,\sqrt{\left(u \mp \frac{m}{2} \pm m'\right)}},$$

dont le premier terme dépend de la rectification de l'hyperbole.

(396). Soit $\zeta \pm \frac{m}{2} = u$; par cette substitution on changera la différentielle

$$\frac{\zeta\, d\zeta}{\sqrt{\zeta}\,\sqrt{(n^2 \pm m\zeta + \zeta^2)}} \quad \text{en celle-ci} \quad \frac{u\,du \mp \frac{m}{2}\,du}{\sqrt{\left(u \mp \frac{m}{2}\right)} \cdot \sqrt{\left(u^2 + n^2 - \frac{m^2}{4}\right)}} ;$$

& si $n^2 > \frac{m^2}{4}$, on fera $n^2 - \frac{m^2}{4} = q^2$,

& on aura $\dfrac{u\,du \mp \frac{m}{2}\,du}{\sqrt{\left(u \mp \frac{m}{2}\right)}\,\sqrt{(u^2 + q^2)}}$.

On fera usage de cette transformation $\sqrt{(u^2 + q^2)} = t - u$, qui donnera

$$u = \tfrac{1}{2}\left(t - \frac{q^2}{t}\right), \quad du = \frac{dt}{2t}\left(t + \frac{q^2}{t}\right), \quad u\,du = \frac{dt}{4t} \cdot \left(t^2 - \frac{q^4}{t^2}\right),$$

$$\sqrt{(u^2 + q^2)} = \frac{t^2 + q^2}{2t}, \quad \sqrt{\left(u \mp \frac{m}{2}\right)} = \frac{\sqrt{(t^2 \mp mt - q^2)}}{\sqrt{2t}} ;$$

& en substituant ces valeurs, on aura la transformée

$$\frac{(t^2 - q^2)\,dt}{t\,\sqrt{2t}\,\sqrt{(t^2 \mp mt - q^2)}} - \frac{m\,dt}{\sqrt{2t}\,\sqrt{(t^2 \mp mt - q^2)}}.$$

Le premier terme de cette transformée dépend de la rectification de l'hyperbole ; le second terme ou

$$\frac{dt}{t\,\sqrt{t}\,\sqrt{(t^2 \mp mt - q^2)}} = \frac{t^2\,dt + dt}{t\,\sqrt{t}\,\sqrt{(t^2 \mp mt - q^2)}} - \frac{dt\,\sqrt{t}}{\sqrt{(t^2 \mp mt - q^2)}}$$

est composé de deux parties, dont la première est intégrable algébriquement, & la seconde dépend de la rectification de l'hyperbole. Quant aux différentielles

$$\frac{dt}{\sqrt{t}\,\sqrt{(t^2 \mp mt - q^2)}} \quad \& \quad \frac{du}{\sqrt{u}\,\sqrt{(u + 2m')}\,\sqrt{\left(u \mp \frac{m}{2} + m'\right)}},$$

elles font renfermées dans celle-ci $(d\Sigma)$ . . . . $\dfrac{d\zeta}{\sqrt{\zeta}\sqrt{(f\zeta^2 + g\zeta + h)}}$ dont nous allons nous occuper.

(397). 1°. Soit proposé $\dfrac{d\zeta}{\sqrt{\zeta}\sqrt{(n^2 \pm m\zeta - \zeta^2)}}$, qui, en faisant pour abréger $\sqrt{\left[\dfrac{m^2}{4} + n^2\right]} = m'$, devient $\dfrac{d\zeta}{\sqrt{\zeta}\left[\zeta \mp \dfrac{m}{2} + m'\right]\cdot\sqrt{\left[\pm\dfrac{m}{2} + m' - \zeta\right]}}$;

je transforme cette différentielle en celle-ci,

$$\frac{\left[\zeta \mp \dfrac{m}{2} + m'\right] d\zeta - \zeta\, d\zeta}{\left[m' \mp \dfrac{m}{2}\right]\sqrt{\zeta}\cdot\left[\zeta \mp \dfrac{m}{2} + m'\right]\cdot\sqrt{\left[\pm\dfrac{m}{2} + m' - \zeta\right]}},$$

qui est égale à

$$\frac{d\zeta\,\sqrt{\left[\zeta \mp \dfrac{m}{2} + m'\right]}}{\left[m' \mp \dfrac{m}{2}\right]\sqrt{\zeta}\,\sqrt{\left[\pm\dfrac{m}{2} + m' - \zeta\right]}} \;-\; \frac{d\zeta\,\zeta}{\left[m' \mp \dfrac{m}{2}\right]\sqrt{\left[\zeta \mp \dfrac{m}{2} + m'\right]}\cdot\sqrt{\left[\pm\dfrac{m}{2} + m' - \zeta\right]}},$$

dont le second terme est en partie intégrable algébriquement, & dépend en partie de la rectification de l'hyperbole. En faisant $\zeta \mp \dfrac{m}{2} + m' = u$, je transformerai le premier en ceci

$$\frac{du\,\sqrt{u}}{\left(m' \mp \dfrac{m}{2}\right)\sqrt{\left(u \pm \dfrac{m}{2} - m'\right)}\cdot\sqrt{(2m' - u)}},$$

qui dépend de la rectification de l'ellipse.

2°. Si la proposée est $\dfrac{d\zeta}{\sqrt{\zeta}\sqrt{(\zeta^2 \pm m\zeta - n^2)}}$, je ferai $\zeta = \dfrac{n^2}{u}$, & je la changerai en celle-ci, $\dfrac{-du}{\sqrt{u}\sqrt{(n^2 \pm mu - u^2)}}$, qui est précisément celle dont nous venons de nous occuper.

3°. Soit maintenant cette différentielle $\dfrac{d\zeta}{\sqrt{\zeta}\sqrt{(\zeta^2 \pm m\zeta + n^2)}}$; en faisant pour abréger $\sqrt{\left(\dfrac{m^2}{4} - n^2\right)} = m'$, les deux facteurs de $\zeta^2 \pm m\zeta + n^2$ seront $\zeta \pm \dfrac{m}{2} + m'$ & $\zeta \pm \dfrac{m}{2} - m'$; & comme $\dfrac{m^2}{4}$ peut être plus grand ou moindre

que

que n^2, je distinguerai deux cas, celui où les deux facteurs sont réels, & celui où ils sont imaginaires. Pour résoudre le premier, je ferai $\zeta \pm \frac{m}{2} \mp m' = u$, & par-là je changerai la proposée en celle-ci

$$\frac{d u}{\sqrt{u} \sqrt{(v \pm 2 m')} \cdot \sqrt{\left[u \mp \frac{m}{2} \pm m' \right]}};$$

qui s'intégrera comme la précédente. Pour résoudre le second cas, je ferai $\zeta \pm \frac{m}{2} = u$, & pour abréger $n^2 - \frac{m^2}{4} = q^2$, ce qui changera la proposée en celle-ci,

$$\frac{d u}{\sqrt{\left[u \mp \frac{m}{2} \right]} \cdot \sqrt{(u^2 + q^2)}};$$

en faisant ensuite $\sqrt{(u^2 + q^2)} = t - u$, j'aurai

$$\frac{d t \sqrt{2}}{\sqrt{t} \sqrt{(t^2 \mp m t - q^2)}}$$

que j'intégrerai de la même manière.

4°. Il ne reste plus que $\dfrac{d\zeta}{\sqrt{\zeta} \sqrt{(m\zeta - \zeta^2 - n^2)}}$ qu'on peut mettre sous cette forme

$$\frac{d\zeta}{\sqrt{\zeta} \sqrt{\left[\frac{m^2}{4} - n^2 - \left(\frac{m}{2} - \zeta \right)^2 \right]}},$$

qui fait voir que $\dfrac{m^2}{4}$ doit être $> n^2$; sans quoi la proposée seroit imaginaire. On fera pour abréger $\sqrt{\left(\frac{m^2}{4} - n^2 \right)} = m'$; & on la changera en

$$\frac{d\zeta}{\sqrt{\zeta} \sqrt{\left[\zeta - \frac{m}{2} + m' \right]} \cdot \sqrt{\left[\frac{m}{2} + m' - \zeta \right]}};$$

supposant ensuite $\dfrac{m}{2} + m' - \zeta = u$, on aura

$$\frac{- d u}{\sqrt{u} \sqrt{(2 m' - u)} \sqrt{\left[\frac{m}{2} + m' - u \right]}},$$

qui n'est qu'un cas particulier de la différentielle du troisième numéro.

(398). La différentielle $\dfrac{d u}{\sqrt{(a + b u + c u^2 + f u^3)}}$ dépend de $d\Sigma$, ce qu'on trouvera en supposant l'un des facteurs réels de $a + b u + c u^2 + f u^3$ (& cette quantité en a toujours au moins un qui est tel) égal à ζ; on trouvera par la même transformation que $\dfrac{u d u}{\sqrt{(a + b u + c u^2 + f u^3)}}$ est composé de deux termes, dont l'un dépend de $d\Sigma$, & l'autre de $d\sigma$; quant à celle ci, $\dfrac{d u}{u \sqrt{(a + b u + c u^2 + f u^3)}}$; en faisant $u = \dfrac{1}{x}$, elle devient $\dfrac{- d x \sqrt{x}}{\sqrt{(a x^3 + b x^2 + c x + f)}}$.

Maintenant soit l'équation du troisième ordre

$$(\alpha) \ldots \ldots \ldots x y^2 = a x^3 + b x^2 + c x + f,$$

Partie II. M

d'où l'on tire $y\,dx = \dfrac{d\,x}{\sqrt{x}}\sqrt{(a x^3 + b x^2 + c x + f)}$; en multipliant

cette différentielle haut & bas par son numérateur, je la transforme en celle-ci

$$\frac{f\,dx}{\sqrt{x}\sqrt{(a x^3 + b x + c x + f)}} + \frac{(c + b x + a x^2)\,dx \cdot x}{\sqrt{(a x^3 + b x^2 + c x + f)}},$$

dont le premier terme devient, en faisant $x = \dfrac{1}{u}$, $\dfrac{-f\,du}{\sqrt{(a + b u + c u^2 + f u^3)}}$.

Je nomme ce premier terme $d\sigma'$, & il est clair que

$$\frac{c\,dx\sqrt{x}}{\sqrt{(a x^3 + b x^2 + c x + f)}} = y\,dx - d\sigma' - \frac{(b x + a x^2)\,dx\sqrt{x}}{\sqrt{(a x^3 + b x^2 + c x + f)}}.$$

Soit $x = \dfrac{1}{u}$; le dernier terme du second membre de la précédente équation

deviendra $\dfrac{(b u + a)\,du}{u^3\sqrt{(a + b u + c u^2 + f u^3)}}$. Si cette différentielle est en partie inté-

grable algébriquement, & dépend en partie de celles qui précèdent, je puis faire

$$\frac{(b u + a)\,du}{u^3\sqrt{(a + b u + c u^2 + f u^3)}} = d\big[(A u^\lambda + B u^\mu)\sqrt{(a + b u + c u^2 + f u^3)}\big] +$$

$$\frac{\left(\dfrac{C}{u} + D + E u\right)du}{\sqrt{(a + b u + c u^2 + f u^3)}},\; A,\, B,\, C,\, D,\, E,\, \lambda,\, \mu\;\text{étant des quan-}$$

tités qu'il s'agit de déterminer. En réduisant tout au même dénominateur, & divi-

sant par du, j'ai la transformée

$$b u + a = \lambda a A u^{\lambda+2} + (\lambda + \tfrac{1}{2}) b A u^{\lambda+3} + (\lambda + 1) c A u^{\lambda+4} +$$

$$(\lambda + \tfrac{1}{2}) f A u^{\lambda+5} + \mu a B u^{\mu+2} + (\mu + \tfrac{1}{2}) b B u^{\mu+3} + (\mu + 1)$$

$$C b u^{\mu+4} + (\mu + \tfrac{3}{2}) f B u^{\mu+5} + C u^2 + D u^3 + E u^4,$$

qui devient, en faisant $\lambda = -2$ & $\mu = -1$ qui est la seule hypothèse qui

soit possible,

$$\frac{f}{2} B \cdot u^4 - \frac{f}{2} A \cdot u^3 - c A u^2 - \frac{3 b}{2} A u - 2 a A = 0,$$

$$+\, E \qquad +\, D \qquad -\, \frac{b}{2} B \quad -\, a B \qquad -\, a$$

$$\qquad\qquad\qquad +\, C \qquad -\qquad b$$

& donne $A = -\dfrac{1}{2},\; B = -\dfrac{b}{4a},\; C = -\dfrac{b^2}{8a} - \dfrac{c}{2},\; D = -\dfrac{f}{4},\; E = \dfrac{b f}{8a}.$

Donc

$$\frac{(b u + a)\,du}{u^3\sqrt{(a + b u + c u^2 + f u^3)}} = -d\left[\left(\frac{1}{2 u^2} + \frac{b}{4 a u}\right)\sqrt{(a + b u + c u^2 + f u^3)}\right]$$

$$-\frac{(2 a - b u) f\,du}{8 a \sqrt{(a + b u + c u^2 + f u^3)}} - \frac{(b^2 + 4 a c)\,du}{8 a u \sqrt{(a + b u + c u^2 + f u^3)}}.$$

Or, comme en faisant $u = \frac{1}{x}$, le dernier terme devient

$$\frac{(b^2 + 4ac)\,dx\sqrt{x}}{8a\sqrt{(ax^3 + bx^2 + cx + f)}}\,,$$ il est clair que

$$(d\Sigma')\ldots\ldots\ldots\ldots\frac{dx\sqrt{x}}{\sqrt{(ax^3 + bx^2 + cx + f)}} =$$

$$\frac{8a}{b^2 - 4ac}\left(-\bar{y}\,dx + d\tau' + d\left[\left(\frac{\sqrt{x}}{2} + \frac{b}{4a\sqrt{x}}\right)\sqrt{(ax^3 + bx^2 + cx + f)}\right]\right) + \frac{(2a - bu)\int du}{8a\sqrt{(a + bu + cu^2 + fu^3)}};$$

c'est - à - dire que l'intégrale de cette différentielle est en partie algébrique, & dépend en partie de la rectification des sections coniques & de la quadrature d'une courbe du troisième ordre dont l'équation est α. Il en faut excepter le cas où l'on auroit $b^2 = 4ac$; alors on supposera, ce qu'on peut toujours faire, que $ax^3 + bx^2 + cx + f = (mx + n)(px^2 + qx + r)$, ce qui donnera $a = mp$, $b = mq + np$, $c = mr + nq$, $f = nr$, & au lieu de $b^2 = 4ac$, cette équation $(mq + np)^2 = 4mp(mr + nq)$. On fera

ensuite $mx + n = \zeta$, & la différentielle $\dfrac{dx\sqrt{x}}{\sqrt{(mx + n)}\cdot\sqrt{(px^2 + qx + r)}}$

deviendra $\dfrac{d\zeta\sqrt{(\zeta - n)}}{\sqrt{m\zeta}\sqrt{[p\zeta^2 + (mq - 2np)\cdot\zeta + m^2 r - mnq + n^2 p]}}$, qui, étant multipliée haut & bas par $\sqrt{(\zeta - n)}$, se changera en celle-ci,

$$\frac{\zeta\,d\zeta - n\,d\zeta}{\sqrt{m\zeta}\sqrt{[p\zeta^3 + (mq - 3np)\zeta^2 + (m^2 r - 2mnq - 3n^2 p)\zeta - m^2 nr + mn^2 q - n^3 p]}},$$

dont le second terme est la même différentielle que $d\sigma'$; le premier ne souffrira de difficulté que dans le cas où l'on auroit $(mq - 3np)^2 = 4p(m^2 r - 2mnq + 3n^2 p)$. En comparant cette équation avec celle-ci $(mq + np)^2 = 4mp(mr + nq)$, il vient $np(mq - np) = 0$, ce qui donne, ou $n = 0$, ou $p = 0$, ou $mq - np = 0$. Dans les deux premiers cas, on a les deux différentielles

$$\frac{dx}{\sqrt{m}\sqrt{(px^2 + qx + r)}} \quad \& \quad \frac{dx\sqrt{x}}{\sqrt{(mx + n)}\cdot\sqrt{(qx + r)}},$$

qu'il est bien facile de rendre rationnelles; nous allons nous occuper du troisième cas. Alors les deux équations que nous venons de comparer deviennent identiquement les mêmes, & donnent $pm^2 r = 0$, c'est-à-dire $p = 0$, ou $m = 0$, ou $r = 0$; si $m = 0$ ou $r = 0$, on a les différentielles

$$\frac{dx\sqrt{x}}{\sqrt{}\sqrt{(px^2 + qx + r)}} \quad \& \quad \frac{dx}{\sqrt{(mx + n)}\cdot\sqrt{(px + q)}}$$

qu'il ne sera pas difficile de rendre rationnelles.

(399). Soit encore la différentielle $\dfrac{dx}{\sqrt{(a + cx + cx^2 + fx^3 + gx^4)}}$; si le dénominateur a des facteurs binomes réels, & que $k + lx$ soit un de ces facteurs, en faifant $k + lx = \zeta$, on changera cette différentielle en une autre de la forme

de $\dfrac{d\zeta}{\sqrt{\zeta}\,\sqrt{(m + n\zeta + p\zeta^2 + q\zeta^3)}}$, qui, comme on voit, fe rapporte à des arcs de fections coniques. Mais dans les autres cas, le dénominateur pourra au moins fe divifer en deux facteurs trinomes que je repréfenterai par $k + lx + mx^2$, $p + qx + rx^2$, & j'aurai à intégrer la différentielle

$$\dfrac{dx}{\sqrt{(k + lx + mx^2)}\cdot\sqrt{(p + qx + rx^2)}}.$$ En divifant $p + qx + rx^2$ par $k + lx + mx^2$, & faifant pour abréger $\dfrac{r}{m} = \alpha$, $p - \dfrac{rk}{m} = \gamma$, $q - \dfrac{rl}{m} = \delta$, je trouve pour quotient de cette divifion α & un refte $\gamma + \delta x$; ainfi la propofée devient

$$\dfrac{dx}{(k + lx + mx^2)\sqrt{\left[\alpha + \dfrac{\gamma + \delta x}{mx^2 + lx + k}\right]}}.$$

Je fais enfuite $\dfrac{\gamma + \delta x}{mx^2 + lx + k} = \dfrac{1}{\zeta}$, d'où je tire, en réfolvant l'équation du fecond degré,

$$x = \dfrac{\delta\zeta - l}{2m} \pm \dfrac{1}{2m}\sqrt{[4m(\gamma\zeta - k) + (\delta\zeta - l)^2]}.$$

Je mets pour x, x^2 & dx leurs valeurs dans la différentielle précédente; elle devient par-là $\dfrac{\pm d\zeta}{\zeta\sqrt{\left[\alpha + \dfrac{1}{\zeta}\right]}\sqrt{[4m(\gamma\zeta - k) + (\delta\zeta - l)^2]}}$; puis, en faifant

$\dfrac{1}{\zeta} = u$, je la change en celle-ci $\dfrac{\mp du}{\sqrt{(\alpha + u)}\cdot\sqrt{[\delta^2 + (4m\gamma - 2\delta l)u + (l^2 - 4mk)u^2]}}$, qui fe réduit auffi à des arcs de fections coniques. Donc dans tous les cas la propofée ne dépend que de la rectification des fections coniques.

(400). Newton, dans l'Ouvrage intitulé : *Enumeratio linearum tertii ordinis*, rapporte toutes les courbes du troifième ordre aux quatre équations fuivantes (n°. 56),

$$xy^2 - ey = ax^3 + bx^2 + cx + f$$
$$xy = ax^3 + bx^2 + cx + f$$
$$y^2 = ax^3 + bx^2 + cx + f$$
$$y = ax^3 + bx^2 + cx + f.$$

La première donne

$$y\,dx = \dfrac{e\,dx}{2x} \pm \dfrac{dx}{x}\sqrt{\left(ax^4 + bx^3 + cx^2 + fx + \dfrac{e^2}{4}\right)},$$

dont

dont le second terme devient $\dfrac{\left(ax^4+bx^3+cx^2+fx+\frac{e^2}{4}\right)dx}{x\sqrt{\left(ax^4+bx^3+cx^2+fx+\frac{e^2}{4}\right)}}.$

1°. En représentant par mx^2+lx+k & rx^2+qx+p les deux facteurs trinomes du dénominateur, on a

$$\frac{dx}{x\sqrt{\left(ax^4+bx^3+cx^2+fx+\frac{e^2}{4}\right)}}=\frac{dx}{x(mx^2+lx+k)\sqrt{\left[\frac{rx^2+qx+p}{mx^2+lx+k}\right]}},$$

que je transforme en

$$\frac{dx}{kx\sqrt{\left[\frac{rx^2+qx+p}{mx^2+lx+k}\right]}}-\frac{(mx+l)dx}{k(mx^2+lx+k)\sqrt{\left[\frac{rx^2+qx+p}{mx^2+lx+k}\right]}},$$

dont le second terme n'est autre chose que $-\dfrac{mxdx+ldx}{k\sqrt{\left[ax^4+bx^3+cx^2+fx+\frac{e^2}{4}\right]}}$;

Je change le premier en ce qui suit, $\dfrac{dx}{kx\sqrt{\left[\alpha+\frac{\beta+\gamma x}{k+lx+mx^2}\right]}}$,

qui, en supposant $\dfrac{\beta+\gamma x}{k+lx+mx^2}=\dfrac{1}{\zeta}$, devient

$$\frac{\pm\gamma\,d\zeta}{k\sqrt{\left[\alpha+\frac{1}{\zeta}\right]}\cdot\sqrt{\left[4m(\beta\zeta-k)+(\gamma\zeta-l)^2\right]}}\pm$$

$$\frac{\beta\,d\zeta}{k\sqrt{\left(\alpha+\frac{1}{\zeta}\right)}\cdot\sqrt{\left(4m(\beta\zeta-k)+(\gamma\zeta-l)^2\right)}\cdot\left(\frac{\gamma\zeta-l}{2m}\pm\frac{1}{2m}\sqrt{\left[4m(\beta\zeta-k)+(\gamma\zeta-l)^2\right]}\right)},$$

dont le premier terme $\dfrac{\pm\gamma\,d\zeta\sqrt{\zeta}}{k\sqrt{(\alpha\zeta+1)}\cdot\sqrt{[4m(\beta\zeta-k)+(\gamma\zeta-l)^2]}}$
est intégrable en partie algébriquement, & dépend en partie de la quadrature de la courbe du troisième ordre dont l'équation est α. Je multiplie le second terme haut & bas par $\dfrac{\gamma\zeta-l}{2m}\mp\dfrac{1}{2m}\sqrt{[4m(\beta\zeta-k)+(\gamma\zeta-l)^2]}$; il devient par-là

$$\frac{\mp\frac{\gamma\zeta-l}{\beta\zeta-k}\beta\,d\zeta}{2k\sqrt{\left[\alpha+\frac{1}{\zeta}\right]}\sqrt{[4m(\beta\zeta-k)+(\gamma\zeta-l)^2]}}+\frac{\beta\,d\zeta}{2k(\beta\zeta-k)\sqrt{\left[\alpha+\frac{1}{\zeta}\right]}},$$

Partie II. N

dont on rendra le seconde partie rationnelle en faisant $\sqrt{\left(\alpha + \dfrac{1}{\zeta}\right)} = u$. Si l'on fait $\alpha + \dfrac{1}{\zeta} = u$, la première deviendra

$$\dfrac{\dfrac{\delta + al - lu}{\delta + ak - ku} \cdot \dfrac{\pm C\,du}{u - \alpha}}{2k\sqrt{u}\sqrt{[\,4m(u - \alpha)(\delta + ak - ku) + (\delta + al - lu)^2\,]}}$$

qu'on trouvera, par la méthode des fractions rationnelles, être composée de deux termes de la forme de $\dfrac{d\zeta}{(m + n\zeta)\sqrt{\zeta}\sqrt{(f\zeta^2 + g\zeta + h)}} =$

$$\dfrac{d\zeta}{m\sqrt{\zeta}\cdot\sqrt{(f\zeta^2 + g\zeta + h)}} - \dfrac{n\,d\zeta\sqrt{\zeta}}{m\cdot(m + n\zeta)\cdot\sqrt{(f\zeta^2 + g\zeta + h)}}.$$

Le premier de ces deux-ci s'intègre par les arcs de sections coniques ; pour intégrer l'autre, je fais $m + n\zeta = u$, & je le change par-là en

$$\dfrac{du\sqrt{n}\cdot\sqrt{(u - m)}}{mu\sqrt{[\,f(u - m)^2 + gn(u - m) + hn^2\,]}},$$

qui, étant multiplié haut & bas par $\sqrt{(u - m)}$ devient

$$\dfrac{du\sqrt{n}}{m\sqrt{(u - m)}\cdot\sqrt{[\,f(u - m)^2 + gn(u - m) + hn^2\,]}}$$

$$\dfrac{du\sqrt{n}}{u\sqrt{(u - m)}\cdot\sqrt{[\,f(u - m)^2 + gn(u - m) + hn^2\,]}},$$

dont la première partie dépend de la rectification des sections coniques, & la seconde de la rectification des sections coniques & de la quadrature de la courbe du troisième ordre, dont l'équation est α.

2°. Les différentielles qui nous restent à intégrer pour achever de quarrer la courbe du troisième ordre dont il est question maintenant, sont toutes comprises dans celles-ci $\dfrac{h\,x^m\,dx}{\sqrt{\left(ax^4 + bx^3 + cx^2 + fx + \dfrac{e^2}{4}\right)}}$, où m est un nombre entier positif ; ainsi par la méthode du (n°. 368), nous pourrons faire dépendre ces différentielles de $\dfrac{dx}{\sqrt{\left(ax^4 + bx^3 + cx^2 + fx + \dfrac{e^2}{4}\right)}}$ qui s'intègre par la rectification des sections coniques. En faisant usage de la même méthode, nous trouverons aussi que $\dfrac{h\,dx}{x^m\sqrt{\left(ax^4 + bx^3 + cx^2 + fx + \dfrac{e^2}{4}\right)}}$ dépend d'arcs de fections coniques & de la quadrature de la courbe du troifième ordre dont l'équation eft α.

Les trois autres équations du troifième ordre donnent les trois différentielles

$$a x^2 d x + b x d x + c d x + \frac{f d x}{x}, \quad d x \sqrt{(a x^3 + b x^2 + c x + f)},$$

$a x^3 d x + b x^2 d x + c x d x + f d x$, dont la première & la troifième s'intégreront bien facilement ; la feconde devient $\dfrac{a x^3 d x + b x^2 d x + c x d x + f d x}{\sqrt{(a x^3 + b x^2 + c x + f)}}$ qui s'intégrera par la rectification des fections coniques. Nous ne poufferons pas plus loin ces recherches, & nous terminerons le chapitre par réfoudre ce problême : *Trouver la furface du cône oblique qui a pour bafe un cercle.*

(401). Soit le rayon du cercle qui fert de bafe au cône $= 1$, l'abfciffe prife du centre $= x$, la hauteur du cône $= h$, la diftance du centre de la bafe au pied de cette perpendiculaire $= a$; cela pofé, fi nous menons une tangente au point de la circonférence qui répond à l'abfciffe x, & que du fommet du cône nous abaiffions une perpendiculaire ζ fur cette tangente, nous aurons pour l'élément de la furface du cône $\dfrac{- \zeta d x}{2 \sqrt{(1 - x^2)}}$, & nous trouverons enfuite par une conftruction fort fimple, $\zeta = \sqrt{[h^2 + (a x - 1)^2]}$.

Ainfi la différentielle à intégrer fera $\dfrac{d x \sqrt{[h^2 + (a x - 1)^2]}}{\sqrt{(1 - x^2)}}$, ou, faifant $1 - x = \zeta$, $\dfrac{d\zeta \sqrt{[h^2 \zeta^2 + (a \zeta - \zeta - a)^2]}}{\zeta^2 \sqrt{(2 \zeta - 1)}}$.

Soit, pour abréger $h^2 + (a - 1)^2 = m^2$, $- 2 a (a - 1) = n$, & notre différentielle deviendra $\dfrac{d\zeta \sqrt{(m^2 \zeta^2 + n \zeta + a^2)}}{\zeta^2 \sqrt{(2 \zeta - 1)}}$ que nous changerons, en la multipliant haut & bas par le numérateur, en celle-ci,

$$\frac{m^2 \zeta^2 d\zeta + n \zeta d\zeta + a^2 d\zeta}{\zeta^2 \sqrt{(2 \zeta - 1)} \cdot \sqrt{(m^2 + n \zeta + a^2)}}.$$

Le premier terme $\dfrac{m^2 d\zeta}{\sqrt{(2 \zeta - 1)} \cdot \sqrt{(m^2 \zeta^2 + n \zeta + a^2)}}$ dépend de la rectification des fections coniques.

Le fecond $\dfrac{n d\zeta}{\zeta \sqrt{(2 \zeta - 1)} \cdot \sqrt{(m^2 \zeta^2 + n \zeta + a^2)}}$, en faifant $\dfrac{1}{\zeta} = u$, devient

$$\frac{- n d \cdot \sqrt{u}}{\sqrt{(2 - u)} \cdot \sqrt{(a^2 u^2 + n u + m^2)}},$$

& dépend par conféquent de la rectification des fections coniques & de la quadrature d'une courbe du troifième ordre dont l'ordonnée feroit $\dfrac{\sqrt{(2 - u)} \cdot \sqrt{(a^2 u^2 + n u + m^2)}}{\sqrt{u}}$.

Pour intégrer le troisième ou
$$\frac{a^2\,d\zeta}{\zeta^2\sqrt{(2\zeta-1)}\cdot\sqrt{(m^2\zeta^2+n\zeta+a^2)}},$$
je le suppose
$$=d\left[A\zeta^\lambda\sqrt{(2\zeta-1)}\cdot\sqrt{(m^2\zeta^2+n\zeta+a^2}\right]+\frac{\left(\dfrac{B}{\zeta}+C+D\zeta\right)d\zeta}{\sqrt{(2\zeta-1)}\cdot\sqrt{(m^2\zeta^2+m\zeta+a^2)}}$$
& j'ai la transformée
$$a^2=(2\lambda+3)m^2A\zeta^{\lambda+4}+(\lambda+1)(2n-m^2)A\zeta^{\lambda+3}+$$
$$(\lambda+\tfrac{1}{2})(2a^2-n)A\zeta^{\lambda+2}-a^{2\lambda}A\zeta^{\lambda+1}+B\zeta+C\zeta^2+D\zeta^3,$$
qui montre évidemment qu'on ne peut donner à λ d'autre valeur que celle-ci, $\lambda=-1$. Donc
$$a^2=(m^2A+D)\zeta^3+C\zeta^2-\left(\frac{2a^2-n}{2}A-B\right)\zeta+a^2A,$$
d'où il sera bien facile de tirer $A=1$, $B=\dfrac{2a^2-n}{2}$, $C=0$, $D=-m^2$; & il ne restera plus à intégrer que les deux différentielles
$$\frac{(2a^2-n)\,d\zeta}{2\zeta\sqrt{(2\zeta-1)}\cdot\sqrt{(m^2\zeta^2+n\zeta+a^2)}},\quad\frac{-m^2\zeta\,d\zeta}{\sqrt{(2\zeta-1)}\cdot\sqrt{(m^2\zeta^2+n\zeta+a^2)}},$$
dont la seconde dépend de la rectification des sections coniques, & la première de la rectification des sections coniques & de la quadrature de la courbe du troisième ordre dont il vient d'être question. On trouvera dans un supplément aux Mémoires de Berlin de 1746 & 1748, imprimé dans le premier tome des Opuscules de Dalembert, d'autres recherches sur cette matière.

CHAPITRE II.

DE LA SÉPARATION DES VARIABLES DANS LES ÉQUATIONS DIFFÉRENTIELLES.

(402). NOUS avons parcouru (n°s. 264 & *suiv.*) quelques cas simples où il est possible de séparer les variables dans les équations différentielles. Nous avons vu que le problême n'avoit pas de difficulté lorsque l'équation étoit linéaire du premier ordre, telle que $dy+Py\,dx=Q\,dx$, où P & Q sont fonctions de x & de constantes. Je remarquerai en passant que l'équation

$dy+Py\,dx=Qy^{n+1}\,dx$ se ramène à la précédente, en faisant $\dfrac{1}{y^n}=\zeta$.

Le

Le problème n'a pas plus de difficulté lorsque l'équation du premier ordre est homogène, ou qu'on peut la rendre telle comme nous avons fait celle-ci,

$$dx\,(\,c + fx + gy\,) = dy\,(\,h + ix + ky\,).$$

Soit proposé $dx\,(\,a\,y^{n}x^{m} + b\,y^{n'}x^{m'} + c\,y^{n''}x^{m''} + \&c.\,) = dy\,(\,f\,y^{\nu}x^{\mu} +$

$g\,y^{\nu'}x^{\mu'} + h\,y^{\nu''}x^{\mu''} + \&c.\,)\,;$

on fera $y = \zeta^{\theta}$ & $x = u^{\sigma}$, ce qui donnera la transformée

$$\sigma\,u^{\sigma-1}\,du\,(\,a\,\zeta^{\theta n}\,u^{\sigma m} + b\,\zeta^{\theta n'}\,u^{\sigma m'} + c\,\zeta^{\theta n''}\,u^{\sigma m''} + \&c.\,) =$$

$$\theta\,\zeta^{\theta-1}\,d\zeta\,(\,f\,\zeta^{\theta\mu}\,u^{\sigma\mu} + g\,\zeta^{\theta\nu'}\,u^{\sigma\mu'} + h\,\zeta^{\theta\nu''}\,u^{\sigma\mu''} + \&c.\,)$$

qui seroit homogène si $\sigma - 1 + \theta n + \sigma m = \sigma - 1 + \theta n' + \sigma m' =$

$\sigma - 1 + \theta n'' + \sigma m''$ &c. $= \theta - 1 + \theta\nu + \sigma\mu = \theta - 1 + \theta\nu' + \sigma\mu' =$

$\theta - 1 + \theta\nu'' + \sigma\mu''$ &c.

On tire delà qu'on rendra la proposée homogène en faisant $y = \zeta^{\frac{m'-m}{n-n'}}$, ou

$x = u^{\frac{n'-n}{m-m'}}$, pourvu que toutes ces équations

$$\frac{n'-m}{n-n'} = \frac{m''-m}{n-n''}\ \&c. = -\frac{\mu-m-1}{n-\nu-1} = \frac{\mu'-m-1}{n-\nu'-1} = \frac{\mu''-m-1}{n-\nu''-1}\ \&c.,$$

aient lieu en même temps. Je prends pour exemple l'équation

$$a\,y^{2}x^{2}\,dx + b\,dx + c\,yx\,dx = f\,x^{4}\,y^{2}\,dy\,;$$

je la compare avec l'équation générale, & j'ai

$$n = m = 2,\ n' = m' = 0,\ n'' = m'' = 1,\ \mu = 4,\ \nu = 2\,;$$

donc la proposée a les conditions requises, & je pourrai la rendre homogène en

faisant $y = \dfrac{1}{\zeta}$; elle devient par cette substitution

$$a\,x^{2}\,dx + b\,\zeta^{2}\,dx + c\,\zeta x\,dx + \frac{f\,x^{4}\,d\zeta}{\zeta^{2}} = 0.$$

(403). Soit cette autre équation $dy + y^{2}\,dx = a\,x^{m}\,dx$, qui est connue des géomètres sous le nom d'équation du comte Riccati. Il suit de ce qui précède qu'on pourra la rendre homogène, dans le cas de $m = -2$, en faisant

$y = \dfrac{1}{\zeta}$; elle devient par cette substitution $d\zeta + \left(1 - \dfrac{a\,\zeta^{2}}{x^{2}}\right)dx = 0$,

d'où l'on tire, en supposant $\zeta = ux$, $\dfrac{dx}{x} = \dfrac{-du}{1 + u - a\,u^{2}}$. Mais il y a une

infinité d'autres cas où il est possible de séparer les variables dans l'équation de Riccati; le plus simple de tous est celui où $m = 0$, & où cette équation donne fans aucune préparation $dx = \dfrac{dy}{a-y^2}$. Pour en trouver d'autres, je fais

$y = \dfrac{C}{\zeta}$, & la propofée devient $-C\,d\zeta + C^2\,dx = a x^m \zeta^2\,dx$; je fais

enfuite $x^{m+1} = u$, $\dfrac{a}{m+1} = C$, & je la change en celle-ci,

$d\zeta + \zeta^2\,du = \dfrac{C^2}{m+1}\,u^{\frac{-m}{m+1}}\,du$, qui m'apprend que fi dans la propofée on peut

féparer les variables lorfque $m = n$, on les féparera auffi lorfque $m = \dfrac{-n}{n+1}$.

Je fuppoferai encore $y = \dfrac{1}{x} - \dfrac{\zeta}{x^2}$, & la propofée deviendra

$d\zeta - \dfrac{\zeta^2\,dx}{x^2} = -a x^{m+1}\,dx$, dans laquelle fi nous faifons $x = \dfrac{1}{u}$, nous

aurons cette transformée $d\zeta + \zeta^2\,du = a u^{-m-4}\,du$, qui nous apprend que
fi dans la propofée on peut féparer les variables lorfque $m = n$, on les féparera
auffi lorfque $m = -n-4$, & nous venons de voir qu'alors on pouvoit auffi

les féparer lorfque $m = \dfrac{-n}{n+1}$. Ainfi, un feul cas étant connu, celui où $m = 0$,

par exemple, les deux formules $m = -n-4$ & $m = \dfrac{-n}{n+1}$ en feront trouver

une infinité d'autres. En faifant $n = 0$ dans la première, on trouve que la féparation eft poffible lorfque $m = -4$; on trouve, en faifant $n = -4$ dans la
feconde, que la féparation eft poffible lorfque $m = -\frac{4}{3}$; & en continuant de
même, on trouvera qu'on peut toujours féparer les variables dans l'équation de
Riccati lorfque m eft un des nombres de la fuite infinie

$$0, \quad -4, \quad -\tfrac{4}{3}, \quad -\tfrac{8}{3}, \quad -\tfrac{8}{5}, \quad -\tfrac{12}{5}, \quad -\tfrac{12}{7}, \quad \&c.$$

nombre qui font tous renfermés dans la formule générale $\dfrac{-4i}{2i\pm1}$, où i eft un
nombre entier pofitif quelconque ou zéro. Je reviens aux équations qui font
homogènes.

(404). Si l'équation du fecond ordre $V = 0$ eft homogène en y, x,
$\dfrac{dy}{dx} = p$, $\dfrac{dp}{dx} = q$; en faifant $y = ux$ & $q = \dfrac{\zeta}{x}$, on aura une équation
entre ζ, u & p que je nomme $V' = 0$. Mais $dy = p\,dx = u\,dx + x\,du$,
donc $\dfrac{dx}{x} = \dfrac{du}{p-u}$; de plus $dp = q\,dx = \dfrac{\zeta\,dx}{x}$; d'où l'on tire
$\dfrac{dx}{x} = \dfrac{dp}{\zeta}$ & $\dfrac{dp}{\zeta} = \dfrac{du}{p-u}$. Avec cette équation & la précédente $V' = 0$,
on fera en forte d'en trouver une du premier ordre entre les variables p & ζ, dans
laquelle s'il eft poffible de féparer p, on aura, au moyen de $\dfrac{dx}{x} = \dfrac{du}{p-u}$, la

valeur de x en u, & auſſi la valeur de y en u, car $y = u x$. Pour rendre cela plus clair, nous nous propoſerons les exemples ſuivans dans leſquels $d x$ ſera conſtant.

Intégrer l'équation du ſecond ordre $x^2 d^2 y + x d x d y = n y d x^2$, qui n'eſt autre que $q x^2 + p x = n y$. En faiſant $y = u x$ & $q x = \zeta$, on la change en celle-ci, $\zeta + p = n u$; & ſubſtituant pour ζ ſa valeur dans

$$\frac{d p}{\zeta} = \frac{d u}{p - u},$$ on a $(p - u) d p = (n u - p) d u$, ou

$n u d u + u d p - p d u = p d p$, équation homogène de laquelle on tirera la valeur de p en u; puis, à cauſe de $\dfrac{d x}{x} = \dfrac{d u}{p - u}$, on aura celle de x en fonction de la même quantité, & le problême ſera réſolu.

(405). Je prendrai pour ſecond exemple l'équation

$$(d x^2 + d y^2)^{\frac{3}{2}} = n d x d^2 y \sqrt{(x^2 + y^2)},$$ qui n'eſt autre choſe que $(1 + p^2)^{\frac{3}{2}} = n q \sqrt{(x^2 + y^2)}$. En faiſant $y = u x$ & $q x = \zeta$, je la change en celle-ci, $(1 + p^2)^{\frac{3}{2}} = n \zeta \sqrt{(1 + u^2)}$, & ſubſtituant pour ζ ſa valeur dans $\dfrac{d p}{\zeta} = \dfrac{d u}{p - u}$, j'ai $n (p - u) d p \sqrt{(1 + u^2)} = (1 + p^2)^{\frac{3}{2}} d u$, ou

$$\frac{n (p - u)}{\sqrt{(1 + p^2)}} \cdot \frac{d p}{1 + p^2} = \sqrt{(1 + u^2)} \cdot \frac{d u}{1 + u^2}.$$

Ayant ainſi préparé l'équation qu'il s'agit d'intégrer, je remarque que $\dfrac{d p}{1 + p^2}$ & $\dfrac{d u}{1 + u^2}$ étant les différentielles de deux arcs dont l'un a pour tangente p, & l'autre pour tangente u, je ferai avec fruit ces ſubſtitutions $p = $ tang. b & $u = $ tang. c, qui donnent $\sqrt{(1 + p^2)} = \dfrac{1}{\cos. b}$, $\sqrt{(1 + u^2)} = \dfrac{1}{\cos. c}$,

$$p - u = \frac{\text{ſin.} \, b \cos. c - \cos. b \cdot \text{ſin.} \, c}{\cos. b \cos. c} = \frac{\text{ſin.} (b - c)}{\cos. b \cos. c},$$ & qui changent par conſéquent notre équation en celle-ci, $n d b$ ſin. $(b - c) = d c$. Si l'on fait $b - c = \varphi$, l'équation précédente deviendra $n d b$ ſin. $\varphi = d b - d \varphi$, d'où il ſera facile de tirer $d b = -\dfrac{d \varphi}{1 - n \, \text{ſin.} \, \varphi}$, $d c = \dfrac{d \varphi}{1 - n \, \text{ſin} \, \varphi} - d \varphi$;

& à cauſe de $\dfrac{d x}{x} = \dfrac{d u}{p - u} = \dfrac{d c \cos. b}{\cos. c \, \text{ſin.} \, \varphi}$, on aura $\dfrac{d x}{x} = \dfrac{n d \varphi \cos. b}{\cos. c \, (1 - n \, \text{ſin.} \, \varphi)}$.

(406). Nous avons enſeigné à la fin du $(n^o. 384)$ à intégrer $\dfrac{d \varphi}{1 - n \, \text{ſin.} \, \varphi}$.

1°. Lorſque $n = 1$, cette différentielle devient $\dfrac{d \varphi}{1 - \text{ſin.} \, \varphi} = \dfrac{(1 - \text{ſin.} \, \varphi) d \varphi}{\cos. \varphi^2}$, dont l'intégrale eſt tang. $\varphi + \dfrac{1}{\cos. \varphi} = \dfrac{1 + \text{ſin.} \, \varphi}{\cos. \varphi}$;

donc $b = \dfrac{1 + \sin.\,\varphi}{\cos.\,\varphi} + c$; $c = \dfrac{1 + \sin.\,\varphi}{\cos.\,\varphi} - \varphi + c$, $\&\ \dfrac{d\,x}{x} = \dfrac{d\,b\ \cos.\,b}{\cos.\,(b - \varphi)}$.

De l'équation $b - c = \dfrac{1 + \sin.\,\varphi}{\cos.\,\varphi}$, on tire

$$\sin.\,\varphi = \dfrac{(b - c)^2 - 1}{(b - c)^2 + 1}\ ,\quad \cos.\,\varphi = \dfrac{2\,(b - c)}{(b - c)^2 + 1}\ ,$$

$\&$, substituant ces valeurs, $\dfrac{d\,x}{x} = \dfrac{[\,(b - c)^2 + 1\,]\,d\,b\ \cos.\,b}{2\,(b - c)\cos.\,b + [\,(b - c)^2 - 1\,]\sin.\,b}$;

or le numérateur étant la différentielle du dénominateur, on a

$$\dfrac{x}{c'} = 2\,(b - c)\cos.\,b + [\,(b - c)^2 - 1\,]\sin.\,b,$$

c $\&$ c' sont les deux constantes arbitraires ajoutées en intégrant. Maintenant

$$c = b - A\ \mathrm{tang.}\ \dfrac{(b - c)^2 - 1}{2\,(b - c)}\ ;\ \text{donc}\ u = \mathrm{tang.}\ c = \dfrac{\mathrm{tang.}\,b - \dfrac{(b - c)^2 - 1}{2\,(b - c)}}{1 + \dfrac{(b - c)^2 - 1}{2\,(b - c)}\ \mathrm{tang.}\,b}\ ,$$

$\&$ par conséquent

$$y = u\,x = c'\,(\,2\,(b - c)\sin.\,b - [\,(b - c)^2 - 1\,]\cos.\,b\,).$$

2°. Si $n > 1$, la différentielle $\dfrac{d\,\varphi}{1 - n\,\sin.\,\varphi}$ a pour intégrale

$$\dfrac{1}{\sqrt{(n^2 - 1)}}\ \log.\ \dfrac{\sqrt{[\,(n - 1)(1 - \sin.\,\varphi)\,]} + \sqrt{[\,(n + 1)(1 - \sin.\,\varphi)\,]}}{\sqrt{[\,(n - 1)(1 - \sin.\,\varphi)\,]} - \sqrt{[\,(n + 1)(1 - \sin.\,\varphi)\,]}}\ ;$$

donc, en supposant pour abréger $(b - c)\sqrt{(n^2 - 1)} = b'$, on aura

$$\dfrac{e^{b'} + 1}{e^{b'} - 1} = \dfrac{\sqrt{[\,(n - 1)(1 + \sin.\,\varphi)\,]}}{\sqrt{[\,(n + 1)(1 - \sin.\,\varphi)\,]}} = \dfrac{(n - 1)(1 + \sin.\,\varphi)}{\cos.\,\varphi\,\sqrt{(n^2 - 1)}}.$$

On tire de cette équation

$$\sin.\,\varphi = \dfrac{e^{b'} + 2\,n + e^{-b'}}{n\,e^{b'} + 2 + n\,e^{-b'}}\ ,\quad \cos.\,\varphi = \dfrac{(e^{b'} - e^{-b'})\sqrt{(n^2 - 1)}}{n\,e^{b'} + 2 + n\,e^{-b'}}\ ;$$

$\&$, à cause de $\dfrac{d\,x}{x} = \dfrac{n\,d\,b\ \cos.\,b}{\cos.\,b\,\cos.\,\varphi + \sin.\,b\,\sin.\,\varphi}$,

$$\dfrac{d\,x}{x} = \dfrac{n\,d\,b\ \cos.\,b\,(\,n\,e^{b'} + 2 + n\,e^{-b'}\,)}{(e^{b'} - e^{-b'})\cos.\,b\,\sqrt{(n^2 - 1)} + (e^{b'} + 2\,n + e^{-b'})\sin.\,b}\ ,$$

dont le numérateur est la différentielle du dénominateur ; donc

$$x = c'\,[\,(e^{b'} - e^{-b'})\cos.\,b\,\sqrt{(n^2 - 1)} + (e^{b'} + 2\,n + e^{-b'})\sin.\,b\,].$$

Mais $\cos.\,c = \cos.\,b\,\cos.\,\varphi + \sin.\,b\,\sin.\,\varphi$, d'où l'on tire

$$\cos.\,c\,(\,n\,e^{b'} + 2 + n\,e^{-b'}\,) = \cos.\,b\,(e^{b'} - e^{-b'})\sqrt{(n^2 - 1)} +$$
$$\sin.\,b\,(e^{b'} + 2\,n + e^{-b'})\ ;$$

on a donc aussi $x = c'\cos.\,c\,(\,n\,e^{b'} + 2 + n\,e^{-b'}\,)$.

Enfin, à cause de $y = x\ \mathrm{tang.}\ c$, on a $y = c'\sin.\,c\,(\,n\,e^{b'} + 2 + n\,e^{-b'}\,)$.

$$3^{\circ}.$$

3°. Si $n < 1$, la différentielle $\dfrac{d\varphi}{1 - n \sin.\varphi}$ a pour intégrale

$$\frac{-2}{\sqrt{(1-n^2)}}\, A \text{ tang. } \frac{(n+1)\cos.\varphi}{(1+\sin.\varphi)\sqrt{(1-n^2)}};$$

ou, à cause de tang. $2x = \dfrac{2 \text{ tang. } x}{1-(\text{tang. } x)^2}$, elle a pour intégrale

$$\frac{-1}{\sqrt{(1-n^2)}}\, A \text{ tang. } \frac{\cos.\varphi\sqrt{(1-n^2)}}{\sin.\varphi - n} = \frac{1}{\sqrt{(1-n^2)}}\, A\cos. \frac{n-\sin.\varphi}{1-n\sin.\varphi}.$$

Donc en supposant pour abréger $(b-c)\sqrt{(1-n^2)} = b'$, on a $\dfrac{n-\sin.\varphi}{1-n\sin.\varphi} = \cos. b'$, d'où l'on tire

$$\sin.\varphi = \frac{n-\cos. b'}{1-n\cos. b'},\ \cos.\varphi = \frac{\sin. b'\sqrt{(1-n^2)}}{1-n\cos. b'}.\ \text{Mais}$$

$$\frac{dx}{x} = \frac{n\,db\cos. b}{\cos. b\cos.\varphi + \sin. b\sin.\varphi} = \frac{n\,db\cos. b\,(1-n\cos. b')}{\cos. b\sin. b'\sqrt{(1-n^2)}+\sin. b\,(n-\cos. b')},$$

dont le numérateur est encore la différentielle du dénominateur ; donc

$$x = c'\,[\cos. b\sin. b'\sqrt{(1-n^2)}+\sin. b\,(n-\cos. b')],$$

ou parce que cos. $c = \cos. b\cos.\varphi + \sin. b\sin.\varphi$,

$$x = c'\cos. c\,(1-n\cos. b')\ \&\ y = x\text{ tang. } c = c'\sin. c\,(1-n\cos. b').$$

(407). Si en faisant dans l'équation $V=0$, que nous ne supposerons plus être homogène, ces substitutions $y=ux^n$, $p=x^{n-1}t$, $q=x^{n-2}z$, on a une transformée qui soit telle qu'en donnant à n une certaine valeur, les x disparoissent entièrement ; il sera encore facile de ramener la proposée au premier ordre. Soit, par exemple, cette équation du second ordre

$$x^4\frac{d^2y}{dx^2} = (x^3+2xy)\frac{dy}{dx}-4y^2,\ \text{qui devient } qx^4 = p\,(x^3+2xy)$$

$-4y^2$; par les substitutions précédentes, on la change en celle-ci, $x^{n+2}z = x^{n-1}t + x^{2n}(2tu-4u^2)$, de laquelle x disparoîtra absolument si l'on fait $2n=n+2$, ou $n=2$, & on aura $z = t + 2tu - 4u^2$. Maintenant, à cause de $y=ux^2$, $p=tx$, $q=z$, on a $x\,du+2u\,dx = t\,dx$ & $t\,dx+x\,dt = z\,dx$, d'où l'on tire $\dfrac{dx}{x} = \dfrac{du}{t-2u} = \dfrac{dt}{z-t}$, équation qui devient, en mettant pour z sa valeur, $(t-2u)\,2u\,du = (t-2u)\,dt$. Cette équation donne $2u\,du = dt$ & $u^2+c = t$; à moins qu'on ne suppose $t-2u=0$. Alors, à cause de $\dfrac{dx}{x} = \dfrac{du}{t-2u}$, on a $du=0$, $u=c$, & $y=cx^2$ qui ne pourroit être qu'une intégrale particulière de la proposée, puisqu'elle ne renferme qu'une seule constante arbitraire. Mais en mettant pour t la valeur u^2+c dans $\dfrac{dx}{x} = \dfrac{du}{t-2u}$, on a $\dfrac{dx}{x} = \dfrac{du}{u^2-2u+c}$. C'est pourquoi si l'intégrale doit être prise de manière que $c = 1$, elle est log. $\dfrac{x}{c'} = \dfrac{1}{1-u} = \dfrac{x^2}{x^2-y}$,

si elle est doit être prise de manière que $c < 1$, elle est log. $\dfrac{x}{c'} = \dfrac{-1}{2\sqrt{(1-c)}}$

log. $\dfrac{u-1+\sqrt{(1-c)}}{u-1-\sqrt{(1-c)}} = \dfrac{-1}{2\sqrt{(1-c)}}$ log. $\dfrac{y-x^2(1-\sqrt{(1-c)})}{y-x^2(1+\sqrt{(1-c)})}$,

d'où l'on tire $x = c' \left(\dfrac{y-x^2(1+\sqrt{(1-c)})}{y-x^2(1-\sqrt{(1-c)})} \right)^{\frac{1}{2\sqrt{(1-c)}}}$

Dans le troisième cas où $c > 1$, on peut mettre la différentielle sous cette forme

$\dfrac{dx}{x} = \dfrac{du}{(u-1)^2+c-1}$, dont l'intégrale est log. $\dfrac{x}{c'} = \dfrac{1}{\sqrt{(c-1)}}$

A tang. $\dfrac{u-1}{\sqrt{(c-1)}}$, ou $\dfrac{u-1}{\sqrt{(c-1)}} = \dfrac{y-x^2}{x^2\sqrt{(c-1)}} = $ tang. $\left(\sqrt{(c-1)} . \log. \dfrac{x}{c'} \right)$.

Il faut remarquer que l'équation $y = cx^2$, qui satisfait à la proposée, ne peut d'aucune manière être comprise dans son intégrale complète, & que par conséquent elle n'en est pas une des intégrales particulières.

(408). L'équation $V = 0$ est homogène seulement par rapport à y, p & q; c'est-à-dire qu'en faisant $p = uy$, $q = \zeta y$, on aura une équation entre x, u & ζ, de laquelle on pourra tirer ζ égal à une fonction de x & u. Mais $p = uy$, donne $\dfrac{dy}{y} = u\,dx$, & $dp = u\,dy + y\,du = \zeta y\,dx$,

d'où l'on tire $\dfrac{dy}{y} = \dfrac{\zeta\,dx - du}{u}$, donc $du + u^2\,dx = \zeta\,dx$, équation du premier ordre entre u & x, dans laquelle si on peut séparer u, on aura la valeur de y par l'équation $\dfrac{dy}{y} = u\,dx$. Je prendrai pour exemple l'équation $xy\,d^2y = y\,dx\,dy + x\,dy^2 + \dfrac{bx\,dy^2}{\sqrt{(a^2-x^2)}}$ où dx est constant.

Cette équation devient $xyq = yp + xp^2 + \dfrac{bxp^2}{\sqrt{(a^2-x^2)}}$, laquelle en faisant $p = uy$, $q = \zeta y$, on changera en celle-ci, $x\zeta = u + xu^2 + \dfrac{bxu^2}{\sqrt{(a^2-x^2)}}$,

& il ne restera plus qu'à séparer les variables dans l'équation du premier ordre $du + u\,dx = \dfrac{u\,dx}{x} + u\,dx + \dfrac{bu^2\,dx}{\sqrt{(a^2-x^2)}}$, qui n'est autre que $\dfrac{x\,du - u\,dx}{u^2} = \dfrac{b\,x\,dx}{\sqrt{(a^2-x^2)}}$, dont l'intégrale complète est

$c - \dfrac{x}{u} = -b\sqrt{(a^2-x^2)}$ On tire delà $u = \dfrac{x}{c + b\sqrt{(a^2-x^2)}}$;

& , à cause de $\dfrac{dy}{y} = u\,dx$, $\dfrac{dy}{y} = \dfrac{x\,dx}{c + b\sqrt{(a^2-x^2)}}$.

On fera $\sqrt{(a^2 - x^2)} = t$; & parce que $x\,dx = -t\,dt$, on aura

$$\frac{dy}{y} = \frac{-t\,dt}{c + bt} = -\frac{dt}{b} + \frac{c\,dt}{b(c + bt)},$$ dont l'intégrale complète

est $\log. \frac{y}{c'} = -\frac{t}{b} + \frac{c}{b^2} \log. (c + bt) = -\frac{\sqrt{(a^2 - x^2)}}{b} + \frac{c}{b^2} \log. [c +$

$b\sqrt{(a^2 - x^2)}]$, qui est aussi l'intégrale complète de la proposée, puisqu'elle renferme deux constantes arbitraires c & c'.

(409). Nous avons démontré que l'intégration complète des équations linéaires se réduisoit à trouver n valeurs de y qui satisfissent à l'équation

$$A y + B \frac{dy}{dx} + C \frac{d^2 y}{dx^2} + \ldots\ldots + U \frac{d^n y}{dx^n} = 0;$$

Si l'équation est du second ordre, on peut la représenter par

$$M y + N \frac{dy}{dx} + \frac{d^2 y}{dx^2} = 0; \text{ or, en faisant } y = \zeta\, e^{-\int \frac{N}{2} dx};$$

on la change en celle-ci, $\dfrac{d^2 \zeta}{dx^2} = \left(\dfrac{1}{2} \dfrac{dN}{dx} + \dfrac{N^2}{4} - M \right) \zeta$, & il ne

s'agit plus que d'intégrer complétement une équation de cette forme $\dfrac{d^2 \zeta}{dx^2} = \Pi \zeta$,

où Π est une fonction quelconque de x & de constantes. Nommons $\zeta 1$ & $\zeta 2$ deux valeurs de ζ qui satisfassent à l'équation précédente ; & nous aurons pour son intégrale complète $\zeta = a \zeta 1 + b \zeta 2$, a & b étant les deux constantes arbitraires qu'il faut ajouter en intégrant. Mais si au lieu de deux valeurs particulières de ζ, on n'en trouvoit qu'une, $\zeta 1$, par exemple, l'intégrale complète

de la même équation seroit $\zeta = \zeta 1 \left(a + b \int' \dfrac{dx}{\zeta 1^2} \right)$; ces propositions peu-

vent aisément se déduire de ce que nous avons dit (n°s. 276 & *suiv.*) sur les équations du second ordre. Tout se réduit donc à trouver $\zeta 1$ & $\zeta 2$ exactement ou par approximation ; & c'est de quoi nous allons nous occuper.

Soit d'abord l'équation $\dfrac{d\zeta}{dx^2} = \mathfrak{C} x^{m-2} \zeta$, on fera

$$\zeta = A x^\lambda + B x^{\lambda + \mu} + C x^{\lambda + 2\mu} + D x^{\lambda + 3\mu} + \&c.,$$

& on aura une transformée qu'on ne pourra ordonner que de la manière suivante :

$$\begin{aligned}
&\lambda \cdot (\lambda - 1) \cdot A x^{\lambda - 2} + (\lambda + \mu) \cdot (\lambda + \mu - 1) \cdot B x^{\lambda + \mu - 2} + \\
&\qquad\qquad\qquad\qquad\qquad - \mathfrak{C} A x^{\lambda + m - 2} - \\
&(\lambda + 2\mu) \cdot (\lambda + 2\mu - 1) \cdot C x^{\lambda + 2\mu - 2} + (\lambda + 3\mu) \cdot \\
&\qquad\qquad \mathfrak{C} B x^{\lambda + \mu + m - 2} - \\
&(\lambda + 3\mu - 1) \cdot D x^{\lambda + 3\mu - 2} + \&c. \\
&\qquad\qquad \mathfrak{C} L x^{\lambda + 2\mu + m - 2} - \&c.
\end{aligned} \Bigg\} = 0.$$

On en tire qu'on peut donner à λ l'une ou l'autre de ces deux valeurs, $\lambda = 0$ ou $\lambda = 1$; que $\mu = m$; & qu'en nommant $A1$, $B1$, &c. les co-efficiens qui répondent à $\lambda = 0$, $A2$, $B2$, &c., ceux qui répondent à $\lambda = 1$, on a pour les déterminer ces deux suites d'équations :

$$m \cdot (m - 1) \cdot B1 = \varsigma A1, \quad 2m \cdot (2m - 1) \cdot C1 = \varsigma B1,$$

$$m \cdot (m + 1) \cdot B2 = \varsigma A2, \quad 2m \cdot (2m + 1) \cdot C2 = \varsigma B2,$$

$$3m \cdot (3m - 1) \cdot D1 = \varsigma C1, \ \&c.,$$

$$3m \cdot (3m + 1) \cdot D2 = \varsigma C2, \ \&c.$$

Ainsi, à cause de $A1$, & $A2$ qui restent indéterminées, il est clair que l'intégrale complète de la proposée est

$$\left.\begin{aligned}
z = A1 &+ \frac{\varsigma A1 \, x^m}{m \cdot (m-1)} + \frac{\varsigma^2 A1 \, x^{2m}}{2m^2 \cdot (m-1) \cdot (2m-1)} + \\
A2\,x &+ \frac{\varsigma A2 \, x^{m+1}}{m \cdot (m+1)} + \frac{\varsigma^7 A2 \, x^{2m+1}}{2m^2 \cdot (m+1) \cdot (2m+1)} + \\
&\frac{\varsigma^3 A1 \, x^{3m}}{2 \cdot 3 \cdot m^3 \cdot (m-1) \cdot (2m-1) \cdot (3m-1)} + \&c. \\
&\frac{\varsigma^3 A2 \, x^{3m+1}}{2 \cdot 3 \cdot m^3 (m+1) \cdot (2m+1) \cdot (3m+1)} + \&c.
\end{aligned}\right\}.$$

(410). La formule précédente ne donne rien pour le cas de $m = 0$; mais alors la proposée devient $\dfrac{d^2 z}{d x^2} = \dfrac{\varsigma z}{x^2}$, à laquelle on satisfait, en faisant $z = x^\lambda$, λ étant donné par l'équation du second degré, $\lambda \cdot (\lambda - 1) = \varsigma$; d'où l'on tire $\lambda = \frac{1}{2} \pm \sqrt{(\varsigma + \frac{1}{4})}$. Si $\varsigma + \frac{1}{4}$ est une quantité positive, on a pour l'intégrale complète $z = \sqrt{x} \left(a x^{\sqrt{(\varsigma + \frac{1}{4})}} + b x^{-\sqrt{(\varsigma + \frac{1}{4})}} \right)$; si $\varsigma + \frac{1}{4}$ est une quantité négative, à cause de

$$x^{\pm a \sqrt{(-1)}} = \cos.(\alpha \log. x) \pm \sqrt{-1} \sin.(\alpha \log. x) \quad (n^\circ.\ 278);$$

on a pour l'intégrale complète

$$z = \sqrt{x} \cdot \left[a \cos.\left(\sqrt{(\varsigma + \tfrac{1}{4})} \cdot \log. x \right) + b \sin.\left(\sqrt{(\varsigma + \tfrac{1}{4})} \cdot \log. x \right) \right],$$

qu'on peut mettre sous cette forme plus simple

$$z = \sqrt{x} \sin.\left(a + b \sqrt{(\varsigma + \tfrac{1}{4})} \cdot \log. x \right);$$

enfin si $\varsigma + \frac{1}{4} = 0$, on n'a qu'une seule valeur particulière de z, savoir $z = \sqrt{x}$, & pour l'intégrale complète $z = \sqrt{x}\,(a + b \log. x)$, qu'on auroit trouvée en faisant $\varsigma + \frac{1}{4}$ infiniment petit dans $z = \sqrt{x} \sin.(a + b \sqrt{(\varsigma + \frac{1}{4})} \log. x)$ ($n^\circ.$ 289).

(411). En désignant par i un nombre entier positif, si l'on a $im - 1 = 0$, ou $im + 1 = 0$, la même formule ne donnera qu'une des intégrales particulières de la proposée; & pour trouver l'intégrale complète, il faudra avoir recours à
l'équation

l'équation $\zeta = \zeta\,\mathbf{1}\left(a + b \int \frac{dx}{\zeta^2\,\mathbf{1}}\right)$ qui, à cause de $\int \frac{dx}{\zeta^2\,\mathbf{1}}$, où $\zeta\,\mathbf{1}$ est une

suite infinie, ne peut être d'aucun usage. Mais en y faisant plus d'attention, on verra que si dans certains cas une des valeurs particulières de ζ a des termes qui soient $\frac{1}{0}$ ou infinis, c'est qu'alors l'intégrale complète doit renfermer des logarithmes, ce que nous n'avions pas supposé.

On supposera $\zeta = \zeta\,\mathbf{1}\ \log.\ x + (q) \ldots\ldots A' x^{\lambda} + B' x^{\lambda+\mu} + \&c.\ ;$

$\zeta\,\mathbf{1}$ étant celle des intégrales particulières qui est donnée par la formule précédente, & q une suite infinie dont on déterminera bientôt les exposans & les co-efficiens. Cette substitution faite dans la proposée, on a

$$\frac{d^2 \zeta\,\mathbf{1}}{d x^2}\ \log.\ x + \frac{2}{x}\,\frac{d \zeta\,\mathbf{1}}{d x} - \frac{\zeta\,\mathbf{1}}{x^2} + \frac{d^2 q}{d x^2} = C x^{m-2}\,\zeta\,\mathbf{1}\ \log.\ x + C x^{m-1}\,q\,;$$

qui à cause de $\dfrac{d^2 \zeta\,\mathbf{1}}{d x^2} = C x^{m-2}\,\zeta\,\mathbf{1}$, devient

$$\frac{d^2 q}{d x^2} + \frac{2}{x}\,\frac{d \zeta\,\mathbf{1}}{d x} - \frac{\zeta\,\mathbf{1}}{x^2} = C x^{m-1}\,q\,;$$

En supposant successivement

$$\zeta\,\mathbf{1} = A\,\mathbf{1} + B\,\mathbf{1}\ x^m + C\,\mathbf{1}\ x^{2m} + \&c.,\ \&$$
$$q = A'\,\mathbf{1}\ x^{\lambda} + B'\,\mathbf{1}\ x^{\lambda+\mu} + C'\,\mathbf{1}\ x^{\lambda+2\mu} + \&c.\ ;$$
$$\zeta\,\mathbf{1} = A\,\mathbf{2}\ x + B\,\mathbf{2}\ x^{m+1} + C\,\mathbf{2}\ x^{2m+1} + \&c.,\ \&$$
$$q = A'\,\mathbf{2}\ x^{\lambda} + B'\,\mathbf{2}\ x^{\lambda+\mu} + C'\,\mathbf{2}\ x^{\lambda+2\mu} + \&c.\ ;$$

on a les deux transformées

$$\lambda \cdot (\lambda - 1) \cdot A'\,\mathbf{1}\ x^{\lambda-2} + (\lambda + \mu) \cdot (\lambda + \mu - 1) \cdot B'\,\mathbf{1}\ x^{\lambda+\mu-2} +$$
$$(\lambda + 2\mu) \cdot (\lambda + 2\mu - 1) \cdot C'\,\mathbf{1}\ x^{\lambda+2\mu-2} + \&c. - C A'\,\mathbf{1}\ x^{\lambda+m-2}$$
$$C B'\,\mathbf{1}\ x^{\lambda+\mu+m-2} - C C'\,\mathbf{1}\ x^{\lambda+2\mu+m-2} - \&c. - A\,\mathbf{1}\ x^{-2} +$$
$$(2m - 1) \cdot B\,\mathbf{1}\ x^{m-2} + (4m - 1) \cdot C\,\mathbf{1}\ x^{2m-2} + \&c. = 0,$$

$$\lambda \cdot (\lambda - 1) \cdot A'\,\mathbf{2}\ x^{\lambda-2} + (\lambda + \mu) \cdot (\lambda + \mu - 1) \cdot B'\,\mathbf{2}\ x^{\lambda+\mu-2} +$$
$$(\lambda + 2\mu) \cdot (\lambda + 2\mu - 1) \cdot C'\,\mathbf{2}\ x^{\lambda+2\mu-2} + \&c. - C A'\,\mathbf{2}\ x^{\lambda+m-2} -$$
$$C B'\,\mathbf{2}\ x^{\lambda+\mu+m-2} - C C'\,\mathbf{2}\ x^{\lambda+2\mu+m-2} - \&c. + A\,\mathbf{2}\ x^{-1} +$$
$$(2m + 1) \cdot B\,\mathbf{2}\ x^{m-1} + (4m + 1) \cdot C\,\mathbf{2}\ x^{2m-1} + \&c. = 0.$$

(412). Soit $m = 1$, ou soit proposée d'intégrer $\dfrac{d^2 \zeta}{d x^2} = \dfrac{C \zeta}{x}$; on fera usage de la seconde transformée qui deviendra

Partie II. Q

$$\left.\begin{aligned}
&\lambda\cdot(\lambda-1)\cdot A'2\,x^{\lambda-2} + (\lambda+\mu)\cdot(\lambda+\mu-1)\cdot B'2\,x^{\lambda+\mu-2} + \\
&\qquad\qquad\qquad\qquad\qquad\qquad\qquad\qquad -\ 6A'2\,x^{\lambda-1} \\
&\qquad\qquad\qquad\qquad\qquad\qquad\qquad\qquad +\ A2\,x^{-1} \\
&(\lambda+2\mu)\cdot(\lambda+2\mu-1)\cdot C'2\,x^{\lambda+2\mu-2} + \&c. \\
&\qquad\qquad\qquad 6B'2\,x^{\lambda+\mu-1} - \&c. \\
&\qquad\qquad\qquad 3B2 \qquad\qquad\qquad + \&c.
\end{aligned}\right\} = 0,$$

& qui étant ordonnée comme on vient de le faire, donne évidemment $\lambda = 0$, $\mu = 1$, & pour déterminer les co-efficiens, cette suite d'équations

$$6A'2 - A2 = 0,\quad 2C'2 - 6B'2 + 3B2 = 0,$$
$$2\cdot3D'2 - 6C'2 + 5C2 = 0, \&c.$$

On voit que $B'2$ n'est point déterminé par ces équations, & que $A2$ ne l'est pas non plus dans l'intégrale particulière dont on a fait usage; ainsi la proposée a pour intégrale complète

$$z = (A2\,x + B2\,x^2 + \&c.)\log. x + A'2 + B'2\,x + \&c.$$

Supposons $m = -1$, ou proposons-nous d'intégrer $\dfrac{d^2 z}{dx^2} = \dfrac{6z}{x^3}$; nous ferons usage de la première transformée qui deviendra

$$\left.\begin{aligned}
&\lambda\cdot(\lambda-1)\cdot A'1\,x^{\lambda-2} + (\lambda+\mu)\cdot(\lambda+\mu-1)\cdot B'1\,x^{\lambda+\mu-2} + \\
&\qquad\qquad\qquad\qquad\qquad\qquad\qquad\qquad -\ 6A'1\,x^{\lambda-3} \\
&\qquad\qquad\qquad\qquad\qquad\qquad\qquad\qquad -\ A1\,x^{-2} \\
&(\lambda+2\mu)\cdot(\lambda+2\mu-1)\cdot C'1\,x^{\lambda+2\mu-2} + \&c. \\
&\qquad\qquad\qquad 6B'1\,x^{\lambda+\mu-3} - \&c. \\
&\qquad\qquad\qquad 3B1\,x^{-3} \qquad\qquad - \&c.
\end{aligned}\right\} = 0,$$

& qui étant ordonnée comme nous venons de le faire, donne $\lambda = 1$, $\mu = -1$, & pour déterminer les co-efficiens, cette suite d'équations

$$6A'1 + A1 = 0,\quad 2C'1 - 6B'1 - 3B1 = 0,$$
$$2\cdot3D'1 - 6C'1 - 5C1 = 0, \&c.$$

Or, comme $B'1$ reste indéterminé, & que $A1$ l'est dans l'intégrale particulière dont nous avons fait usage; il est clair que la proposée a pour intégrale complète

$$z = \left(A1 + \frac{B1}{x} + \frac{C1}{x^2} + \&c.\right)\log. x + A'1\,x + B'1 + \frac{C'1}{x} + \&c.$$

Si nous supposons $m = \frac{1}{2}$, c'est-à-dire, si nous nous proposons d'intégrer $\dfrac{d^2 z}{dx^2} = \dfrac{6z}{x\sqrt{x}}$; pour cela nous ferons usage de la seconde transformée qui deviendra

$$\lambda \cdot (\lambda - 1) A' 2 x^{\lambda - 2} + (\lambda + \mu) \cdot (\lambda + \mu - 1) \cdot B' 2 x^{\lambda + \mu - 2} +$$
$$\mathsf{G} A' 2 x^{\lambda - \frac{3}{2}} -$$
$$+$$

$$(\lambda + 2\mu) \cdot (\lambda + 2\mu - 1) \cdot C' 2 x^{\lambda + 2\mu - 2} + \&c. \left.\right\}$$
$$\mathsf{G} B' 2 x^{\lambda + \mu - \frac{1}{2}} - \&c. \left.\right\} = 0,$$
$$A 2 x^{-1} + \&c. \left.\right\}$$

& qui étant ordonnée comme nous venons de le faire, donne $\lambda = 0$, $\mu = \frac{1}{2}$; & pour déterminer les co-efficiens, cette fuite d'équations,

$$\tfrac{1}{4} B' 2 + \mathsf{G} A' 2 = 0, \quad \mathsf{G} B' 2 - A 2 = 0, \quad \tfrac{3}{4} D' 2 - \mathsf{G} C' 2 + 2 B 2 = 0, \&c.$$

Or, comme $A' 2$ refte indéterminé, & que $A 2$ l'eft dans l'intégrale particulière dont nous avons fait ufage ; il s'enfuit que la propofée a pour intégrale complète

$$\zeta = (A 2 x + B x^{\frac{3}{2}} + \&c.) \log. x + A' 2 + B' 2 x^{\frac{1}{2}} + \&c.$$

Soit encore $m = -\frac{1}{2}$, c'eft-à-dire qu'on propofe d'intégrer $\dfrac{d^2 \zeta}{d x^2} = \dfrac{\mathsf{G} \zeta}{x^2} \sqrt{x}.$ On fera ufage de la première transformée qui deviendra.

$$\lambda \cdot (\lambda - 1) \cdot A' 1 x^{\lambda - 2} + (\lambda + \mu) \cdot (\lambda + \mu - 1) B' 1 x^{\lambda + \mu - 2} +$$
$$\mathsf{G} A' 1 x^{\lambda - \frac{1}{2}} -$$
$$-$$

$$(\lambda + 2\mu) \cdot (\lambda + 2\mu - 1) \cdot C' 1 x^{\lambda + 2\mu - 2} + \&c. \left.\right\}$$
$$\mathsf{G} B' 1 x^{\lambda + \mu - \frac{1}{2}} - \&c. \left.\right\} = 0,$$
$$A 1 x^{-2} - \&c. \left.\right\}$$

& qui étant ordonnée comme on vient de le faire, donne $\lambda = 1$, $\mu = -\frac{1}{2}$, & pour déterminer les co-efficiens, cette fuite d'équations

$$\tfrac{1}{4} B' 1 + \mathsf{G} A' 1 = 0, \quad \mathsf{G} B' 1 + A 1 = 0, \quad \tfrac{3}{4} D' 1 - \mathsf{G} C' 1 - 2 B 1 = 0, \&c.$$

Or $C' 1$ n'étant point déterminé, & $A 1$ ne l'étant point non plus dans l'intégrale particulière dont on a fait ufage ; il fait delà que

$$\zeta = (A 1 + B 1 x^{-\frac{1}{2}} + \&c.) \log. x + A' 1 x + B' 1 x^{\frac{1}{2}} + \&c.$$

eft l'intégrale complète de la propofée.

(413). Je reprends l'équation $\dfrac{d^2 \zeta}{d x^2} = \mathsf{G} x^{m-2} \zeta$, où je fais varier $d x$; ce qui lui donne la forme fuivante, $\dfrac{d^2 \zeta}{d x^2} - \dfrac{d \zeta}{d x} \dfrac{d^2 x}{d x^2} = \mathsf{G} x^{m-2} \zeta$ (n°. 235).

Je fuppofe enfuite $x^{\frac{m}{2}} = \dfrac{m}{2} t$, d'où je tire $x^{\frac{m-2}{2}} d x = d t$, &, $d t$ étant conftant, $\dfrac{d^2 x}{d x} = - (m - 2) \dfrac{d t}{m t}$. Par toutes ces fubftitutions, je change la propofée en celle-ci, $\dfrac{d^2 \zeta}{d t^2} + \dfrac{n}{t} \dfrac{d \zeta}{d t} = C \zeta$, ou j'ai fait pour abréger $\dfrac{m-2}{m} = n$. Lorfque $n = 0$, on fatisfait à cette équation en faifant $\zeta = \epsilon^{r t}$, r étant donné par l'équation du fecond degré $r^2 = C$; foit généralement $\zeta = y \epsilon^{r t}$, on aura $\dfrac{d^2 y}{d t^2} + 2 r \dfrac{d y}{d t} + r^2 y + \dfrac{n}{t} \dfrac{d y}{d t} + \dfrac{n r y}{t} = C y$, &, à caufe de $r^2 - C = 0$, $\dfrac{d^2 y}{d t^2} + \left(2 r + \dfrac{n}{t}\right) \dfrac{d y}{d t} + \dfrac{n r y}{t} = 0$.

On fera $y = A t^\lambda + B t^{\lambda + \mu} + C t^{\lambda + 2\mu} +$ &c. pour avoir la transformée

$$\left.\begin{array}{l} \lambda . (\lambda + n - 1) . A t^{\lambda - 2} + (\lambda + \mu) . (\lambda + \mu + n - 1) . B t^{\lambda + \mu - 2} + \\ \qquad\qquad + (2\lambda + n) . r A t^{\lambda - 1} + \\ (\lambda + 2\mu) . (\lambda + 2\mu + n - 1) . C t^{\lambda + 2\mu - 2} + \\ \qquad (2 . (\lambda + \mu) + n) . r B t^{\lambda + \mu - 1} + \\ (\lambda + 3\mu) . (\lambda + 3\mu + n - 1) . D t^{\lambda + 3\mu - 2} + \&c. \\ \qquad (2 . (\lambda + 2\mu) + n) . r C t^{\lambda + 2\mu - 1} + \&c. \end{array}\right\} = 0,$$

qui étant ordonnée comme on vient de le faire, donne d'abord $\lambda . (\lambda + n - 1) = 0$, d'où l'on tire $\lambda = 0$ ou $\lambda = 1 - n$; puis $\mu = 1$, & enfuite, pour déterminer les co-fficiens, cette fuite d'équations

$$(\lambda + 1) . (\lambda + n) . B + (2\lambda + n) . r A = 0,$$
$$(\lambda + 2) . (\lambda + n + 1) . C + (2 . (\lambda + 1) + n) . r B = 0,$$
$$(\lambda + 3) . (\lambda + n + 2) D + (2 . (\lambda + 2) + n) . r C = 0, \&c.$$

On prendra $A = 1$, ce qui eft permis, car il n'eft queftion que de trouver deux intégrales particulières de la propofée ; puis en faifant pour plus de commodité $1 - n = \nu$, on aura ces deux valeurs de y, favoir

$$y = 1 - r t + \dfrac{3 - \nu}{2 . (2 - \nu)} r^2 t^2 - \dfrac{(3 - \nu) . (5 - \nu)}{2 . 3 . (2 - \nu) . (3 - \nu)} r^3 t^3 +$$
$$\dfrac{(3 - \nu) . (5 - \nu) . (7 - \nu)}{2 . 3 . 4 . (2 - \nu) . (3 - \nu) . (4 - \nu)} r^4 t^4 - \&c., \&$$
$$y = t^\nu \left(1 - r t + \dfrac{3 + \nu}{2 . (2 + \nu)} r^2 t^2 - \dfrac{(3 + \nu) . (5 + \nu)}{2 . 3 . (2 + \nu) . (3 + \nu)} r^3 t^3 + \dfrac{(3 + \nu) . (5 + \nu) . (7 + \nu)}{2 . 3 . 4 . (2 + \nu) . (3 + \nu) . (4 + \nu)} r^4 t^4 - \&c.\right)$$

A

A cause de $\frac{m-2}{m} = n = 1 - v$, la proposée devient $\frac{d^2 z}{dx^2} = C x^{\frac{2(1-v)}{v}} z$;

& on a $t = v x^{\frac{1}{v}}$; de plus, r étant égal à $\pm\sqrt{C}$, on a ces deux intégrales particulières $z_1 = y_1 e^{t\sqrt{C}}$, $z_2 = y_2 e^{-t\sqrt{C}}$, & pour intégrale complète $z = a y_1 e^{t\sqrt{C}} + b y_2 e^{-t\sqrt{C}}$; il est clair que par y_1, y_2 on entend ce que devient celle qu'on voudra des deux suites précédentes, en mettant pour r successivement $\sqrt{C}$ & $-\sqrt{C}$. Il pourra arriver que C soit une quantité négative, & qu'alors $\sqrt{C}$ soit une quantité imaginaire qu'on pourra représenter par $\sqrt{C'}\sqrt{-1}$; dans ce cas, si on représente la valeur de y_1 par $y'_1 + y'_2 \sqrt{-1}$, celle de y_2 sera $y'_1 - y'_2 \sqrt{-1}$, & on aura pour l'intégrale complète de la proposée

$$z = a(y'_1 + y'_2 \sqrt{-1})\, e^{t\sqrt{C'}\sqrt{-1}} + b(y'_1 - y'_2 \sqrt{-1})\, e^{-t\sqrt{C'}\sqrt{-1}}.$$

En se rappellant que $e^{\pm t\sqrt{C'}\sqrt{-1}} = \cos. t\sqrt{C'} \pm \sqrt{-1}\, \sin. t\sqrt{C'}$, on verra aisément que l'intégrale précédente peut être changée en celle-ci,

$$z = (a+b)(y'_1 \cos. t\sqrt{C'} - y'_2 \sin. t\sqrt{C'}) + (a-b)\sqrt{-1}.$$
$$(y'_1 \sin. t\sqrt{C'} + y'_2 \cos. t\sqrt{C'}),$$

qui en faisant $a+b = c$ & $(a-b)\sqrt{-1} = c'$, ce qui est permis, puisque a & b sont arbitraires, devient (n°. 277)

$$z = c(y'_1 \cos. t\sqrt{C'} - y'_2 \sin. t\sqrt{C'}) + c'(y'_1 \sin. t\sqrt{C'} + y'_2 \cos. t\sqrt{C'}).$$

(414). Lorsque v sera un nombre impair positif, la première des deux suites précédentes se terminera; ce sera la seconde lorsque ce nombre impair sera négatif. il en faut excepter les deux cas où v seroit ± 1. Si $v = 1$, l'équation à intégrer est $\frac{d^2 z}{dx^2} = C z$, à laquelle on satisfait en prenant $z = e^{\lambda x}$, λ étant donné par l'équation du second degré $\lambda^2 = C$. Ainsi la proposée a pour intégrale complète $z = a e^{x\sqrt{C}} + b e^{-x\sqrt{C}}$; & lorsque $\sqrt{b}$ est une quantité imaginaire que je représenterai par $\sqrt{C'}\sqrt{-1}$, cette intégrale devient

$z = a\cos. x\sqrt{C'} + b\sin. x\sqrt{C'}$. Si $v = -1$, ou si l'on a à intégrer $\frac{d^2 z}{dx^2} = \frac{C z}{x^4}$;

on fera $z = x^\lambda e^{\mu x^{\lambda'}}$, & on aura la transformée

$$\lambda.(\lambda-1).x^{\lambda-2} + \mu\lambda'(2\lambda+\lambda'-1)x^{\lambda+\lambda'-2} + \mu^2\lambda'^2 x^{\lambda+2\lambda'-2} = C x^{\lambda-4};$$

qu'on rendra identique en faisant $\lambda = 1$, $\lambda' = -1$ & $\mu^2 = C$. On satisfera donc à la proposée en faisant $z = x e^{\pm\frac{1}{x}\sqrt{C}}$; & par conséquent cette équation

différentielle aura pour intégrale complète $z = x\left(a e^{\frac{1}{x}\sqrt{C}} + b e^{-\frac{1}{x}\sqrt{C}}\right)$;

ou, lorsque $\sqrt{C}$ sera une quantité imaginaire

$$\sqrt{C'}\sqrt{-1},\quad z = x\left(a\cos.\frac{1}{x}\sqrt{C'} + b\sin.\frac{1}{x}\sqrt{C'}\right).$$

Soit $\nu = 3$, ou soit proposé d'intégrer $\dfrac{d^2 z}{dx} = C x^{-\frac{4}{3}} z$; on aura recours

à la première suite qui donnera $y = 1 - rt$, t étant égal à $3\,x^{\frac{1}{3}}$; & à cause

de $r = \pm\sqrt{C}$, on aura $y_1 = 1 - t\sqrt{C}$, $y_2 = 1 + t\sqrt{C}$,

& pour l'intégrale complète de la proposée

$$z = a\,e^{t\sqrt{C}}.(1 - t\sqrt{C}) + b\,e^{-t\sqrt{C}}(1 + t\sqrt{C}).$$

Si $\sqrt{C}$ est une quantité imaginaire $\sqrt{C'}\sqrt{-1}$, cette intégrale complète sera

$$z = c(\cos. t\sqrt{C'} + t\sqrt{C'}\sin. t\sqrt{C'}) + c'(\sin. t\sqrt{C'} - t\sqrt{C'}\cos. t\sqrt{C'}).$$

Si $\nu = -3$, ou si l'on a à intégrer $\dfrac{d^2 z}{dx^2} = C x^{-\frac{8}{3}} z$; il faudra se servir

de la seconde suite qui donnera $y = t^{-3} - r t^{-2}$, t étant égal à $-3\,x^{-\frac{1}{3}}$, &

on aura pour intégrale complète

$$z = a\,e^{t\sqrt{C}}(t^{-3} - t^{-2}\sqrt{C}) + b\,e^{-t\sqrt{C}}(t^{-3} + t^{-2}\sqrt{C});$$

à moins que $\sqrt{C}$ ne soit une quantité imaginaire $\sqrt{C'}\sqrt{-1}$, cas auquel

cette intégrale sera

$$z = c(t^{-3}\cos. t\sqrt{C'} + t^{-2}\sqrt{C'}\sin. t\sqrt{C'}) + c'(t^{-3}\sin. t\sqrt{C'} - t^{-2}\sqrt{C'}\cos. t\sqrt{C'}).$$

Il seroit inutile de donner un plus grand nombre d'exemples.

(415). En faisant $z = e^{\int u\,dx}$, d'où l'on tire $u = \dfrac{1}{z}\dfrac{dz}{dx}$, on réduit l'é-

quation $\dfrac{d^2 z}{dx^2} = b\,x^{\frac{2(1-\nu)}{\nu}} z$ à une du premier ordre que voici:

$$\frac{du}{dx} + u^2 = C x^{\frac{2(1-\nu)}{\nu}},$$

laquelle n'offre d'autre cas d'intégrabilité de l'équation de Riccati que ceux que nous avons déjà trouvés. En effet, i étant un nombre entier positif, si pour exprimer que ν est un nombre positif impair, on écrit $\nu = 2i + 1$, on aura $\dfrac{2(1-\nu)}{\nu} = \dfrac{-4i}{2i+1}$; & si pour exprimer que ν est un nombre négatif impair, on écrit $\nu = -2i + 1$, on aura $\dfrac{2(1-\nu)}{\nu} = \dfrac{-4i}{2i-1}$. Maintenant lorsque C est positif, $z = a\,y_1\,e^{t\sqrt{C}} +$

$b\,y_2\,e^{-t\sqrt{C}}$; or à cause de $dt = x^{\frac{1-\nu}{\nu}}\,dx$, on a.

$$\frac{dz}{dx} = a\frac{dy_1}{dx}e^{t\sqrt{6}} + b\frac{dy_2}{dx}e^{-t\sqrt{6}} + x^{\frac{1-v}{v}}\sqrt{6}\,(a\,y_1\,e^{t\sqrt{6}} - b\,y_2\,e^{-t\sqrt{6}});$$

donc, en faisant $\frac{a}{b} = c$, on trouvera que dans ce cas-ci

$$u = \left(c\frac{dy_1}{dx}e^{t\sqrt{6}} + \frac{dy_2}{dx}e^{-t\sqrt{6}} + x^{\frac{1-v}{v}}\sqrt{6}\,[\,c\,y_1\,e^{t\sqrt{6}} - y_2\,e^{-t\sqrt{6}}] \right) : (c\,y_1\,e^{t\sqrt{6}} + y_2\,e^{-t\sqrt{6}})$$

est l'intégrale complète de l'équation de Riccati proposée. Lorsque 6 est une quantité négative que je représenterai par $-6'$, on a

$$z = y_1\,(c\cos.\,t\sqrt{6'} + c'\sin.\,t\sqrt{6'}) + y_2\,(c'\cos.\,t\sqrt{6'} - c\sin.\,t\sqrt{6'}),$$

que je puis mettre sous cette forme plus simple :

$$z = a\,y_1\,\sin.\,(t\sqrt{6'} + h) + a\,y_2\,\cos.\,(t\sqrt{6'} + h),$$

h étant un arc constant quelconque ; donc dans le cas présent l'équation de Riccati proposée a pour intégrale complète

$$u\,\left(= \frac{1}{z}\frac{dz}{dx}\right) = \left(\frac{dy_1}{dx}\sin.\,(t\sqrt{6'} + h) + \frac{dy_2}{dx}\cos.\,(t\sqrt{6'} + h) + \right.$$

$$\left. x^{\frac{1-v}{v}}\sqrt{6'}\,[\,y_1\cos.\,(t\sqrt{6'} + h) - y_2\sin.\,(t\sqrt{6'} + h)\,] \right) :$$

$$(y_1\sin.\,(t\sqrt{6'} + h) + y_2\cos.\,(t\sqrt{6'} + h)).$$

Pour rendre cela plus clair, nous proposerons les deux exemples suivans.

(416). Premiérement nous supposerons $v = 5$, ou nous nous proposerons d'intégrer $\frac{du}{dx} + u^2 = 6x^{-\frac{8}{5}}$. Nous avons $y = 1 - rt + \frac{r^2t^2}{3}$ & $t = 5x^{\frac{1}{5}}$;

donc, à cause de $r = \pm\sqrt{6}, y_1 = 1 - t\sqrt{6} + \frac{6t^2}{3}, y_2 = 1 + t\sqrt{6} + \frac{6t^2}{3}$,

$$\frac{dy_1}{dx} = x^{-\frac{4}{5}}\left(\frac{26t}{3} - \sqrt{6}\right), \quad \frac{dy_2}{dx} = x^{-\frac{4}{5}}\left(\frac{26t}{3} + \sqrt{6}\right);$$

& l'intégrale complète de la proposée, lorsque 6 est positif, sera

$$u = 6x^{-\frac{4}{5}}(c\,e^{t\sqrt{6}}[t^2\sqrt{6} - t] - e^{-t\sqrt{6}}[t^2\sqrt{6} + t]) : (c\,e^{t\sqrt{6}}[6t^2 -$$

$$3\,t\sqrt{6} + 3] + e^{-t\sqrt{6}}[6t^2 + 3t\sqrt{6} + 3]).$$

Dans l'autre cas nous aurons

$$y_1 = 1 - \frac{6't^2}{3}, y_2 = -t\sqrt{6'}, \frac{dy_1}{dx} = -\frac{26't}{3}x^{-\frac{4}{5}}, \frac{dy_2}{dx} = -x^{-\frac{4}{5}}\sqrt{6'};$$

& pour l'intégrale complète de la proposée

$$u = 6'x^{-\frac{4}{5}}(t\sqrt{6'}\cos.\,(t\sqrt{6'} + h) - t\sin.\,(t\sqrt{6'} + h)) : ([6't^2 - 3]$$

$$\sin.\,(t\sqrt{6'} + h) + 3\,t\sqrt{6'}\cos.\,(t\sqrt{6'} + h)).$$

Secondement, soit $\nu = — 5$, ou soit proposé d'intégrer $\frac{du}{dx} + u^2 = C x^{-\frac{12}{5}}$.

On a $y = t^{-5} — r t^{-4} + \frac{r^2}{3} t^{-3}$ & $t = — 5 x^{-\frac{1}{5}}$;

d'où l'on tire, à cause de $r = \pm \sqrt{C}$,

$$y_1 = t^{-5} — t^{-4}\sqrt{C} + \frac{6}{3} t^{-3}, \quad y_2 = t^{-5} + t^{-4}\sqrt{C} + \frac{6}{3} t^{-3},$$

$$\frac{dy_1}{dx} = x^{-\frac{6}{5}}(— 5 t^{-6} + 4 t^{-5}\sqrt{C} — C t^{-4}),$$

$$\frac{dy_2}{dx} = x^{-\frac{5}{5}}(— 5 t^{-6} — 4 t^{-5}\sqrt{C} — C t^{-4});$$

& pour l'intégrale complète de la proposée, lorsque C est positif,

$$u = x^{-\frac{6}{5}}(ce^{t\sqrt{C}}[—3\cdot5\,t^{-6} + 3\cdot5\,t^{-5}\sqrt{C} — 6C t^{-4} + C\sqrt{C}\,t^{-3}] —$$
$$e^{—t\sqrt{C}}[3\cdot5\,t^{-6} + 3\cdot5\,t^{-5}\sqrt{C} + 6C t^{-4} + C\sqrt{C}\,t^{-3}]):$$
$$(ce^{t\sqrt{C}}[3\,t^{-5} — 3\,t^{-4}\sqrt{C} + C t^{-3}] + e^{—t\sqrt{C}}[3\,t^{-5} + 3\,t^{-4}\sqrt{C} + C t^{-3}]).$$

Lorsque C est une quantité négative $— C'$, on a

$$y'_1 = t^{-5} — \frac{C'}{3} t^{-3}, \quad y'_2 = — t^{-4}\sqrt{C'},$$

$$\frac{dy'_1}{dx} = x^{-\frac{6}{5}}(— 5 t^{-6} + C' t^{-4}), \quad \frac{dy'_2}{dx} = 4 t^{-5} x^{-\frac{6}{5}}\sqrt{C'};$$

& pour l'intégrale complète de la proposée

$$u = x^{-\frac{6}{5}}([3\cdot5\,t^{-6} + 6C' t^{-4}]\,\mathrm{sin.}(t\sqrt{C'}+h) — [3\cdot5\,t^{-5}\sqrt{C'} —$$
$$C'\sqrt{C'}t^{-3}]\cos.(t\sqrt{C'}+h)):([— 3\,t^{-5} + C' t^{-3}]\,\mathrm{sin.}(t\sqrt{C'}+h)$$
$$+ 3\,t^{-4}\sqrt{C'}\cos.(t\sqrt{C'}+h)).$$

(417). On voit que la méthode des séries peut être d'un grand usage pour séparer les variables dans les équations différentielles. Soit encore proposé de trouver de cette manière les cas d'intégrabilité de l'équation

$$(a + bx^n)x^2\frac{d^2y}{dx^2} + (c + ex^n)x\frac{dy}{dx} + (f + gx^n)y = 0.$$

On fera $y = A x^\lambda + B x^{\lambda+\mu} + C x^{\lambda+2\mu} + \&c.$,
& on aura la transformée

$$(a\lambda.(\lambda—1)+c\lambda+f)A x^\lambda +(a.(\lambda+\mu).(\lambda+\mu—1)+c.(\lambda+\mu)+f)$$
$$B x^{\lambda+\mu} +(a.(\lambda+2\mu).(\lambda+2\mu—1)+c.(\lambda+2\mu)+f)$$
$$C x^{\lambda+2\mu} +\&c.+(b\lambda.(\lambda—1)+e\lambda+g)A x^{\lambda+n}+(b.(\lambda+\mu).$$
$$(\lambda+\mu—1)+e.(\lambda+\mu)+g)B x^{\lambda+\mu+n} +(b.(\lambda+2\mu).$$
$$(\lambda+2\mu—1)+e.(\lambda+2\mu)+g)C x^{\lambda+2\mu+n} +\&c = 0,$$

qu'on

qu'on ordonnera d'abord en mettant le premier terme de la seconde suite sous le second terme de la première, ce qui donnera $\mu = n$ & λ par cette équation du second degré

$$(a) \ldots \ldots \ldots a\lambda \cdot (\lambda - 1) + c\lambda + f = 0 ;$$

puis $B = - A \dfrac{b\lambda \cdot (\lambda - 1) + c\lambda + g}{2an\lambda + an \cdot (n - 1) + nc}$,

$C = - B \dfrac{b \cdot (\lambda + n) \cdot (\lambda + n - 1) + c \cdot (\lambda + n) + g}{4an\lambda + 2an \cdot (2n - 1) + 2cn}$,

$D = - C \cdot \dfrac{b \cdot (\lambda + 2n) \cdot (\lambda + 2n - 1) + c \cdot (\lambda + 2n) + g}{6an\lambda + 3an \cdot (3n - 1) + 3cn}$, &c. ;

il est clair que cette série se terminera toutes les fois que l'on aura

$$(b) \ldots \ldots b \cdot (\lambda + in) \cdot (\lambda + in - 1) + c \cdot (\lambda + in) + g = 0 ;$$

i étant un nombre entier positif quelconque. On ordonnera la même transformée en mettant le premier terme de la première suite sous le second terme de la seconde, ce qui donnera $\mu = - n$ & λ par cette équation du second degré.

$$(c) \ldots \ldots \ldots b\lambda \cdot (\lambda - 1) + c\lambda + g = 0.$$

On trouvera donc par ce second arrangement,

$B = A \dfrac{a\lambda \cdot (\lambda - 1) + c\lambda + f}{2bn\lambda \cdot bn \cdot (n + 1) + en}$,

$C = B \dfrac{a (\lambda - n) \cdot (\lambda - n - 1) + c \cdot (\lambda - n) + f}{4bn\lambda - 2bn \cdot (2n + 1) + 2ne}$,

$D = C \dfrac{a (\lambda - 2n) \cdot (\lambda - 2n - 1) + c \cdot (\lambda - 2n) + f}{6bn\lambda - 3bn \cdot (3n + 1) + 3en}$, &c.

série qui se terminera toutes les fois que l'on aura

$$(d) \ldots \ldots a \cdot (\lambda - in) \cdot (\lambda - in - 1) + c \cdot (\lambda - in) + f = 0.$$

On tire de l'équation a, $\lambda = \dfrac{a - c \pm \sqrt{[(a - c)^2 - 4af)]}}{2a}$,

de l'équation b, $\lambda + in = \dfrac{b - e \pm \sqrt{[(b - e)^2 - 4bg]}}{2b}$;

& pour équation de condition

$$in = \frac{c}{2a} - \frac{e}{2b} \pm \frac{\sqrt{[(b - e)^2 - 4bg]}}{2b} \mp \frac{\sqrt{[(a - c)^2 - 4af]}}{2a} ;$$

on tire de l'équation c, $\lambda = \dfrac{b - e \pm \sqrt{[(b - e)^2 - 4bg]}}{2b}$,

de l'équation d, $\lambda - in = \dfrac{a - c \pm \sqrt{[(a - c)^2 - 4af]}}{2a}$;

Partie II.   S

ainsi l'on voit que le second arrangement ne nous apprend rien de plus que le premier sur les conditions d'intégrabilité de l'équation différentielle proposée. Le premier arrangement ne donnera qu'une valeur de λ, & qu'une seule série par conséquent, dans les deux cas de $a = 0$ & de $(a-c)^2 - 4af = 0$; le second arrangement ne donnera de même qu'une seule série dans les deux cas de $b = 0$ & de $(b-c)^2 - 4bg = 0$. Il pourroit se faire aussi qu'une des séries données par le premier arrangement eût des termes qui fussent $\frac{1}{0}$ ou infinis, ce qui arrivera toutes les fois que l'on aura $2a\lambda + a.(in-1) + c = 0$, ou, mettant pour λ sa double valeur, lorsqu'on aura $\pm \dfrac{\sqrt{[(a-c)^2 - 4af]}}{an} = i$,

c'est-à-dire, lorsque la différence des deux valeurs de λ sera exactement divisible par n. Il en sera de même des séries données par le second arrangement; & ces cas d'exception méritent d'être examinés avec le plus grand soin. Mais cherchons auparavant si par quelque substitution on ne pourroit pas trouver d'autres cas d'intégrabilité de notre équation.

(418). Nous donnerons à cette équation la forme que voici,

$$(a+bx^n)\, x^2\, \frac{d^2 y}{y} + (c+ex^n)\, x\, \frac{dy\, dx}{y} + (f+gx^n)\, dx^2 = 0;$$

puis nous ferons $y = (a+bx^n)^{\lambda'} u$, d'où nous tirerons

$$\frac{dy}{y} = \frac{du}{u} + \frac{\lambda' nbx^{n-1}\, dx}{(a+bx^n)}, \quad \frac{d^2 y}{y} = \frac{d^2 u}{u} + \frac{2\lambda' nbx^{n-1}\, dx\, du}{(a+bx^n)\, u} +$$

$$\frac{\lambda' n\cdot(n-1)\cdot bx^{n-2}\, dx^2}{a+bx^n} + \frac{\lambda'\cdot(\lambda'-1)\cdot n^2 b^2 x^{2n-2}\, dx^2}{(a+bx^n)^2}.$$

En substituant ces valeurs, nous aurons la transformée

$$(a+bx^n)\, x^2\, \frac{d^2 u}{u} + \big(c+(e+2\lambda' nb)\cdot x^n\big)\, x\, \frac{dx\, du}{u} + \Big(f+gx^n+\lambda' n\cdot$$

$$(n-1)\cdot bx^n + \frac{(c+ex^n)\lambda' nbx^n}{a+bx^n} + \frac{\lambda'\cdot(\lambda'-1)\cdot n^2 b^2 x^{2n}}{a+bx^n}\Big)\, dx^2 = 0,$$

qui est de la même forme que la proposée; car en supposant le co-efficient de dx^2 égal à $p+qx^n$, nous trouverons

$$p = f, \quad q = g+bn\Big(\frac{c}{a}+n-1\Big)\Big(\frac{bc-ae}{abn}+1\Big), \quad \lambda' = \frac{bc-ae}{abn}+1.$$

Soit pour abréger $e+2\lambda' nb = e'$; la transformée deviendra

$$(a+bx^n)\, x^2\, \frac{d^2 u}{u} + (c+e'x^n)\, x.\, \frac{dx\, du}{u} + (p+qx^n)\, dx^2 = 0,$$

dont les cas d'intégrabilité sont renfermés dans l'équation

$$in = \frac{c}{2a} - \frac{e'}{2b} \pm \frac{\sqrt{[(b-c')^2 - 4bq]}}{2b} \mp \frac{\sqrt{[(a-c)^2 - 4ap]}}{2a},$$

qu'on changera, en mettant pour e', p & q leurs valeurs, en celle-ci

$$in+n = \frac{e}{2b} - \frac{c}{2a} \pm \frac{\sqrt{[(b-c)^2 - 4bg]}}{2b} \mp \frac{\sqrt{[(a-c)^2 - 4af]}}{2a}.$$

Cette seconde équation ajoute aux conditions déjà trouvées ; & la proposée sera intégrable absolument toutes les fois que la différence des deux quantités $\frac{e}{2b}$ & $\frac{c}{2a}$ augmentée ou diminuée de la différence des deux autres quantités $\frac{\sqrt{[(b-e)^2-4bg]}}{2b}$ & $\frac{\sqrt{[(a-c)^2-4af]}}{2a}$ sera exactement divisible par n.

Alors il suffira de trouver une seule valeur particulière de y ; mais si y ne peut être donné que par approximation, il faudra trouver deux valeurs de cette quantité, & nous avons remarqué plus haut que dans plusieurs cas les arrangemens précédens ne donnoient chacun qu'une suite infinie.

Le premier arrangement ne donne qu'une suite infinie, lorsque la différence des deux valeurs de λ est exactement divisible par n ; soit alors l'une de ces valeurs $\frac{a-c}{2a}+\frac{in}{2}=\lambda_1$, l'autre $\frac{a-c}{2a}-\frac{in}{2}$ sera $=\lambda_1-in$, & c'est cette seconde valeur qui étant substituée dans $v=Ax^\lambda+$ &c., rend des termes de cette série $\frac{1}{0}$ ou infinis. Supposons qu'en substituant la première, nous ayons $y_1=A_1 x^{\lambda_1}+B_1 x^{\lambda_1+n}+$ &c. ; nous ferons $y=y_1 \log. x+q$, & en mettant dans la proposée pour y, $\frac{dy}{dx}$, $\frac{d^2 y}{dx^2}$, leurs valeurs tirées de l'équation précédente, nous aurons cette transformée,

$$\left.\begin{array}{l}(a+bx^n)x^2\frac{d^2 y_1}{dx^2}\\[4pt](c+ex^n)x\frac{dy_1}{dx}\\[4pt](f+gx^n)\ \ y_1\end{array}\right\}\log. x + \left.\begin{array}{l}+2(a+bx^n)x\frac{dy_1}{dx}+(a+bx^n)x^2\frac{d^2 q}{dx^2}\\[4pt]+(c+ex^n)x\,y_1+(c+ex^n)x\frac{dq}{dx}\\[4pt]-(a+bx^n)\,y_1+(f+gx^n)\ \ q\end{array}\right\}=0,$$

qui, à cause de

$$(a+bx^n)x^2\frac{d^2 y_1}{dx^2}+(c+ex^n)x\frac{dy_1}{dx}+(f+gx^n)y_1=0,$$

se réduit à

$$2(a+bx^n)x\frac{dy_1}{dy}+(c+ex^n)y_1-(a+bx^n)y_1+(a+bx^n)$$

$$x^2\frac{d^2 q}{dx^2}+(c+ex^n)x\frac{dq}{dx}+(f+gx^n)q=0.$$

Représentons par $'A)x^{\lambda_1}+(B)x^{\lambda_1+n}+$ &c., la suite qui provient des trois premiers termes de la dernière équation, c'est-à-dire que

$$(A)=(2a\lambda_1+c-a)A_1,$$
$$(B)=(2a\cdot(\lambda_1+n)+c-a)B_1+(2b\lambda_1+e-b)A_1,$$
$$(C)=(2a\cdot(\lambda_1+2n)+c-a)C_1+(2b\cdot(\lambda_1+n)+e-b)B_1,$$
$$(D)=(2a\cdot(\lambda_1+3n)+c-a)D_1+(2b\cdot(\lambda_1+2n)+e-b)C_1, \&c.$$

Suppofons enfuite $q = A x^\lambda + B x^{\lambda + \mu} + $ &c. ; & nous aurons la transformée

$$(a \lambda \cdot (\lambda - 1) + c \lambda + f) A x^\lambda + (a \cdot (\lambda + \mu) \cdot (\lambda + \mu - 1) + c \cdot (\lambda + \mu) + f) B x^{\lambda + \mu} + \text{&c.} + (b \lambda \cdot (\lambda - 1) + e \lambda + g) A x^{\lambda + n} +$$

$$(b \cdot (\lambda + \mu) \cdot (\lambda + \mu - 1) + e \cdot (\lambda + \mu) + g) B x^{\lambda + \mu + n} + \text{&c.} +$$

$$(A) x^{\lambda_1} + (B) x^{\lambda_1 + n} + \text{&c.} = 0.$$

Si nous prenons pour λ celle des racines de l'équation $a \lambda \cdot (\lambda - 1) + c \lambda + f = 0$ que nous avons repréfentée par $\lambda_1 - in$, & que nous faffions $\mu = n$, il nous faudra ordonner la transformée de manière que le premier terme de la feconde fuite foit fous le fecond terme de la première, & le premier terme de la troifième fous le terme $i + 1$ de la première ; & par conféquent nous aurons pour déterminer les co-efficiens les équations fuivantes :

$$(2 a \lambda + a \cdot (n - 1) + c) n B + (b \lambda \cdot (\lambda - 1) + e \lambda + g) A = 0,$$

$$(2 a \lambda + a \cdot (2 n - 1) + c) 2 n C + (b \cdot (\lambda + n) \cdot (\lambda + n - 1) + c \cdot (\lambda + n) + g) B = 0,$$

$$\ldots\ldots (2 a \lambda + a \cdot (i n - 1) + c) i n K + (b \cdot (\lambda + (i - 1) \cdot n) (\lambda + (i - 1) \cdot n - 1) + e \cdot (\lambda + (i - 1) \cdot n) + g) I + (A) = 0, \text{&c.}$$

Mais dans le cas que nous examinons, $2 a \lambda + a \cdot (i n - 1) + c = 0$; donc

$$(b \cdot (\lambda + (i - 1) \cdot n) \cdot (\lambda + (i - 1) n - 1) + e \cdot (\lambda + (i - 1) n) + g) I + (A) = 0,$$

$$(i + 1) a n^2 L + (b \cdot (\lambda + in) \cdot (\lambda + in - 1) + e \cdot (\lambda + in) + g) K + (B) = 0,$$

$$(i + 2) 2 a n^2 M + (b \cdot (\lambda + (i + 1) \cdot n) \cdot (\lambda + (i + 1) \cdot n - 1) + e \cdot (\lambda + (i + 1) \cdot n) + g) L + (C) = 0,$$

$$(i + 3) 3 a n^2 N + (b \cdot (\lambda + (i + 2) \cdot n) \cdot (\lambda + (i + 2) \cdot n - 1) + e \cdot (\lambda + (i + 2) \cdot n) + g) M + (D) = 0, \text{&c.}$$

Ainfi lorfque la différence des deux valeurs de λ fera divifible par n, on pourra encore trouver l'intégrale complète de l'équation différentielle propofée par deux féries afcendantes ; le cas où les deux valeurs de λ font égales, eft compris dans le précédent, puifqu'il eft donné en faifant $i = 0$; il n'y aura donc que lorfque $a = 0$, qu'il ne fera pas poffible de trouver l'intégrale complète demandée par deux féries afcendantes.

(419). Je propoferai pour premier exemple d'intégrer complétement par deux féries afcendantes l'équation du fecond ordre $x^2 d^2 y + x dx dy + g x^n y dx^2 = 0$. Ici $a = 1$, $b = 0$, $c = 1$, $e = 0$, $f = 0$; & λ eft donné par l'équation $\lambda \cdot (\lambda - 1) + \lambda = 0$, dont les deux racines font égales, puifqu'elles font l'une & l'autre $= 0$.

OR

On aura $\lambda\,1 = 0$, $B\,1 = -\dfrac{g\,A\,1}{n^2}$, $C\,1 = \dfrac{g^2\,A\,1}{4\,n^4}$, $D\,1 = -\dfrac{g^3\,A\,1}{4\cdot9\,n^6}$, &c., &

$(A) = 0$, $(B) = 2\,n\,B\,1$, $(C) = 4\,n\,C\,1$, $(D) = 6\,n\,D\,1$, &c.

Puifque $i = 0$, on effacera tous les termes qui dans la valeur de q précèdent celui qui a K pour co-efficient, & on aura pour déterminer les fuivans, cette fuite d'équations

$$n^2\,L + g\,K + (B) = 0,\ 4\,n^2\,M + g\,L + (C) = 0,\ 9\,n^2\,N + g\,M + (D) = 0,\ \&c.,$$

d'où l'on tirera

$$L = \frac{2\,g\,A\,1}{n^3} - \frac{g\,k}{n^2},\ M = -\frac{3\,g^2\,A\,1}{4\,n^5} + \frac{g^2\,K}{4\,n^4},\ N = \frac{33\,g^3\,A\,1}{4\cdot9\cdot9\,n^7} - \frac{g^3\,K}{4\cdot9\,n^6}, \&c.$$

Donc $y = \left(1 - \dfrac{g\,x^n}{n^2} + \dfrac{g^2\,x^{2n}}{4\,n^4} - \dfrac{g^3\,x^{3n}}{4\cdot9\,n^6} + \&c.\right) A\,1 \log.\ x + K +$

$\left(\dfrac{2\,g\,A\,1}{n^3} - \dfrac{g\,k}{n^2}\right) x^n - \left(\dfrac{3\,g^2\,A\,1}{4\,n^5} - \dfrac{g^2\,k}{4\,n^4}\right) x^{2n} + \left(\dfrac{33\,g^3\,A\,1}{4\cdot9\cdot9\,n^7} - \dfrac{g^3\,k}{4\cdot9\,n^6}\right)$

$x^{3n} - \&c.,$

& cette intégrale eft complète, puifqu'elle renferme deux conftantes arbitraires $A\,1$ & K.

(420). Soit encore propofé d'intégrer complétement par deux féries afcendantes l'équation du fecond ordre

$$(1 - x^2)\,x^2\,d^2 y - (1 + x^2)\,x\,d\,x\,d\,y + x^2\,y\,d\,x^2 = 0.$$

Dans cet exemple

$$a = 1,\ b = -1,\ c = -1,\ e = -1,\ f = 0,\ g = 1,\ n = 2\,;$$

& λ eft donné par l'équation $\lambda\,.\,(\lambda - 1) - \lambda = 0$, dont les deux racines 0 & 2 ont pour différence 2 qui eft divifible par $n = 2$. Maintenant, à caufe de $\lambda\,1 = 2$, on aura

$$B\,1 = \frac{3\,A\,1}{8},\ C\,1 = \frac{3\cdot3\cdot5\,A\,1}{8\cdot24},\ D\,1 = \frac{3\cdot3\cdot5\cdot5\cdot7\,A\,1}{8\cdot24\cdot48}, \&c., \&$$

$(A) = 2\,A\,1$, $(B) = 6\,B\,1 - 4\,A\,1$, $(C) = 10\,C\,1 - 8\,B\,1$, $(D) = 14\,D\,1 - 12\,C\,1$, &c.

De plus, puifque $i = 1$, il n'y a qu'un feul terme dans la valeur de q qui précède celui qui a pour co-efficient K; les co-efficiens tant de ce terme que des fuivans feront donné par les équations

$$I + (A) = 0,\ 8\,L - 3\,K + (B) = 0,\ 24\,M - 15\,L + (C) = 0,$$
$$48\,N - 35\,M + (D) = 0,\ \&c.\,;$$

d'où l'on tirera

$$I = -2\,A\,1,\ L = \frac{7\,A\,1}{4\cdot8} + \frac{3\,K}{8},\ M = \frac{21\,A\,1}{4\cdot4\cdot8} + \frac{15\,K}{8\cdot8},$$
$$N = \frac{3155\,A\,1}{8\cdot8\cdot8\cdot48} + \frac{5\cdot35\,K}{8\cdot8\cdot16}, \&c.,$$

& pour l'intégrale complète demandée,

$$y = \left(1 + \frac{3\,x^2}{8} + \frac{3 \cdot 3 \cdot 5}{8 \cdot 24}\,x^4 + \frac{3 \cdot 3 \cdot 5 \cdot 5 \cdot 7}{8 \cdot 24 \cdot 48}\,x^6 + \&c.\right) A\,1\,x^2\,\log.\,x -$$

$$2\,A\,1 + \left(\frac{7\,A\,1}{4 \cdot 8} + \frac{3\,K}{8}\right) x^4 + \left(\frac{21\,A\,1}{4 \cdot 4 \cdot 8} + \frac{15\,K}{8 \cdot 8}\right) x^6 +$$

$$\left(\frac{3155\,A\,1}{8 \cdot 8 \cdot 8 \cdot 48} + \frac{5 \cdot 35 \cdot K}{8 \cdot 8 \cdot 16}\right) x^8 + \&c.$$

Par un procédé semblable, on trouvera deux séries descendantes lorsque la différence des racines de l'équation c sera exactement divisible par n, & lorsque les racines de cette même équation seront égales. Il n'y aura d'excepté que le cas où $b = 0$; c'est-à-dire que lorsque b sera $= 0$, on ne pourra avoir l'intégrale complète que par deux séries ascendantes ; on ne pourra l'avoir que par deux séries descendantes, lorsque $a = 0$.

(421). Si les deux racines des équations a ou c sont imaginaires, en représentant l'une par $\lambda' + \lambda'' \sqrt{-1}$, l'autre sera $\lambda' - \lambda'' \sqrt{-1}$; de plus, nous avons démontré que

$$x^{\pm \lambda'' \sqrt{-1}} = \cos.\,\lambda''\,\log.\,x \pm \sqrt{-1}\,\sin.\,\lambda''\,\log.\,x\,;$$

ainsi tant les deux séries ascendantes que les deux séries descendantes pourront être tellement combinées que de l'une & de l'autre manière on ait l'intégrale complète de la proposée. Mais pour résoudre dans ce cas-ci le problème directement, on fera $y = \zeta\,\sin.\,h\,\log.\,x + u\,\cos.\,h\,\log.\,x$, d'où l'on tirera

$$\frac{d\,y}{d\,x} = \frac{d\,\zeta}{d\,x}\,\sin.\,h\,\log.\,x + \frac{h\,\zeta}{x}\,\cos.\,h\,\log.\,x + \frac{d\,u}{d\,x}\,\cos.\,h\,\log.\,x - \frac{h\,u}{x}\,\sin.\,h\,\log.\,x ,$$

$$\frac{d^2\,y}{d\,x^2} = \frac{d^2\,\zeta}{d\,x^2}\,\sin.\,h\,\log.\,x + \frac{2\,h}{x}\,\frac{d\,\zeta}{d\,x}\,\cos.\,h\,\log.\,x - \frac{h\,\zeta}{x^2}\,\cos.\,h\,\log.\,x -$$

$$\frac{h^2\,\zeta}{x^2}\,\sin.\,h\,\log.\,x + \frac{d^2\,u}{d\,x^2}\,\cos.\,h\,\log.\,x - \frac{2\,h}{x}\,\frac{d\,u}{d\,x}\,\sin.\,h\,\log.\,x +$$

$$\frac{h\,u}{x^2}\,\sin.\,h\,\log.\,x - \frac{h^2\,u}{x^2}\,\cos.\,h\,\log.\,x .$$

En substituant ces valeurs de y, $\frac{d\,y}{d\,x}$, $\frac{d^2\,y}{d\,x^2}$ dans l'équation

$$(a + b\,x^n)\,x^2\,\frac{d^2\,y}{d\,x^2} + (c + e\,x^n)\,x\,\frac{d\,y}{d\,x} + (f + g\,x^n)\,y = 0 ;$$

on aura une transformée dont, à cause des deux indéterminées u & ζ, on pourra faire deux équations. On les fera de manière que $\sin.\,h\,\log.\,x$ & $\cos.\,h\,\log.\,x$ n'entrent ni dans l'une ni dans l'autre, & on aura

$$(\alpha) \ldots \ldots (a + b\,x^n)\,x^2\,\frac{d^2\,\zeta}{d\,x^2} + (c + e\,x^n)\,x\,\frac{d\,\zeta}{d\,x} + (f + g\,x^n)\,\zeta -$$

$$2\,h\,(a + b\,x^n)\,x\,\frac{d\,u}{d\,x} + h\,(a + b\,x^n)\,u - h\,(c + e\,x^n)\,u - h^2\,(a + b\,x^n)\,\zeta = 0 ,$$

$$(c)\ldots\ldots (a+bx^n)x^2\frac{d^2u}{dx^2}+(c+ex^n)x\frac{du}{dx}+(f+gx^n)u+2h(a+$$

$$bx^n)x\frac{dz}{dx}-h(a+bx^n)z+h(c+ex^n)z-h^2(a+bx^n)u=0.$$

Soit $z = Ax^\lambda + Bx^{\lambda+\mu}+$ &c. $u = A'x^\lambda + B'x^{\lambda+\mu}+$ &c.,
& soient substituées ces valeurs dans l'équation a, on aura la transformée
$$[(a\lambda.(\lambda-1)+c\lambda+f-ah^2)A-(2ah\lambda-ah+ch)A']x^\lambda+$$
$$[(a.(\lambda+\mu).(\lambda+\mu-1)+c.(\lambda+u)+f-ah^2)B-(2ah.$$
$$(\lambda+\mu)-ah+ch)B']x^{\lambda+\mu}+[(a.(\lambda+2\mu).(\lambda+2\mu-1)+c.$$
$$(\lambda2+\mu)+f-ah^2)C-(2ah.(\lambda+2\mu)-ah+ch)C']x^{\lambda+2\mu}+$$
$$\&c.+[(b\lambda.(\lambda-1)+e\lambda+g-bh^2)A-(2bh\lambda-bh+eh)A']$$
$$x^{\lambda+n}+[(b.(\lambda+\mu).(\lambda+\mu-1)+e.(\lambda+\mu)+g-$$
$$bh^2)B-(2bh.(\lambda+\mu)-bh+eh)B']x^{\lambda+\mu+n}+[(b.(\lambda+2\mu).$$
$$(\lambda+2\mu-1)+e.(\lambda+2\mu)+g-bh^2)C-(2bh.(\lambda+2\mu)-$$
$$bh+eh)C']x^{\lambda+2\mu+n}+\&c.=0.$$

En faisant les mêmes substitutions dans l'équation c, on aura une autre transformée qui ne sera que la précédente, dans laquelle on auroit mis A', B', &c. pour A, B, &c. & réciproquement, & dans laquelle on auroit changé le signe de h. Maintenant, si l'on veut u & z par deux suites ascendantes, on fera dans chacune de ces transformées $\mu = n$, & on aura d'abord les deux équations
$$(a\lambda.(\lambda-1)+c\lambda+f-ah^2)A-(2a\lambda-a+c)hA'=0,$$
$$(a\lambda.(\lambda-1)+c\lambda+f-ah^2)A'+(2a\lambda-a+c)hA=0;$$
d'où l'on tirera nécessairement ces deux - ci,
$$a\lambda.(\lambda-1)+c\lambda+f-ah^2=0,\ 2a\lambda-a+c=0;$$
& par conséquent $\lambda = \frac{a-c}{2a}$ $h^2 = \frac{4af-(a-c)^2}{4a^2}$.

A cause de h^2 qui doit être positif, cette solution exige que $4af > (a-c)^2$, c'est le cas où les deux racines de l'équation a sont imaginaires. Les co-efficiens A & A' resteront indéterminés, & on aura pour déterminer les suivans cette suite d'équations,
$$(2a\lambda+a.(n-1)+c)nB-2ahnB'+(b\lambda.(\lambda-1)+e\lambda+$$
$$g-bh^2)A-(2b\lambda-b+e)hA'=0,$$
$$(2a\lambda+a.(n-1)+c)nB'+2ahnB+(b\lambda.(\lambda-1)+e\lambda+$$
$$g-bh^2)A'+(2b\lambda-b+e)hA=0;$$
$$(2a\lambda+a.(2n-1)+c)2nC-4ahnC'+(b.(\lambda+n).(\lambda+n-1)+e.$$
$$(\lambda+n+g-bh^2)B-(2b.(\lambda+n)-b+e)hB'=0,$$
$$(2A\lambda+a.(2n-1)+c)2nC'+4ahnC+(b.(\lambda+n).(\lambda+n-1)+e.$$
$$(\lambda+n)+g-bh^2)B'+(2b.(\lambda+n)-b+e)hB=0,\ \&c.$$

De cette manière on trouvera bien aisément l'intégrale complète de la proposée par deux séries ascendantes dans le cas où les deux racines de l'équation a sont imaginaires ; il ne seroit pas plus difficile de trouver cette intégrale complète par deux séries descendantes dans le cas où les deux racines de l'équation c seroient imaginaires, nous ne nous y arrêterons donc pas.

(422). C'est ici le lieu de faire quelques remarques sur une méthode que nous avons donnée dans le chapitre précédent pour développer les fonctions en séries. Pour trouver la série qui est le développement de la fonction $a^{A \text{ sin. } x} = y$, on prendra de part & d'autre les différentielles logarithmiques, & on aura

$$\frac{dy}{y} = \frac{dx \log. a}{\sqrt{1 - x^2}} \; ;$$

puis élevant les deux membres au quarré & différentiant ensuite, l'équation du second ordre

$$(1 - x^2)\, d^2 y - x\, dy.dx - n^2 y = 0, \text{ où } n^2 = (\log. a)^2.$$

En nous proposant la fonction $(x + \sqrt{1 + x^2})^n = y$ (n°. 386), nous sommes parvenus, par des opérations semblables, à l'équation du second ordre

$$(1 + x^2)\, d^2 y + x\, dy\, dx - n^2 y\, dx^2 = 0.$$

Soit donc $(1 \pm x^2)\, d^2 y \pm x\, dy\, dx - n^2 y\, dx^2 = 0.$

On fera $y = A x^\lambda + B x^{\lambda + \mu} + C x^{\lambda + 2\mu} + \&c.,$

pour avoir une transformée qu'on ordonnera d'abord comme il suit :

$$\left. \begin{array}{l} \lambda (\lambda - 1) A x^{\lambda - 2} + (\lambda + \mu) (\lambda + \mu - 1) B x^{\lambda + \mu - 2} + \\[2mm] (\lambda + 2\mu) (\lambda + 2\mu - 1) C x^{\lambda + 2\mu - 2} + \&c. \\[1mm] (\pm \lambda^2 - n^2) A x^{\lambda} \qquad\qquad + \&c. \end{array} \right\} = 0,$$

& de laquelle on tirera $\lambda = 0, \mu = 1,$

puis $2\, C = n^2 A, \; 2 . 3\, D = (n^2 \mp 1) B, \; 3 . 4\, E = (n^2 \mp 4) C, \&c.$ On déterminera les constantes arbitraires A & B de manière que $x = 0$ donne $y = 1$ & $\dfrac{dy}{dx} = n$, & on aura la série

$$1 + n x + \frac{n^2}{2} x^2 + \frac{n}{2} . \frac{n^2 \mp 1}{3} x^3 + \frac{n^2}{2} . \frac{n^2 \mp 4}{3 . 4} x^4 + \&c.$$

On peut ordonner la même transformée de cette autre manière

$$\left. \begin{array}{l} \lambda (\lambda - 1) A x^{\lambda - 2} + (\lambda + \mu) (\lambda + \mu - 1) B x^{\lambda + \mu - 2} + \\[1mm] \qquad\qquad (\pm \lambda^2 - n^2) A x^{\lambda} \\[2mm] (\lambda + 2\mu) (\lambda + 2\mu - 1) C x^{\lambda + 2\mu - 2} + \&c. \\[1mm] (\pm (\lambda + \mu)^2 - n^2) B x^{\lambda + \mu} \qquad + \&c. \end{array} \right\} = 0$$

qui donne évidemment $\lambda (\lambda - 1) = 0$ & $\mu = 2.$

Or

Or de $\lambda = 0$ & $\mu = 2$, on tire

$$2 B = n^2 A, \quad 3 \cdot 4 \cdot C = (n^2 \mp 4) B, \quad 5 \cdot 6 \, D = (n^2 \mp 16) C, \&c.;$$

de $\lambda = 1$ & $\mu = 2$, on tire

$$2 \cdot 3 \, B = (n^2 \mp 1) A, \quad 4 \cdot 5 \, C = (n^2 \mp 9) B, \quad 6 \cdot 7 \, D = (n^2 \mp 25) C, \&c.:$$

& comme chacune de ces féries n'eſt qu'une intégrale particulière, on en prendra la fomme pour avoir la valeur complète de y, de laquelle, en déterminant les conſtantes arbitraires de manière que $x = 0$ donne $y = 1$ & $\frac{dy}{dx} = n$, on tirera le même réfultat que ci-deffus.

La férie $1 + n x + \frac{n^2}{2} x^2 + \frac{n}{2} \cdot \frac{n^2 - 1}{3} x^3 + \frac{n^2}{2} \cdot \frac{n^2 - 4}{3 \cdot 4} x^4 + \frac{n}{2} \cdot \frac{n^2 - 1}{3} \cdot \frac{n^2 - 9}{4 \cdot 5} x^5 + \frac{n^2}{2} \cdot \frac{n^2 - 4}{3 \cdot 4} \cdot \frac{n^2 - 16}{5 \cdot 6} x^6 + \frac{n}{2} \cdot \frac{n^2 - 1}{3} \cdot \frac{n^2 - 9}{4 \cdot 5} \cdot \frac{n^2 - 25}{6 \cdot 7} x^7 + \&c.$ eſt le développement de $(x + \sqrt{1 + x^2})^n$,

celle-ci $1 + n x + \frac{n^2}{2} x^2 + \frac{n}{2} \cdot \frac{n^2 + 1}{3} x^3 + \frac{n^2}{2} \cdot \frac{n^2 + 4}{3 \cdot 4} x^4 + \frac{n}{2} \cdot \frac{n^2 + 1}{3} \cdot \frac{n^2 + 9}{4 \cdot 5} x^5 + \frac{n^2}{2} \cdot \frac{n^2 + 4}{3 \cdot 4} \cdot \frac{n^2 + 16}{5 \cdot 6} x^6 + \frac{n}{2} \cdot \frac{n^2 + 1}{3} \cdot \frac{n^2 + 9}{4 \cdot 5} \cdot \frac{n^2 + 25}{6 \cdot 7} x^7 + \&c.$ eſt le développement de $a^{A \, \text{fin.} \, x}$,

Les réfultats qu'on obtiendra par la méthode dont il s'agit, feront néceffairement exaɛts, fi la férie renferme autant de conftantes arbitraires que l'expofant de l'ordre de l'équation différentielle contiendra d'unités ; arbitraires qu'on déterminera par les conditions tirées de la nature de la fonɛtion propofée.

Nous remarquerons auffi que l'équation

$$(1 \pm x^2) \, d^2 y \pm x \, dy \, dx - n^2 y \, dx^2 = X \, d x^2$$

eſt intégrable abfolument, par la méthode du (n°. 275), puifque nous avons une valeur de y qui fatisfait à cette équation dans le cas de $X = 0$.

(423). Une équation différentielle étant féparée, telle que celle-ci

$$\frac{dx}{\sqrt{(1 - x^2)}} = \frac{dy}{\sqrt{(1 - y^2)}},$$

il n'y a plus qu'à intégrer chaque membre en ajoutant une conftante arbitraire. Mais s'enfuit-il de ce que chacun des membres n'eſt point intégrable féparément, que l'équation ne le foit pas ? Euler a fait voir dans les tomes VI & VII des nouveaux Mémoires de Pétersbourg, & dans le premier volume de fon Calcul intégral, qu'il y a des cas où cette conclufion feroit fauffe. Par exemple, en y faifant peu d'attention, on pourroit conclure que l'équation précédente n'eſt point intégrable algébriquement, puifque fon intégrale eſt A fin. $x = A$ fin. $y + c$ ou A fin. $x = A$ fin. $y + A$ fin. a ; cependant q & p étant les arcs qui ont pour finus x & y, & c l'arc conftant, fi $q = p + c$, on a fin. $q = $ fin. p cos. $c + $ cos. p fin. c,

Partie II. V.

ou $x = y \sqrt{(1 - a^2)} + a \sqrt{(1 - y^2)}$, qui est une équation algébrique & l'intégrale complète de la proposée.

L'équation différentielle

$$\frac{dx}{\sqrt{(a + bx + cx^2 + ex^3 + fx^4)}} = \frac{dy}{\sqrt{(a + by + cy^2 + ey^3 + fy^4)}}$$

(dont chacun des membres dépend de la rectification des sections coniques comme nous l'avons démontré dans le chapitre précédent), étant proposée, Euler a imaginé qu'elle pouvoit avoir une intégrale algébrique qu'il a représentée par

$$A + B(x + y) + C(x^2 + y^2) + Dxy + E(x^2 y + x y^2) + F x^2 y^2 = 0.$$

En effet, en différentiant cette équation, on trouve

$$[B + Dy + Ey^2 + 2x(C + Ey + Fy^2)]dx + [B + Dx + Ex^2 + 2y(C + Ex + Fx^2)]dy = 0.$$

On tire aussi de la même équation

$$(C + Ey + Fy^2)x^2 + (B + Dy + Ey^2)x + A + By + Cy^2 = 0, \text{ ou}$$
$$(C + Ey + Fy^2)^2 4x^2 + (B + Dy + Ey^2)(C + Ey + Fy^2) 4x +$$
$$(B + Dy + Ey^2)^2 = (B + Dy + Ey^2)^2 - 4(A + By + Cy^2)$$
$$(C + Ey + Fy^2),$$

& extrayant la racine quarrée de part & d'autre,

$$2x(C + Ey + Fy^2) + B + Dy + Ey^2 = \pm \sqrt{[(B + Dy + Ey^2)^2 - 4(A + By + Cy^2)(C + Ey + Fy^2)]}.$$

On trouvera de la même manière

$$2y(C + Ex + Fx^2) + B + Dx + Ex^2 = \pm \sqrt{[(B + Dx + Ex^2)^2 - 4(A + Bx + Cx^2)(C + Ex + Fx^2)]};$$

donc en mettant ces valeurs dans l'équation différentielle, on aura la transformée

$$dx \sqrt{[(B + Dy + Ey^2) - 4(A + By + Cy^2)(C + Ey + Fy^2)]} =$$
$$dy \sqrt{(B + Dx + Ex^2)^2 - 4(A + Bx + Cx^2(C + Ex + Fx^2)]},$$

qui étant comparée à la proposée

$$dx \sqrt{[a + by + cy^2 + ey^3 + fy^4]} = dy \sqrt{[a + bx + cx^2 + ex^3 + fx^4]},$$

donnera pour déterminer A, B, C; D, E, F les équations

$$B^2 - 4 A C = a,$$
$$2BD - 4(BC + AE) = b,$$
$$2BE + D^2 - 4(C^2 + AF + BE) = c,$$
$$2DE - 4(CE + BF) = e,$$
$$E^2 - 4CF = f;$$

& comme il y a six co-efficiens & cinq équations, un de ces co-efficiens restera indéterminé , & l'intégrale trouvée fera complète. Lagrange a donné dans le quatrième volume des Mémoires de Turin , une méthode directe pour intégrer cette même équation qui mérite d'autant plus d'attention qu'elle pourroit être d'ufage dans beaucoup d'autres. cas.

(424). Soit d'abord l'équation $\dfrac{dx}{\sqrt{(a+bx+cx^2)}} = \dfrac{dy}{\sqrt{(a+by+cy^2)}}$;

je fais chacun des membres $= dt$, & j'ai par-là les deux équations

$$dt = \frac{dx}{\sqrt{(a+bx+cx^2)}} \And dt = \frac{dy}{\sqrt{(a+by+cy^2)}} \,,$$

d'où je tire $\dfrac{dx^2}{dt^2} = a+bx+cx^2 \And \dfrac{dy^2}{dt^2} = a+by+cy^2$.

Je différentie chacune de ces équations en prenant dt pour conftant , & il vient

$\dfrac{2\,d^2 x}{dt^2} = b+2cx$, $\dfrac{2\,d^2 y}{dt^2} = b+2cy$, lefquelles étant ajoutées enfemble,

donnent, après avoir fait $x+y = p$, $\dfrac{2\,d^2 p}{dt^2} = 2b+2cp$.

Je multiplie cette équation par dp , & l'ayant intégrée enfuite, j'ai

$\dfrac{dp^2}{dt^2} = k+2bp+cp^2$, d'où je tire $\dfrac{dp}{dt} = \sqrt{(k+2bp+cp^2)}$.

Mais $\dfrac{dp}{dt} = \dfrac{dx+dy}{dt^2} = \sqrt{(a+bx+cx^2)}+\sqrt{(a+by+cy^2)}$; donc

$$\sqrt{(a+bx+cx^2)}+\sqrt{(a+by+cy^2)} = \sqrt{[k+2b(x+y)+c(x+y)^2]} ;$$

équation algébrique qui eft l'intégrale complète de la propofée. Au lieu d'ajouter enfemble les deux équations différentielles du fecond ordre, on auroit pu retrancher

l'une de l'autre, d'où l'on auroit tiré en faifant $x-y = q$, $\dfrac{2\,d^2 q}{dt^2} = 2cq$, &

en intégrant, $\dfrac{dq^2}{dt^2} = h+cq^2$, ou $\dfrac{dq}{dt} = \sqrt{(h+cq^2)}$.

A caufe de $q = x-y$, on auroit eu

$$\frac{dq}{dt} = \sqrt{(a+bx+cx^2)} - \sqrt{(a+by+cy^2)} ;$$

de forte que l'équation intégrale auroit été

$$\sqrt{(a+bx+cx^2)} - \sqrt{(a+by+cy^2)} = \sqrt{[h+b(x-y)^2]} ,$$

qui ne diffère pas de la précédente, comme il fera facile de s'en affurer par un calcul fort fimple.

(425). Plus généralement foit

$$\frac{dx}{\sqrt{(a+bx+cx^2)}} = \frac{dy}{\sqrt{(a+by+cy^2)}} = \frac{dt}{T} ,$$

T étant une fonction quelconque de x & y. Je tire de ces deux équations

$$\frac{T^2\,dx^2}{dt^2} = a + bx + cx^2, \quad \frac{T^2\,dx^2}{dt^2} = a + by + cy^2.$$

Celles-ci étant différentiées, en faisant dt constant, donnent

$$\frac{2\,Td\,T\,dx + 2\,T^2\,d^2x}{dt^2} = b + 2\,cx, \quad \frac{2\,Td\,T\,dy + 2\,T^2\,d^2y}{dt^2} = b + 2\,cy.$$

J'ajoute ensemble ces deux dernières équations, & en faisant $x + y = p$, j'en tire celle-ci $\frac{T\,dT\,dp + T^2\,d^2p}{dt^2} = b + cp$. Si je fais $x - y = q$, & que je suppose T une fonction de p & q telle que $dT = M\,dp + N\,dq$, j'aurai

$$\frac{dT\,dp}{dt^2} = \frac{M\,dp^2 + N\,dp\,dq}{dt^2}.$$

Mais $\frac{dp\,dq}{dt^2} = \frac{dx^2 - dy^2}{dt^2} = \frac{b\cdot(x-y) + c\cdot(x^2-y^2)}{T^2} = \frac{bq + cpq}{T^2}$;

donc $\frac{dT\,dp}{dt^2} = \frac{M\,dp^2}{dt^2} + \frac{Nq\,(b+cp)}{T^2}$.

En substituant cette valeur dans $\frac{T\,dT\,dp + T^2\,d^2p}{dt^2} = b + cp$, il me vient

$$\frac{T^2\,(M\,dp^2 + T\,d^2p)}{dt^2} = (b + cp)\,(T - nq).$$

Or, puisque T est indéterminé, si je fais $T = Nq$, l'équation précédente se réduira à celle-ci $\frac{M\,dp^2 + T\,d^2p}{dt^2} = 0$; il est donc question d'examiner ce qui résultera de cette supposition. A cause de $N = \frac{dT}{dq}$, on a $\frac{1}{T}\frac{dT}{dq} = \frac{1}{q}$; d'où l'on tire en intégrant par rapport à q, & en ajoutant une fonction de p & de constantes, $\log. T = \log. q + \log. P$ ou $T = Pq$.

Mais $M\left(= \frac{dT}{dp}\right) = \frac{dP}{dp}q$; donc $\frac{M\,dp^2 + T\,d^2p}{dt^2} = q\left(\frac{dP}{dp}\frac{dp^2}{dt^2} + \frac{P\,d^2p}{dt^2}\right) = $ (à cause de $\frac{dP}{dp}dp = dP$) $q\frac{dp\,dP + P\,d^2p}{dt^2} = \frac{qd\cdot P\,dp}{dt^2} = 0$.

Donc $\frac{d\cdot P\,dp}{dt} = 0$, & $\frac{P\,dp}{dt} = g$, g étant la constante arbitraire qu'on doit ajouter en intégrant.

On a supposé $\frac{dp}{dt} = \frac{dx + dy}{dt} = \frac{\sqrt{(a+bx+cx^2)} + \sqrt{(a+by+cy^2)}}{T}$;

donc, à cause de $\frac{P}{T} = \frac{1}{q} = \frac{1}{x-y}$, on a

$$\sqrt{(a+bx+cx^2)} + \sqrt{(a+by+cy^2)} = g\,(x - y);$$

c'est l'intégrale précédente sous une forme beaucoup plus simple.

(426)

(426). Nous ferons ufage de la même méthode pour intégrer l'équation

$$\frac{dx}{\sqrt{(a + bx + cx^2 + ex^3 + fx^4)}} = \frac{dy}{\sqrt{(a + by + cy^2 + ey^3 + fy^4)}};$$

c'eft-à-dire que nous fuppoferons chacun des membres de cette équation $= \frac{dt}{T}$, & nous aurons

$$\frac{T^2 dx^2}{dt^2} = a + bx + cx^2 + ex^3 + fx^4;$$

$$\frac{T^2 dy^2}{dt^2} = a + by + cy^2 + ey^3 + fy^4;$$

d'où nous tirerons en différentiant comme nous avons fait ci-deffus,

$$\frac{2T\,dT\,dx + 2T^2 d^2 x}{dt^2} = b + 2cx + 3ex^2 + 4fx^3,$$

$$\frac{2T\,dT\,dy + 2T^2 d^2 y}{dt^2} = b + 2cy + 3ey^2 + 4fy^3.$$

Nous ajouterons enfemble ces deux dernières équations, & après avoir fait $x + y = p$, $x - y = q$, $dT = M\,dp + N\,dq$, nous aurons

$$\frac{2TM\,dp^2 + 2TN\,dp\,dq + 2T^2 d^2 p}{dt^2} = 2b + 2cp + \frac{3e}{2} \cdot (p^2 + q^2) + f \cdot (p^3 + 3pq^2).$$

Mais $\dfrac{dp\,dq}{dt^2} = \dfrac{dx^2 - dy^2}{dt^2} = \dfrac{b(x - y) + c(x^2 - y^2) + e(x^3 - y^3) + f(x^4 - y^4)}{T^2}$

$$= \frac{bq + cpq + \frac{e}{4}(3p^2 q + q^3) + \frac{f}{2}(p^3 q + pq^3)}{T^2};$$

donc, en fubftituant cette valeur, l'équation précédente deviendra

$$\frac{T^2 (M\,dp^2 + T\,d^2 p)}{dt^2} = (b + cp)(T - Nq) + \frac{e}{4}\left(3T \cdot (p^2 + q^2) - N \cdot (3p^2 q + q^3)\right) + \frac{f}{2}\left(T \cdot (p^3 + 3pq^2) - N \cdot (p^3 q + pq^3)\right).$$

Soit comme ci-deffus $T - Nq = 0$,

& par conféquent $T = Pq$, $N = P$, $M = q\,\dfrac{dP}{dp}$;

on aura $\dfrac{T^2 (M\,dp^2 + T\,d^2 p)}{dt^2} = P^2 q^3 \cdot \dfrac{dP\,dp + P\,d^2 p}{dt^2}$,

& par conféquent $\dfrac{P\,d \cdot P\,dp}{dt^2} = \dfrac{e}{2} + fp$.

Cette équation devient intégrable étant multipliée par $2\,dp$, & l'intégrale eft $\dfrac{P^2 dp^2}{dt^2} = ep + fp^2 + g$, d'où l'on tire $\dfrac{P\,dp}{dt} = \sqrt{(ep + fp^2 + g)}$.

Partie II.   X

Mais $\dfrac{P\,dp}{dt} = \dfrac{T \cdot (dx + dy)}{q\,dt} = \dfrac{\sqrt{(a + bx + cx^2 + ex^3 + fx^4)}}{x - y} +$

$\dfrac{\sqrt{(a + by + cy^2 + ey^3 + fy^4)}}{x - y}$;

on a donc pour l'intégrale complète demandée

$\sqrt{(a + bx + cx^2 + ex^3 + fx^4)} + \sqrt{(a + by + cy^2 + ey^3 + fy^4)} =$
$(x - y)\sqrt{(e \cdot (x + y) + f \cdot (x + y)^2 + g)}$.

Si on eût proposé l'équation

$$\dfrac{dx}{\sqrt{(a + bx + cx^2 + ex^3 + fx^4)}} + \dfrac{dy}{\sqrt{(a + by + cy^2 + ey^3 + fy^4)}} = 0,$$

on auroit trouvé pour intégrale

$\sqrt{(a + bx + cx^2 + ex^3 + fx^4)} - \sqrt{(a + by + cy^2 + ey^3 + fy^4)} =$
$(x - y)\sqrt{(e \cdot (x + y) + f(x + y)^2 + g)}$.

(427). Maintenant si l'on multiplie l'intégrale de la première équation par la différence des deux radicaux & l'intégrale de la seconde par la somme de ces mêmes radicaux, on aura ces deux équations

$b(x - y) + c(x^2 - y^2) + e(x^3 - y^3) + f(x^4 - y^4) = (x - y)$
$\sqrt{(e \cdot (x + y) + f \cdot (x + y)^2 + g)}[\sqrt{(a + bx + cx^2 + ex^3 + fx^4)} -$
$\sqrt{(a + by + cy^2 + ey^3 + fy^4)}]$,

$b(x - y) + c(x^2 - y^2) + e(x^3 - y^3) + f(x^4 - y^4) = (x - y)$
$\sqrt{(e \cdot (x + y) + f \cdot (x + y)^2 + g)}[\sqrt{(a + bx + cx^2 + ex^3 + fx^4)} +$
$\sqrt{(a + by + cy^2 + ey^3 + fy^4)}]$.

On divisera la première par $x - y$, & on aura

$b + c(x + y) + e(x^2 + xy + y^2) + f(x^3 + x^2 y + xy^2 + y^3) =$
$\sqrt{(e \cdot (x + y) + f(x + y)^2 + g)}[\sqrt{(a + bx + cx^2 + ex^3 + fx^4)} -$
$\sqrt{(a + by + cy^2 + ey^3 + fy^4)}]$,

qui étant ajoutée à celle-ci,

$(x - y)\sqrt{(e \cdot (x + y) + f \cdot (x + y)^2 + g)} = \sqrt{(a + bx + cx^2 + ex^3 + fx^4)} +$
$\sqrt{(a + by + cy^2 + ey^3 + fy^4)}$

dont auparavant on multipliera les deux membres par

$\sqrt{(e \cdot (x + y) + f \cdot (x + y)^2 + g)}$, donnera

$b + c \cdot (x + y) + g \cdot (x - y) + e \cdot (2x^2 + xy) + 2f \cdot (x^3 + x^2 y) =$
$2\sqrt{(e \cdot (x + y) + f \cdot (x + y)^2 + g)} \cdot \sqrt{(a + bx + cx^2 + ex^3 + fx^4)}$,

& élevant chaque membre au quarré,

$b^2 - 4ag + (2bc - 4ae - 2bg) \cdot (x + y) + (c^2 - 4af - 2cg + g^2) \cdot$
$(x^2 + y^2) + 2(c^2 - 4af - ba - g^2)xy + 2(ce - 2bf - eg) \cdot (x^2 y + xy^2)$
$+ (e^2 - 4gf) x^2 y^2 = 0$.

En opérant fur la feconde équation comme on a fait fur la première, on parviendroit au même réfultat ; cette équation réfultante, qui eft exactement celle
de Euler, eft donc également l'intégrale de l'une & de l'autre équations différentielles propofées.

(428). Lagrange examine enfuite fi l'on ne pourroit pas trouver d'autres
cas d'intégrabilité de l'équation $\dfrac{dx}{\sqrt{X}} = \dfrac{dy}{\sqrt{Y}}$, que les précédens.

Pour cela, foit toujours $\dfrac{dx}{\sqrt{X}} = \dfrac{dy}{\sqrt{Y}} = \dfrac{dt}{T}$;

d'où l'on tire $\dfrac{T^2 dx^2}{dt^2} = X$, $\dfrac{T^2 dy^2}{dt^2} = Y$; & par la différentiation

$$\frac{2\,TdT\,dx + 2\,T^2\,d^2 x}{dt^2} = \frac{dX}{dx}, \qquad \frac{2\,TdT\,dy + 2\,T^2\,d^2 y}{dt^2} = \frac{dY}{dy}.$$

Je fuppoferai $x + y = p$, $x - y = q$, $dT = M\,dp + N\,dq$;
& l'équation précédente deviendra

$$\frac{2\,T\,(\,M\,dp^2 + N\,dp\,dq\,) + 2\,T^2\,d^2 p}{dt^2} = \frac{dX}{dx} + \frac{dY}{dy},$$

laquelle, à caufe de $dp\,dq = dx^2 - dy^2 = \dfrac{(X - Y)\,dt^2}{T^2}$, fe changera en

celle-ci $\dfrac{2\,T\,(\,M\,dp^2 - T\,d^2 p\,)}{dt^2} = \dfrac{dX}{dx} + \dfrac{dy}{dy} - \dfrac{2\,N\,(X - Y)}{T}.$

Je mets pour M fa valeur $\dfrac{dT}{dp}$, & j'ai le premier membre de l'équation précédente

$$= 2\,T\,\frac{dT}{dp} \cdot \frac{dp^2}{dt^2} + 2\,T^2\,\frac{d^2 p}{dt^2} = \frac{d\left(\dfrac{T\,dp^2}{dt^2}\right)}{dp},$$

en n'oubliant pas que dans
T on n'a fait varier que p feul. A caufe de $x + y = p$ & de $x - y = q$, on a
$x = \dfrac{p + q}{2}$ & $y = \dfrac{p - q}{2}$, de forte qu'en ne confidérant que la variabilité
de q, on peut mettre dans le fecond membre de la même équation
$\dfrac{2\,dX}{dq}$ & $-\dfrac{2\,dY}{dq}$ pour $\dfrac{dX}{dx}$ & $\dfrac{dY}{dy}$. Puifque $N = \dfrac{dT}{dq}$, ce fecond membre

devient $= \dfrac{2\,d(X - Y)}{dq} - \dfrac{2\,(X - Y)}{T}\,\dfrac{dT}{dq} = 2\,T\,\dfrac{d\left(\dfrac{X - Y}{T}\right)}{dq}$, en ne per-
dant pas de vue qu'ici dans X, Y & T on n'a fait varier que q feul. Ainfi notre

équation aura la forme fuivante $\dfrac{d\left(\dfrac{T\,dp^2}{dt^2}\right)}{dp} = \dfrac{2\,T\,d\left(\dfrac{X - Y}{T}\right)}{dq}$; & pour

pouvoir en tirer $\dfrac{dp}{dt}$, il faudra faire en forte qu'elle ne contienne que les vafiables p & q. Lagrange pense qu'on ne pourra l'obtenir, 1°. qu'en supposant $T = PQ$, P étant une fonction quelconque de p, & Q une fonction quelconque

de q, pour avoir en divisant par Q^2, $\dfrac{d\left(\dfrac{Pdp}{dt}\right)^2}{dp} = \dfrac{2d\left(\dfrac{X-Y}{Q}\right)}{Qdq}$;

2°. qu'il faudra que le second membre de cette équation soit fonction de la seule

variable p, c'est-à-dire que l'on ait $\dfrac{d\left(\dfrac{X-Y}{Q}\right)}{Qdq} = f:(p)$; d'où l'on

tire, en intégrant par rapport à q, $X - Y = Q(f:(p)\int Qdq + F:(p))$.

Si cette condition a lieu, on aura aussi $\dfrac{d\left(\dfrac{Pdp}{dt}\right)^2}{dp} = 2f:(p)$; & parce

que cette équation ne renferme que p, l'intégration donnera

$\left(\dfrac{Pdp}{dt}\right)^2 = g' + 2\int f:(p)\,dp$, g' étant une constante arbitraire. Donc

$\dfrac{Pdp}{dt} = \sqrt{(g' + 2\int f:(p)\,dp)}$; mais $\dfrac{dp}{dt} = \dfrac{dx+dy}{dt} = \dfrac{\sqrt{X}+\sqrt{Y}}{PQ}$;

donc la proposée aura pour intégrale $\sqrt{X} + \sqrt{Y} = Q\sqrt{(g' + 2\int f:(p)\,dp)}$; il reste à voir quelle doit être la nature des fonctions X & Y pour que l'équation de condition $X - Y = Q[f:(p)\int Qdq + F:(p)]$ ait lieu.

(429). Supposons d'abord qu'elles soient de la forme suivante,

$$X = a + bx + cx^2 + ex^3 + fx^4 + gx^5 + \&c.$$
$$Y = a + by + cy^2 + ey^3 + fy^4 + gy^5 + \&c.;$$

alors $X - Y = b(x-y) + c(x^2-y^2) + e(x^3-y^3) + f(x^4-y^4) + g(x^5-y^5) + \&c.$

Or, en faisant $x+y = p$ & $x-y = q$, d'où l'on tire $x = \dfrac{p+q}{2}$;

$y = \dfrac{p-q}{2}$, nous avons

$$X - Y = bq + cpq + \frac{e}{4}(3p^2 + q^3) + \frac{f}{2}(p^3q + pq^3) + \frac{g}{16}(5p^4q + 10p^2q^3 + q^5) + \&c.;$$

donc pour que dans ce cas-ci l'équation de condition ait lieu, il faut nécessairement que $Q = q$, ce qui donne $\int Qdq = \dfrac{q^2}{2}$, puis

$$F:(p) = b + cp + \frac{3c}{4}p^2 + \frac{f}{2}p^3 + \frac{5g}{16}p^4 + \&c.$$

$$f:(p) = \frac{e}{2} + fp + \frac{15g}{4}p^2 + \&c.,$$

& tous les termes qui renferment des puissances de q plus élevées que la troisième nuls, ce qui ne peut être à moins que le co-efficient g & les suivans ne soient zéro, ou, ce qui revient au même, à moins que X & Y ne contiennent point d'autres puissances de x & de y que celles qui ne passent pas le quatrième degré.

(430). Si on suppose généralement $X = f : (2x) = f : (p+q)$, $Y = F : (2y) = F : (p-q)$; l'équation de condition deviendra

$$f : (p+q) - F : (p-q) = Q(f : (p) \int Q\, dq + F : (p)).$$

Je la différentie deux fois de suite, en ne faisant varier que p, & il me vient

$$f'' : (p+q) - F'' : (p-q) = Q(f'' : (p) \int Q\, dq + F'' : (p));$$

je différentie deux fois de suite la même équation en ne faisant varier que q, & il me vient

$$f'' : (p+q) - F'' : (p-q) = \frac{d^2(Q \int Q\, dq)}{dq^2} f : (p) + \frac{d^2 Q}{dq^2} F : (p).$$

Donc $Q F'' : (p) + Q f'' : (p) \int Q\, dq = \frac{d^2 Q}{dq^2} F : (p) + \frac{d^2(Q \int Q\, dq)}{dq^2} f : (p);$

équation qui doit être identique. Je ferai $\frac{d^2 Q}{dq^2} = - m^2 Q$, m^2 étant un co-efficient constant quelconque ; cette équation du second ordre donnera $Q = a_1 \sin. (m q + b_1)$, a_1 & b_1 étant aussi des constantes quelconques, & par conséquent

$$\int Q\, dq = - \frac{a_1}{m} \cos. (m q + b_1), \quad Q \int Q\, dq = - \frac{a^2{}_1}{2m} \sin. 2 (m q + b_1).$$

En metttant ces valeurs dans l'équation de condition, on la change en célle-ci

$$a_1 \sin. (m q + b_1)(F'' : (p) + m^2 F : (p)) - \frac{a^2{}_1}{2m} \sin. 2 (m q + b_1)(f'' :$$
$$(p) + 4 m^2 f : (p)) = 0,$$

qui devant être vraie indépendamment d'aucune équation entre p & q, donne $F'' (p) + m^2 F : (p) = 0$, $f'' : (p) + 4 m^2 f : (p) = 0$; ou

$$\frac{d^2 F : (p)}{dp^2} = - m^2 F : (p), \quad \frac{d^2 f : (p)}{dp^2} = - 4 m^2 f : (p);$$

d'où l'on tire

$$F : (p) = a_2 \sin. (m p + b_2), \quad f : (p) = a_3 \sin. 2 (m p + b_3),$$

a_2, b_2, a_3, b_3 étant des constantes arbitraires. On mettra ces valeurs dans l'équation

$$f : (p+q) - F : (p-q) = Q(f : (p) \int Q\, dq + F : (p)),$$

& on aura

$$f:(p+q) - F:(p-q) = a_1 a_2 \text{ fin.}(mq+b_1)\text{ fin.}(mp+b_2) -$$
$$\frac{a_1^2 a_3}{2m}\text{ fin. } 2(mq+b_1)\text{ fin. } 2(mp+b_3) = -\frac{a_1 a_2}{2}(\cos.(m.(p+q)+$$
$$b_2+b_1) - \cos.(m.(p-q)+b_2-b_1)) + \frac{a_1^2 a_3}{4m}(\cos. 2(m.$$
$$(p+q)+b_3+b_1) - \cos. 2(m.(p-q)+b_3-b_1)).$$

On peut donc fuppofer

$$f:(p+q) = A+B\cos.(m.(p+q)+b_2+b_1)+C\cos. 2(m.$$
$$(p+q)+b_3+b_1),$$
$$F:(p-q) = A+B\cos.(m.(p-q)+b_2-b_1)+C\cos. 2(m.$$
$$(p-q)+b_3-b_1),$$

A, B, C étant des conftantes quelconques; ou, mettant pour $p+q$ & $p-q$ leurs valeurs $2x$ & $2y$, on peut fuppofer que

$$X = A+B\cos.(2mx+b_2+b_1)+C\cos. 2(2mx+b_3+b_1),$$
$$Y = A+B\cos.(2my+b_2-b_1)+C\cos. 2(2my+b_3-b_1).$$

Ce font-là les valeurs les plus générales que l'on puiffe donner à X & à Y, pour que l'équation $\dfrac{dx}{\sqrt{X}} = \dfrac{dy}{\sqrt{Y}}$ foit intégrable par la méthode précédente; à caufe de

$$\int\!\!\int f:(p)\,dp = \int a_3\,dp\text{ fin. } 2(mp+b_3) = -\frac{a_3}{2m}\cos. 2(mp+b_3),$$

l'intégrale fera

$$\sqrt{X}+\sqrt{Y} = a_1 \text{ fin.}(m.(x-y)+b_1)\sqrt{\left[g' - \frac{a_3}{m}\cos. 2(m.(x+y)+b_3)\right]},$$

à laquelle, en faifant $2m = n$, je puis donner la forme fuivante :

$$\sqrt{X}+\sqrt{Y} = \text{ fin.}\left(n.\frac{x-y}{2}+b_1\right)\sqrt{[h-i\cos.(n.(x+y)+2b_3)]}.$$

(431). Soient $\cos. nx + \text{fin.} nx\sqrt{-1} = u$, $\cos. ny + \text{fin.} ny\sqrt{-1} = \zeta$; on aura

$$\cos. nx = \frac{1+u^2}{2u}, \quad \text{fin.} nx = \frac{1-u^2}{2u}\sqrt{-1},$$
$$\cos. 2nx = \frac{1+u^4}{2u^2}, \quad \text{fin.} 2nx = \frac{1-u^4}{2u^2}\sqrt{-1},$$
$$\cos. ny = \frac{1+\zeta^2}{2\zeta}, \quad \text{fin.} ny = \frac{1-\zeta^2}{2\zeta}\sqrt{-1},$$
$$\cos. 2ny = \frac{1+\zeta^4}{2\zeta^2}, \quad \text{fin.} 2ny = \frac{1-\zeta^4}{2\zeta^2}\sqrt{-1};$$

& par conféquent

$$\cos. \, n\,(x+y) = \frac{1 + u^2 z^2}{2\,u\,z}, \quad \text{fin.} \, n\,(x+y) = \frac{1 - u^2 z^2}{2\,u\,z} \, \sqrt{-1},$$

$$\cos. \, \frac{n\,(x-y)}{2} = \frac{z+u}{2\sqrt{(z\,u)}}, \quad \text{fin.} \, \frac{n\,(x-y)}{2} = \frac{z-u}{2\sqrt{(z\,u)}} \, \sqrt{-1}.$$

Soient aussi cos. $(b\,2 + b\,1) = D$, cos. $(b\,2 - b\,1) = E$,

cos. $2\,(b\,3 + b\,1) = F$, cos. $2\,(b\,3 - b\,1) = G$;

on tire des deux premières suppositions,

$$(2 \cos. b\,1 \text{ fin. } b\,1)^2 = (D+E)^2 (\text{fin. } b\,1)^2 + (E-D)^2 (\cos. b\,1)^2,$$

qui devient

$(\text{fin. } 2\,b\,1)^2 = (D+E)^2 (\text{fin. } b\,1)^2 + (E-D)^2 (\cos. b\,1)^2$, ou

$1 - (\cos. 2\,b\,1)^2 = D^2 + E^2 - 2\,D\,E \cos. 2\,b\,1$, & donne

$\cos. 2\,b\,1 = DE + \sqrt{(1 - D^2 - E^2 + D^2 E^2)} = DE + \sqrt{(1-D^2)} . \sqrt{(1-E^2)}$;

les deux autres donneront cos. $4\,b\,1 = FG + \sqrt{(1 - F^2)} . \sqrt{(1-G^2)}$.
Donc si l'on fait pour abréger

$$DE + \sqrt{(1-D^2)} . \sqrt{(1-E^2)} = M, \; FG + \sqrt{(1-F^2)} . \sqrt{(1-}$$
$$G^2) = N, \; FG - \sqrt{(1-F^2)} . \sqrt{(1-G^2)} = P;$$

on aura d'abord $N = 2\,M^2 - 1$; & ensuite

$$\cos. b\,1 = \sqrt{\left(\frac{1+M}{2}\right)}, \quad \text{fin. } b\,1 = \sqrt{\left(\frac{1-M}{2}\right)},$$

$$\cos. 2\,b\,3 = \frac{F+G}{2 \cos. 2\,b\,1} = \sqrt{\left(\frac{1+P}{2}\right)}, \quad \text{fin. } 2\,b\,3 = \sqrt{\left(\frac{1-P}{2}\right)}.$$

On donnera à X, à Y & à l'intégrale précédente la forme que voici,

$X = A + B (\cos. (b\,2 + b\,1) . \cos. n\,x - \text{fin. } (b\,2 + b\,1) \text{ fin. } n\,x) +$

$\quad C (\cos. 2 . (b\,3 + b\,1) . \cos. 2\,n\,x - \text{fin. } 2 . (b\,3 + b\,1) . \text{fin. } 2\,n\,x),$

$Y = A + B (\cos. b\,2 - b\,1) . \cos. n\,y - \text{fin. } (b\,2 - b\,1) . \text{fin. } n\,y) +$

$\quad C (\cos. 2 . (b\,3 - b\,1) . \cos. 2\,n\,y - \text{fin. } 2 . (b\,3 - b\,1) . \text{fin. } 2\,n\,y),$

$$\sqrt{X} + \sqrt{Y} = \left(\cos. b\,1 \text{ fin. } \frac{n . (x-y)}{2} + \text{fin. } b\,1 \cos. \frac{n . (x-y)}{2}\right)$$

$$\sqrt{[h - i (\cos. 2\,b\,3 \cos. n . (x+y) - \text{fin. } 2\,b\,3 \text{ fin. } n . (x+y))]};$$

& après avoir fait les substitutions nécessaires, on aura

$$X = A + B \left(D . \frac{1 - u^2}{2\,u} - \sqrt{(D^2 - 1)} . \frac{1 - u^2}{2\,u}\right) + C \left(F . \frac{1 + u^4}{2\,u^2} - \right.$$
$$\left. \sqrt{(F^2 - 1)} . \frac{1 - u^4}{2\,u^2}\right),$$

$$Y = A + B \left(E . \frac{1 + z^2}{2\,z} - \sqrt{(E^2 - 1)} . \frac{1 - z^2}{2\,z}\right) + C \left(G . \frac{1 + z^4}{2\,z^2} - \right.$$
$$\left. \sqrt{(G^2 - 1)} . \frac{1 - z^4}{2\,z^2}\right),$$

$$\sqrt{X} + \sqrt{Y} = \left(\sqrt{\left(\frac{-\,1 - M}{2} \right)} \cdot \frac{\zeta - u}{2\sqrt{(\zeta u)}} + \sqrt{\left(\frac{1 - M}{2} \right)} \cdot \frac{\zeta + u}{2\sqrt{(\zeta u)}} \right)$$

$$\sqrt{\left(h - i \left[\sqrt{\left(\frac{1 - P}{2} \right)} \cdot \frac{1 + u^2 \zeta^2}{2\,u\,\zeta} - \frac{1 - u^2 \zeta^2}{2\,u\,\zeta} \right] \right)}.$$

Enfin, à cause de $d x = \dfrac{d u}{n\,u\,\sqrt{-1}}$, $d y = \dfrac{d \zeta}{n\,\zeta\,\sqrt{-1}}$,

l'équation $d x : \sqrt{X} = d y : \sqrt{Y}$ deviendra

$$d u : \sqrt{[\, C . (F - \sqrt{(F^2 - 1)}) + B . (D - \sqrt{(D^2 - 1)}) . u + 2\,A u^2 +}$$
$$B . (D + \sqrt{(D^2 - 1)}) . u^3 + C . (F + \sqrt{(F^2 - 1)}) . u^4) =$$
$$d \zeta : \sqrt{(C . (G - \sqrt{(G^2 - 1)}) + B . (E - \sqrt{(E^2 - 1)}) . \zeta + 2\,A \zeta^2 +}$$
$$B . (E + \sqrt{(E^2 - 1)}) . \zeta^3 + C . (G + \sqrt{(G^2 - 1)}) . \zeta^4),$$

qui est un peu plus générale que celle - ci,

$$d x : \sqrt{(a + b x + c x^2 + e x^3 + f x^4)} = d y : \sqrt{(a + b y + c y^2 + e y^3 + f y^4)},$$

puisque la première renferme six co - efficiens indéterminés (elle en renferme sept, dont quatre ont entr'eux une relation exprimée par l'équation $N = 2\,M^2 - 1$) tandis que l'autre n'en renferme que cinq.

(432). Pour généraliser s'il est possible la méthode que nous venons d'expliquer, nous reprendrons les deux équations $\dfrac{d T}{T} = \dfrac{d x}{\sqrt{X}}$ & $\dfrac{d T}{T} = \dfrac{d y}{\sqrt{Y}}$,

dont nous prendrons les différentielles logarithmiques en regardant toujours $d t$ comme constant; & nous aurons

$$\frac{d^2 x}{d x} = \frac{d X}{2 X} - \frac{d T}{T}, \quad \frac{d^2 y}{d y} = \frac{d Y}{2 Y} - \frac{d T}{T}, \text{ ou}$$

$$d^2 x = \left(\frac{d X}{2 X d x} - \frac{1}{T} \frac{d T}{d x} \right) d x^2 - \frac{1}{T} \frac{d T}{d y} d x d y,$$

$$d^2 y = \left(\frac{d Y}{2 Y d y} - \frac{1}{T} \frac{d T}{d y} \right) d y^2 - \frac{1}{T} \frac{d T}{d x} d x d y,$$

d'où l'on tirera, en mettant au lieu de $d x^2$ & $d y^2$ leurs valeurs $\dfrac{X d t^2}{T^2}$ & $\dfrac{Y d t^2}{T^2}$,

$$d^2 x = \frac{d(X : T^2)}{2 d x} d t^2 - \frac{d \cdot \log . T}{d y} d x d y,$$

$$d^2 y = \frac{d(Y : T^2)}{2 d y} d t^2 - \frac{d \cdot \log . T}{d x} d x d y,$$

(433). Soit Z une fonction quelconque de x, y, & supposons $d Z = P d x + Q d y$; nous aurons, en différentiant de nouveau, & en faisant attention que

$$\frac{d P}{d y} = \frac{d Q}{d x}, \quad d^2 Z = P d^2 x + Q d^2 y + \frac{d P}{d x} d x^2 + 2 \frac{d P}{d y} d x d y + \frac{d Q}{d y} d y^2,$$

qui

qui devient, en mettant pour $d\,x^2$, $d\,y^2$, $d^2\,x$, $d^2\,y$ leurs valeurs;

$$d^2 Z = \left(P\,\frac{d\,(X:T^2)}{2\,dx} + Q\,\frac{d\,(Y:T^2)}{2\,dy} + \frac{X}{T^2}\,\frac{dP}{dx} + \frac{Y}{T^2}\,\frac{dQ}{dy} \right)\dots\dots\dots$$

$$(\alpha)\,d\,t^2 + \left(2\,\frac{dP}{dy} - P\,\frac{d\cdot\log.\,T}{dy} - Q\,\frac{d\cdot\log.\,T}{dx} \right)\dots\dots(\mathfrak{C})\,d\,x\,d\,y.$$

Donc fi nous fuppofons le co-efficient de $d\,x\,d\,y$ ou $\mathfrak{C} = 0$, & le co-efficient de $d\,t^2$ ou $\alpha = F':(Z)$; nous aurons $d^2 Z = d\,t^2\,F':(Z)$ qui étant multiplié par $2\,dZ$, & enfuite intégrée, donnera

$$\frac{dZ^2}{dt^2} = g + 2\textstyle\int d Z\,F':(Z) = g + 2\,F:(Z),\ \&\ \frac{dZ}{dt} = \sqrt{[g + 2\,F:(Z)]},$$

g étant la conftante arbitraire ajoutée en intégrant.

Mais $\dfrac{dZ}{dt} = \dfrac{P\,d\,x + Q\,d\,y}{d\,T} = \dfrac{P\,\sqrt{X} + Q\,\sqrt{Y}}{T}$;

donc l'intégrale de l'équation $\dfrac{d\,x}{\sqrt{X}} = \dfrac{d\,y}{\sqrt{Y}}$ fera

$$P\,\sqrt{X} + Q\,\sqrt{Y} = T\,\sqrt{[g + 2\,F:(Z)]}.$$

Toute la difficulté fe réduit donc à trouver pour T & Z des valeurs qui fatisfaffent aux équations $\alpha = 0$ & $\mathfrak{C} = 0$.

Si l'on fait pour fimplifier log. $T = u$, l'équation $\mathfrak{C} = 0$, donnera

$\dfrac{du}{dy} = -\dfrac{Q}{P}\,\dfrac{du}{dx} + \dfrac{2}{P}\,\dfrac{dP}{dy}$, &, à caufe de $d\,u = \dfrac{du}{dx}\,dx + \dfrac{du}{dy}\,dy$,

$d\,u = \dfrac{du}{dx}\cdot\dfrac{P\,d\,x - Q\,d\,y}{P} + \dfrac{2}{P}\,\dfrac{dP}{dy}\,dy$; d'où l'on tirera (n°. 308),

en nommant μ le facteur propre à rendre $P\,d\,x - Q\,d\,y$ une différentielle

exacte, & en faifant $\mu\,P\,d\,x - \mu\,Q\,d\,y = d\,S$, $u = \displaystyle\int\frac{2}{P}\,\frac{dP}{dy}\,d\,y + f:(S)$;

l'intégrale $\displaystyle\int\frac{2}{P}\,\frac{dP}{dy}\,d\,y$ étant prife comme il eft dit dans le n°. cité. Donc

$$T\,(=e^u) = e^{\int\frac{2}{P}\,\frac{dP}{dy}\,dy}\cdot e^{f:(S)},\ \text{ou mieux}\ T = \varphi:(S)\,e^{\int\frac{2}{P}\,\frac{dP}{dy}\,dy}.$$

Il ne refte plus qu'à fatisfaire à l'équation $\alpha = 0$ que nous pouvons mettre fous cette forme plus fimple

$$(K)\ \dots\dots\ \frac{1}{P}\,\frac{d\,(P^2\,X:T^2)}{dx} + \frac{1}{Q}\,\frac{d\,(Q^2\,Y:T^2)}{dy} = 2\,F':(Z):$$

(434). Nous fuppoferons P fonction de x feul, & Q fonction de y feul, en forte que $Z = \int P\,d\,x + \int Q\,d\,y$ & $T = \varphi:(\int P\,d\,x - \int Q\,d\,y)$. Cela pofé, fi après avoir multiplié l'équation K par $P\,d\,x$, on l'intègre en ne faifant varier que x, on aura, en faifant attention que dans cette hypothèfe $d\,z = P\,d\,x$,

$$\frac{P^2\,X}{T^2} + \int\frac{d\,(Q^2\,Y:T^2)}{dy}\cdot\frac{P}{Q}\,d\,x = 2\,F:(Z) + \Pi:(y).$$

Mais $\dfrac{d\,(\,Q^2\,Y:T^2\,)}{d\,y} = \dfrac{1}{T^2}\,\dfrac{d\cdot Q^2\,Y}{d\,y} - \dfrac{2\,Q^2\,Y}{T^3}\,\dfrac{d\,T}{d\,y}$; donc

$$\int \dfrac{d\,(\,Q^2\,Y:T^2\,)}{d\,y}\cdot\dfrac{P}{Q}\,d\,x = \dfrac{d\cdot Q^2\,Y}{Q\,d\,y}\int\dfrac{P\,d\,x}{T^2} - 2\,Q\,Y\int\dfrac{d\,T}{d\,y}\dfrac{P\,d\,x}{T^3} =$$

$$\dfrac{1}{Q}\,\dfrac{d\left(Q^2\,Y\int\dfrac{P\,d\,x}{T^2}\right)}{d\,y}$$; & l'équation précédente devient

$$\dfrac{P^2\,X}{T^2} + \dfrac{1}{Q}\,\dfrac{d\left(Q^2\,Y\int\dfrac{P\,d\,x}{T^2}\right)}{d\,y} = 2\,F:(\,Z\,)+\Pi:(\,y\,).$$

Je multiplie celle-ci par $Q\,d\,y$, & je l'intègre en ne faisant varier que y, ce qui me donne, en faisant attention que dans cette hypothèse $d\,Z = Q\,d\,y$,

$$P^2\,X\int\dfrac{Q\,d\,y}{T^2} + Q^2\,Y\int\dfrac{P\,d\,x}{T^2} = 2\int d\,Z\,F:(\,Z\,)+\Delta:(\,y\,)+\Psi:(\,x\,).$$

Maintenant puisque T est une fonction de $\int P\,d\,x + \int Q\,d\,y$, cette quantité est réciproquement une fonction de T qu'on peut représenter par $\sigma:(\,T\,)$,

& on aura $P\,d\,x = \dfrac{d\,T}{d\,x}\,\sigma':(\,T\,)$, $Q\,d\,y = -\dfrac{d\,T}{d\,y}\,\sigma':(\,T\,)$.

C'est pourquoi si l'on suppose $\dfrac{P\,d\,x}{T^2} = \dfrac{d\,T}{d\,x}\,\Sigma':(\,T\,)$,

& par conséquent $\int\dfrac{P\,d\,x}{T^2} = \Sigma:(\,T\,)$; on aura

$$\dfrac{Q\,d\,y}{T^2} = -\dfrac{d\,T}{d\,y}\,\Sigma':(\,T\,),\ \& \int\dfrac{Q\,d\,y}{T^2} = -\Sigma:(\,T\,).\ \text{Donc}$$

$$\int\dfrac{P\,d\,x}{T^2} = \Gamma:(\int P\,d\,x - \int Q\,d\,y)\ \& \int\dfrac{Q\,d\,y}{T^2} = -\Gamma:(\int P\,d\,x - \int Q\,d\,y).$$

En substituant ces valeurs dans la dernière équation, on la changera en celle-ci :
$$(Q^2\,Y - P^2\,X)\,\Gamma:(\int P\,d\,x - \int Q\,d\,y) = 2\int d\,Z\,F:(\,Z\,)+\Delta:(\,y\,)+\Psi:(\,x\,).$$

Lorsque $X = a+bx+cx^2+ex^3+fx^4$, $Y = a+by+cy^2+ey^3+fy^4$; on satisfera à l'équation précédente, en faisant $Z = x+y$, & par conséquent $P = 1$, $Q = 1$;

puis $\Gamma:(x-y) = \dfrac{-1}{x-y}$, $2\int d\,Z\,F:(\,Z\,) = b+cZ+\dfrac{e}{2}\,Z^2+\dfrac{f}{3}\,Z^3$;

$$\Delta:(\,y\,) = \dfrac{e\,y^2}{2} + \dfrac{2\,f\,y^3}{3},\ \Psi:(\,x\,) = \dfrac{e\,x^2}{2} + \dfrac{2\,f\,x^3}{3}.$$

Mais c'est sur-tout de l'équation K qui est infiniment plus générale que celle-là dont il faudra s'occuper, si l'on veut trouver des cas d'intégrabilité de l'équation $\dfrac{d\,x}{\sqrt{X}} = \dfrac{d\,y}{\sqrt{Y}}$ autres que ceux que l'on connoît & que nous avons indiqués dans cet article.

(435). On a dû remarquer que par les méthodes dont il est question dans ce chapitre, on peut parvenir à satisfaire à une équation différentielle, sans que l'équation qui satisfait soit comprise dans l'intégrale complète ou générale. Or, sans connoître l'intégrale complète d'une équation différentielle, comment s'assurer que la solution qu'on vient de trouver, en est une intégrale particulière. Euler s'est occupé de cette importante question dans le premier volume de son Calcul intégral ; la solution qu'il en a donnée a été étendue & perfectionnée par Dalembert dans les Mémoires de l'académie de 1769. Mais le problême n'a été résolu généralement que dans la première partie des Mémoires de 1771 ; Laplace y donne des méthodes pour trouver toutes les solutions particulières d'une équation différentielle proposée qui ne seroit pas comprise dans l'intégrale complète.

Soit l'équation du premier ordre $d\,y = p\,d\,x$; si $\mu = 0$ satisfait à cette équation différentielle, elle sera une solution particulière (Laplace entend par-là qu'elle ne sera pas comprise dans l'intégrale complète) toutes les fois qu'elle rendra nulle la quantité $1 : \left(\dfrac{d^2\,\mu}{d\,x^2} + P\,\dfrac{d^2\,\mu}{d\,x\,d\,y} + \dfrac{d\,\mu}{d\,x} \cdot \dfrac{d\,\mu}{d\,y} \right)$; autrement elle sera une intégrale particulière : on suppose μ fonction de x, y, & par $\dfrac{d\,\mu}{d\,x}$, $\dfrac{d\,\mu}{d\,y}$, $\dfrac{d^2\,\mu}{d\,x^2}$, $\dfrac{d^2\,\mu}{d\,x\,d\,y}$, on entend les différences partielles de μ du premier & du second ordre. Voilà bien la manière de reconnoître si l'équation qui satisfait est une solution particulière ou une intégrale particulière ; mais comment trouver toutes les solutions particulières d'une équation différentielle du premier ordre proposée ? Le théorême suivant donne le moyen d'y parvenir. Si $\mu = 0$, μ étant toujours fonction des variables x & y, est une solution particulière de l'équation différentielle $d\,y = p\,d\,x$; μ est un facteur commun aux deux quantités $p + \dfrac{d^2\,p}{d\,x\,d\,y} : \dfrac{d^2\,p}{d\,y^2}$ & $1 : \dfrac{d\,p}{d\,y}$; c'est-à-dire que $\mu = 0$ rendra nulle chacune de ces quantités : réciproquement tout facteur commun à ces deux quantités égalé à zéro, est une solution particulière de l'équation différentielle $d\,y = p\,d\,x$. On trouve dans le Mémoire cité les démonstrations de ces deux théorêmes, & de théorêmes relatifs pour les équations différentielles des ordres supérieurs. Cela n'a pas empêché Lagrange de s'occuper des mêmes questions ; voici la solution qu'il en donne dans les Mémoires de Berlin de 1774, & qui est très-directe & très-simple.

(436). Nous avons démontré (n°. 262) que si l'équation différentielle du premier ordre $(V) = 0$ a pour intégrale complète l'équation $V = 0$ entre y, x & la constante arbitraire a, & qu'en différentiant $V = 0$, on trouve $d\,y = p\,d\,x$; nous avons, dis-je, démontré que $(V) = 0$ résulte de l'élimination de a au moyen des deux équations $V = 0$ & $d\,y = p\,d\,x$. Ainsi quand même a ne seroit pas constant, $V = 0$ satisferoit à $(V) = 0$, pourvu que par la différentiation de $V = 0$, on eût également $d\,y = p\,d\,x$. Supposons maintenant qu'en faisant varier y, x & a dans $V = 0$, on ait $d\,y = p\,d\,x + q\,d\,a$, qu'on réduira à $d\,y = p\,d\,x$ en faisant $q = 0$; si cette équation $q = 0$ donne une ou plusieurs valeurs de a en y & x, ces valeurs étant fubftituées fucceffivement dans $V = 0$; on aura différentes équations entre y & x qui fatisferont à l'équation différentielle $V = 0$, fans être comprifes dans l'intégrale complète $V = 0$, & qui feront par conféquent autant de folutions particulières de cette équation différentielle. On auroit pu donner à la différentielle de $V = 0$, prife en faifant varier y, x & a, cette autre forme $dx = P\,dy + Q\,da$; alors fi ayant fait $Q = 0$, on eut trouvé une ou plufieurs valeurs de a en y & x, ces valeurs étant fubftituées fucceffivement dans $V = 0$, auroient auffi donné autant de folutions particulières de l'équation différentielle $(V) = 0$. Lagrange tire de cette remarque la règle fuivante pour trouver toutes les folutions particulières d'une équation différentielle du premier ordre dont on connoît l'intégrale complète. Différentiez cette intégrale complète en faifant varier y & a, puis x & a; tirez de ces équations les valeurs de $\frac{dy}{da}$ & $\frac{dx}{da}$; faites ces valeurs chacune $= 0$; & fi les équations que vous aurez de cette manière donnent une ou plufieurs valeurs de a en y & x, vous les fubftituerez fucceffivement dans l'intégrale complète, & vous aurez autant de folutions particulières de l'équation différentielle propofée.

Il pourroit arriver que quelques-unes de ces équations ne renfermaffent que a & des conftantes de l'équation différentielle; alors les valeurs de a qu'on en tireroit étant conftantes & déterminées, on n'auroit par la fubftitution de ces valeurs dans l'intégrale complète, que des intégrales particulières de la propofée. Il pourroit arriver auffi que quelques-unes de ces mêmes équations ne renfermaffent que x & y fans l'arbitraire a; & comme dans ce cas elles fatisferont elles-mêmes à l'équation différentielle, il ne fera plus queftion que de s'affurer fi elles en font des folutions particulières ou des intégrales particulières. Pour cela on les combinera chacune avec l'intégrale complète, en chaffant x ou y, & on verra fi la réfultante donne a variable ou conftant. Si elle donnoit $a = \frac{0}{0}$, ce feroit une marque que la valeur de $\frac{dy}{da}$ ou $\frac{dx}{da}$ en queftion, eft un facteur de l'intégrale complète, indépendant de la conftante arbitraire a, & par conféquent étranger à l'équation différentielle. Il ne s'agit plus que d'éclaircir cette théorie par des exemples.

(437). Soit d'abord l'équation différentielle $dy = \dfrac{x\,dx + y\,dy}{\sqrt{(x^2 + y^2 - m^2)}}$ qui a pour intégrale complète $x^2 - 2ay - a^2 - m^2 = 0$; je tire de cette dernière équation $\dfrac{dy}{da} = -\dfrac{a + y}{a}$, $\dfrac{dx}{da} = \dfrac{a + y}{x}$ qui donnent également $a = -y$; & fubftituant cette valeur de a dans l'intégrale complète, on trouve $x^2 + y^2 - m^2 = 0$, qui eft la feule folution particulière de l'équation différentielle propofée qui puiffe avoir lieu. Je prendrai pour fecond exemple l'équation différentielle féparée $\dfrac{dx}{\sqrt{X}} = \dfrac{dy}{\sqrt{Y}}$, dans laquelle

$$X = A + Bx + Cx^2 + Dx^3 + Ex^4,\quad Y = A + By + Cy^2 + Dy^3 + Ey^4,$$
$$\&$$

& dont l'intégrale complète eſt, comme nous l'avons démontré dans l'article précédent, $\sqrt{X} + \sqrt{Y} = (x - y)\sqrt{(a + U)}$, où a eſt la conſtante arbitraire, & $U = D(x + y) + E(x + y)^2$. En faiſant pour plus de ſimplicité $\frac{dX}{dx} = X'$, $\frac{dY}{dy} = Y'$, $\frac{dU}{dx} = \frac{dU}{dy} = U'$, je tirerai de l'intégrale complète

$$\frac{dy}{da} = \frac{(x - y)\sqrt{Y}}{Y'\sqrt{(a + U)} - [U'(x - y) + 2(a + U)]\sqrt{Y}},$$

$$\frac{dx}{da} = \frac{(x - y)\sqrt{X}}{X'\sqrt{(a + U)} - [U'(x - y) + 2(a + U)]\sqrt{X}};$$

ainſi les ſuppoſitions de $\frac{dy}{da} = 0$, $\frac{dx}{da} = 0$, me donneront ces équations $x - y = 0$, $Y = 0$ & $X = 0$ que je vais examiner ſucceſſivement.

Je tire de l'intégrale complète, $a = \frac{(\sqrt{X} + \sqrt{Y})^2}{(x - y)^2} - U$; & comme $x - y = 0$ rend a infini, j'en conclus que cette équation eſt une intégrale particulière de la propoſée, ce qui d'ailleurs eſt évident. Mais ni $Y = 0$ ni $X = 0$ ne rend a conſtant; il n'eſt donc plus queſtion que d'examiner quand elles ſont des ſolutions particulières de la même équation différentielle. Or en faiſant $Y = 0$, le dénominateur de $\frac{dy}{da}$ devient $Y'\sqrt{(a + U)}$ qui ſera nul lorſque $Y' = 0$; de même la ſuppoſition de $X = 0$, réduit le dénominateur de $\frac{dx}{da}$ à $X'\sqrt{(a + U)}$ qui ſera nul lorſque $X' = 0$. Donc les équations $Y = 0$ & $X = 0$ ne ſeront des ſolutions particulières de la propoſée que lorſqu'on n'aura pas en même temps $Y' = 0$ & $X' = 0$; & par conſéquent les ſolutions particulières de la propoſée ſeront toutes compriſes ſous cette forme $x = u$ ou $y = u$, en prenant pour u une des racines ſimples quelconques de l'équation

$$A + Bu + Cu^2 + Du^3 + Eu^4 = 0.$$

Si on propoſe $\frac{dx}{\sqrt{X}} + \frac{dy}{\sqrt{Y}} = 0$, dont l'intégrale complète eſt $\sqrt{X} - \sqrt{Y} = (x - y)\sqrt{(a + U)}$, on aura auſſi $x - y = 0$. Mais comme cette équation rend $a \left(= \frac{(\sqrt{X} - \sqrt{Y})^2}{(x - y)^2} - U \right) = \frac{0}{0}$; il s'enſuit qu'elle doit être rejettée comme étrangère à l'équation différentielle propoſée. Du reſte, on trouvera dans ce cas-ci les mêmes ſolutions particulières que dans le cas précédent.

(438). Soit toujours l'équation $V = 0$ entre y, x & a qui étant différentiée en faiſant tout varier, donne $dy = p\,dx + q\,da$; je ſuppoſe qu'ayant différentié p, en faiſant varier y, x & a, & qu'ayant mis enſuite pour dy ſa valeur tirée de l'équation précédente, on ait $dp = p'\,dx + q'\,da$; qu'ayant différentié p' de la même manière, on ait $dp' = p'' dx + q'' da$; qu'ayant différentié p'' encore de la même manière, on ait $dp'' = p''' dx + q''' da$, & ainsi de suite. Cela posé, de même que j'ai formé l'équation différentielle du premier ordre $(V) = 0$, en chassant a au moyen des deux équations $V = 0$ & $\frac{dy}{dx} = p$; je formerai l'équation du second ordre $(V') = 0$ des trois équations

$V = 0$, $\frac{dy}{dx} = p$, $\frac{d^2 y}{dx^2} = p'$ (dx est supposé constant) de manière que a disparoisse ; je formerai l'équation du troisième ordre $(V'') = 0$ des quatre équations $V = 0$, $\frac{dy}{dx} = p$, $\frac{d^2 y}{dx^2} = p'$, $\frac{d^3 y}{dx^3} = p''$, de manière que a disparoisse, & ainsi de celles des ordres supérieurs. Or il est clair que dans l'hypothèse de a variable, $V = 0$ ne peut satisfaire à $(V) = 0$ que l'on n'ait $q = 0$; de même $V = 0$ ne pourra, dans la même hypothèse, satisfaire à $(V') = 0$, que l'on n'ait en même temps $q = 0$ & $q' = 0$, sans quoi les équations $dy = p dx + q da$ & $dp = p' dx + q' da$ ne se réduiroient pas à $dy = p dx$ & $dp = p' dx$; cette même équation $V = 0$, ne pourra satisfaire à $(V'') = 0$, toujours dans l'hypothèse de a variable, que l'on n'ait en même temps $q = 0$, $q' = 0$ & $q'' = 0$, sans quoi les équations

$$dy = p dx + q da, \quad dp = p' dx + q' da, \quad dp' = p'' dx + q'' da$$

ne pourroient se réduire à $dy = p dx$, $dp = p' dx$, $dp' = p'' dx$, &c. On remarquera que ces quantités q, q', q'', &c. ne sont autre chose que

$$\frac{dy}{dx}, \quad \frac{d^2 y}{dx\,da}, \quad \frac{d^3 y}{dx^2\,da}, \&c.;$$

on remarquera de plus qu'au lieu de dégager dy dans la différentielle de $V = 0$, on auroit pu dégager dx; & on verra aisément que pour que dans l'hypothèse de a variable $V = 0$ satisfasse à cette suite d'équations $(V) = 0$, $(V') = 0$, $(V'') = 0$, &c. à l'infini, il faut qu'on ait à l'infini $\frac{dy}{da} = 0$, $\frac{d^2 y}{dx\,da} = 0$, $\frac{d^3 y}{dx^2\,da} = 0$, &c. ou $\frac{dx}{da} = 0$, $\frac{d^2 x}{dy\,da} = 0$, $\frac{d^3 x}{dy^2\,da} = 0$, &c.

Mais si en regardant y comme une fonction de x & a, donnée par $V = 0$, on a l'infini $\frac{dy}{da} = 0$, $\frac{d^2 y}{dx\,da} = 0$, &c., il faut nécessairement que la valeur de $\frac{dy}{da}$ ne contienne pas x, alors on ne pourra tirer de $\frac{dy}{da} = 0$ que a égal à une fonction de constantes déterminées ; de même si en regardant x comme une fonction de y & a, donnée par $V = 0$, on a à l'infini $\frac{dx}{da} = 0$, $\frac{d^2 x}{dy\,da} = 0$, &c. il est nécessaire que la valeur de $\frac{dx}{da}$ ne contienne pas y, & $\frac{dx}{da} = 0$ donnera *a* égal à une fonction de conftantes déterminées. C'eft de cette remarque que Lagrange tire la folution de ce problême : *Trouver toutes les folutions particulières de l'équation différentielle du premier ordre* $(V) = 0$ *fans connoître fon intégrale complète* $V = 0$.

(439). On fuppofe pour plus de fimplicité que l'équation $(V) = 0$ ne renferme pas de quantité tranfcendante, & qu'on l'a préparée de manière qu'elle eft abfolument délivrée de fractions & de radicaux. Alors fi l'on fait

$$d(V) = A\,d\frac{dy}{dx} + B\,dy + C\,dx, \quad A, B, C$$ feront des fonctions ration-

nelles entières de y, x & $\frac{dy}{dx}$. Maintenant puifque l'équation $(V) = 0$ eft indé-

pendante de a, on doit avoir $\frac{d(V)}{da} = 0$, foit qu'on regarde y comme fonction

de x & a, ou x comme fonction de y & a, l'une ou l'autre donnée par l'équation

$V = 0$. On aura donc $A\frac{d^2 y}{dx\,da} + B\frac{dy}{da} = 0$. Mais pour trouver les folu-

tions particulières de l'équation différentielle $(V) = 0$, il faut faire

$\frac{dy}{da} = 0$; de plus, B étant fans dénominateur ne peut devenir infini par cette

fuppofition ; ainfi l'équation précédente fe réduit néceffairement à celle-ci :

$A\frac{d^2 y}{dx\,da} = 0$, qui, lorfque $\frac{d^2 y}{dx\,da}$ n'eft pas nul en même temps que $\frac{dy}{da}$, donne

$A = 0$. Lorfque $\frac{dy}{da}$ & $\frac{d^2 y}{dx\,da}$ feront nuls en même temps, l'équation

$A\frac{d^2 y}{dx\,da} + B\frac{dy}{da} = 0$ aura lieu d'elle-même. Dans ce cas on la différentiera

en faifant varier y & x, & on aura

$$A\frac{d^3 y}{dx^2\,da} + \left(\frac{dA}{dx} + B\right)\frac{d^2 y}{dx\,da} + \frac{dB}{dx}\frac{dy}{da} = 0,$$

qui, à caufe que les deux quantités $\frac{dy}{da}$ & $\frac{d^2 y}{dx\,da}$ font nulles par l'hypo-

thèfe, fe réduit à $A\frac{d^3 y}{dx^2\,da} = 0$, laquelle donne $A = 0$, lorfque $\frac{d^3 y}{dx^2\,da}$ n'eft

pas nul en même temps que $\frac{dy}{da}$ & $\frac{d^2 y}{dx\,da}$. Lorfque ces trois quantités fe-

ront nulles en même temps, il faudra différentier

$$A\frac{d^3 y}{dx^2\,da} + \left(\frac{dA}{dx} + B\right)\frac{d^2 y}{dx\,da} + \frac{dB}{dx}\frac{dy}{da} = 0,$$

en faifant varier y & x ; & après avoir effacé les termes qui feront multipliés

par $\frac{dy}{da}$, $\frac{d^2 y}{dx\,da}$, $\frac{d^3 y}{dx^2\,da}$, on aura $A\frac{d^4 y}{dx^3\,da} = 0$, qui donnera encore

$A = 0$, si $\frac{d^4 y}{d x^3 d a}$ n'est pas nul en même temps que $\frac{d y}{d a}$, $\frac{d^2 y}{d x d a}$, $\frac{d^3 y}{d x^2 d a}$;

Donc on aura nécessairement l'équation $A = 0$, si toutes ces quantités $\frac{d y}{d a}$, $\frac{d^2 y}{d x d a}$, &c. à l'infini ne sont pas nulles. Or nous avons démontré plus haut que si elles étoient nulles à l'infini, $\frac{d y}{d a}$ ne pourroit donner que a égal à une fonction de constantes déterminées, & que par conséquent la substitution faite de a dans $V = 0$ donneroit une intégrale particulière & non une solution particulière ; ainsi pour que ce soit une solution particulière, il faut nécessairement que $A = 0$.

Je reprends l'équation $d (V) = A d \frac{d y}{d x} + B d y + C d x = 0$,

qui, à cause de $A = 0$, se réduit à $B d y + C d x = 0$; celle-ci devra s'accorder avec $A = 0$, lorsqu'on aura chassé $\frac{d y}{d x}$ au moyen de l'équation $V = 0$,

Mais $\frac{d^2 y}{d x^2} = - \dfrac{B \frac{d y}{d x} + C}{A}$; donc dans le cas des solutions particulières tirées de $\frac{d y}{d a} = 0$, $\frac{d^2 y}{d x^2}$ deviendra $\frac{0}{0}$: on démontreroit de la même manière que dans le cas des solutions particulières tirées de $\frac{d x}{d a} = 0$, $\frac{d^2 x}{d y^2}$ deviendroit $\frac{0}{0}$.

Je m'empresse d'éclaircir tout cela par des exemples.

(440). Soit d'abord l'équation $x d x + y d y = d y \sqrt{(x^2 + y^2 - m^2)}$;

d'où je tire $\frac{d y}{d x} = \dfrac{x}{\sqrt{(x^2 + y^2 - m^2)} - y}$ &

$$\frac{d^2 y}{d x^2} = \frac{y^2 - m^2 - x y \frac{d y}{d x} + (x \frac{d y}{d x} - y) \sqrt{(x^2 + y^2 - m^2)}}{(\sqrt{(x^2 + y^2 - m^2)} - y)^2 \sqrt{(x^2 + y^2 - m^2)}} ;$$

cette quantité devant être $\frac{0}{0}$, il en résulte deux équations

$(a) \ldots \ldots y^2 - m^2 - x y \frac{d y}{d x} + \left(x \frac{d y}{d x} - y \right) \sqrt{(x^2 + y^2 - m^2)} = 0$;

$(b) \ldots \ldots (\sqrt{(x^2 + y^2 - m^2)} - y)^2 \sqrt{(x^2 + y^2 - m^2)} = 0$.

La seconde donne

$\sqrt{(x^2 + y^2 - m^2)} - y = 0$, ou $\sqrt{(x^2 + y^2 - m^2)} = 0$.

Si l'on fait $\sqrt{(x^2 + y^2 - m^2)} - y = 0$, l'équation a devient $- m^2 = 0$; ce qui n'apprend rien absolument. Mais si l'on fait $\sqrt{(x^2 + y^2 - m^2)} = 0$, l'équation a devient $y^2 - m^2 - x y \frac{d y}{d x} = 0$; & parce que dans la même fuppofition $\frac{dy}{dx} = -\frac{x}{y}$, elle donne pour folution particulière de la propofée

$y^2 + x^2 - m^2 = 0$. Je puis auffi tirer de la propofée $\frac{dx}{dy} = \frac{\sqrt{(x^2 + y^2 - m^2)} - y}{x}$ &

$$\frac{d^2 x}{dy^2} = \frac{xy - (y^2 - m^2)\frac{dx}{dy} + (y\frac{dx}{dy} - x)\sqrt{(x^2 + y^2 - m^2)}}{x^2 \sqrt{(x^2 + y^2 - m^2)}};$$

cette quantité devant être $\frac{0}{0}$, il en réfulte les deux équations

$(c) \ldots x y - (y^2 - m^2)\frac{dx}{dy} + (y\frac{dx}{dy} - x)\sqrt{(x^2 + y^2 - m^2)} = 0;$

$(d) \ldots x^2 \sqrt{(x^2 + y^2 - m^2)} = 0.$

La feconde donne $x = 0$ ou $\sqrt{(x^2 + y^2 - m^2)} = 0$. La fuppofition de

$x = 0$, réduit l'équation c à celle-ci, $(y\sqrt{(y^2 - m^2)} - y^2 + m^2)\frac{dx}{dy} = 0$;

& parce que dans la même hypothèfe $\frac{dx}{dy}$ devient $\frac{1}{0}$, il eft clair que $x = 0$,

ne peut être une folution particulière de la propofée. Mais fi je fais $\sqrt{(x^2 +$

$y^2 - m^2) = 0$, l'équation c devient $xy - (y^2 - m^2)\frac{dx}{dy} = 0$, & comme

alors $\frac{dx}{dy} = -\frac{y}{x}$, elle fe réduit à $x^2 + y^2 - m^2 = 0$. Donc

$x^2 + y^2 - m^2 = 0$ eft la feule folution particulière de la propofée qui puiffe
avoir lieu, ce que nous favions déjà.

(441). Cette autre équation $\frac{dx}{\sqrt{X}} = \frac{dy}{\sqrt{Y}}$ étant propofée, on en tire

$$\frac{dy}{dx} = \frac{\sqrt{Y}}{\sqrt{X}}, \ \& \ \frac{d^2 y}{dx^2} = \frac{X Y'\frac{dy}{dx} - Y X'}{2 X \sqrt{X Y}}.$$

Cettte quantité devant être $\frac{0}{0}$, il en réfulte les deux équations

$$X Y' \frac{dy}{dx} - Y X' = 0, \ X \sqrt{X Y} = 0,$$

La feconde donne $X = 0$ ou $Y = 0$. Si l'on fait $X = 0$, l'équation

$X Y' \frac{dy}{dx} - Y X' = 0$, devient $Y X' = 0$, qui, fi X' n'eft pas nul en

même temps que X, donne $Y = 0$; donc $X = 0$ eft une folution particulière de
la propofée, lorfqu'on n'a pas en même temps $X' = 0$. On trouveroit de la même
manière que $Y = 0$ eft une folution particulière de la propofée lorfqu'on n'a
pas en même temps $Y' = 0$.

(442). Dans l'équation $A d \frac{dy}{dx} + B d y + C d x = 0$, fi $B d y + C d x$

eſt nul de lui-même ; on aura $A\, d\, \dfrac{d\,y}{d\,x} = 0$, & pour que $\dfrac{d^{2}\,y}{d\,x^{2}} = \dfrac{0}{0}$, il ſuffira que $A = 0$. On éliminera $\dfrac{d\,y}{d\,x}$ au moyen de $A = 0$ & de $(V) = 0$; & l'équation réſultante entre x & y ſera une ſolution particuʼière de $(V) = 0$. Dans ce cas - ci l'intégrale complète eſt facile à trouver ; car alors A n'étant pas zéro, on a $d\,\dfrac{d\,y}{d\,x} = 0$ & $\dfrac{d\,y}{d\,x} = a$; cette valeur de $\dfrac{d\,y}{d\,x}$ étant ſubſtituée dans $(V) = 0$, on a une équation entre y, x & la conſtante arbitraire a qui eſt l'intégrale complète de $(V) = 0$.

On tire de $B\,d\,y + C\,d\,x = 0$, $C = - B\,\dfrac{d\,y}{d\,x} = - Bp$, en faiſant $\dfrac{d\,y}{d\,x} = p$; & l'équation $A\,d\,\dfrac{d\,y}{d\,x} + B\,d\,y + C\,d\,x = 0$ devient $A\,dp + B\,(d\,y - p\,d\,x) = 0$; d'où l'on tire $d\,y - p\,d\,x + \dfrac{A}{B}\,dp = 0$, &, en intégrant,

$$y - px + \int x\,dp + \int \frac{A}{B}\,dp = 0, \text{ ou } y - px + \int \left(x + \frac{A}{B} \right) dp = 0.$$

Cette équation ne peut être vraie à moins que $x + \dfrac{A}{B}$ ne ſoit fonction de p ; faiſons donc $x + \dfrac{A}{B} = f:(p)$, & nous aurons

$$y - px + f:(p) = 0, \text{ ou } y - x\,\frac{d\,y}{d\,x} + f: \left(\frac{d\,y}{d\,x} \right) = 0,$$

équation différentielle qui repréſente toutes celles du premier ordre qui s'intègrent par la différentiation. En effet, en la différentiant elle devient $\left(f': \left(\dfrac{d\,y}{d\,x} \right) - x \right) d\,\dfrac{d\,y}{d\,x} = 0$; d'où l'on tire $d\,\dfrac{d\,y}{d\,x} = 0$ ou $f': \left(\dfrac{d\,y}{d\,x} \right) - x = 0$. La première de ces équations donne $\dfrac{d\,y}{d\,x} = a$; & en ſubſtituant dans $y - x\,\dfrac{d\,y}{d\,x} + f: \left(\dfrac{d\,y}{d\,x} \right) = 0$, on a pour l'intégrale complète de cette équation différentielle $y - ax + f:(a) = 0$. L'intégrale complète que nous venons de trouver appartient à la ligne droite ; tandis que la ſolution particulière, qu'on obtiendra en éliminant $\dfrac{d\,y}{d\,x}$ au moyen de la propoſée $y - x\,\dfrac{d\,y}{d\,x} + f: \left(\dfrac{d\,y}{d\,x} \right) = 0$, & de $f': \left(\dfrac{d\,y}{d\,x} \right) - x = 0$,

appartiendra à une ligne courbe. Clairaut eſt le premier qui ait remarqué ce genre d'équations qui s'intègrent par la différentiation (Mémoires de l'académie des ſciences de 1734) & dont la propriété eſt d'appartenir en même temps à une ligne droite & à une ligne courbe ; mais perſonne avant Lagrange n'avoit démontré que cette espèce de paradoxe tenoit à la théorie des solutions particulières des équations différentielles.

(443). Si l'équation du second ordre $(V) = 0$ a pour intégrale finie complète $V = 0$, V sera une fonction de x, y & de deux constantes arbitraires a & b. On peut supposer que b est fonction de a, & regarder V comme fonction de x, y & a; alors on verra aisément qu'il suit de ce qui précède, que même dans le cas de a variable, $V = 0$ satisfera à $(V) = 0$, pourvu que l'on ait

$$\frac{dy}{da} + \frac{dy}{db}\frac{db}{da} = 0 \ \& \ \frac{d^2 y}{dx\,da} + \frac{d^2 y}{dx\,db}\frac{db}{da} = 0, \ \text{ou}$$

$$\frac{dx}{da} + \frac{dx}{db}\frac{db}{da} = 0 \ \& \ \frac{d^2 x}{dy\,da} + \frac{d^2 x}{dy\,db}\frac{db}{da} = 0.$$

Maintenant si on différentie $V = 0$, en faisant tout varier, on aura

$$dy = p\,dx + \frac{dy}{da}\,da + \frac{dy}{db}\,db, \text{ qui se réduit à } dy = p\,dx, \text{ à cause de}$$

$$\frac{dy}{da}\,da + \frac{dy}{db}\,db = 0; \text{ ou } dx = P\,dy + \frac{dx}{da}\,da + \frac{dx}{db}\,db, \text{ qui se}$$

réduit à $dx = P\,dy$, à cause de $\frac{dx}{da}\,da + \frac{dx}{db}\,db = 0$.

Ainsi on aura ces quatre équations

$$V = 0, \ \frac{dy}{dx} - p = 0, \ \frac{dy}{da} + \frac{dy}{db}\frac{db}{da} = 0 \ \& \ \frac{d^2 y}{dx\,da} + \frac{d^2 y}{dx\,db}\frac{db}{da} = 0,$$

ou ces quatre autres

$$V = 0, \ \frac{dx}{dy} - P = 0, \ \frac{dx}{da} + \frac{dx}{db}\frac{db}{da} = 0 \ \& \ \frac{d^2 x}{dy\,da} + \frac{d^2 x}{dy\,db}\frac{db}{da} = 0;$$

au moyen desquelles si on élimine a, b & $\frac{db}{da}$, on parviendra à une équation différentielle du premier ordre, qui sera une solution particulière de la proposée.

(444). Je prendrai pour exemple l'équation du second ordre

$$y - x\frac{dy}{dx} + \frac{x^2}{2}\frac{d^2 y}{dx^2} = \left(\frac{dy}{dx} - x\frac{d^2 y}{dx^2}\right)^2 + \frac{d^2 y^2}{dx^4},$$

dont l'intégrale finie complète est $y = \frac{a x^2}{2} + b x + a^2 + b^2$, a & b étant les deux constantes arbitraires ajoutées en intégrant. Je tire de cette intégrale

$$\frac{dy}{dx} = ax + b, \ \frac{dy}{da} = \frac{x^2}{2} + 2a, \ \frac{dy}{db} = x + 2b, \ \frac{d^2 y}{dx\,da} = x, \ \frac{d^2 y}{dx\,db} = 1;$$

& substituant ces valeurs dans les quatre premières équations que nous venons de trouver, il me vient celles-ci,

$$y = \frac{a x^2}{2} + b x + a^2 + b^2, \ \frac{dy}{dx} = ax + b,$$

$$\frac{x^2}{2} + 2a + (x + 2b)\frac{db}{da} = 0, \ x + \frac{db}{da} = 0,$$

qui donnent, en éliminant a, b & $\frac{db}{da}$, l'équation du premier ordre

$$y = \frac{-x^4 + (8x^3 + 16x)\frac{dy}{dx} + \frac{16\,dy^2}{dx^2}}{16(1 + x^2)}$$

qui est une solution particulière de la proposée. En intégrant cette équation différentielle du premier ordre, j'aurai une équation finie qui sera une solution particulière finie de la proposée; voici comme je la trouve.

De l'équation différentielle du premier ordre en question, je tire

$$\frac{16\,dy^2}{dx^2} + (8x^3 + 16x)\frac{dy}{dx} = x^4 + 16y(1 + x)^2,$$

& par conséquent $\frac{4\,dy}{dx} + x^3 + 2x = \sqrt{(1 + x^2)} . \sqrt{(16y + 4x^2 + x^4)}$;

j'ai donc $\dfrac{8\,dy + 4x\,dx + 2x^3\,dx}{\sqrt{(16y + 4x^2 + x^4)}} = 2\,dx\sqrt{(1 + x^2)}$,

dont l'intégrale complète est

$$\sqrt{(16y + 4x^2 + x^4)} = x\sqrt{(1 + x^2)} - \log.(\sqrt{(1 + x^2)} - x) + a1.$$

Il est à remarquer que cette solution particulière finie de la proposée est transcendante, tandis que l'intégrale complète finie est algébrique.

(445). La solution particulière aux premières différences de la proposée admet elle-même, outre cette intégrale complète, une solution particulière qu'on trouvera en faisant $\dfrac{dy}{da1} = \dfrac{\sqrt{(16y + 4x^2 + x^4)}}{8} = 0$; en effet, si l'on combine cette dernière équation qui ne contient pas $a1$ avec l'intégrale complète, on trouvera $a1$ égal à une fonction de x, ce qui est la condition requise. Mais il ne s'ensuit pas que $16y + 4x^2 + x^4 = 0$ soit une solution particulière de la proposée, car pour cela il faudroit que cette équation rendît nul aussi

$$\frac{d^2y}{dx\,da1} = \frac{\frac{8\,dy}{dx} + 4x + 2x^3}{8\sqrt{(16y + 4x^2 + x^4)}};$$ or en mettant dans le second membre pour

$\dfrac{dy}{dx}$ sa valeur $-\dfrac{x^3}{4} - \dfrac{x}{2} + \dfrac{1}{4}\sqrt{(1 + x^2)} . \sqrt{(16y + 4x^2 + x^4)}$,

on trouve $\dfrac{d^2y}{dx\,da1} = \dfrac{\sqrt{(1 + x^2)}}{4}$, qui ne devient pas nul par la supposition

de $16y + 4x^2 + x^4 = 0$, &c.

(446). Supposons qu'au moyen de $V = 0$ & de $\dfrac{dy}{dx} - p = 0$, on ait

éliminé b pour avoir $V'1 = 0$ qui est une des intégrales premières complètes

de

de la proposée ; supposons aussi que cette équation différentielle du premier ordre étant différentiée, donne

$$d \, V' \, 1 = A \, d \, \frac{d \, y}{d \, x} + B \, d \, y + C \, d \, x + E \, d \, a.$$

On aura $d \, \frac{d \, y}{d \, x} = - \dfrac{B \, d \, y + C \, d \, x + E \, d \, a}{A}$, d'où l'on tire, en regardant y comme une fonction de x, a & b, donnée par $V = 0$,

$$\frac{d^2 \, y}{d \, x \, d \, a} = - \frac{B}{A} \, \frac{d \, y}{d \, a} - \frac{E}{A}, \quad \frac{d^2 \, y}{d \, x \, d \, b} = - \frac{B}{A} \, \frac{d \, y}{d \, b} \, ;$$

substituant ces valeurs dans $\frac{d^2 \, y}{d \, x \, d \, a} + \frac{d^2 \, y}{d \, x \, d \, b} \, \frac{d \, b}{d \, a} = 0$, on aura l'équation

$$\frac{B}{A} \left(\frac{d \, y}{d \, a} + \frac{d \, y}{d \, b} \, \frac{d \, b}{d \, a} \right) + \frac{E}{A} = 0, \quad \text{qui se réduit à} \quad \frac{E}{A} = 0,$$

car on doit aussi avoir $\frac{d \, y}{d \, a} + \frac{d \, y}{d \, b} \, \frac{d \, b}{d \, a} = 0$. Or si dans $V' \, 1 = 0$, on fait varier uniquement $\frac{d \, y}{d \, x}$ & a, en regardant y & x comme constans, on aura

$$A \, d \, \frac{d \, y}{d \, x} + E \, d \, a = 0, \quad \text{d'où l'on tirera} \quad \frac{E}{A} = - \frac{d \, \frac{d \, y}{d \, x}}{d \, a} = - \frac{d^2 \, y}{d \, x \, d \, a}.$$

Ainsi l'équation de condition se réduira à $\frac{d^2 \, y}{d \, x \, d \, a} = 0$, qui combinée avec $V' \, 1 = 0$, donnera par l'élimination de a la même solution particulière de la proposée, que par les quatre équations dont nous avons fait usage précédemment.

Si au lieu d'éliminer b, on eut éliminé a au moyen de $V = 0$, & de $\frac{d \, y}{d \, x} - p = 0$, on auroit trouvé $V' \, 2 = 0$ qui est l'autre intégrale première complète de la proposée ; puis on seroit parvenu à une équation $\frac{d^2 \, y}{d \, x \, d \, b} = 0$, qui, combinée avec $V' \, 2 = 0$, auroit donné par l'élimination de b encore le même résultat. Il suit de-là que si on ne connoît pas l'intégrale finie complète de la proposée, mais seulement une des deux intégrales complètes aux premières différences, on pourra également trouver toutes les solutions particulières. Cette proposition peut se démontrer directement ; car si $V' \, 1 = 0$, par exemple, satisfait à $(V) = 0$, quelle que soit la constante arbitraire a, il s'ensuit que $(V) = 0$ vient de l'élimination de a au moyen des équations $V' = 0$, & $d \, \frac{d \, y}{d \, x} = p' \, d \, x$, dont la seconde est déduite de $V' \, 1 = 0$ par la différentiation. Or il est clair que a étant variable, le résultat seroit le même, si, en supposant $d \, \frac{d \, y}{d \, x} = p' \, d \, x + q' \, d \, a$, on avoit q' ou $\frac{d^2 \, y}{d \, x \, d \, a} = 0$.

Partie II. C c

(447). Pour confirmer cela par un exemple, reprenons l'équation du second ordre

$$y - x \frac{dy}{dx} + \frac{x^2}{2} \frac{d^2 y}{dx^2} = \left(\frac{dy}{dx} - x \frac{d^2 y}{dx^2} \right)^2 + \frac{d^2 y^2}{dx^4},$$

dont nous trouverons les deux intégrales premières en éliminant successivement a & b au moyen de l'intégrale complète

$$y = \frac{a x^2}{2} + b x + a^2 + b^2 \quad \& \text{ de } \frac{dy}{dx} = a x + b.$$

L'élimination de b donne $y = - \frac{a x^2}{2} + x \frac{dy}{dx} + \left(\frac{dy}{dx} - a x \right)^2 + a^2 ;$

d'où l'on tire, en ne faisant varier que $\frac{dy}{dx}$ & a,

$$- \frac{x^2}{2} d a + x \, d \frac{dy}{dx} + 2 \left(\frac{dy}{dx} - a x \right) \left(d \frac{dy}{dx} - x \, d a \right) + 2 a \, d a = 0,$$

& par conséquent $\frac{d^2 y}{dx \, da} = \dfrac{2 x \left(\frac{dy}{dx} - a x \right) + \frac{x^2}{2} - 2 a}{2 \left(\frac{dy}{dx} - a x \right) + x}.$

En supposant cette quantité $= 0$, on aura l'équation

$$2 x \frac{dy}{dx} - 2 a x^2 + \frac{x^2}{2} - 2 a = 0,$$

qui donnera $a = \dfrac{x \frac{dy}{dx} + \frac{x^2}{4}}{1 + x^2}$; & en substituant pour a sa valeur dans l'intégrale première dont on est parti, on trouvera

$$y = \frac{- x^4 + (8 x^3 + 16 x) \frac{dy}{dx} + 16 \frac{dy^2}{dx^2}}{16 (1 + x^2)},$$

qui est la même solution particulière qu'on a déjà trouvée. L'élimination de a donne pour intégrale première

$$y = \frac{x}{2} \frac{dy}{dx} + \frac{b x}{2} + \left(\frac{\frac{dy}{dx} - b}{x} \right)^2 + b^2;$$

laquelle on différentiera, en ne faisant varier que $\frac{dy}{dx}$ & b, pour avoir

$$\frac{d^2 y}{dx \, db} = \dfrac{\frac{2}{x^2} \left(\frac{dy}{dx} - b \right) + \frac{x}{2} + 2 b}{\frac{x}{2} + \frac{2}{x^2} \left(\frac{dy}{dx} - b \right)} = 0,$$

& par conséquent $b = \dfrac{\frac{dy}{dx} - \frac{x^3}{4}}{x^2 + 1}.$ En mettant cette valeur de b dans l'intégrale première dont il est question, on trouvera encore la même solution particulière; & les deux intégrales premières de la proposée, quoique très-différentes, nous aurons conduit au même résultat.

(448). Tout cela est analogue à ce que nous avons dit pour le premier ordre; & sans autre explication on doit voir qu'ayant formé comme alors cette suite d'équations $(V') = 0$, $(V'') = 0$, &c. les solutions particulières de $(V) = 0$ ne satisferont point à $(V') = 0$, à moins que l'on n'ait $\frac{d^2 y}{d x\, d a} = 0$, & $\frac{d^3 y}{d x^2\, d a} = 0$; que ces mêmes solutions ne satisferont point à $(V'') = 0$, à moins que l'on n'ait $\frac{d^2 y}{d x\, d a} = 0$, $\frac{d^3 y}{d x^2\, d a} = 0$, $\frac{d^4 y}{d x^3\, d a} = 0$, &c.; dans tous ces calculs on regardera b comme fonction de a, & par conséquent y comme fonction de x & a. Si on a à l'infini $\frac{d^2 y}{d x\, d a} = 0$, $\frac{d^3 y}{d x^2\, d a} = 0$, &c.; $\frac{d^2 y}{d x\, d a} = 0$ ne donnera pas une solution particulière, mais une intégrale particulière, d'où l'on tirera la règle suivante pour trouver les solutions particulières d'une équation différentielle du second ordre proposée sans connoître aucune de ses intégrales complètes. Il faudra différentier la proposée, & en tirer $\frac{d^3 y}{d x^3}$ qu'on fera $= \frac{0}{0}$; on aura de cette manière deux équations, au moyen de chacune desquelles & de la proposée, si on élimine $\frac{d^2 y}{d x^2}$, il viendra deux autres équations entre x, y & $\frac{d y}{d x}$ qui se réduiront à une seule lorsque la proposée sera susceptible d'une solution particulière; cette équation sera la solution particulière demandée.

Soit toujours l'équation du second ordre

$$y - x \frac{d y}{d x} + \frac{x^2}{2} \frac{d^2 y}{d x^2} = \left(\frac{d y}{d x} - x \frac{d^2 y}{d x^2} \right)^2 + \frac{d^2 y^2}{d x^4},$$

de laquelle on tire par la différentiation

$$\left(2 (x^2 + 1) \frac{d^2 y}{d x^2} - 2 x \frac{d y}{d x} - \frac{x^2}{2} \right) \frac{d^3 y}{d x^3} = 0.$$

A cause que $\frac{d^3 y}{d x^3}$ doit être $\frac{0}{0}$, on a l'équation

$$2 (x^2 + 1) \frac{d^2 y}{d x^2} - 2 x \frac{d y}{d x} - \frac{x^2}{2} = 0,$$

qui donne $\frac{d^2 y}{d x^2} = \frac{4 x \frac{d y}{d x} + x^2}{4 (x^2 + 1)}$. Cette valeur de $\frac{d^2 y}{d x^2}$ étant substituée dans la propofée, on trouve toujours la même folution particulière, favoir

$$y = \frac{- x^4 + (8 x^3 + 16 x)\frac{dy}{dx} + 16\frac{dy^2}{dx^2}}{16 (1 + x^2)}.$$

(449). Si la propofée $(V) = 0$ étoit telle qu'on eût $d(V) = A' d\frac{d^2 y}{dx^2}$, alors $\frac{d^3 y}{dx^3} = \frac{0}{0}$ donneroit $A' = 0$; & on trouveroit la folution particulière en éliminant $\frac{d^2 y}{dx^2}$ au moyen de $A' = 0$ & de $(V) = 0$. Dans ce cas on peut trouver facilement l'intégrale finie complète de $(V) = 0$. En effet, à caufe de $A' d\frac{d^2 y}{dx^2} = 0$, fi A' n'eft pas $= 0$, on doit avoir $d\frac{d^2 y}{dx^2} = 0$, d'où l'on tirera $y = \frac{a x^2}{2} + b x + c$. Mais la propofée n'étant que du fecond ordre, fon intégrale complète finie ne doit renfermer que deux conftantes arbitraires; il faudra donc fubftituer dans la propofée pour y, $\frac{dy}{dx}$, $\frac{d^2 y}{dx^2}$ leurs valeurs tirées de fon intégrale finie complète, & il viendra néceffairement une équation entre les trois arbitraires a, b, c, fans x ni y, qui fervira à déterminer l'une de ces arbitraires par les deux autres. Maintenant pour trouver la forme de ces fortes d'équations, nous fuppoferons $c = f : (a, b)$; & à caufe de

$$a = \frac{d^2 y}{dx^2}, \quad b = \frac{dy}{dx} - ax = \frac{dy}{dx} - x\frac{d^2 y}{dx^2},$$

nous aurons $c = f : \left(\frac{d^2 y}{dx^2}, \frac{dy}{dx} - x\frac{d^2 y}{dx^2}\right)$, & par conféquent

$$y = x\frac{dy}{dx} - \frac{x^2}{2}\frac{d^2 y}{dx^2} + f : \left(\frac{d^2 y}{dx^2}, \frac{dy}{dx} - x\frac{d^2 y}{dx^2}\right).$$

Toute équation réductible à cette forme aura la propriété de pouvoir être intégrée par une nouvelle différentiation; on trouvera de cette manière que l'équation précédente a pour intégrale finie complète $y = \frac{a x^2}{2} + b x + f : (a, b)$ qui repréfente toujours une parabole; & qu'elle admet une folution particulière qu'on trouvera en éliminant $\frac{d^2 y}{dx^2}$ au moyen de

$$-\frac{x^2}{2} + \frac{df : \left(\frac{d^2 y}{dx^2}, \frac{dy}{dx} - x\frac{d^2 y}{dx^2}\right)}{\frac{d^3 y}{dx^3}} = 0,$$ folution particulière qui pourra

repréfenter différentes courbes.

Nous

Nous avons déduit bien fimplement la manière de trouver les folutions particu-lières des équations différentielles du fecond ordre de celle dont nous avions fait ufage pour le premier ordre ; il ne feroit pas plus difficile d'appliquer cette théorie aux équations différentielles des ordres fupérieurs ; c'eft pourquoi nous terminerons-là ce chapitre de la féparation des variables dans les équation différen-tielles, pour pouvoir traiter avec quelqu'étendue de l'autre méthode de les inté-grer, ce que nous nous propofons de faire dans le chapitre fuivant.

CHAPITRE III.

DE LA MANIÈRE D'INTÉGRER LES ÉQUATIONS DIF-FÉRENTIELLES EN LES MULTIPLIANT PAR DES FACTEURS.

(450). JE commencerai par les équations du premier ordre entre deux variables qu'on peut toutes repréfenter par $\alpha\,dx + \mathfrak{c}\,dy = 0$, α & $\mathfrak{c}$ étant des fonctions quelconques de ces variables y, x & de conftantes ; or j'ai démontré (n°. 305), que fi on défignoit par μ un des facteurs propres à rendre $\alpha\,dx + \mathfrak{c}\,dy$ une différentielle exacte, $\zeta = \mu$ feroit une intégrale particulière de l'équation aux différences partielles

$$(A)\ldots\ldots\ldots\ldots \alpha\frac{d\zeta}{dy} - \mathfrak{c}\frac{d\zeta}{dx} + \left(\frac{d\alpha}{dy} - \frac{d\mathfrak{c}}{dx}\right)\zeta = 0.$$

Je fuppofe qu'on ait donné le facteur μ, & qu'on demande quels doivent être α & $\mathfrak{c}$ pour que $\mu\alpha\,dx + \mu\mathfrak{c}\,dy$ foit une différentielle exacte.

Soit, par exemple $\mu = \dfrac{1}{\alpha x + \mathfrak{c}y}$; à caufe de

$$\frac{d\mu}{dy} = -\left(\frac{d\alpha}{dy}x + \frac{d\mathfrak{c}}{dy}y + \mathfrak{c}\right) : (\alpha x + \mathfrak{c}y)^2,$$

$$\frac{d\mu}{dx} = -\left(\alpha + \frac{d\alpha}{dx}x + \frac{d\mathfrak{c}}{dx}y\right) : (\alpha x + \mathfrak{c}y)^2,$$

l'équation A devient

$$\alpha\left(\frac{d\mathfrak{c}}{dy}y + \frac{d\mathfrak{c}}{dx}x\right) = \mathfrak{c}\left(\frac{d\alpha}{dy}y + \frac{d\alpha}{dx}x\right),$$

qui eft identique fi α & $\mathfrak{c}$ font des fonctions homogènes de même dimenfion n ; car on a dans ce cas

$$\frac{d\mathfrak{c}}{dy}y + \frac{d\mathfrak{c}}{dx}x = n\mathfrak{c} \ \& \ \frac{d\alpha}{dy}y + \frac{d\alpha}{dx}x = n\alpha,$$

Partie II.   D d

ce qui réduit l'équation précédente à celle-ci $\alpha\beta = n\alpha\beta$ qui est évidemment identique. Je mets la même équation sous la forme

$$y\,\frac{\alpha\frac{d\beta}{dy}-\beta\frac{d\alpha}{dy}}{\alpha^2}+x\,\frac{\alpha\frac{d\beta}{dx}-\beta\frac{d\alpha}{dx}}{\alpha^2}=0\,;$$

&, en faisant $\frac{\beta}{\alpha}=m$, je la change en celle-ci $y\,\frac{dm}{dy}+x\,\frac{dm}{dx}=0$, d'où je tire $\frac{dm}{dy}=-\frac{x}{y}\,\frac{dm}{dx}$. Mais $dm=\frac{dm}{dx}\,dx+\frac{dm}{dy}\,dy$; donc

$$dm=\frac{dm}{dx}\cdot\frac{y\,dx-x\,dy}{y}=\frac{dm}{dx}\,y\,d\left(\frac{x}{y}\right).$$

Il suit de-là que m doit être une fonction quelconque de $\frac{x}{y}$, ce qu'on exprime en ecrivant $m=f:\left(\frac{x}{y}\right)$; & que par conséquent $\dfrac{dx+dy\,f:\left(\frac{x}{y}\right)}{x+y\,f:\left(\frac{x}{y}\right)}$,

ou $\dfrac{\frac{dx}{x}+\frac{dy}{y}\,f:\left(\frac{x}{y}\right)}{1+f:\left(\frac{x}{y}\right)}$, ou même encore $\dfrac{\frac{dx}{x}+\frac{dy}{y}\,f:\left(\int\frac{dx}{x}-\int\frac{dy}{y}\right)}{1+f:\left(\int\frac{dx}{x}-\int\frac{dy}{y}\right)}$,

est une différentielle exacte. Or T & U étant deux fonctions, l'une de t, l'autre de u, je puis faire $\frac{dt}{T}=\frac{dx}{x}$ & $\frac{du}{U}=\frac{dy}{y}$; j'aurai donc

$$\frac{dt+\frac{T}{U}\,du\,f:\left(\int\frac{dt}{T}-\int\frac{du}{U}\right)}{T+Tf:\left(\int\frac{dt}{T}-\int\frac{du}{U}\right)}\,,$$

qui fera aussi une différentielle exacte.

Donc M & N étant deux fonctions de t & u, pour que $M\,dt+N\,du$ devienne une différentielle exacte étant divisé par $MT+NU$, il faut que

$$\frac{N}{M}=\frac{T}{U}:f\left(\int\frac{dt}{T}-\int\frac{du}{U}\right),$$

ou, ce qui revient au même, que

$$M=\frac{P}{T}\,F:\left(\int\frac{dt}{T}-\int\frac{du}{U}\right)\ \&\ N=\frac{P}{U}:\varphi\left(\int\frac{dt}{T}-\int\frac{du}{U}\right);$$

P étant une fonction quelconque de t, u, & les caractéristiques F, φ désignant deux fonctions différentes de la même quantité $\int\frac{dt}{T}-\int\frac{du}{U}$.

On suppose μ fonction de x seul & de constantes, & on demande quels doivent être α & β pour que $\alpha\,dx+\beta\,dy$ devienne une différentielle exacte étant multiplié par μ. On a dans ce cas $\frac{d\mu}{dy}=0$, & l'équation A devient

$\frac{d\alpha}{dy} - \frac{d\varsigma}{dx} = \frac{\varsigma}{\mu} \cdot \frac{d\mu}{dx}$. On pourra prendre pour ς telle fonction de y, x & de constantes qu'on voudra, pourvu que $\alpha = \int \left(\frac{d\varsigma}{dx} + \frac{\varsigma}{\mu} \cdot \frac{d\mu}{dx} \right) dy + f:(x)$. Si $\varsigma = F:(x)$, α sera nécessairement de cette forme $y f:(x) + \varphi:(x)$; & on pourra rendre exacte la différentielle $dy F:(x) + y dx f:(x) + dx \varphi:(x)$, en la multipliant par une fonction de x seul & de constantes, ce que nous savions déjà.

(451). L'équation $y dy + M y dx + N dx = 0$, où M & N sont des fonctions de x seul & de constantes, ne paroît pas être beaucoup plus compliquée que l'équation linéaire dont il vient d'être question; cependant on ne connoît point encore de moyen de l'intégrer généralement. Dans cet exemple, $\varsigma = y$, $\alpha = M y + N$; d'où l'on tire $\frac{d\varsigma}{dx} = 0$ & $\frac{d\alpha}{dy} = M$. Je supposerai premièrement μ de cette forme $\frac{1}{(y + X)^n}$;

alors $\frac{d\mu}{dy} = \frac{-n}{(y + X)^{n+1}}$, $\frac{d\mu}{dx} = \frac{-n X'}{(y + X)^{n+1}}$,

en faisant $dX = X' dx$. Je mets ces valeurs dans l'équation A, & elle devient
$$(n - 1) M y - n X' y - M X + n N = 0,$$
qui ne peut être identique à moins que $(n-1)M - n X' = 0$, $n N - M X = 0$.

Je tire de-là $M = \frac{n}{n-1} X'$, $N = \frac{1}{n-1} X X'$;

& j'ai l'équation $y dy + \frac{n}{n-1} y dX + \frac{1}{n-1} X dX = 0$;

que je pourrai intégrer en la multipliant par $\frac{1}{(y + X)^n}$. Mais cette équation qui est homogène a aussi pour facteur

$$\frac{1}{y^2 + \frac{n}{n-1} y X + \frac{1}{n-1} X^2} = \frac{1}{(y + X)(y + \frac{1}{n-1} X)};$$

en faisant usage de ce facteur, on a à intégrer la différentielle $\dfrac{y \, dy}{(y+X)(y + \frac{1}{n-1} X)}$,

par rapport à y seul, laquelle n'est autre que $\frac{n-1}{n-2} \left(\frac{dy}{y + X} - \frac{dy}{(n-1)y + X} \right)$;

ainsi la proposée a pour intégrale complète $\log. \dfrac{y + X}{((n-1)y + X)^{\frac{1}{n-1}}} + F:(x) = 0$,

On différentiera le premier membre de cette équation en faisant varier y & x;

& on aura

$$\frac{dy + dX}{y + X} - \frac{(n-1)dy + dX}{(n-1)((n-1)y+X)} + dF:(x);$$

ou $\dfrac{n-2}{n-1} . \dfrac{(n-1)ydy + nydX + XdX}{(y+X)((n-1)y+X)} + dF:(x),$

qui, comparé à $\dfrac{(n-1)ydy + nydX + XdX}{(y+X)((n-1)y+X)}$, donne évidemment

$dF:(x) = 0$, & pour l'intégrale demandée $-\dfrac{(y+X)^{n-1}}{(n-1)y+X} = c.$

De plus, si $\mu\, a\, dx + \mu\, \mathcal{C}\, dy = dS$, $\mu\, F:(S)$ (n°. 305) est l'expression générale de tous les facteurs propres à rendre $a\, dx + \mathcal{C}\, dy$ une différentielle exacte; donc ici cette expression générale est

$$\frac{1}{(y+X)((n-1)y+X)} F:\left(\frac{(y+X)^{n-1}}{(n-1)y+X}\right) \text{ qui comprend } \frac{1}{(y+X)^n}.$$

Lorsque $n = 2$, la transformation que nous avons faite pour parvenir à l'intégrale précédente ne peut point avoir lieu, car dans ce cas on a à intégrer $\dfrac{ydy}{(y+X)^2}$, dont l'intégrale est log. $(y+X) - \dfrac{y}{y+X}$ qu'il faut égaler à une constante arbitraire. Il y a encore le cas de $n = 1$ où l'équation identique donne $\dfrac{N}{M} = X$, $X' = 0$ & $X =$ constante; c'est-à-dire que si l'on proposoit l'équation $y\, dy + My\, dx + aM\, dx = 0$, on pourroit la rendre intégrable en la divisant par $y + a$, & son intégrale complète seroit $y - a$ log. $(y+a) + \int M\, dx = c.$

(452). Secondement, soit μ de cette forme $\dfrac{1}{(y^2 + Xy + X1)^n}$, X & $X1$ étant toujours des fonctions de x & de constantes dont nous représenterons les différentielles par $X'\, dx$ & $X'1\, dx$. Nous aurons

$$\frac{d\mu}{dy} = \frac{-n(2y+X)}{(y^2+Xy+X1)^{n+1}}, \quad \frac{d\mu}{dx} = \frac{-n(yX' + X'1)}{(y^2+Xy+X1)^{n+1}};$$

& mettant ces valeurs dans l'équation A, nous la changerons en celle-ci

$$((2n-1).M - nX')y^2 + ((n-1).MX + 2nN - nX'1)y + nNX - MX1 = 0,$$

qui devant être identique, donne nécessairement

$$(2n-1).Mdx = ndX, \quad (n-1).MXdx + 2nNdx = ndX1;$$
$$nNX = MX1.$$

On tire de la première & de la troisième

$$Mdx = \frac{ndX}{2n-1}, \quad nNdx = \frac{MX1\,dx}{X} = \frac{nX1\,dX}{(2n-1).X};$$

en

en subſtituant ces valeurs dans la ſeconde; il vient

$$d X \mathbf{1} - \frac{2 X \mathbf{1} d X}{(2 n - 1) \cdot X} = \frac{n - 1}{2 n - 1} \, X \, d X \, ,$$

qui eſt linéaire par rapport à $X \mathbf{1}$, & qu'on rendra par conſéquent intégrable
en la multipliant par $X^{\frac{-2}{2n-1}}$. Cela donne $X \mathbf{1} = \frac{1}{4} X^2 + c \, X^{\frac{2}{2n-1}}$.
Donc ſi on a l'équation

$$y \, d y + \frac{n}{2 n - 1} \, y \, d x + \frac{1}{2 n - 1} \left(\frac{1}{4} X + c \, X^{\frac{3 - 2n}{2n-1}} \right) d X = 0 \, ;$$

on la rendra intégrable en la diviſant par $\left(y^2 + X y + \frac{1}{4} X^2 + c \, X^{\frac{2}{2n-1}} \right)^n$.

Lorſque $n = \frac{1}{2}$, $d X = 0$ & $X = b$; les autres équations deviennent
$- \frac{b}{2} \, M \, d X + N \, d x = \frac{1}{2} d X \mathbf{1}$, $\frac{1}{2} b N = M X \mathbf{1}$, & donnent

$$M \, d x = \frac{2 N d x - d X \mathbf{1}}{b} = \frac{b N d x}{2 X \mathbf{1}} \, ; \quad \text{d'où il eſt facile de tirer}$$

$$N \, d x = \frac{2 X \mathbf{1} d X \mathbf{1}}{4 X \mathbf{1} - b^2} \, , \quad M \, d x = \frac{b \, d X \mathbf{1}}{4 X \mathbf{1} - b^2} \, .$$

Ainſi l'équation $y \, d y + \dfrac{(b y + 2 X \mathbf{1}) \, d X \mathbf{1}}{4 X \mathbf{1} - b^2} = 0$,

deviendra intégrable étant diviſée par $\sqrt{(y^2 + b y + X \mathbf{1})}$;

or $\dfrac{y \, d y}{\sqrt{(y^2 + b y + X \mathbf{1})}}$ intégré par rapport à y ſeul donne

$$\sqrt{(y^2 + b y + X \mathbf{1})} + \frac{b}{2} \, \log. \left(\frac{b}{2} + y - \sqrt{(y^2 + b y + X \mathbf{1})} \right) ;$$

donc le premier membre de la propoſée aura pour intégrale la quantité précé-
dente plus une fonction de $X \mathbf{1}$ ſeul, dont la différentielle eſt $\dfrac{b \, d X \mathbf{1}}{b^2 - 4 X \mathbf{1}}$.

Cette différentielle a pour intégrale $- \dfrac{b}{4} \, \log. \left(\dfrac{b^2}{4} - X \mathbf{1} \right)$;

donc enfin l'intégrale complète de la propoſée ſera

$$\sqrt{(y^2 + b y + X \mathbf{1})} + \frac{b}{2} \log. \frac{\frac{b}{2} + y - \sqrt{(y^2 + b y + X \mathbf{1})}}{\sqrt{\left(\frac{b^2}{4} - X \mathbf{1} \right)}} = \text{conſtante.}$$

Le cas où $n = 1$ mérite auſſi quelqu'attention; alors l'équation à intégrer eſt
$$y \, d y + y \, d X + \left(c + \frac{1}{4} \right) X \, d X = 0.$$

Cette équation eſt homogène, & le calcul précédent fait voir que pour la
rendre intégrable il faut la diviſer par $y^2 + X y + \left(c + \frac{1}{4} \right) X^2$, ce qui
s'accorde bien avec ce que nous ſavions déjà.

Partie II. E e

(453). Nous suppoferons troisiémement $\mu = \dfrac{1}{(y^3 + Xy^2 + X_1 y + X_2)^n}$;
d'où l'on tire

$$\frac{d\mu}{dy} = \frac{-n(3y^2 + 2Xy + X_1)}{(y^3 + Xy^2 + X_1 y + X_2)^{n+1}},$$

$$\frac{d\mu}{dx} = \frac{-n(y^2 X' + y X'_1 + X'_2)}{(y^3 + Xy' + X_1 y + X_2)^{n+1}}.$$

Ces valeurs étant fubftituées dans l'équation A, elle devient

$$((3n-1).M - nX')y^3 + ((2n-1).MX + 3nN - nX'_1)y^2 +$$
$$((n-1).MX_1 + 2nNX - nX'_2)y + nNX_1 - MX_2 = 0,$$

d'où l'on tire

$$(3n-1).M\,dx = n\,dX,$$
$$(2n-1).MX\,dx + 3nN\,dx = n\,dX_1,$$
$$(n-1).MX_1\,dx + 2nNX\,dx = n\,dX_2,$$
$$nNX_1 - MX_2 = 0.$$

La première & la dernière donnent $M\,dx = \dfrac{n\,dX}{3n-1}$, $N\,dx = \dfrac{X_2\,dX}{(3n-1)\cdot X_1}$;
& mettant ces valeurs dans les deux autres, on a

$$(2n-1).X_1 X\,dX + 3 X_2\,dX = (3n-1).X_1\,dX_1,$$
$$(n-1).X^2_1\,dX + 2 X_2 X\,dX = (3n-1).X_1\,dX_2,$$

équations au moyen defquelles il faudroit pouvoir trouver X_1, X_2 en X, ce qui paroît être fort difficile généralement.

Lorfque $n = 1$, ces équations deviennent

$$2 X_1\,dX_1 = X_1 X\,dX + 3 X_2\,dX, \quad X_1\,dX_2 = X_2 X\,dX.$$

Je tire de la feconde $X_1 = \dfrac{X_2 X\,dX}{dX_2}$, & différentiant en faifant dX_2 conf-

tant, $dX_1 = X\,dX + \dfrac{X_2\,dX^2 + X_2 X\,d^2 X}{dX_2}$,

valeur qui étant fubftituée dans la première, la change en celle-ci :

$$\frac{X\,dX\,dX_2 + 2 X_2 X\,dX^2 + 2 X_2 X^2 d^2 X}{dX^2_2} = 3\,dX_2,$$

qu'on multipliera par $\dfrac{dX}{dX_2}$ pour avoir

$$\frac{X^2 dX^2 dX_2 + 2 X_2 X\,dX^3 + 2 X_2 X^2 dX\,d^2 X}{dX^2_2} = 3\,dX,$$

dont l'intégrale eft $\dfrac{X_2 X^2 dX^2}{dX^2_2} = 3X + c_1.$

En donnant à cette dernière équation la forme que voici : $\dfrac{dX_2}{\sqrt{X_2}} = \dfrac{XdX}{\sqrt{(3X+c_1)}}$,
on voit qu'elle a pour intégrale complète

$$\sqrt{X_2} = \left(\frac{X}{9} - \frac{2a}{27} \right) \sqrt{(3X+c_1)} + c_2.$$

Mais $X_1 = \dfrac{X_2\,XdX}{dX_2} = \left(\dfrac{X}{9} - \dfrac{2a}{27} \right)(3X+c_1) + c_2 \sqrt{(3X+c_1)}$;

donc X_1 & X_2 étant tels que nous venons de les définir, si on a l'équation
$y\,dy + \dfrac{y\,dX}{2} + \dfrac{X_2\,dX}{2X_1} = 0$, on la rendra intégrable en la divisant par
$y^3 + Xy^2 + X_1 y + X_2$.

(454). L'équation du second ordre que nous venons d'intégrer, étant
divisée par $X\sqrt{X_2}$, devient

$$\frac{XdX}{\sqrt{X_2}} + \frac{2\,dX^2\sqrt{X_2}}{dX_2} + \frac{2X\,d^2X\sqrt{X_2}}{dX_2} = \frac{3\,dX_2}{X\sqrt{X_2}},$$

& donne par l'intégration

$$\frac{2X\,dX\sqrt{X_2}}{dX_2} = 3\int\frac{dX_2}{X\sqrt{X_2}} \ \& \ dX = \frac{3\,dX_2}{2X\sqrt{X_2}}\int\frac{dX_2}{X\sqrt{X_2}}.$$

Soit $\int\dfrac{dX_2}{X\sqrt{X_2}} = u$; on tire des deux dernières équations $X = \dfrac{dX_2}{du\sqrt{X_2}}$ &

$dX = \tfrac{3}{2}u\,du$; donc $X = \tfrac{3}{4}u^2 + c_1$, & par conséquent $\dfrac{dX_2}{\sqrt{X_2}} = \tfrac{3}{4}u^2\,du + c_1\,du$.

En intégrant on trouvera

$$2\sqrt{X_2} = \frac{u^3}{4} + c_1 u + c_2 \ \& \ X_2 = \left(\frac{u^3}{8} + \frac{c_1 u + c_2}{2} \right)^2;$$

on trouvera de plus

$$X_1 = \frac{X_2\,XdX}{dX_2} = \tfrac{3}{2}u\sqrt{X_2} = \tfrac{3}{2}u\left(\frac{u^3}{8} + \frac{c_1 u + c_2}{2} \right),$$

$$Mdx = \frac{dX}{2} = \tfrac{3}{4}u\,du,$$

$$Ndx = \frac{X_2\,dX}{2X_1} = \frac{du\sqrt{X_2}}{2} = \frac{du}{2}\left(\frac{u^3}{8} + \frac{c_1 u + c_2}{2} \right).$$

Maintenant si l'on suppose $u = 2x + 2f$ pour que $X = 3x^2 + 6fx + 3f2 + c_1$,

$$X_1 = 3\,(x+f)\left\{ \begin{array}{ll} x^3 + 3fx^2 + 3f^2\cdot x + f^3 \\ \quad\ \ + c_1 \qquad\qquad + c_1 f \\ \qquad\qquad\qquad\quad\ + \dfrac{c_2}{2} \end{array} \right\},$$

$$X_2 = \left\{ \begin{array}{ll} x^3 + 3fx^2 + 3f^2\cdot x + f^3 \\ \quad\ \ + c_1 \qquad\qquad + c_1 f \\ \qquad\qquad\qquad\quad\ + \dfrac{c_2}{2} \end{array} \right\}^2,$$

on verra aifément, après avoir fait

$$3f = a, \quad 3f^2 + c_1 = b, \quad f^3 + c_1 f + \frac{c_2}{2} = c;$$

que les calculs précédens nous apprennent que l'équation

$$y\,dy + (3x + a)\,y\,dx + (x^3 + ax^2 + bx + c)\,dx = 0,$$

deviendra intégrable étant divifée par

$$y^3 + (3x^2 + 2ax + b)y^2 + (3x + a)(x^3 + ax^2 + bx + c)y +$$
$$(x^3 + ax^2 + bx + c)^2.$$

En fuppofant $x^3 + ax^2 + bx + c = (x + \alpha)(x + 6)(x + 8)$,
de manière que $a = \alpha + 6 + 8$, $b = \alpha 6 + \alpha 8 + 68$, $c = \alpha 6 8$,
le divifeur précédent deviendra

$$[y + (x + \alpha)(x + 6)][y + (x + \alpha)(x + 8)][y + (x + 6)(x + 8)];$$

& il eft clair que l'intégrale complète de notre équation eft

$$[y + (x + \alpha)(x + 6)]^{\alpha - 6} \cdot [y + (x + 6)(x + 8)]^{6 - 8};$$
$$[y + (x + \alpha)(x + 8)]^{8 - \alpha} = \text{conftante.}$$

Nous avons fait $n = 1$, faifons maintenant $n = \frac{1}{3}$, & nous aurons $dX = 0$
ou $X = c_1$; puis ces trois équations

$$-\frac{c_1}{3}M\,dx + N\,dx = \tfrac{1}{3}dX_1,$$

$$-\tfrac{1}{3}MX_1\,dx + \frac{2c_1}{3}N\,dx = \tfrac{1}{3}dX_2, \quad NX_1 = 3MX_2;$$

d'où l'on tire, en éliminant $M\,dx$ & $N\,dx$,

$$\left(\frac{2c_1 X_2}{X_1} - \tfrac{1}{3}X_1\right)dX_1 = \left(\frac{3X_2}{X_1} - \frac{c_1}{3}\right)dX_2.$$

Nous ne voyons pas comment on pourroit réfoudre cette équation généralement ; mais en faifant $c_1 = 0$, elle devient $9X_2\,dX_2 + 2X_1^2\,dX_1 = 0$,
& donne $\frac{9}{2}X_2^2 + \tfrac{1}{3}X_1^3 = \text{conftante}$, ou $X_2 = \sqrt{(a - \tfrac{4}{27}X_1^3)}$.

On a aufli $N\,dx = \tfrac{1}{3}dX_1$, $M\,dx = -\frac{dX_2}{2X_1} = \frac{X_1}{9X_2}dX_1$.

Soit maintenant $X_1 = 3x$, d'où l'on tire

$$X_2 = \sqrt{(a - 4x^3)}, \quad N\,dx = dx, \quad M\,dx = \frac{x\,dx}{\sqrt{(a - 4x^3)}};$$

& il s'enfuivra des calculs précédens que l'équation $y\,dy + \dfrac{x\,y\,dx}{\sqrt{(a - 4x^3)}} + dx = 0$
étant propofée, on pourra rendre fon premier membre une différentielle exacte
en le divifant par $\sqrt[3]{(y^3 + 3xy + \sqrt{(a - 4x^3)})}$.

$$(455).$$

(455). Quatriémement, soit $\mu = \dfrac{1}{(y^4 + X y^3 + X_1 y^2 + X_2 y + X_3)^n}$;

d'où l'on tire

$$\frac{d\mu}{dy} = \frac{-n(4 y^3 + 3 X y^2 + 2 X_1 y + X_2)}{(y^4 + X y^3 + X_1 y^2 + X_2 y + X_3)^{n+1}},$$

$$\frac{d\mu}{dx} = \frac{-n(X' y^3 + X'_1 y^2 + X'_2 y + X'_3)}{(y^4 + X y^3 + X_1 y^2 + X_2 y + X_3)^{n+1}}.$$

Ces valeurs étant substituées dans l'équation A, il vient une transformée de laquelle on tire

$$(4n - 1) \cdot M\,dx = n\,dX,$$
$$(3n - 1) \cdot M X\,dx + 4 n N\,dx = n\,dX_1,$$
$$(2n - 1) M X_1\,dx + 3 n N X\,dx = n\,dX_2,$$
$$(n - 1) \cdot M X_2\,dx + 2 n N X_1\,dx = n\,dX_3,$$
$$n N X_2 = M X_3;$$

ou, éliminant $M\,dx$ & $N\,dx$,

$$(4n - 1) \cdot X_2\,dX_1 = (3n - 1) \cdot X_2 X\,dX + 4 X_3\,dX,$$
$$(4n - 1) \cdot X_2\,dX_2 = (2n - 1) \cdot X_1 X_2\,dX + 3 X_3 X\,dX,$$
$$(4n - 1) X_2\,dX_3 = (n - 1) \cdot X^2_2\,dx + 2 X_1 X_3\,dX,$$

Nous ne nous occuperons que du cas où $n = 1$; alors $M\,dx = \frac{1}{3} dX$, $N\,dx = \frac{1}{3} \dfrac{X_3}{X_2} dX$, & on a les trois équations

$$3 X_2\,dX_1 = 2 X_2 X\,dX + 4 X_3\,dX,$$
$$3 X_2\,dX_2 = X_1 X_2\,dX + 3 X X_3\,dX,$$
$$3 X_2\,dX_3 = 2 X_1 X_3\,dX.$$

On éliminera X_1 des deux dernières, & on aura

$$\frac{2 X_3 X_2\,dX_2 - X^2_2\,dX_3}{X^2_3} = 2 X\,dX, \text{ qui étant intégrée, donnera}$$

$$\frac{X^2_2}{X_3} = X^2 + c_1, \text{ ou } X_3 = \frac{X^2_2}{X^2 + c_1}. \text{ La seconde de nos équations donne}$$

$$X_1 = \frac{3\,dX_2}{dX} - \frac{3 X X_3}{X_2} = \frac{3\,dX_2}{dX} - \frac{3 X X_2}{X^2 + c_1},$$

& différentiant en faisant dX constant,

$$dX_1 = \frac{3\,d^2 X_2}{dX} - \frac{3 X\,dX_2}{X^2 + c_1} + \frac{3 X^2 X_2\,dX - 3 c_1 X_2\,dX}{(X^2 + c_1)^2};$$

on tire aussi de la première

$$dX_1 = \frac{2}{3} X\,dX + \frac{4}{3} \frac{X_3\,dX}{X_2} = \frac{2}{3} X\,dX + \frac{4}{3} \frac{X_2\,dX}{X^2 + c_1};$$

on aura donc cette équation du second ordre

$$\frac{d^2 X_2}{dX} - \frac{X\,dX_2}{X^2 + c_1} + \frac{5\,X^2 X_2\,dX - 13\,c_1\,X_2\,dX}{9\,(X^2 + c_1)^2} - \tfrac{2}{9}\,X\,dX = 0,$$

que nous n'entreprendrons pas d'intégrer généralement.

Lorsque $c_1 = 0$, $X_3 = \dfrac{X^2 2}{X^2}$, $X_1 = \dfrac{3\,dX_2}{dX} - \dfrac{3\,X_2}{X}$, & l'équation pré-

cédente se réduit à celle-ci $\dfrac{d^2 X_2}{dX^2} - \dfrac{dX^2}{X\,dX} + \tfrac{5}{9}\,\dfrac{X_2}{X^2} = \tfrac{2}{9}\,X$, qui est linéaire.

Or je remarque qu'on satisfait à $\dfrac{d^2 X_2}{dX^2} - \dfrac{dX_2}{X\,dX} + \tfrac{5}{9}\,\dfrac{X_2}{X^2} = 0$, en faisant

$X_2 = X^\lambda$, λ étant donné par l'équation du second degré $\lambda^2 - 2\lambda + \tfrac{5}{9} = 0$;
dont les deux racines sont $\tfrac{5}{3}$ & $\tfrac{1}{3}$; on aura donc (n°. 277)

$X_2 = \tfrac{1}{16}\,X^3 + a\,X^{\frac{5}{3}} + b\,X^{\frac{1}{3}}$, & par conséquent

$X_1 = \tfrac{3}{8}\,X^2 + 2\,a\,X^{\frac{2}{3}} - 2\,b\,X^{-\frac{2}{3}}$, $X_3 = (\tfrac{1}{16}\,X^2 + a\,X^{\frac{2}{3}} + b\,X^{-\frac{2}{3}})^2$,

$M\,dx = \tfrac{1}{3}\,dX$, $N\,dx = \dfrac{dX}{3\,X}\,(\tfrac{1}{16}\,X^2 + a\,X^{\frac{2}{3}} + b\,X^{-\frac{2}{3}})$.

C'est pourquoi si l'on fait $X = t^3$, on aura l'équation

$$y\,dy + y\,t^2\,dt + \frac{dt}{t^3}\,(\tfrac{1}{16}\,t^8 + a\,t^4 + b) = 0,$$

dont on pourra rendre le premier membre une différentielle exacte en le divisant par

$$y^4 + t^3 y^3 + \left(\tfrac{3}{8}\,t^6 + 2\,a\,t^2 - \frac{2b}{t^2}\right) y^2 + \left(\tfrac{1}{16}\,t^9 + a\,t^5 + b\,t\right) y +$$

$$\left(\tfrac{1}{16}\,t^6 + a\,t^2 + \frac{b}{t^2}\right)^2.$$

(456). Nous ne ferons point d'autres tentatives relativement à l'équation
$y\,dy + M\,y\,dx + N\,dx = 0$, & nous nous occuperons de celle-ci
$(y + N)\,dy + M\,y\,dx = 0$. Dans cet exemple $C = y + N$, $a = M\,y$,

& par conséquent on a $\dfrac{dC}{dx} = N'$ (en faisant $dN = N'\,dx$) & $\dfrac{da}{dy} = M$.

Je supposerai premièrement que $\mu = \dfrac{y^{n-1}}{y^2 + X\,y + X_1}$, & que par conséquent

$$\frac{d\mu}{dy} = \frac{(n-1)\cdot y^{n-2}}{y^2 + X\,y + X_1} - \frac{(2y + X)\,y^{n-1}}{(y^2 + X\,y + X_1)^2}, \quad \frac{d\mu}{dx} = - \frac{(y\,X' + X'_1)\,y^{n-1}}{(y^2 + X\,y + X_1\,y)^2};$$

en mettant ces valeurs dans l'équation A, j'aurai la transformée

$$(n-2.)\cdot M\,y^{n+1} + (n-1)\cdot M\,X\,y^n + n\,M\,X_1\,y^{n-1} = 0,$$
$$-\,N' \qquad\qquad\qquad N'\,X \quad -\; N'\,X_1$$
$$+\,X' \qquad\quad +\qquad\quad N\,X' \quad +\; N\,X'_1$$
$$+ \qquad\qquad\qquad X'_1$$

de laquelle je tirerai les équations suivantes

$$(n - 2) . M dx = dN - dX,$$
$$(n - 1) . M X dx = X dN - N dX - dX_1,$$
$$n M X_1 dx = X_1 dN - N dX_1.$$

Si $n = 0$, on a d'abord $\frac{dX_1}{X_1} = \frac{dN}{N}$, & par conséquent $X_1 = AN$;
puis ces deux équations

$$2 M dx + dN - dX = 0, \quad M X dx + X dN - N dX - a dN = 0;$$

d'où l'on tire, en ôtant la seconde multipliée par 2 de la première multipliée par X,

$$- X dN - X dX + 2 N dX + 2 a dN = 0, \text{ ou } dN + \frac{2 N dX}{2 a - x} = \frac{X dX}{2 a - x},$$

équation linéaire qu'on rendra intégrable en la divisant par $(2 a - X)^2$,
& on aura $N = X - a + b (2 a - X)^2$.
Mais $2 M dx = dX - dN = 2 b (2 a - X) dX$;
ainsi l'équation $(y + X - a + b (2 a - X)^2) dy + b (2 a - X) y dX = 0$
étant proposée, on la rendra intégrable en la divisant par

$$y^3 + X y^2 + (a \cdot (X - a) + a b \cdot (2 a - X)^2) y.$$

Si $n = 2$, alors on a $dN = dX$ & $N = a + X$, puis les deux équations

$$M X dx = X dX - (a + X) dX - dX_1,$$
$$2 M X_1 dx = X_1 dX - (a + X) dX_1,$$

desquelles on tire en chaffant $M dx$,

$$2 a X_1 dX - a X dX_1 = X (X dX_1 - X_1 dX) + 2 X_1 dX_1.$$

Je ferai $X = u X_1$; pour avoir $X dX_1 - X_1 dX = - X^2_1 du$,
$2 X_1 dX - X dX_1 = 2 X^2_1 du + u X_1 dX_1$, & la transformée

$$2 a X^2_1 du + a u X_1 dX_1 + X^3_1 u du + 2 X_1 dX_1 = 0,$$

qui devient $u du + \frac{2 a du}{X_1} + \frac{a u dX_1}{X^2_1} + \frac{2 dX_1}{X^2_1} = 0$, & que je transformerai, en faisant $\frac{1}{X_1} = \zeta$, en celle-ci $d\zeta - \frac{2 a \zeta du}{a u + 2} = \frac{u du}{a u + 2}$ qui est linéaire par rapport à ζ, & que par conséquent je rendrai intégrable en la divisant
par $(a u + 2)^2$. J'aurai de cette manière $\zeta = \frac{b (a u + 2)^2 - a u - 1}{a^2}$; &

$$X_1 = \frac{a^2}{b (a u + 2)^2 - a u - 1}, \quad X = \frac{a^2 u}{b (a u + 2)^2 - a u - 1},$$

$$N = a + X = \frac{a b (a u + 2)^2 - a}{b (a u + 2)^2 - a u - 1}. \text{ A cause de } 2 M X_1 dx = X_1 dN - N dX_1,$$

d'où je tire $2\,M\,dx = X_1\,d\cdot\dfrac{N}{X_1}$, & de $\dfrac{N}{X_1} = \dfrac{b\,(a\,u + 2)^2 - 1}{a}$,

d'où je tire $d\cdot\dfrac{N}{X_1} = 2\,b\,(a\,u + 2)\,du$; j'aurai $M\,dx = \dfrac{a^2\,b\,(a\,u + 2)\,d\,u}{b\,(a\,u + 2)^2 - a\,u - 1}$.

Il suit de tout cela que l'équation

$$(b\,(a\,u + 2)^2\,(y + a) - (a\,u + 1)\,y - a)\,dy + a^2\,b\,(a\,u + 2)\,y\,d\,u = 0$$

étant proposée, on pourra la rendre intégrable en la multipliant par

$$\dfrac{y}{(b\cdot(a\,u + 2)^2 - a\,u - 1)\,y^2 + a^2\,u\,y + a^2}.$$

Si on fait dans cette équation $a\,u + 2 = \dfrac{-f\,x}{a}$, $b = \dfrac{a\,g}{f^2}$; on aura celle-ci

$$(g\,x^2 + f\,x + a)\,y\,dy + (g\,x^2 - a)\,a\,dy + a\,g\,x\,y\,dx = 0,$$

qu'on rendra intégrable en la multipliant par $\dfrac{y}{(g\,x^2 + f\,x + a)\,y^2 - a\,(2\,a + f\,x)\,y + a^3}$.

(457). Soit en second lieu $\mu = \dfrac{X\,y^n}{(1 + X_1\,y + X_2\,y^2)^m}$, d'où l'on tirera

$$\dfrac{d\,\mu}{d\,y} = \dfrac{n\,X\,y^{n-1}}{(1 + X_1\,y + X_2\,y^2)^m} - \dfrac{m\,X\,y^n\,(X_1 + 2\,X_2\,y)}{(1 + X_1\,y + X_2\,y^2)^{m+1}},$$

$$\dfrac{d\,\mu}{d\,x} = \dfrac{X'\,y^n}{(1 + X_1\,y + X_2\,y^2)^m} - \dfrac{m\,X\,y^n\,(X'_1\,y + X'_2\,y^2)}{(1 + X_1\,y + X_2\,y^2)^{m+1}};$$

& en mettant ces valeurs dans l'équation A la transformée

$$(n + 1)\cdot M\,X\,y^n + (n - m + 1)\cdot M\,X\,X_1\,y^{n+1} +$$
$$-\quad N\,X' \qquad\qquad -\qquad X'$$
$$-\quad X\,N' \qquad\qquad -\quad N\,X'\,X_1$$
$$\qquad\qquad\qquad\qquad -\quad N'\,X\,X_1$$
$$\qquad\qquad\qquad\qquad +\quad m\,N\,X\,X'_1$$
$$(n - 2\,m + 1)\cdot M\,X\,X_2\,y^{n+2} + m\,X\,X'_2\,y^{n+3} = 0,$$
$$-\quad X'\,X_1 \qquad\qquad -\quad X'\,X_2$$
$$-\quad N\,X'\,X_2$$
$$-\quad N'\,X\,X_2$$
$$+\quad m\,X\,X'_1$$
$$+\quad m\,N\,X\,X'_2$$

qui devant être identique, donne d'abord $\dfrac{m\,d\,X_2}{X_2} = \dfrac{d\,X}{X}$; & par con-séquent $X = a\,X^m_2$. On égalera à zéro les co - efficiens des autres termes,

après

après avoir fait pour plus de simplicité $MX = P$ & $NX = Q$; & on aura ces trois équations

$$(n+1) \cdot P\,dx = dQ,$$

$$(n-m+1) \cdot PX_1\,dx = dX + X_1\,dQ - mQ\,dX_1;$$

$$(n-2m+1) \cdot PX_2\,dx = X_1\,dx + X_2\,dQ - mX\,dX_1 - mQ\,dX_2.$$

La première donne $P\,dx = \dfrac{dQ}{n+1}$; on a aussi $X = aX^m_2$ & $dX = amX^{m-1}_2\,dX_2$; c'est pourquoi si l'on met ces valeurs dans les deux autres, il viendra

$$Q\,dX_1 = \frac{X_1\,dQ}{n+1} + aX^{m-1}_2\,dX_2,$$

$$Q\,dX_2 = \frac{2X_2\,dQ}{n+1} + aX^{m-1}_2\,(X_1\,dX_2 - X_2\,dX_1).$$

(458). Lorsque $n = -2$, la première des deux équations précédentes s'intègre aisément, & elle donne alors $Q = \dfrac{b}{X_1} + \dfrac{aX^m_2}{mX_1}$; & mettant pour Q & dQ leurs valeurs dans la seconde, on a

$$\frac{aX_1}{m}\left(\frac{(2m+1)\cdot X^m_2\,dX_2}{X^2_1} - \frac{2X^{m+1}_2\,dX_1}{X^3_1}\right) + aX^{m-1}_2$$

$$(X_2\,dX_1 - X_1\,dX_2) + bX_1\left(\frac{dX_2}{X^2_1} - \frac{2X_2\,dX_1}{X^3_1}\right) = 0;$$

qu'on voit n'être autre que

$$\frac{aX_1}{mX^m_2}\,d\,\frac{X^{2m+1}_2}{X^2_1} + aX^{m+1}_2\,d\,\frac{X_1}{X_2} + bX_1\,d\,\frac{X_2}{X^2_1} = 0.$$

Je ferai pour simplifier $\dfrac{X^{2m+1}_2}{X^2_1} = p$, $\dfrac{X_1}{X_2} = q$, $\dfrac{X_2}{X^2_1} = r$;

d'où je tirerai $X_1 = \dfrac{1}{qr}$, $X_2 = \dfrac{1}{q^2r}$, $p = q^{-4m}r^{-2m+1}$;

& l'équation précédente deviendra $\dfrac{a\sqrt{r}}{m\sqrt{p}}\,dp + \dfrac{a\sqrt{p}}{q\sqrt{r}}\,dq + b\,dr = 0.$

Le premier terme de celle-ci deviendra intégrable étant multiplié par $\dfrac{\sqrt{p}}{\sqrt{r}}\,p^\lambda$;

& le second étant multiplié par $\dfrac{q\sqrt{r}}{\sqrt{p}}\,q^\mu$; mais on ne peut multiplier l'équation que par un même facteur, il est donc nécessaire que

$$\frac{\sqrt{p}}{\sqrt{r}}\,p^\lambda = \frac{\sqrt{r}}{\sqrt{p}}\,q^{\mu+1}, \text{ ou que } p\ (= q^{-4m}r^{-2m+1}) = q^{\frac{\mu+1}{\lambda+1}}r^{\frac{1}{\lambda+1}};$$

ce qui suppose que $\dfrac{\mu+1}{\lambda+1} = -4m$, $\dfrac{1}{\lambda+1} = -2m+1$;

& par conséquent que $\mu + 1 = \dfrac{4\,m}{2\,m-1}$, $\lambda + 1 = \dfrac{-1}{2\,m-1}$;

ainsi le facteur en question sera $q^{\frac{4\,m^2+2\,m}{2\,m-1}}\,r^m$.

Je donne à l'équation $\dfrac{a}{m}\,p^\lambda\,dp + a\,q^\mu\,dp + b\,q^{\frac{4\,m^2+2\,m}{2\,m-1}}\,r^m\,dr = 0$ la forme que voici :

$$a\,d\left(\frac{p^{\lambda+1}}{m\cdot(\lambda+1)} + \frac{q^{\mu+1}}{\mu+1}\right) + b\,q^{\frac{4\,m^2+2\,m}{2\,m-1}}\,r^m\,dr = 0,$$

qui devient, en faisant les substitutions nécessaires,

$$\frac{a\,(2\,m-1)}{4\,m}\,d\left(q^{\frac{4\,m}{2\,m-1}}\cdot(1-4\,r)\right) + b\,q^{\frac{4\,m^2+2\,m}{2\,m-1}}\,r^m\,dr = 0\,;$$

& après l'avoir multipliée par $q^{\frac{4\,\theta\,m}{2\,m-1}}\cdot(1-4\,r)^\theta$, ce qui la change en celle-ci :

$$\frac{a\cdot(2\,m-1)}{4\,m}\,q^{\frac{4\,\theta\,m}{2\,m-1}}\cdot(1-4\,r)^\theta\,d\left(q^{\frac{4\,m}{2\,m-1}}\cdot(1-4\,r)\right)$$
$$+\,b\,q^{\frac{4\,m^2+2\,m+4\,\theta\,m}{2\,m-1}}\cdot(1-4\,r)^\theta\cdot r^m\,dr = 0,$$

je remarque que chacun de ses termes pourra s'intégrer séparément si $4\,m + 2 + 4\,\theta = 0$, d'où l'on tirera $\theta = -m - \frac{1}{2}$.
Alors notre équation deviendra

$$\frac{-a}{2\,m}\left(q^{\frac{4\,m}{2\,m-1}}\cdot(1-4\,r)\right)^{\frac{1}{2}-m} + b\int(1-4\,r)^{-\frac{1}{2}-m}\,r^m\,dr = c\,;$$

d'où il sera facile de tirer q en r, & par conséquent $X\,1$ & $X\,2$ en valeurs de la même quantité ;

de plus $X = a\,X^m\,2$, $N = \dfrac{b}{X\,X_1} + \dfrac{a\,X^m\,2}{m\,X\,X_1}$, $-M\,dx = \dfrac{d\cdot N\,X}{X}$.

Pour en donner un exemple, nous ferons $m = -\frac{1}{2}$, & nous aurons

$$a\,q\cdot(1-4\,r) + b\int\frac{d\,r}{\sqrt{r}} = c, \text{ ou } q = \frac{c-2\,b\sqrt{r}}{a\,(1-4\,r)}\,;\text{ donc}$$

$$X_1 = \frac{a\cdot(1-4\,r)}{(c-2\,b\sqrt{r})\cdot r}, \quad X\,2 = \frac{a^2\cdot(1-4\,r)^2}{(c-2\,b\sqrt{r})^2\cdot r}, \quad X = \frac{(c-2\,b\sqrt{r})\cdot\sqrt{r}}{1-4\,r},$$

$$N\,X = \frac{c-2\,b\sqrt{r}}{a\cdot(1-4\,r)}\left(b\,r - \frac{(c-2\,b\sqrt{r})\cdot 2\,r\sqrt{r}}{1-4\,r}\right), \quad N = \frac{b\sqrt{r}}{a} - \frac{(c-2\,b\sqrt{r})\cdot 2\,r\sqrt{r}}{a\cdot(1-4\,r)},$$

$$M\,dx = \frac{-b\,c + 3\cdot(b^2+c^2)\cdot\sqrt{r} - 12\,b\,c\,r + 4\cdot(b^2+c^2)\cdot r\sqrt{r}}{a\cdot(c-2\,b\sqrt{r})\cdot(1-4\,r)^2\cdot\sqrt{r}}.$$

En mettant dans $(y + N)\, dy + M y\, dx = 0$, pour N & $M\, dx$ les valeurs que nous venons de trouver, nous aurons une équation que nous pourrons rendre intégrable en la multipliant par

$$\frac{(c - 2b\sqrt{r}) \cdot \sqrt{r}}{(1 - 4r) \cdot y^2} \sqrt{\left(1 + \frac{a \cdot (1 - 4r)}{(c - 2b\sqrt{r}) \cdot r}\, y + \frac{a^2 \cdot (1 - 4r)^2}{(c - 2b\sqrt{r})^2 \cdot r} \right)}.$$

(459). Nous avons vu que dans le cas de $n = -2$ la première de nos deux équations de condition pouvoit être facilement intégrée ; l'autre le fera dans le cas de $n = 2m - 1$, car elle devient alors

$$\frac{m\, Q\, dX_2 - X_2\, dQ}{m\, X^{m+1}_2} = a\, \frac{X_1\, dX_2 - X_2\, dX_1}{X^2_2},$$

& elle a pour intégrale $\dfrac{Q}{m\, X^m_2} = \dfrac{a X_1}{X_2} + \dfrac{b}{m}$.

d'où l'on tire $Q = a m\, X_1\, X^{m-1}_2 + b\, X^m_2$.

Cette valeur de Q étant substituée dans la première, elle deviendra

$$(2m - 1) \cdot a X_2 X_1\, dX_1 - (m - 1)\, a X^2_1\, dX_2 - 2 a X_2\, dX_2 +$$
$$2 b X^2_2\, dX_1 - b X_1 X_2\, dX_2 = 0,$$

à laquelle on pourra donner la forme que voici :

$$\frac{2m - 1}{2} \cdot a X_2^{\frac{4m - 3}{2m - 1}}\, d\left(X_2^{\frac{1}{2m - 1}} \cdot \left(\frac{X^2_1}{X_2} - 4 \right) \right) + \frac{b X^3_2}{X_1}\, d\, \frac{X^2_1}{X_2} = 0;$$

ou celle-ci,

$$(2m - 1) \cdot a X_2^{\frac{-1}{2m - 1}}\, d\left(X_2^{\frac{1}{2m - 1}} \cdot \left(\frac{X^2_1}{X_2} - 4 \right) \right) + \frac{2 b X_2}{X_1}\, d \cdot \frac{X^2_1}{X_2} = 0.$$

Soit $\dfrac{X^2_1}{X_2} = p$, $X_2^{\frac{1}{2m - 1}} \left(\dfrac{X^2_1}{X_2} - 4 \right) = q$; on aura

$$X_2^{\frac{1}{2m - 1}} = \frac{q}{p - 4}, \quad X_2 = \left(\frac{q}{p - 4} \right)^{2m - 1} \quad \& \quad X_1 = \left(\frac{q}{p - 4} \right)^{\frac{2m - 1}{2}} \cdot \sqrt{p}.$$

Par ces substitutions notre dernière équation deviendra

$$a \cdot (2m - 1) \cdot (p - 4) \cdot \frac{dq}{q} + \frac{2 b\, dp}{\sqrt{p}} \left(\frac{q}{p - 4} \right)^{\frac{2m - 1}{2}} = 0; \text{ ou}$$

$$a \cdot (2m - 1) \cdot \frac{dq}{q^{m + \frac{1}{2}}} + \frac{2 b\, dp}{(p - 4)^{m + \frac{1}{2}} \cdot \sqrt{p}} = 0;$$

laquelle étant intégrée donnera $a\, q^{\frac{1}{2} - m} = c + b \int \dfrac{dp}{(p - 4)^{m + \frac{1}{2}} \cdot \sqrt{p}}$.

(460). Un autre cas bien facile à résoudre est celui où $n = -1$; on a alors $dQ = 0$ & $Q = c$, $X = a X^m_2$; en mettant ces valeurs dans les deux autres équations, on les change en celles-ci :

$$-PX_1\,dx = aX^{m-1}_2\,dX_2 - c\,dX_1,$$

$$-2PX_2\,dx = aX_1X^{m-1}_2\,dX_2 - aX^m_2\,dX_1 - c\,dX_2;$$

d'où l'on tire, en chaffant $P\,dx$,

$$aX^2_1X^{m-1}_2\,dX_2 - 2aX^m_2\,dX_2 - aX^m_2X_1\,dX_1 + 2cX_2\,dX_1 - cX_1\,dX_2 = 0.$$

Je ferai $X^2_1 = X_2 u$, pour avoir $2X_2\,dX_1 - X_1\,dX_2 = X_1X_2$

$$\left(\frac{2dX_1}{X_1} - \frac{dX_2}{X_2}\right) = X_1X_2\frac{du}{u} = \frac{X_2\,du\sqrt{X_2}}{\sqrt u}.$$

Cela posé, si on met ces valeurs dans l'équation précédente, elle deviendra

$$\frac{a}{2}uX^m_2\,dX_2 - 2aX^m_2\,dX_2 - \frac{a}{2}X^{m+1}_2\,du + \frac{cX_2\,du\sqrt{X_2}}{\sqrt u} = 0;$$

ou $-\dfrac{a}{2}X^{m+1}_2\,d\cdot\dfrac{u-4}{X_2} + \dfrac{cX_2\,du\sqrt{X_2}}{\sqrt u} = 0.$

On rendra cette équation intégrable en la divisant par $(u-4)^{m+\frac12}X_2\sqrt{X_2}$, & l'intégrale sera

$$\frac{aX^{m-\frac12}_2}{(2m-1)\cdot(u-4)^{m-\frac12}} + \int\frac{du}{(u-4)^{m+\frac12}\cdot\sqrt u} = c.$$

On aura donc X_2 en fonction de u; & à cause de

$$X_1 = \sqrt{X_2 u},\ X = aX^m_2,\ NX = c,\ MX\,dx = \frac{c\,dX_1 - aX^{m-1}_2\,dX_2}{X_1},$$

on aura aussi $X_1, X, NX, MX\,dx$ données en fonction de la même quantité.

(461). Si on eut supposé $m = \frac12$, le premier terme de notre différentielle exacte eût été $\dfrac{-aX_2}{2(u-4)}d\cdot\dfrac{u-4}{X_2}$, & on auroit eu pour équation intégrale

$$-\frac a2\log.\frac{u-4}{X_2} + c\int\frac{du}{(u-4)\cdot\sqrt u} = e,\ \text{ou}$$

$$\frac a2\log.\frac{X_2}{u-4} - \frac c2\log.\frac{\sqrt u+\sqrt2}{\sqrt u-\sqrt2} = e.$$

Je puis, en faisant $c = a\lambda$, donner à l'équation précédente la forme que voici :

$$\log.\frac{X_2}{u-4} - \lambda\log.\frac{\sqrt u+2}{\sqrt u-2} = \log. f;\ \text{d'où je tire}$$

$$X_2 = f(u-4)\left(\frac{\sqrt u+\sqrt2}{\sqrt u-\sqrt2}\right)^\lambda,\ \text{ou, en faisant } u = 4\zeta^2,$$

$$X_2 = 4f(\zeta^2-1)\left(\frac{\zeta+1}{\zeta-1}\right)^\lambda,\ \text{ou même encore}$$

$$X_2 = \ell$$

$$X_2 = g\,(1 - \zeta^2)\left(\frac{1 + \zeta}{1 - \zeta}\right)^{\lambda}. \text{ Ainsi } X_1 = 2\zeta\left(\frac{1 + \zeta}{1 - \zeta}\right)^{\frac{\lambda}{2}}\sqrt{[g\cdot(1 - \zeta^2)]};$$

$$X = a\left(\frac{1 + \zeta}{1 - \zeta}\right)^{\frac{\lambda}{2}}\sqrt{[g\cdot(1 - \zeta^2)]},\ NX = a\lambda,\ MXdx\left(= \frac{a\lambda dX_1}{X_1} - \right.$$

$$\left.\frac{a\,dX_2}{X_1\sqrt{X_2}}\right) = \left(\text{à cause de } X_1 = 2\zeta\sqrt{X_2} \ \&\ \text{de } \frac{dX_1}{X_1} = \frac{d\zeta}{\zeta} + \frac{dX_2}{2X_2}\right)$$

$$\frac{a\lambda d\zeta}{\zeta} + \frac{a\lambda dX_2}{2X_2} - \frac{a\,dX_2}{2\zeta X_2};\ \text{mais } \frac{dX_2}{X_2} = \frac{2\lambda d\zeta - 2\zeta d\zeta}{1 - \zeta^2},\ \text{donc}$$

$$MXdx = \frac{a\,d\zeta\,(1 + \lambda^2 - 2\lambda\zeta)}{1 - \zeta^2}.$$

Donc le facteur qui doit rendre intégrable l'équation

$$\frac{\left(\frac{1 - \zeta}{1 + \zeta}\right)^{\frac{\lambda}{2}}}{\sqrt{[g(1 - \zeta^2)]}}\left(\frac{(1 + \lambda^2 - 2\lambda\zeta)\,y\,d\zeta}{1 - \zeta^2} + \lambda\,dy\right) + y\,dy = 0,\ \text{fera}$$

$$a\left(\frac{1 + \zeta}{1 - \zeta}\right)^{\frac{\lambda}{2}}\sqrt{[g(1 - \zeta^2)]} : y\sqrt{\left[1 + 2y\zeta\left(\frac{1 + \zeta}{1 - \zeta}\right)^{\frac{\lambda}{2}}\sqrt{[g(1 - \zeta^2)]}\right.}$$

$$\left. + g\,y^2\,(1 - \zeta^2)\left(\frac{1 + \zeta}{1 - \zeta}\right)^{\lambda}\right].$$

(462). Si $m = -\frac{1}{2}$, on aura l'équation $\dfrac{-a(u - 4)}{2X_2} + c\displaystyle\int\frac{du}{\sqrt{u}} = c$;

ou $\dfrac{-a(u - 4)}{X_2} + 2c\sqrt{u} = -2f$; d'où l'on tire $X_2 = \dfrac{a(u - 4)}{4c\sqrt{u} + 4f}$.

On fera $u = 4\zeta^2$, pour que $X_2 = \dfrac{a(\zeta^2 - 1)}{2c\zeta + f}$, & on aura

$$X_1 = 2\zeta\sqrt{\left(\frac{a(\zeta^2 - 1)}{2c\zeta + f}\right)},\ X = \sqrt{\left(\frac{a(2c\zeta + f)}{\zeta^2 - 1}\right)},\ NX = c;$$

$$MXdx = \frac{c\,dX_1}{X_1} - \frac{a\,dX_2}{X_1 X_2\sqrt{X_2}} = \frac{c\,d\zeta}{\zeta} + \frac{c\,dX_2}{2X_2} - \frac{a\,dX_2}{2\zeta X_2^2};\ \text{mais}$$

$$\frac{dX_2}{X_2} = \frac{2\,d\zeta\,(c\zeta^2 + f\zeta + c)}{(2c\zeta + f)(\zeta^2 - 1)},\ \text{donc } MXdx = \frac{c\,d\zeta}{\zeta} +$$

$$\frac{d\zeta\,(c\zeta^2 + f\zeta + c)\,(c\zeta^2 - 3c\zeta - f)}{\zeta\,(2c\zeta + f)(\zeta^2 - 1)^2}.\ \text{Ainsi l'équation}$$

$$\sqrt{\left(\frac{\zeta^2 - 1}{a(2c\zeta + f)}\right)}\left(c\,dy + \frac{c\,d\zeta}{\zeta} + \frac{d\zeta\,(c\zeta^2 + f\zeta + c)(c\zeta^3 - 3c\zeta - f)}{\zeta\,(2c\zeta + f)(\zeta^2 - 1)^2}\right) + y\,dy = 0;$$

aura pour facteur propre à la rendre intégrable cette quantité

$$\frac{1}{y}\sqrt{\left(\frac{a(2c\zeta + f)}{\zeta^2 - 1}\right)}\sqrt{\left[1 + 2y\zeta\sqrt{\left(\frac{a(\zeta^2 - 1)}{2c\zeta + f}\right)} + \frac{a\,y^2\,(\zeta^2 - 1)}{2c\zeta + f}\right]}.$$

Je n'en dirai pas davantage sur les équations différentielles du premier ordre, & je passe à celles des ordres supérieurs.

Partie II.   H h

(463.) Toutes celles du second ordre pourront être représentées par $dp + \mu\, dx = 0$, μ étant une fonction de x, y & $\dfrac{dy}{dx} = p$. Maintenant si A fonction de x, y, p est le facteur propre à rendre cette équation intégrable, on aura, en mettant A pour n & μA pour m dans les équations a & b du (n°. 239), ces deux-ci

$$(A)\ \ldots\ldots\ldots\ 2\,\frac{dA}{dy} + \frac{d^2 A}{dx\,dp} + p\,\frac{d^2 A}{dy\,dp} - \mu\,\frac{d^2 A}{dp^2} - 2\,\frac{d\mu}{dp} \cdot$$

$$\frac{dA}{dp} - A\,\frac{d^2 \mu}{dp^2} = 0,$$

$$(B)\ \ldots\ldots\ldots\ \frac{d^2 A}{dx^2} + 2\,p\,\frac{d^2 A}{dx\,dy} + p^2\,\frac{d^2 A}{dy^2} - \mu\,\frac{d^2 A}{dx\,dp} - \mu.p\ -$$

$$\frac{d^2 A}{dy\,dp} - \frac{d\mu}{dp}\,\frac{dA}{dx} + \left(\mu - p\,\frac{d\mu}{dp}\right)\frac{dA}{dy} - \left(\frac{d\mu}{dx} + p\,\frac{d\mu}{dy}\right)\frac{dA}{dp} -$$

$$\left(\frac{d^2 \mu}{dx\,dp} + p\,\frac{d^2 \mu}{dy\,dp} - \frac{d\mu}{dy}\right)A = 0.$$

Voici une manière fort simple de parvenir aux mêmes équations de condition. On a les deux équations $dp + \mu\, dx = 0$ & $dy - p\, dx = 0$, qu'on ajoutera ensemble, après avoir multiplié la première par A, & l'autre par A', A & A' étant des fonctions de x, y, p, ce qui donnera

$$A\,dp + (A\,\mu - A'\,p)\,dx + A'\,dy = 0.$$

On supposera ensuite que le premier membre de celle-ci est une différentielle exacte, & il en résultera les trois équations de condition

$$\frac{dA}{dx} = A\,\frac{d\mu}{dp} + \mu\,\frac{dA}{dp} - p\,\frac{dA'}{dp} - A',\qquad \frac{dA}{dy} = \frac{dA'}{dp},$$

$$A\,\frac{d\mu}{dy} + \mu\,\frac{dA}{dy} - p\,\frac{dA'}{dy} = \frac{dA'}{dx}.$$

On mettra dans la première pour $\dfrac{dA'}{dp}$ sa valeur $\dfrac{dA}{dy}$, & on aura

$$A' = A\,\frac{d\mu}{dp} + \mu\,\frac{dA}{dp} - p\,\frac{dA}{dy} - \frac{dA}{dx}.$$

Cette valeur de A' étant substituée dans la première ou dans la seconde, il en résultera l'équation A ; si on met cette même valeur dans la troisième, il en résultera l'équation B ; ainsi de toutes les manières le problème se réduit à trouver pour A une valeur qui satisfasse en même temps aux équations A & B.

(464). Supposons que A ne doive pas renfermer p, & que la proposée soit $\dfrac{dy}{dx^2} + \alpha\,\dfrac{dy^2}{dx^2} + \mathcal{C}\,\dfrac{dy}{dx} + \gamma = 0$, ou α, $\mathcal{C}$ & γ ne renferment aussi que x & y sans p. A cause de $\mu = \alpha p^2 + \mathcal{C}p + \gamma$, d'où l'on tire

$$\frac{d\mu}{dp} = 2\,\alpha p + \mathcal{C},\quad \frac{d^2 \mu}{dp^2} = 2\,\alpha,\ \&\ \text{de}\ \frac{dA}{dp} = 0\,;$$

les équations A & B deviendront $\dfrac{dA}{dy} - \alpha A = 0$,

$$\dfrac{d^2 A}{dx^2} - \zeta \dfrac{dA}{dx} + \upsilon \dfrac{dA}{dy} - \left(\dfrac{d\zeta}{dx} - \dfrac{d\upsilon}{dy} \right) A + 2p \left(\dfrac{d^2 A}{dx\,dy} - \alpha \dfrac{dA}{dx} \right.$$

$$\left. - \dfrac{d\alpha}{dx} A \right) + p^2 \left(\dfrac{d^2 A}{dy^2} - \alpha \dfrac{dA}{dy} - \dfrac{d\alpha}{dy} A \right) = 0,$$

dont la seconde se réduit à

$$(c) \ldots \ldots \dfrac{d^2 A}{dx^2} - \zeta \dfrac{dA}{dx} + \upsilon \dfrac{dA}{dy} - \left(\dfrac{d\zeta}{dx} - \dfrac{d\upsilon}{dy} \right) A = 0;$$

à cause de $\dfrac{dA}{dy} - \alpha A = 0$, qui donne

$$\dfrac{d^2 A}{dx\,dy} - \alpha \dfrac{dA}{dx} - \dfrac{d\alpha}{dx} A = 0, \quad \dfrac{d^2 A}{dy^2} - \alpha \dfrac{dA}{dy} - \dfrac{d\alpha}{dy} A = 0.$$

On tire de l'équation $\dfrac{dA}{dy} - \alpha A = 0$ (n°. 301), $A = e^{\int \alpha\, dy} F : (x)$;

& par conséquent

$$\dfrac{dA}{dy} = e^{\int \alpha\, dy} . \alpha F : (x), \quad \dfrac{dA}{dx} = e^{\int \alpha\, dy} \left(F' : (x) + \int \dfrac{d\alpha}{dx}\, dy . F : (x) \right);$$

$$\dfrac{d^2 A}{dx^2} = e^{\int \alpha\, dy} \left(F'' : (x) + 2 \int \dfrac{d\alpha}{dx}\, dy . F' : (x) + \left(\int \dfrac{d\alpha}{dx}\, dy \right)^2 F : (x) + \right.$$

$$\left. \int \dfrac{d^2 \alpha}{dx^2}\, dy . F : (x) \right);$$

en substituant ces valeurs dans l'équation c, elle devient

$$(c') \ldots \ldots \ldots F'' : (x) + \left(2 \int \dfrac{d\alpha}{dx}\, dy - \zeta \right) F' : (x) + \left(\int \dfrac{d^2 \alpha}{dx^2}\, dy + \right.$$

$$\left(\int \dfrac{d\alpha}{dx}\, dy \right)^2 - \zeta \int \dfrac{d\alpha}{dx}\, dy + \alpha \upsilon - \dfrac{d\zeta}{dx} + \left. \dfrac{d\upsilon}{dy} \right) F : (x) = 0.$$

On fera en sorte que dans cette équation les y disparoissent, ce qui donnera plusieurs équations qui devront se réduire à une seule, puisqu'il n'y a qu'une seule indéterminée ; autrement il ne sera pas vrai que la proposée puisse devenir intégrable, étant multipliée par un facteur fonction de x & y seulement. Si dans l'équation c' les co-efficiens de $F' : (x)$, $F : (x)$ sont des fonctions déterminées de x seul, on aura à résoudre une équation linéaire de cette forme

$$\dfrac{d^2 F : (x)}{dx^2} + X_1 \dfrac{dF : (x)}{dx} + X_2 F : (x) = 0.$$

C'est à-peu-près ainsi que ce cas particulier avoit été résolu, lorsqu'ayant mis d'une autre manière le problême général en équation, j'ai été conduit à une solution de ce même cas particulier, qui, je crois, mérite attention, & dont je parlerai après que j'aurai éclairci ce que je viens de dire par des exemples.

(465). L'équation du second ordre

$$\frac{d^2 y}{d x^2} + \frac{2\, d y^2}{y\, d x^2} + \frac{2 + 3 y}{x\, y}\, \frac{d y}{d x} + \frac{2}{x^2} = 0$$

étant proposée, on demande si elle est susceptible de devenir intégrable par la multiplication d'un facteur fonction de x & y seulement. On a dans cet exemple

$$\alpha = \frac{2}{y}, \quad \mathfrak{C} = \frac{2 + 3 y}{x\, y}, \quad \mathfrak{v} = \frac{2}{x^2}, \quad \&\ e^{\int \alpha\, d y} = y^2.$$

C'est pourquoi l'équation c' devient

$$F'' : (x) - \frac{2 + 3 y}{x\, y}\, F' : (x) + \left(\frac{4}{x^2 y} + \frac{2 + 3 y}{x^2 y} \right) F : (x) = 0 ;$$

ou $y\, (x^2 F'' : (x) - 3 x\, F' : (x) + 3 F : (x)) - 2 x\, F' : (x) + 6\, F : (x) = 0 ;$

& comme y doit disparoître de cette équation, on en tire

$$x\, F' : (x) = 3\, F : (x), \quad x^2 F'' : (x) - 3 x\, F' : (x) + 3 F : (x) = 0.$$

La première donne $F : (x) = x^3$, $F' : (x) = 3 x^2$, $F'' (x) = 6 x$, ces valeurs étant substituées dans la seconde y satisfont ; il est donc possible de rendre la proposée intégrable en la multipliant par une fonction de x & y seulement ; &, à cause de $A = e^{\int \alpha\, d y}\, F : (x)$, ce facteur est $x^3 y^2$.

Ainsi $x^3 y^2 \dfrac{d^2 y}{d x} + \left(2 x^3 y\, \dfrac{d y^2}{d x^2} + (2 x^2 y + 3 x^2 y^2)\, \dfrac{d y}{d x} + 2 x y^2 \right) d x$

est la différentielle exacte d'une fonction du premier ordre ; & pour distinguer les trois termes de cette différentielle exacte (n°. 239), nous mettrons pour n & m

leurs valeurs $x^3 y^2$ & $2 x^3 y\, \dfrac{d y^2}{d x^2} + \left(2 x^2 y + 3 x^2 y^2 \right) \dfrac{d y}{d x} + 2 x y^2$

dans l'expression générale de π, & nous aurons $\pi = 2 x^3 y\, \dfrac{d y^2}{d x^2} + 2 x^2 y\, \dfrac{d y}{d x}$.

Donc ayant écrit cette différentielle exacte comme il suit :

$$x^3 y^2\, d \frac{d y}{d x} + \left(2 x^3 y\, \frac{d y}{d x} + 2 x^2 y \right) d y + \left(3 x^2 y^2\, \frac{d y}{d x} + 2 x y^2 \right) d x ;$$

nous intégrerons son premier terme en regardant $\dfrac{d y}{d x}$ seul comme variable, & nous aurons pour l'intégrale totale $x^3 y^2\, \dfrac{d y}{d x} + S$, S étant une fonction de x, y & de constantes ; en différentiant & comparant, nous trouverons

$$d S = 2 x^2 y\, d y + 2 x y^2\, d x, \quad S = x^2 y^2 + c, \quad \& \; x^3 y^2\, \frac{d y}{d x} + x^2 y^2 + c = 0)$$

pour l'intégrale première complète de l'équation différentielle du second ordre proposée.

Je

Je prendrai pour second exemple l'équation linéaire $\frac{d^2 y}{d x^2} + M \frac{d y}{d x} + N y = 0$;

ici $\alpha = 0$, $\mathcal{C} = M$, $\mathcal{B} = N y$, $e^{\int \alpha\, d y} = 1$; & l'équation c' devient

$$F'' : (x) - M F' : (x) + \left(N - \frac{d M}{d x} \right) F : (x) = 0,$$

à laquelle il est question de satisfaire. En comparant cette dernière équation à l'équation générale, on trouve $\alpha = 0$, $\mathcal{C} = - M$, $\mathcal{B} = \left(N - \frac{d M}{d x} \right) F : (x)$;

& que définitivement tout se réduit à satisfaire à $f'' : (x) + M f' : (x) + N f : (x) = 0$;

c'est-à-dire que pour intégrer l'équation linéaire $\frac{d^2 y}{d x^2} + M \frac{d y}{d x} + N y = 0$;

il suffit de trouver une valeur de y qui satisfasse à cette équation, proposition que nous avons démontrée (n°. 276).

(466). Maintenant je suppose que le facteur soit donné, qu'il soit de cette forme $X p + X_1 y$, X & X_1 désignant toujours des fonctions de x seul & de constantes; & je demande les conditions entre M & N pour que l'équation linéaire $\frac{d^2 y}{d x} + M d y + N y d x = 0$ devienne intégrable étant multipliée par ce facteur. On a $\mu = M p + N y$, $A = X p + X_1 y$; en mettant ces valeurs dans les équations A & B, elles deviennent

$$2 X_1 - 2 M X + \frac{d X}{d x} = 0, \left(\frac{d^2 X}{d x^2} + \frac{2 d X_1}{d x} - 2 \frac{M d X + X d M}{d x} \right) p +$$

$$\left(\frac{d^2 X_1}{d x^2} - \frac{M d X_1 + X_1 d M}{d x} - \frac{N d X + X d N}{d x} + 2 N X_1 \right) y = 0,$$

dont la seconde se réduit à

$$\frac{d^2 X_1}{d x^2} - \frac{M d X_1 + X_1 d M}{d x} - \frac{N d X + X d N}{d x} + 2 N X_1 = 0;$$

à cause que le co - efficient de p n'est autre chose que la différentielle de la première. Je tire de la première $M = \frac{X_1}{X} + \frac{d X}{2 X d x}$; je donne ensuite à la seconde la forme que voici,

$$d N + \frac{N d X}{X} - \frac{2 N X_1 d x}{X} = \frac{d^2 X_1}{X d x} - \frac{d . M X_1}{X};$$

& en l'intégrant, après l'avoir multipliée par $X e^{- 2 \int \frac{X_1 d x}{X}}$, je trouve

$$N X e^{- 2 \int \frac{X_1 d x}{X}} = a + \int e^{- 2 \int \frac{X_1 d x}{X}} \left(\frac{d^2 X_1}{d x} - d . M X_1 \right) = a +$$

$$e^{- 2 \int \frac{X_1 d x}{X}} \left(\frac{d X_1}{d x} - M X_1 \right) + \int e^{- 2 \int \frac{X_1 d x}{X}} \left(\frac{2 X_1 d X_1}{X} - \frac{2 M X^2_1 d x}{X} \right).$$

En mettant pour M sa valeur dans le dernier terme de cette équation, il devient

$$\int e^{-2\int\frac{X_1 dx}{X}} \left(\frac{2 X_1 dX_1}{X} - \frac{2 X^3_1 dx}{X^2} - \frac{X^2_1 dX}{X^3} \right) = e^{-2\int\frac{X_1 dx}{X}} \cdot \frac{X_1 1}{X} \, ;$$

donc $N X e^{-2\int\frac{X_1 dx}{X}} = a + e^{-2\int\frac{X_1 dx}{X}} \left(\frac{dX_1}{dx} - \frac{X_1 dX}{2 X dx} \right),$

& par conséquent $N = \dfrac{a}{X} e^{2\int\frac{X_1 dx}{X}} + \dfrac{dX_1}{X dx} - \dfrac{X_1 dX}{2 X^2 dx}.$

Ainsi ayant à intégrer l'équation

$$\frac{d^2 y}{dx} + \left(\frac{X_1}{X} + \frac{dX}{2 X dx} \right) dy + \left(\frac{a dx}{X} e^{2\int\frac{X_1 dx}{X}} + \frac{dX_1}{X} - \frac{X_1 dX}{2 X^2} \right) y = 0 ;$$

on la multipliera par $X \dfrac{dy}{dx} + X_1 y$, & en intégrant on aura

$$\frac{X dy^2}{2 dx^2} + \frac{X_1 y dy}{dx} + \frac{1}{2} y^2 \left(a\, e^{2\int\frac{X_1 dx}{X}} + \frac{X_1 1}{X} \right) = \text{constante.}$$

(467). Si je fais $e^{2\int\frac{X_1 dx}{X}} = \Psi$, pour avoir $\dfrac{2 X_1 dx}{X} = \dfrac{d\Psi}{\Psi}$, &

$$X_1 = \frac{X d\Psi}{2 \Psi dx}, \quad dX_1 = \frac{X d^2\Psi}{2 \Psi dx} + \frac{dX d\Psi}{2 \Psi dx} - \frac{X d\Psi^2}{2 \Psi^2 dx} \, ;$$

notre équation deviendra

$$\frac{d^2 y}{dx} + \left(\frac{d\Psi}{2\Psi dx} + \frac{dX}{2 X dx} \right) dy + \left(\frac{a\Psi dx}{X} + \frac{dX d\Psi}{4\Psi X dx} - \frac{d\Psi^2}{2\Psi^2 dx} + \frac{d^2\Psi}{2\Psi dx} \right) y = 0,$$

que je pourrai rendre intégrable en la multipliant par $X \dfrac{dy}{dx} + \dfrac{X y d\Psi}{2\Psi dx}$;

& dont l'intégrale sera $\dfrac{X dy^2}{2 dx^2} + \dfrac{X y d\Psi dy}{2\Psi dx^2} + \dfrac{1}{2} y^2 \left(a\Psi + \dfrac{X d\Psi^2}{4\Psi^2 dx^2} \right) = \text{const.}$

Je remarque encore qu'en faisant $\dfrac{d\Psi}{\Psi} + \dfrac{dX}{X} = \dfrac{2 d\sigma}{\sigma}$,

j'aurai $X \Psi = \sigma^2$, $X = \dfrac{\sigma^2}{\Psi}$; & que ces substitutions changent la dernière équation en celle-ci

$$\frac{d^2 y}{dx} + \frac{dy d\sigma}{\sigma dx} + \left(\frac{a\Psi^2 dx}{\sigma^2} + \frac{d\Psi d\sigma}{2\Psi\sigma dx} - \frac{3 d\Psi^2}{4\Psi^2 dx} + \frac{d^2\Psi}{2\Psi dx} \right) y = 0,$$

qui étant multipliée par $\dfrac{\sigma^2 dy}{\Psi dx} + \dfrac{\sigma^2 y d\Psi}{2\Psi^2 dx}$, & ensuite intégrée donne,

$$\frac{\sigma^2 dy^2}{2\Psi dx^2} + \frac{\sigma^2 y d\Psi dy}{2\Psi^2 dx^2} + \frac{1}{2} y^2 \left(a\Psi + \frac{\sigma^2 d\Psi^2}{4\Psi^3 dx^2} \right) = \text{constante,}$$

ou $\dfrac{\sigma^2}{2\Psi} \left(\dfrac{dy}{dx} + \dfrac{y d\Psi}{2\Psi dx} \right)^2 + \dfrac{a}{2} \Psi y^2 = \text{constante.}$

Si dans cette dernière équation je fais la constante arbitraire $= 0$, j'aurai pour intégrale particulière de la proposée $\left(\dfrac{dy}{dx} + \dfrac{y\, d\Psi}{2\,\Psi\, dx}\right)^2 = -\dfrac{a\,\Psi^2\, y^2}{\sigma^2}$,

ou $\dfrac{dy}{y} + \dfrac{d\Psi}{2\,\Psi} = \dfrac{\Psi\, dx\sqrt{-a}}{\sigma}$, équation du premier ordre qui étant intégrée donnera $y = \dfrac{b}{\sqrt{\Psi}}\, e^{\int \frac{\Psi\, dx\sqrt{-a}}{\sigma}}$. Cette valeur de y satisfait à l'équation différentielle du second ordre dont il est question; cette autre valeur

$y = \dfrac{c}{\sqrt{\Psi}}\, e^{-\int \frac{\Psi\, dx\sqrt{-a}}{\sigma}}$ lui satisfait aussi; ainsi (n°. 276)

$y = \dfrac{1}{\sqrt{\Psi}}\left(b\, e^{\int \frac{\Psi\, dx\sqrt{-a}}{\sigma}} + c\, e^{-\int \frac{\Psi\, dx\sqrt{-a}}{\sigma}} \right)$ en sera l'intégrale finie complète.

(468). Soit $\sigma = x^h(k+x)^i$, $\Psi = x^{h'}(k+x)^{i'}$; on aura

$$\frac{d\sigma}{\sigma\, dx} = \frac{h}{x} + \frac{i}{k+x}, \qquad \frac{d\Psi}{\Psi\, dx} = \frac{h'}{x} + \frac{i'}{k+x},$$

$$\frac{d^2\Psi}{\Psi\, dx^2} - \frac{d\Psi^2}{\Psi^2\, dx^2} = -\frac{h'}{x^2} - \frac{i'}{(k+x)^2},$$

& l'équation du second ordre

$$\frac{d^2 y}{dx} + \frac{h\cdot(k+x)+ix}{x(k+x)}\, dy + \left(2a\, x^{2(h'-h)}(k+x)^{2(i'-i)} + \frac{h'(2h-h'-2)}{2x^2} + \frac{hi'+h'i-h'i'}{x(k+x)} + \frac{i'(2i-i'-2)}{2(k+x)^2} \right)\frac{y\, dx}{2} = 0,$$

qu'on rendra intégrable en la multipliant par

$$x^{2h'-h}(k+x)^{2i-i'}\left(\frac{dy}{dx} + \frac{h'(k+x)+i'x}{2x(k+x)}\, y \right).$$

Je remarquerai quelques cas particuliers; 1°. celui où $h = h'+1$, $i = i'$, & où l'équation devient

$$\frac{d^2 y}{dx} + \frac{(h'+1)(k+x)+i'x}{x(k+x)}\, dy + \left(\frac{4a+h'^2}{2x^2} + \frac{(h'+1)i'}{x(k+x)} + \frac{i'(i'-2)}{2(k+x)^2} \right)\frac{y\, dx}{2} = 0,$$

qu'on rendra intégrable en la multipliant par

$$x^{h'+2}(k+x)^{i'}\left(\frac{dy}{dx} + \frac{h'(k+x)+i'x}{2x(k+x)}\, y \right).$$

Je ferai dans ce cas particulier $i' = 2$ & $a = -\tfrac{1}{4}h'^2$, & j'aurai l'équation

$$\frac{d^2 y}{dx} + \frac{(h'+1)k+(h'+3)x}{x(k+x)}\, dy + \frac{(h'+1)\, y\, dx}{x(k+x)} = 0,$$

que je pourrai rendre intégrable en la multipliant par

$$x^{h'+2}(k+x)^2\left(\frac{dy}{dx}+\frac{h'(k+x)+2x}{2x(k+x)}y\right).$$

2°. Le cas particulier où $h=h'$, $i=i'+1$, & où l'équation devient

$$\frac{d^2y}{dx}+\frac{h'(k+x)+(i'+1)x}{x(k+x)}dy+\left(\frac{h'(h'-2)}{x^2}+\frac{2h'(i'+1)}{x(k+x)}+\frac{i'^2+4a}{(k+x)^2}\right)\frac{ydx}{4}=0,$$

qu'on rendra intégrable en la multipliant par

$$x^{h'}(k+x)^{i'+2}\left(\frac{dy}{dx}+\frac{h'(k+x)+i'x}{2x(k+x)}y\right).$$

Je ferai dans ce cas particulier $h'=2$ & $a=-\frac{1}{4}i'^2$, & j'aurai l'équation

$$\frac{d^2y}{dx}+\frac{2k+(i'+2)x}{x(k+x)}dy+\frac{(i'+1)ydx}{x(k+x)}=0,$$

que je pourrai rendre intégrable en la multipliant par

$$x^2(k+x)^{i'+2}\left(\frac{dy}{dx}+\frac{2(k+x)+i'x}{2x(k+x)}y\right).$$

3°. Le cas particulier où $h=h'+\frac{1}{2}$, $i=i'+\frac{1}{2}$, & où l'équation devient

$$\frac{d^2y}{dx}+\frac{(2h'+1)(k+x)+(2i'+1)x}{2x(k+x)}dy+\left(\frac{h'(h'-1)}{x^2}+\frac{2h'i'+h'+i'+4a}{x(k+x)}+\frac{i'(i'-1)}{(k+x)^2}\right)\frac{ydx}{4}=0,$$ qu'on rendra intégrable

en la multipliant par $x^{h'+1}(k+x)^{i'+1}\left(\dfrac{dy}{dx}+\dfrac{h'(k+x)+i'x}{2x(k+x)}y\right).$

Soit encore $\sigma=x^h(k^2+x^2)^i$, $\Psi=x^{h'}(k^2+x^2)^{i'}$; on aura

$$\frac{d\sigma}{\sigma dx}=\frac{h}{x}+\frac{2ix}{k^2+x^2},\quad\frac{d\Psi}{\Psi dx}=\frac{h'}{x}+\frac{2i'x}{k^2+x^2},\quad\frac{d^2\Psi}{\Psi dx^2}-\frac{d\Psi^2}{\Psi^2 dx^2}=$$
$$\frac{h'}{x^2}+\frac{2i'}{k^2+x^2}-\frac{4i'x^2}{(k^2+x^2)^2},\quad\text{\& l'équation du second ordre}$$

$$\frac{d^2y}{dx}+\frac{h(k^2+x^2)+2ix^2}{x(k^2+x^2)}dy+\left(\frac{h'(2h-h'-2)}{x^2}+\frac{2h'i+2i'(h+h'+1)}{k^2+x^2}+\frac{2i'(2i-i'-2)x^2}{(k^2+x^2)^2}+2ax^2(h'-h)\right.$$
$$\left.(k^2+x^2)^2(i'-i)\right)\frac{ydx}{2}=0,\quad\text{qu'on rendra intégrable en la multipliant par}$$

$$x^{2h-h'}(k^2+x^2)^{2i-i'}\left(\frac{dy}{dx}+\frac{h'(k^2+x^2)+2i'x^2}{x(k^2+x^2)}y\right).$$

Je laisse à examiner si dans cet exemple, comme dans le précédent, il y a quelques cas particuliers qui méritent d'être remarqués ; je ne m'arrêterai pas non plus à chercher d'autres cas d'intégrabilité de l'équation linéaire du second ordre, en

prenant

prenant pour facteur des fonctions d'une forme plus générale, & je terminerai cet article par résoudre le problème suivant, qui achèvera de nous rendre familier l'usage des équations A & B.

(469). Intégrer l'équation du second ordre $\dfrac{d^2 y}{d x} + \dfrac{d y^2}{y\, d z} + \dfrac{a\, x\, d x}{y^2} = 0.$

On verra aisément qu'ici le facteur ne peut point être une fonction de x & y seulement; nous le supposerons de cette forme $M p^2 + N p + P$, M, N & P étant des fonctions de x, y, & de constantes. Cela posé, en faisant dans l'équation A les substitutions convenables, on la changera en celle-ci :

$$2 \frac{d P}{d y} + 3 \frac{d N}{d y} \cdot P + 4 \frac{d M}{d y} \cdot p^2 = 0;$$
$$- \frac{2 P}{y} - \frac{6 N}{y} - \frac{12 M}{y}$$
$$+ \frac{d N}{d x} + 2 \frac{d M}{d x}$$
$$- \frac{2 a M x}{y^2}$$

& comme M, N, P ne doivent pas renfermer p par l'hypothèse, on en tirera

$$\frac{d M}{d y} - \frac{3 M}{y} = 0, \quad 3 \frac{d N}{d y} - \frac{6 N}{y} + 2 \frac{d M}{d x} = 0,$$
$$2 \frac{d P}{d y} - \frac{2 P}{y} + \frac{d N}{d x} - \frac{2 a M x}{y^2} = 0,$$

équations aux différences partielles qui étant intégrées par la méthode du

(n°. 308), donneront $M = y^3 F : (x)$, $N = y^2 f : (x) - \dfrac{y^4}{3} F' : (x)$;

$P = y\, \varphi : (x) - \dfrac{y^3}{4} f' : (x) + \dfrac{y^5}{24} F'' : (x) + a x y^2 F : (x)$;

& par conséquent

$$A = y^3 p^2 F : (x) + y^2 p f : (x) - \frac{y^4 p}{3} F' : (x) + y\, \varphi : (x) -$$
$$\frac{y^3}{4} f' : (x) + \frac{y^5}{24} F'' : (x) + a x y^2 F : (x).$$

Telle est la forme la plus générale que l'équation A permette de donner au facteur d'après notre supposition; mais cette valeur du facteur doit aussi satisfaire à l'équation B, ce qui en limitera la généralité. Ayant fait les substitutions nécessaires dans cette équation, il en viendra une dans laquelle y & p devront disparoître, & il suffira pour cela de faire $F' : (x) = 0$, $f : (x) = 0$, $\varphi : (x) = 0$. C'est pourquoi si l'on fait $= 1$ la constante qui est la valeur de $F : (x)$, on aura $A = y^3 p^2 + a x y^2$, & cette différentielle exacte

$$\left(y^3 \frac{d y^2}{d x^2} + a x y^2 \right) \frac{d^2 y}{d x} + y^2 \frac{d y^4}{d x^3} + \frac{2 a x y\, d y^2}{d x} + a^2 x^2\, d x \text{ dont on}$$

pourra représenter l'intégrale par $\frac{1}{3} y^3 \frac{d y^3}{d x^3} + a x y^2 \frac{d y}{d x} + S$, S étant une fonction de y, x & de constantes. En différentiant & comparant, on trouvera

$$d S = - a y^2 d y + a^2 x^2 d x \ \& \ S = - \frac{a y^3}{3} + \frac{a^2 x^3}{3} + c ;$$

ainsi l'intégrale première complète de notre équation du second ordre sera

$$y^3 \frac{d y^3}{d x^3} + 3 a x y^2 \frac{d y}{d x} - a y^3 + a^2 x^3 + 3 c = 0.$$

Je remarquerai en passant que si l'on donne à cette équation du second ordre, qui n'est autre que $y d \cdot \frac{y d y}{d x} + a x d x = 0$, la forme que voici

$$d \frac{d y}{d u} + a d u \int y d u = 0,$$

en faisant $\frac{d x}{y} = d u$; & qu'ensuite on la différentie, en prenant $d u$ constant, on aura cette équation linéaire du troisième ordre $\frac{d^3 y}{d u^3} + a y = 0$. Au reste cette équation n'est pas la seule qui puisse s'intégrer de cette manière; celle - ci

$$2 y^3 d^2 y + y^2 d y^2 = (a + b x + c x^2) d x^2$$

est dans le même cas. En effet, si l'on suppose $d x = y d u$, & que l'on fasse $d u$ constant, cette équation deviendra

$$2 y d^2 y - d y^2 = \left(a + b \int y d u + c \left(\int y d u\right)^2\right) d u^2 ;$$

& en la différentiant deux fois pour faire disparoître les deux signes d'intégration, on aura l'équation linéaire du quatrième ordre $d^4 y = c y d u^4$.

(470). Je reprends l'équation générale du second ordre, $d p + \mu d x = 0$, à laquelle je puis donner la forme suivante $d^2 y + \alpha d y^2 + 6 d y d x + \upsilon d x^2 = 0$, α, 6 & υ étant des fonctions connues de x, y, p. Cela posé, A & K étant des fonctions inconnues des mêmes variables, je suppose

$$A d^2 y + A \alpha d y^2 + A 6 d y d x + A \upsilon d x^2 = d (A d y + A K d x) =$$
$$A d^2 y + \frac{d A}{d y} d y^2 + \left(\frac{d A}{d x} + K \frac{d A}{d y} + A \frac{d K}{d y} \right) d x d y +$$
$$\left(K \frac{d A}{d x} + A \frac{d K}{d x} \right) d x^2 + \frac{d A}{d p} d y d p + \left(K \frac{d A}{d p} + A \frac{d K}{d p} \right) d x d p ;$$

& pour pouvoir comparer terme à terme les deux membres de cette transformée, je mets dans le premier, au lieu de $A d^2 y$ & de $A \alpha d y^2 + A 6 d y d x + A \upsilon d x^2$, ce qui suit

$$(1 - N p - P) A d^2 y + A N d y d p + A P d x d p \ \&$$
$$(\alpha + Q) A d y^2 + \left(6 - Q p - \frac{R}{p} \right) A d x d y + (\upsilon + R) A d x^2 ;$$

elle devient par-là

$$\left(1 - Np - P\right) A\, d^2 y + (\alpha + Q)\, A\, dy^2 + \left(\mathfrak{c} - Qp - \frac{R}{p}\right) A\, dx\, dy +$$

$$(\mathfrak{z} + R)\, A\, dx^2 + A N\, dy\, dp + A P\, dx\, dp = A\, d^2 y + \frac{d A}{d y}\, dy^2 +$$

$$\left(\frac{d A}{d x} + K\, \frac{d A}{d y} + A\, \frac{d K}{d y}\right) dx\, dy + \left(K\, \frac{d A}{d x} + A\, \frac{d K}{d x}\right) d\, x^2 +$$

$$\frac{d A}{d p}\, dy\, dp + \left(K\, \frac{d A}{d p} + A\, \frac{d K}{d p}\right) dx\, dp\,;$$

il n'eft pas néceffaire de dire que N, P, Q, R font auffi des fonctions inconnues de x, y, p. Maintenant, notre transformée étant ainfi préparée, j'y puis faire

$$\left(1 - Np - P\right) A = A,$$

$$(\alpha + Q)\, A = \frac{d A}{d y},$$

$$\left(\mathfrak{c} - Qp - \frac{R}{p}\right) A = \frac{d A}{d x} + K\, \frac{d A}{d y} + A\, \frac{d K}{d y},$$

$$(\mathfrak{z} + R)\, A = K\, \frac{d A}{d x} + A\, \frac{d K}{d x},$$

$$N A = \frac{d A}{d p},$$

$$P A = K\, \frac{d A}{d p} + A\, \frac{d K}{d p}\,;$$

d'où l'on tire,

$$\frac{d A}{d y} : A = (a\,1) \ldots \alpha + Q\,;$$

$$\frac{d A}{d x} : A = (a\,2) \ldots \mathfrak{c} - Qp - \frac{R}{p} - K(\alpha + Q) - \frac{d K}{d y}\,;$$

$$\frac{d A}{d x} : A = (a\,3) \ldots \frac{\mathfrak{z} + R - \frac{d K}{d x}}{K}\,,$$

$$\frac{d A}{d p} : A = (a\,4) \ldots - \frac{d K}{d p} : (K + p)\,;$$

on remarquera auffi que les deux valeurs de $\dfrac{d A}{d x} : A$ donnent l'équation

$$(A\,1) \ldots (\alpha + Q) K^2 - \left(\mathfrak{c} - Qp - \frac{R}{p}\right) K + \mathfrak{z} + R + K\, \frac{d K}{d y} - \frac{d K}{d x} = 0.$$

(471). Nous nous occuperons d'abord du cas particulier où α, $\mathfrak{c}$, $\mathfrak{z}$ ne renfermant que x & y, le facteur A n'eft lui-même fonction que de ces deux variables; alors on aura Q, P, R nuls, & à caufe de

$$\frac{d A}{d p} : A = - \frac{d K}{d p} : (K + p),$$ on aura auffi $\dfrac{d K}{d p} = 0$, c'eft-à-dire que K

ne sera fonction que de x & y. Les équations précédentes deviendront

$$\frac{dA}{dy} : A = \alpha, \quad \frac{dA}{dx} : A = \varsigma - \alpha K - \frac{dK}{dy}, \quad \frac{dA}{dx} : A = \frac{\upsilon - \dfrac{dK}{dx}}{K};$$

& en égalant les deux valeurs de $\dfrac{dA}{dx} : A$, on aura

$$(\alpha) \ldots\ldots\ldots \upsilon - \varsigma K + \alpha K^2 + K\frac{dK}{dy} - \frac{dK}{dx} = 0.$$

Il est clair que

$$\frac{d\alpha}{dx} = \frac{d\left(\varsigma - \alpha K - \dfrac{dK}{dy}\right)}{dy} = \frac{d.\dfrac{\upsilon - \dfrac{dK}{dx}}{K}}{dy},$$

& que ces deux équations donnent

$$\frac{d^2K}{dy^2} = \frac{d\varsigma}{dy} - \frac{d\alpha}{dx} - \frac{d\alpha}{dy}K - \alpha\frac{dK}{dy},$$

$$\frac{d^2K}{dxdy} = \frac{d\upsilon}{dy} - K\frac{d\alpha}{dx} - \frac{\upsilon - \dfrac{dK}{dx}}{K}\frac{dK}{dy};$$

on voit aussi que la différentielle du second membre de la première de ces deux-ci, prise en ne faisant varier que x, & divisée par dx, doit être égale à la différentielle du second membre de l'autre, prise en ne faisant varier que y, & divisée par dy. On trouve par-là cette équation

$$\left(\frac{d^2\varsigma}{dxdy} - \frac{d^2\alpha}{dx^2} - \frac{d^2\upsilon}{dy^2}\right)K^2 - \frac{d\alpha}{dy}\frac{dK}{dx}K^2 - \left(\alpha K^2 + K\frac{dK}{dy}\right)\frac{d^2K}{dxdy} + \left(\upsilon - \frac{dK}{dx}\right)K\frac{d^2K}{dy^2} + \frac{d\upsilon}{dy}\frac{dK}{dy}K - \left(\upsilon - \frac{dK}{dx}\right)\left(\frac{dK}{dy}\right)^2 = 0,$$

qui, en mettant pour $\dfrac{d^2K}{dy^2}$ & $\dfrac{d^2K}{dxdy}$ leurs valeurs, & faisant pour abréger

$$\frac{d^2\varsigma}{dxdy} - \frac{d^2\alpha}{dx^2} - \alpha\frac{d\upsilon}{dy} - \upsilon\frac{d\alpha}{dy} - \frac{d^2\upsilon}{dy^2} = a,$$ deviendra

$$(\varsigma)\ldots aK + \alpha\frac{d\alpha}{dx}K^2 + \left(\frac{d\alpha}{dx} - \frac{d\varsigma}{dy}\right)\frac{dK}{dx} + \frac{d\upsilon}{dx}\frac{dK}{dy}K + \upsilon\left(\frac{d\varsigma}{dy} - \frac{d\alpha}{dx}\right) = 0.$$

Cela posé, en écrivant b pour $\dfrac{a + \varsigma\left(\dfrac{d\varsigma}{dy} - \dfrac{d\alpha}{dx}\right)}{\dfrac{d\varsigma}{dy} - 2\dfrac{d\alpha}{dx}}$, il sera facile de tirer des équations α & ς,

$$\frac{dK}{dy} = b - \alpha K, \quad \frac{dK}{dx} = \upsilon - (\varsigma - b)K;$$

&

& par conséquent $\frac{dA}{dy} : A = \alpha$, $\frac{dA}{dx} : A = \mathfrak{c} - b$.

Ainsi $\frac{dA}{A} = \alpha\, dy + (\mathfrak{c} - b)\, dx$, & $A = e^{\int (\alpha\, dy + (\mathfrak{c} - b)\, dx)}$;

quant à K, il est donné par l'équation

$$d K + K\, (\alpha\, dy + (\mathfrak{c} - b)\, dx) = b\, dy + \beta\, dx,$$

d'où l'on tire évidemment

$$K = e^{-\int (\alpha\, dy + (\mathfrak{c} - b)\, dx)} \left(c + \int e^{\int (\alpha\, dy + (\mathfrak{c} - b)\, dx)} (b\, dy + \beta\, dx) \right).$$

Donc la proposée a pour intégrale première complète

$$dy\, e^{\int (\alpha\, dy + (\mathfrak{c} - b)\, dx)} + dx \left(c + \int e^{\int (\alpha\, dy + (\mathfrak{c} - b)\, dx)} (b\, dy + \beta\, dx) \right) = 0.$$

Cette expression seroit absurde, si

$$\alpha\, dy + (\mathfrak{c} - b)\, dx \quad \& \quad e^{\int (\alpha\, dy + (\mathfrak{c} - b)\, dx)} (b\, dy + \beta\, dx)$$

n'étoient des différentielles exactes. Les équations de condition que cela donnera seront donc aussi celles qui devront avoir lieu pour que la proposée puisse devenir intégrable étant multipliée par une fonction de x & y seulement : voici ces équations de condition

$$(\beta) \dots \dots \quad \frac{d\alpha}{dx} - \frac{d\mathfrak{c}}{dy} + \frac{db}{dy} = 0,$$

$$(\delta) \dots \dots \quad \frac{db}{dx} + b\, (\mathfrak{c} - b) - \frac{d\alpha}{dy} - \alpha\beta = 0.$$

(472). Si nous prenons pour exemple l'équation

$$d^2 y + \frac{2}{y}\, dy^2 + \frac{2 + 3y}{x y}\, dy\, dx + \frac{2}{x^2}\, dx^2 = 0;$$

ou $\alpha = \frac{2}{y}$, $\mathfrak{c} = \frac{2 + 3y}{x y}$, $\beta = \frac{2}{x^2}$, $a = \frac{6}{x^2 y^2}$, $b = \frac{2}{x y}$;

nous verrons aisément que $\alpha\, dy + (\mathfrak{c} - b)\, dx = \frac{2\, dy}{y} + \frac{3\, dx}{x}$

est une différentielle exacte dont l'intégrale est log. $x^3 y^2$, & que

$$e^{\int (\alpha\, dy + (\mathfrak{c} - b)\, dx)} (b\, dy + \beta\, dx) = 2 x^2 y\, dy + 2 x y^2\, dx$$

est aussi une différentielle exacte qui a pour intégrale $x^2 y^2$. Ainsi la proposée a pour intégrale première complète $x^3 y^2\, dy + x^2 y^2\, dx + c\, dx = 0$.

(473). On a $b = \dfrac{a + \mathfrak{c} \left(\dfrac{d\mathfrak{c}}{dx} - \dfrac{d\alpha}{dx} \right)}{\dfrac{d\mathfrak{c}}{dy} - 2 \dfrac{d\alpha}{dx}}$; or $\dfrac{d\mathfrak{c}}{dy} - 2 \dfrac{d\alpha}{dx}$ peut être

nul de deux manières, ou parce que $\mathfrak{c}$ ne renferme point d'y, & α point d'x; ou parce que $\frac{d\mathfrak{c}}{dy} = 2 \frac{d\alpha}{dx}$; il faut donc examiner ce qui arrive dans ces deux cas. De quelle manière que $\frac{d\mathfrak{c}}{dy} - 2\frac{d\alpha}{dx}$ devienne nul, on tire alors des équations α & $\mathfrak{c}$, $a + \mathfrak{c}\left(\frac{d\mathfrak{c}}{dy} - \frac{d\alpha}{dx}\right) = 0$; c'est-à-dire que dans l'un & l'autre cas la fonction b se présente sous cette forme $\frac{0}{0}$ qu'il s'agit de déterminer. L'équation $\mathfrak{s}$ donne $\frac{db}{dy} = \frac{d\mathfrak{c}}{dy} - \frac{d\alpha}{dx}$; soit $\frac{\mathfrak{c}}{2} - b = b'$, on aura $\frac{db'}{dy} = -\frac{1}{2}\left(\frac{d\mathfrak{c}}{dy} - 2\frac{d\alpha}{dx}\right) = 0$, & b' sera visiblement fonction de x seul & de constantes. En mettant dans l'équation δ, pour b sa valeur $\frac{\mathfrak{c}}{2} - b'$, on la changera en celle - ci

$$(\mathrm{E}) \quad \ldots \ldots \quad \frac{db'}{dx} + b'^2 = \frac{\mathfrak{c}^2}{4} + \frac{1}{2}\frac{d\mathfrak{c}}{dx} - \frac{d\mathfrak{v}}{dy} - \alpha\mathfrak{v},$$

dont le second membre ne renferme d'autre variable que x, puisque $a + \mathfrak{c}\left(\frac{d\mathfrak{c}}{dy} - \frac{d\alpha}{dx}\right)$ que l'on sait être $= 0$, n'est autre chose que

$$\frac{d\left(\frac{\mathfrak{c}^2}{4} + \frac{1}{2}\frac{d\mathfrak{c}}{dx} - \frac{d\mathfrak{v}}{dy} - \alpha\mathfrak{v}\right)}{dy}.$$

Ainsi dans les deux cas que nous examinons, tout se réduit à trouver pour b' une valeur qui satisfasse à l'équation E; & la proposée aura pour intégrale première complète

$$dy\, e^{\int\left(\alpha\, dy + \left(\frac{\mathfrak{c}}{2} + b'\right)dx\right)} + dx\left(c + \int e^{\int\left(\alpha\, dy + \left(\frac{\mathfrak{c}}{2} + b'\right)dx\right)}\left(\left(\frac{\mathfrak{c}}{2} - b'\right)\right.\right.$$

$$\left.\left. dy + \mathfrak{v}\, dx\right)\right) = 0, \text{ qui sera toujours possible.}$$

On pourroit demander quels doivent être α & $\mathfrak{v}$, $\mathfrak{c}$ étant tout ce qu'on voudra, pour que la proposée ait pour intégrale première complète l'équation du premier ordre que nous venons de trouver.

A cause de $\frac{d\mathfrak{c}}{dy} = 2\frac{d\alpha}{dx}$, & de $\frac{\mathfrak{c}^2}{4} + \frac{1}{2}\frac{d\mathfrak{c}}{dx} - \frac{d\mathfrak{v}}{dy} - \alpha\mathfrak{v} = X$, on entend par X une fonction quelconque de x & de constantes; on aura (n°. 301)

$$\alpha = \frac{1}{2}\int\frac{d\mathfrak{c}}{dy}\,dx + \varphi : (y), \quad \mathfrak{v} = e^{-\int\alpha\, dy}\left(F : (x) + \int e^{\int\alpha\, dy}\left[\frac{\mathfrak{c}^2}{4} + \frac{1}{2}\frac{d\mathfrak{c}}{dx} - X\right]dy\right).$$

Si $\mathfrak{c}$ doit être fonction de x seul, alors $\alpha = \varphi : (y)$ & $\mathfrak{v}$ sera de cette forme $F : (x).e^{-\int dy\,\varphi:(y)} + yf:(x) - f:(x)\,e^{-\int dy\,\varphi:(y)}.\int y\,dy\,e^{\int dy\,\varphi:(y)}\varphi:(y)$; cette expression devient $F : (x) + yf:(x)$ lorsque $\alpha = 0$, c'est le cas où l'équation est linéaire.

(474). Occupons-nous maintenant du problême général. Nous formerons les équations $\frac{da_1}{dx} = \frac{da_2}{dy}$, $\frac{da_1}{dx} = \frac{da_3}{dy}$, $\frac{da_1}{dp} = \frac{da_4}{dy}$, $\frac{da_2}{dp} = \frac{da_4}{dx}$, $\frac{da_3}{dp} = \frac{da_4}{dx}$;

desquelles nous tirerons

$$\frac{d^2K}{dy^2} = (b_1)\ \dots\ \frac{d\left(\beta - Qp - \frac{R}{p}\right)}{dy} - \frac{d(\alpha+Q)}{dx} - K\frac{d(\alpha+Q)}{dy} - (\alpha+Q)\frac{dK}{dy},$$

$$\frac{d^2K}{dx\,dy} = (b_2)\ \dots\ \frac{d(\gamma+R)}{dy} - K\frac{d(\alpha+Q)}{dx} - \frac{\gamma+R}{K}\frac{dK}{dy} + \frac{\frac{dK}{dx}\cdot\frac{dK}{dy}}{K},$$

$$\frac{d^2K}{dy\,dp} = (b_3)\ \dots\ -(K+p)\frac{d(\alpha+Q)}{dp} + \frac{\frac{dK}{dy}\cdot\frac{dK}{dp}}{K+p},$$

$$\frac{d^2K}{dx\,dp} = (b_4)\ \dots\ (K+p)\left[(\alpha+Q)\frac{dK}{dp} - p\frac{d(\alpha+Q)}{dp} - \frac{d\left(\beta - Qp - \frac{R}{p}\right)}{dp}\right] + \frac{dK}{dy}\cdot\frac{dK}{dp} + \frac{\frac{dK}{dx}\cdot\frac{dK}{dp}}{K+p},$$

$$\frac{d^2K}{dx\,dp} = (b_5)\ \dots\ \frac{K+p}{p}\left[\frac{d(\gamma+R)}{dp} - \frac{\gamma+R}{K}\frac{dK}{dp}\right] + \frac{2K+p}{K^2+Kp}\frac{dK}{dx}\cdot\frac{dK}{dp};$$

puis en égalant ensemble les deux valeurs de $\frac{d^2K}{dx\,dp}$, nous aurons $b_4 = b_5$; équation qui, étant combinée avec l'équation A_1, donnera, après avoir fait pour abréger $\alpha p^2 + \beta p + \gamma = \mu$ & $\frac{d\alpha}{dp}p^2 + \frac{d\beta}{dp}p + \frac{d\gamma}{dp} = \lambda$,

$$(B_1)\ \dots\dots\ (K+p)\left(\lambda - Qp + \frac{R}{p}\right) - \mu\frac{dK}{dp} = 0;$$

On tire des deux équations A_1 & B_1,

$$Q = \frac{1}{(K+p)^2}\left(-\alpha K^2 + \beta K - \gamma + (K+p)\lambda - \mu\frac{dK}{dp} + \frac{dK}{dx} - K\frac{dK}{dy}\right),$$

$$R = \frac{p}{(K+p)^2}\left(\, p\left(-\,a K^2 + c K - e\right) - \lambda\left(K^2 + K p\right) + \right.$$

$$\left. \mu K \frac{dK}{dp} - p\left(K \frac{dK}{dy} - \frac{dK}{dx}\right)\right);$$

& en mettant ces valeurs dans $a1$, $a2$, ou dans $a1$, $a3$, il vient

$$\frac{dA}{dy} : A = (c1)\ldots\ldots \frac{1}{(K+p)^2}\left(\,(K+p)\frac{d\mu}{dp} - \mu\left(\frac{dK}{dp}+1\right) + \right.$$

$$\left. \frac{dK}{dx} - K\frac{dK}{dy}\right),$$

$$\frac{dA}{dx} : A = (c2)\ldots\ldots \frac{1}{(K+p)^2}\left(\,(K+p)\left(\mu - p\frac{d\mu}{dp}\right) + \right.$$

$$\left. \mu p\left(\frac{dK}{dp}+1\right) - p^2\frac{dK}{dy} - (K+2p)\frac{d\bar{K}}{dx}\right),$$

$$\frac{dA}{dp} : A = (c3)\ldots\ldots \frac{-1}{K+p}\,\frac{dK}{dp}.$$

Ces expressions feroient abfurdes fi l'on n'avoit

$$\frac{dc1}{dx} = \frac{dc2}{dy} \ \&\ \frac{dc1}{dp} = \frac{dc3}{dy} \ \text{ou}\ \frac{dc2}{dp} = \frac{dc3}{dx};$$

ainfi K fera donné par les deux équations

$$(C1)\ldots\ldots (K+p)^2\left(\frac{d^2\mu}{dx\,dp} + p\frac{d^2\mu}{dy\,dp} - \frac{d\mu}{dy}\right) - \mu(K+p)$$

$$\left(\frac{d^2K}{dx\,dp} + p\frac{d^2K}{dy\,dp} - \frac{dK}{dy}\right) + (K+p)\left(\frac{d^2K}{dx^2} + 2p\frac{d^2K}{dx\,dy} + p^2\right.$$

$$\left.\frac{d^2K}{dy^2}\right) + \left[2\mu\left(\frac{dK}{dp}+1\right) - (K+p)\frac{d\mu}{dp}\right]\left(\frac{dK}{dx} + p\frac{dK}{dy}\right) -$$

$$(K+p)\left(\frac{dK}{dp}+1\right)\left(\frac{d\mu}{dx} + p\frac{d\mu}{dy}\right) - 2\left(\frac{dK}{dx} + p\frac{dK}{dy}\right)^2 = 0;$$

$$(C2)\ldots\ldots 2\left[\frac{dK}{dx}\left(\frac{dK}{dp}+1\right) - \frac{dK}{dy}\left(K - p\frac{dK}{dp}\right)\right] - (K+p)$$

$$\left(\frac{d^2K}{dx\,dp} + p\frac{d^2K}{dy\,dp}\right) - (K+p)^2\frac{d^2\mu}{dp^2} + 2(K+p)\left(\frac{dK}{dp}+1\right)$$

$$\frac{d\mu}{dp} + \mu\left[(K+p)\frac{d^2K}{dp^2} - 2\left(\frac{dK}{dp}+1\right)^2\right] = 0.$$

Donc l'équation du fecond ordre $\frac{d^2y}{dx^2} + \mu = 0$ étant propofée, fi on nomme

A le facteur propre à la rendre intégrable, on aura $\frac{dA}{A} = c1\,dy + c2\,dx + c3\,dp$;

& il ne fera plus queftion que de trouver pour K toute autre valeur que $-\,p$, qui fatisfaffe en même temps aux deux équations $C1$ & $C2$.

Si dans l'équation $C2$ on met A pour $\mu\,dx^2$, α pour K & $\frac{dy}{dx}$ pour p;

on aura l'équation de condition donnée par Fontaine, pages 41 & 42 de ses Mémoires publiés en 1764. Il ajoute : *Je suppose que α soit donné, & qu'il ne*

soit point — $\frac{dy}{dx}$, *sans quoi il faudroit, par le moyen de l'équation entre α & A,*

trouver une valeur de α. Il est clair que cela ne suffiroit pas, & qu'il faudroit encore que cette valeur de α satisfît à une autre équation entre A & α équivalente à l'équation $C1$.

(475). Nous remarquerons aussi que si dans les équations

$$\frac{dA}{dy} : A = c1, \quad \frac{dA}{dx} : A = c2, \quad \frac{dA}{dp} : A = c3,$$

on dégage $\frac{dK}{dx}$, $\frac{dK}{dy}$, $\frac{dK}{dp}$; & qu'ayant fait $\frac{d^2K}{dx\,dy} = \frac{d^2K}{dy\,dx}$, $\frac{d^2K}{dy\,dp} = \frac{d^2K}{dp\,dy}$

ou $\frac{d^2K}{dx\,dp} = \frac{d^2K}{dp\,dx}$, on mette dans ces deux équations pour $\frac{dK}{dx}$, $\frac{dK}{dy}$, $\frac{dK}{dp}$

leurs valeurs, on aura les équations A & B du (n°. 463).

On fera $\frac{db1}{dx} = \frac{db2}{dy}$; & après avoir mis dans cette équation pour $\frac{d^2K}{dy^2}$, $\frac{d^2K}{dx\,dy}$

leurs valeurs $b1$, $b2$, il viendra

$$(D1)\ldots K\left[\frac{d^2\left(\varsigma - Qp - \frac{R}{p}\right)}{dy\,dx} - \frac{d^2(\alpha + Q)}{dx^2} + \frac{d^2(\upsilon + R)}{dy^2} - \right.$$
$$\left.\frac{d\cdot(\alpha + Q)(\upsilon + R)}{dy}\right] + \left[(\alpha + Q)K^2 + K\frac{dK}{dy}\right]\frac{d(\alpha + Q)}{dx} +$$
$$\left(\upsilon + R - \frac{dK}{dx}\right)\left[\frac{d\left(\varsigma - Qp - \frac{R}{p}\right)}{dy} - \frac{d(\alpha + Q)}{dx}\right] = 0.$$

Maintenant si l'on fait pour abréger $\dfrac{d\left(\varsigma - Qp - \frac{R}{p}\right)}{dy} - 2\dfrac{d(\alpha + Q)}{dx} = \rho$;

$$\frac{d^2\left(\varsigma - Qp - \frac{R}{p}\right)}{dx\,dy} - \frac{d^2(\alpha + Q)}{dx^2} - \frac{d^2(\upsilon + R)}{dy^2} - \frac{d\cdot(\alpha + Q)(\upsilon + R)}{dy} +$$

$$\left(\varsigma - Qp - \frac{R}{p}\right)\frac{d(\alpha + Q)}{dx} = \sigma, \quad \frac{\lambda - Qp + \frac{R}{p}}{\mu} = \Sigma,$$

les équations $A1$, $B1$ & $D1$ donneront

Partie II.   M m

$$\frac{dK}{dy} = \mathfrak{c} - Qp - \frac{R}{p} + \frac{\sigma}{\rho} - (\alpha + Q)K,$$

$$\frac{dK}{dx} = \mathfrak{v} + R + \frac{\sigma}{\rho}K,$$

$$\frac{dK}{dp} = \Sigma(K + p).$$

Ainsi pour déterminer A & K, on aura les deux équations

$$\frac{dA}{A} = (\alpha + Q)\,dy - \frac{\sigma}{\rho}\,dx - \Sigma\,dp,$$

$$dK + \frac{K\,dA}{A} = \left(\mathfrak{c} - Qp - \frac{R}{p} + \frac{\sigma}{\rho}\right)dy + (\mathfrak{v} + R)\,dx + \Sigma p\,dp;$$

& l'intégrale première complète de la proposée sera

$$A\,dy + dx\left(c + \int A\left(\left(\mathfrak{c} - Qp - \frac{R}{p} + \frac{\sigma}{\rho}\right)dy + (\mathfrak{v} + R)\,dx + \right.\right.$$

$$\left.\left. \Sigma p\,dp\right)\right) = 0,$$

A étant égal à $e^{\int\left((\alpha + Q)dy - \frac{\sigma}{\rho}dx - \Sigma dp\right)}.$

Cela suppose que $(\alpha + Q)\,dy - \frac{\sigma}{\rho}\,dx - \Sigma\,dp$ &

$$A\left(\left(\mathfrak{c} - Qp - \frac{R}{p} + \frac{\sigma}{\rho}\right)dy + (\mathfrak{v} + R)\,dx + \Sigma p\,dp\right)$$ soient des

différentielles exactes, & qu'on ait par conséquent les quatre équations de condition:

$$(F\,1)\ldots\ldots\ldots \frac{d(\alpha + Q)}{dx} + \frac{d(\sigma : \rho)}{dy} = 0,$$

$$(F\,2)\ldots\ldots\ldots \frac{d(\alpha + Q)}{dp} + \frac{d\Sigma}{dy} = 0,$$

$$(F\,3)\ldots\ldots\ldots \frac{d\left(\mathfrak{c} - Qp - \frac{R}{p} + \frac{\sigma}{\rho}\right)}{dx} - \frac{d(\mathfrak{v} + R)}{dy} - \frac{\sigma}{\rho}\left(\mathfrak{c} - Qp - \frac{R}{p} + \frac{\sigma}{\rho}\right) - (\alpha + q)(\mathfrak{v} + R) = 0,$$

$$(F\,4)\ldots\ldots\ldots \frac{d(\mathfrak{v} + R)}{dp} - p\,\frac{d\Sigma}{dx} - \Sigma\left(\mathfrak{v} + R - p\,\frac{\sigma}{\rho}\right) = 0.$$

On cherchera des valeurs de Q & R qui satisfassent à ces équations, & le problème sera résolu.

Il pourra arriver que le dénominateur de la fraction $\frac{\sigma}{\rho}$ soit $= 0$; mais en donnant à l'équation $D\,1$ la forme suivante

$$K\left[\frac{d^2\left(\mathfrak{c}-Qp-\dfrac{R}{p}\right)}{dx\,dy}-\frac{d^2(\alpha+Q)}{dx^2}+\frac{d^2(\beta+R)}{dy^2}-\frac{d\cdot(\alpha+Q)(\beta+R)}{dy}\right]$$
$$+\left[(\alpha+q)K^2+\beta+R+K\frac{dK}{dy}-\frac{dK}{dx}\right]\frac{d(\alpha+Q)}{dx}+\left(\beta+R-\right.$$
$$\left.\frac{dK}{dx}\right)\left[\frac{d\left(\mathfrak{c}-Qp-\dfrac{R}{p}\right)}{dy}-2\frac{d(\alpha+Q)}{dx}\right]=0,$$

on voit qu'alors σ fera $=0$, & que par conféquent la fraction $\dfrac{\sigma}{t}$ deviendra $\dfrac{0}{0}$; voici

comment on la déterminera. On fera $\dfrac{\mathfrak{c}-Qp-\dfrac{R}{p}}{2}+\dfrac{\sigma}{t}=\Psi$, & en fubfti-

tuant pour $\dfrac{\sigma}{p}$ fa valeur dans l'équation $F\,1$, on trouvera

$$\frac{d\Psi}{dy}=\frac{1}{2}\left(\frac{d\left(\mathfrak{c}-Qp-\dfrac{R}{p}\right)}{dy}-2\frac{d(\alpha+Q)}{dx}\right)=0;$$

c'eft-à-dire que Ψ ne doit point renfermer y. Après avoir fait la même fubftitution dans l'équation $F\,3$, on aura pour déterminer Ψ l'équation

$$(G\,1)\ldots\ldots\frac{d\Psi}{dx}-\Psi^2=(\alpha+Q)(\beta+R)-\frac{1}{4}\left(\mathfrak{c}-Qp-\frac{R}{p}\right)^2$$
$$-\frac{1}{2}\left(\frac{d\left(\mathfrak{c}-Qp-\dfrac{R}{p}\right)}{dx}-2\frac{d(\beta+R)}{dy}\right),$$

dont le fecond membre ne renferme pas d'y, puifqu'étant différentié par rapport
à cette variable il eft $=\sigma$ ou $=0$. Enfin dans ce cas-ci l'intégrale première
complète de la propofée fera

$$A\,dy+dx\left(c+\int A\left(\left(\frac{\mathfrak{c}-Qp-\dfrac{R}{p}}{2}+\Psi\right)dy+(\beta+R)\,dx+\right.\right.$$
$$\left.\left.\Sigma\,p\,dp\right)\right)=0,$$

A étant égal à $e^{\int\left((\alpha+Q)\,dy+\left(\frac{\mathfrak{c}-Qp-\dfrac{R}{p}}{2}-\Psi\right)dx-\Sigma\,dp\right)}$; & il ne
s'agira plus que de trouver pour Q & R des valeurs qui fatisfaffent aux quatre
équations $\rho=0$, $\sigma=0$, $F\,2=0$, $F\,4=0$.

(476). A étant toujours un des facteurs propres à rendre intégrable l'équation différentielle $dp+\mu\,dx=0$, fi l'on fait $A\,dp+A\mu\,dx=du$, $u=a$
fera une des deux intégrales premières complètes de cette équation du fecond
ordre; & tout facteur qui fera renfermé dans la formule $A\,\varphi:(u)$, ne pourra

conduire qu'à cette intégrale première. Nommons $A\,2$ un autre facteur propre à rendre intégrable la même équation du second ordre, & qui ne soit pas compris dans la formule $A\,\varphi:(u\,)$; en faisant $A\,2\,dp\,+\,A\,2\,\mu\,dx\,=\,dt$, $t\,=\,b$ sera l'autre intégrale première; & tout facteur qui sera compris dans la formule $A\,2\,f:(\,t\,)$, ne pourra donner que cette intégrale première. Mais Ψ étant une fonction quelconque de $\int d\,u\,\varphi:(\,u\,)$, $\int d\,t\,f:(\,t\,)$; il est clair que $\left(A\,\dfrac{d\Psi}{d\,u}\,\varphi:(\,u\,)+A\,2\,\dfrac{d\Psi}{d\,t}\,f:(\,t\,)\right)(\,dp\,+\,\mu\,d\,x\,)$ est aussi une différentielle exacte, puisqu'elle est égale à $\dfrac{d\Psi}{d\,u}\,d\,u\,\varphi:(u)+\dfrac{d\Psi}{d\,t}\,d\,t\,f:(\,t\,)$;

donc $A\,\dfrac{d\Psi}{d\,u}\,\varphi:(\,u\,)+A\,2\,\dfrac{d\Psi}{d\,t}\,f:(\,t\,)$ est la formule générale qui renferme tous les facteurs précédens. Si on en trouvoit un qu'elle ne comprît point, il donneroit une intégrale première de la proposée qui ne coïncideroit point avec une des deux que nous venons de trouver, & au lieu de deux intégrales premières complètes de notre équation du second ordre, on en auroit trois, ce qui ne peut être; d'où je crois pouvoir conclure que

$A\,\dfrac{d\Psi}{d\,u}\,\varphi:(\,u\,)+A\,2\,\dfrac{d\Psi}{d\,t}\,f:(\,t\,)$ est la formule générale des facteurs propres à rendre $d\,p+\mu\,d\,x$ une différentielle exacte, & est par conséquent l'expression la plus générale qui puisse satisfaire aux deux équations A & B du (n°. 463). Ces propositions seront éclaircies par les exemples suivans.

Soit d'abord l'équation du second ordre $d\,p+\dfrac{p\,d\,x}{x}=0$, dont un des facteurs A est égal à x & donne $u=p\,x$. De $u=p\,x$, on tire $\dfrac{dy}{u}=\dfrac{d\,x}{x}$ & $\dfrac{y}{u}+\int\dfrac{y\,d\,u}{u^{2}}=\log.\,x$; donc $\int\dfrac{y}{p^{2}\,x}\left(d\,p+\dfrac{p\,d\,x}{x}\right)=\log.\,x-\dfrac{y}{p\,x}$; & il est clair que le facteur $\dfrac{y}{p^{2}\,x}$ n'étant pas compris dans la formule $x\,\varphi:(p\,x)$, on peut prendre $\log.\,x-\dfrac{y}{p\,x}=b$ pour l'autre intégrale première complète de la proposée. La première est $p\,x=a$; avec les deux on trouve pour intégrale complète finie $y=a\,(\,\log.\,x-b\,)$. De la même équation $u=p\,x$, on tire aussi $d\,y=\dfrac{u\,d\,x}{x}$ & $y=u\,\log.\,x-\int d\,u\,\log.\,x$; donc $\int x\,\log.\,x\left(d\,p+\dfrac{p\,d\,x}{x}\right)=p\,x\,\log.\,x-y$ & ce nouveau facteur $x\,\log.\,x$ qui n'est compris ni dans $x\,\varphi:(p\,x)$, ni dans $\dfrac{y}{p^{2}\,x}\,f:\left(\log.\,x-\dfrac{y}{p\,x}\right)$, l'est dans la formule plus générale $x\,\dfrac{d\Psi}{d\,u}\,\varphi:(\,u\,)+\dfrac{y}{p^{2}\,x}\,\dfrac{d\Psi}{d\,t}\,f:(\,t\,)$,

où

où $u = p x$ & $t = $ log. $x - \dfrac{y}{p x}$; car en faisant $\Psi = u t$, en sorte que

$\varphi : (u) = 1$, $f : (t) = 1$, $\dfrac{d \Psi}{d u} = t$, $\dfrac{d \Psi}{d t} = u$, cette formule gé-

nérale deviendra x log. $x - \dfrac{y}{p} + \dfrac{y}{p} = x$ log. x. Voici un autre exemple

tiré de la géométrie.

(477). On demande la courbe dont la propriété est, que le rayon de courbure à un point quelconque soit un multiple de la droite tirée de ce point à l'origine des abscisses. Si l'on suppose que les co-ordonnées x & y soient perpendiculaires entr'elles, l'équation qui résoudra le problême sera (n°. 242)

$$\frac{d p}{(1 + p^2)^{\frac{3}{2}}} = \frac{n d x}{\sqrt{(x^2 + y^2)}}.$$ Le second membre devient intégrable étant

multiplié par $x + p y = \dfrac{x d x + y d y}{d x}$, & son intégrale est $n \sqrt{(x^2 + y^2)}$;

je multiplie le premier par le même facteur, & j'ai à intégrer la différentielle

$\dfrac{(x + p y) d p}{(1 + p^2)^{\frac{3}{2}}}$. Pour cela je fais $y = p x + u$, pour que $d u = - x d p$,

& que la différentielle précédente devienne $\dfrac{u p d p - (1 + p^2) d u}{(1 + p^2)^{\frac{3}{2}}}$, qui a

évidemment pour intégrale $\dfrac{- u}{\sqrt{(+ p^2)}} = \dfrac{p x - y}{\sqrt{(1 + p^2)}}$. Ainsi l'équation

du premier ordre $\dfrac{p x - y}{\sqrt{(1 + p^2)}} = a + n \sqrt{(x^2 + y^2)}$ est une des in-

tégrales premières complètes de la proposée, il s'agit maintenant de trouver l'autre. Je ferai $y = x \zeta$; &, à cause de $d y = p d x$, j'aurai $p d x = x d \zeta + \zeta d x$,

d'où je tirerai $\dfrac{d x}{x} = \dfrac{d \zeta}{p - \zeta}$. Cette valeur étant substituée dans la propo-

sée, elle deviendra $\dfrac{d p}{(1 + p^2)^{\frac{1}{2}}} - \dfrac{n d \zeta}{(p - \zeta) \sqrt{(1 + \zeta^2)}} = 0$.

C'est pourquoi si l'on fait encore $\zeta = \dfrac{p + \zeta'}{1 - p \zeta'}$, d'où l'on tire

$$p - \zeta = - \zeta' \cdot \frac{p^2 + 1}{1 - p \zeta'}, \quad \sqrt{(1 + \zeta^2)} = \frac{\sqrt{[(1 + p^2)(1 + \zeta'^2)]}}{1 - p \zeta'} ;$$

$$d \zeta = \frac{(1 + \zeta'^2) d p + (1 + p^2) d \zeta'}{(1 - p \zeta')^2} ;$$

si, dis-je, l'on fait ces substitutions dans la dernière différentielle, on la transformera en celle-ci,

$$\frac{d p}{(1 + p^2)^{\frac{3}{2}}} + \frac{n (1 + \zeta'^2) d p + n (1 + p^2) d \zeta'}{\zeta' \sqrt{(1 + \zeta'^2)} (1 + p^2)^{\frac{3}{2}}}.$$

Partie II. N n

qui n'eſt autre que

$$\frac{\zeta' + n\surd(1 + \zeta'^2)}{\zeta'\surd(1 + p^2)}\left[\frac{dp}{1 + p^2} + \frac{n\,d\zeta'}{[\zeta' + n\surd(1 + \zeta'^2)]\,(1 + \zeta'^2)}\right];$$

& on verra clairement que $\dfrac{\zeta'\surd(1 + p^2)}{\zeta' + n\surd(1 + \zeta'^2)}$ eſt l'autre facteur demandé,

auquel répond l'intégrale première complète

$$\int\frac{dp}{1 + p^2} + \int\frac{n\,d\zeta'}{[\zeta' + n\surd(1 + \zeta'^2)]\surd(1 + \zeta'^2)} = b.$$

On en tirera ζ' en p ou p en ζ'; &, à cauſe de $\dfrac{y}{x} = \zeta = \dfrac{p + \zeta'}{1 - p\zeta'}$, on aura

$y = x\,\dfrac{p + \zeta'}{1 - p\zeta'}$. On mettra cette valeur de y dans l'intégrale première com-

plète trouvée précédemment, & on aura $x = \dfrac{-a(1 - p\zeta')}{[\zeta' + n\surd(1 + \zeta'^2)]\surd(1 + p^2)}$;

on aura auſſi $y = \dfrac{-a(p + \zeta')}{[\zeta' + n\surd(1 + \zeta'^2)]\surd(1 + p^2)}$.

Ainſi x & y feront donnés en fonction de l'une de ces deux quantités ζ' ou p; & le problème ſera réſolu. Dans le (n°. 405) nous avons traité cette même équation d'une autre manière.

(478). B étant une fonction de x, y, p, la différentielle dB a pour fac-teur l'unité, c'eſt-à-dire qu'on peut prend $A = 1$; cela poſé, on demande de trouver $A\,2$. Il feroit important de pouvoir réſoudre ce problème généralement; car $B = a$ peut repréſenter toute équation différentielle du premier ordre; & en la regardant comme une des deux intégrales premières complète de l'équa-tion du ſecond ordre $dB = 0$, s'il étoit poſſible de trouver l'autre au moyen du facteur $A\,2$, on auroit entre x, y, p deux équations, & en éliminant p l'intégrale finie complète de l'équation du premier ordre $B = a$.

Suppoſons que la fonction B ne renferme point y, & que de plus elle ſoit telle qu'en faiſant $p = x^\lambda\zeta$, elle devienne $x^\mu Z$, où Z eſt une fonction de ζ ſeulement. Nous aurons $Z = \dfrac{B}{x^\mu}$, ou, ſuppoſant $x^\mu = \dfrac{B}{\sigma}$, $Z = \sigma$; il pour-

roit arriver que de cette dernière équation on ne pût pas tirer la valeur de ζ par les méthodes connues; nous n'en dirons pas moins que ζ eſt une fonction de σ que nous repréſenterons par Σ, & nous aurons $\zeta = \Sigma$, $p = \Sigma x^\lambda$, $dy = \Sigma x^\lambda dx$.

Mais $x = \left(\dfrac{B}{\sigma}\right)^{\frac{1}{\mu}}$, $dx = \dfrac{1}{\mu}\left(\dfrac{B}{\sigma}\right)^{\frac{1}{\mu} - 1}\times\dfrac{\sigma\,dB - B\,d\sigma}{\sigma^2}$,

$$\&\;x^\lambda dx = \frac{1}{\mu}\left(\frac{B^{\frac{\lambda + 1}{\mu} - 1}\,dB}{\sigma^{\frac{\lambda + 1}{\mu}}} - \frac{B^{\frac{\lambda + 1}{\mu}}\,d\sigma}{\sigma^{\frac{\lambda + 1}{\mu} + 1}}\right);$$

donc $\dfrac{\frac{\mu \, dy}{\lambda + 1}}{B^{\mu}} = \dfrac{\frac{\Sigma \, dB}{\lambda + 1}}{B \, \sigma^{\mu}} - \dfrac{\frac{\Sigma \, d\sigma}{\lambda + 1}}{\sigma^{\mu + 1}}$.

Je mettrai dans le premier terme du second membre pour σ & Σ leurs valeurs $\dfrac{B}{x^{\mu}}$ & $\dfrac{p}{x^{\lambda}}$, & il deviendra $\dfrac{x \, p \, dB}{B^{\frac{\lambda + 1}{\mu} + 1}}$;

puis en intégrant toute l'équation, j'aurai

$$\frac{\mu y}{B^{\frac{\lambda}{\mu} \cdot 1}} + \int \frac{(\lambda + 1) \cdot y \, dB}{B^{\frac{\lambda + 1}{\mu} + 1}} = \int \frac{x \, p \, dB}{B^{\frac{\lambda + 1}{\mu} + 1}} - \int \frac{\Sigma \, d\sigma}{\sigma^{\frac{\lambda + 1}{\mu} + 1}} ;$$

d'où je tirerai facilement

$$\int \frac{x p - (\lambda + 1) y}{B^{\frac{\lambda + 1}{\mu} + 1}} \, dB = \frac{\mu y}{B^{\frac{\lambda + 1}{\mu}}} + \int \frac{\Sigma \, d\sigma}{\sigma^{\frac{\lambda + 1}{\mu} + 1}} ,$$

& que par conséquent dans ce cas-ci le facteur demandé est $\dfrac{x p - (\lambda + 1) y}{B^{\frac{\lambda + 1}{\mu} + 1}}$.

(479). Au lieu de supposer que la fonction B ne renferme point y, nous supposerons qu'elle ne renferme point x, & que de plus elle soit telle qu'en faisant $p = y^{\lambda} \zeta$, elle devienne $y^{\mu} Z$, où Z est une fonction de ζ seulement. Nous aurons $Z = \dfrac{B}{y^{\mu}}$; ou, supposant $y^{\mu} = \dfrac{B}{\sigma}$, $Z = \sigma$, & regardant cette dernière équation comme résolue, nous aurons $\zeta = \Sigma$, Σ étant une fonction de σ, $p = \Sigma y^{\lambda}$, $dy = \Sigma y^{\lambda} dx$, & $dx = \dfrac{dy}{\Sigma y^{\lambda}}$.

Mais $y = \left(\dfrac{B}{\sigma} \right)^{\frac{1}{\mu}}$, $dy = \dfrac{1}{\mu} \left(\dfrac{B^{\frac{1}{\mu} - 1} \, dB}{\sigma^{\frac{1}{\mu}}} - \dfrac{B^{\frac{1}{\mu}} \, d\sigma}{\sigma^{\frac{1}{\mu} + 1}} \right)$;

donc $\mu B^{\frac{\lambda - 1}{\mu}} dx = \dfrac{dB}{B \Sigma \sigma^{\frac{1 - \lambda}{\mu}}} - \dfrac{d\sigma}{\Sigma \sigma^{\frac{1 - \lambda}{\mu} + 1}}$.

Je mettrai dans le premier terme du second membre pour σ & Σ leurs valeurs $\dfrac{B}{y^{\mu}}$ & $\dfrac{p}{y^{\lambda}}$, & il deviendra $\dfrac{y \, dB}{p \, B^{\frac{1 - \lambda}{\mu} + 1}}$;

puis en intégrant toute l'équation, j'aurai

$$\mu x B^{\frac{\lambda-1}{\mu}} - \int (\lambda-1) x B^{\frac{\lambda-1}{\mu}-1} dB = \int \frac{y\,dB}{p\,B^{\frac{1-\lambda}{\mu}+1}} - \int \frac{d\sigma}{\Sigma\sigma^{\frac{1-\lambda}{\mu}+1}} ;$$

d'où je tirerai facilement

$$\int B^{\frac{\lambda-1}{\mu}-1} \left((\lambda-1) x + \frac{y}{p} \right) dB = \mu x B^{\frac{\lambda-1}{\mu}} + \int \frac{\sigma^{\frac{\lambda-1}{\mu}-1}}{\Sigma} d\sigma ;$$

donc dans le cas préfent le facteur demandé eft $B^{\frac{\lambda-1}{\mu}-1} \left((\lambda-1) x + \frac{y}{p} \right).$

La différentielle dB ayant pour facteur $\dfrac{x p - (\lambda+1) y}{B^{\frac{\lambda+1}{\mu}+1}}$ dans le premier cas,

& $B^{\frac{\lambda-1}{\mu}-1} \left((\lambda-1) x + \frac{y}{p} \right)$ dans le fecond, il eft clair que

$x p - (\lambda+1) y$ & $(\lambda-1) x + \frac{y}{p}$ font facteurs l'un de $\dfrac{dB}{B^{\frac{\lambda+1}{\mu}+1}} ,$

l'autre de $B^{\frac{\lambda-1}{\mu}-1} dB$, qui font auffi des différentielles exactes. Ces deux facteurs font fi remarquables par leur fimplicité, que nous nous propoferons les deux problêmes fuivans.

(480). 1°. Trouver toutes les différentielles exactes du fecond ordre qui ont pour facteur $p x + \lambda y$, λ étant un nombre quelconque. Nous repréfenterons par dB ces différentielles exactes, & nous aurons $(p x + \lambda y) dB$ qui fera auffi une différentielle exacte.

Mais $\int (p x + \lambda y) dB = B (p x + \lambda y) - \int B d (p x + \lambda y);$

donc fi $p x + \lambda y$ eft facteur de dB, réciproquement B eft facteur de $d (p x + \lambda y) = (\lambda+1) p dx + x dp$. En confidérant cette dernière différentielle, je vois que fi je prends $A = 1$, & par conféquent $u = p x + \lambda y$, je pourrai faire $A2 = x^\lambda$, d'où je tirerai $t = p x^{\lambda+1}$. Alors fi je nomme Ψ une fonction quelconque de $\int d (p x + \lambda y) \varphi : (p x + \lambda y), \int d \cdot p x^{\lambda+1} f : (p x^{\lambda+1})$,

j'aurai $\dfrac{d\Psi}{du} \varphi : (u) + x^\lambda \dfrac{d\Psi}{dt} f : (t)$, où $u = p x + \lambda y$ & $t = p x^{\lambda+1}$,

pour la formule qui renferme tous les facteurs de $d (p x + \lambda y)$; il eft clair que cette formule eft auffi celle de toutes les fonctions de x, y, p dont les différentielles premières auroient pour facteur $p x + \lambda y$.

2°.

2°. Trouver toutes les différentielles exactes du second ordre qui ont pour facteur $\lambda x + \dfrac{y}{p}$, λ étant un nombre quelconque. Dans ce cas-ci on aura $\left(\lambda x + \dfrac{y}{p} \right) dB$ qui sera une différentielle exacte ; & , à cause de

$$\int \left(\lambda x + \frac{y}{p} \right) dB = B \left(\lambda x + \frac{y}{p} \right) - \int B\, d \left(\lambda x + \frac{y}{p} \right) ;$$

on verra que B doit être facteur de $d \left(\lambda x + \dfrac{y}{p} \right) = (\lambda + 1) \dfrac{dy}{p} - \dfrac{y\,dp}{p^2}$. En considérant cette dernière différentielle, je vois que si je prends $A = 1$, & par conséquent $u = \lambda x + \dfrac{y}{p}$, je pourrai faire $A\, 2 = y^\lambda$, d'où je tirerai $t = \dfrac{y^{\lambda + 1}}{p}$. Alors Ψ étant une fonction quelconque de

$$\int d \left(\lambda x + \frac{y}{p} \right) \varphi : \left(\lambda x + \frac{y}{p} \right), \int d. \frac{y^{\lambda + 1}}{p} f : \left(\frac{y^{\lambda + 1}}{p} \right) ;$$

j'aurai $\dfrac{d\Psi}{du} \varphi : (u) + y^\lambda \dfrac{d\Psi}{dt} \varphi : (t)$, où $u = \lambda x + \dfrac{y}{p}$ & $t = \dfrac{y^{\lambda + 1}}{p}$; pour la formule qui renferme tous les facteurs de $d \left(\lambda x + \dfrac{y}{p} \right)$; il est visible que cette formule est aussi celle de toutes les fonctions de x, y, p dont les différentielles premières auroient pour facteur $\lambda x + \dfrac{y}{p}$. Je passe aux équations différentielles des ordres supérieurs.

(481). L'équation du troisième ordre $dq + \mu\, dx = 0$, où μ est fonction de x, y, $\dfrac{dy}{dx} = p$, $\dfrac{dp}{dx} = q$, étant proposée, on la multipliera par un facteur A fonction de x, y, p, q, & on aura la différentielle exacte $A\, dq + A\mu\, dx$ qui deviendra $(A r + A \mu)\, dx$, si l'on fait $\dfrac{dq}{dx} = r$. On comparera cette diffé-rentielle exacte à celle-ci $\mathfrak{G}\, dx$ du n°. 241, d'où l'on tirera

$$N = \frac{dA}{dy} r + \frac{d.A\mu}{dy}, \quad P = \frac{dA}{dp} r + \frac{d.A\mu}{dp}, \quad Q = \frac{dA}{dq} r + \frac{d.A\mu}{dq}, \quad R = A ;$$

en mettant ces valeurs dans $N - \dfrac{1}{dx} dP + \dfrac{1}{dx^2} d^2 Q - \dfrac{1}{dx^3} d^3 R = 0$, cette équation deviendra $\mathfrak{s} + 2 r \left(\dfrac{d\rho}{dx} + p \dfrac{d\rho}{dy} + q \dfrac{d\rho}{dp} \right) + \rho \dfrac{dr}{dx} + r^2 \dfrac{d\rho}{dq} = 0$, dans laquelle

$$\rho = \frac{d^2.A\mu}{dq^2} - 2 \frac{dA}{dp} - \frac{d^2 A}{dx\,dq} - p \frac{d^2 A}{dy\,dq} - q \frac{d^2 A}{dp\,dq},$$

                                                                    O o

$$\sigma = \frac{d \cdot A\mu}{dy} - \frac{d^2 \cdot A\mu}{dx\,dp} - p\,\frac{d^2 \cdot A\mu}{dy\,dp} - q\,\frac{d^2 \cdot A\mu}{dp^2} + \frac{d^3 \cdot A\mu}{dx^2\,dq} +$$

$$2p\,\frac{d^3 \cdot A\mu}{dx\,dy\,dq} + 2q\,\frac{d^3 \cdot A\mu}{dx\,dp\,dq} + p^2\,\frac{d^3 \cdot A\mu}{dy^2\,dq} + 2pq\,\frac{d^3 \cdot A\mu}{dy\,dp\,dq} + q^2\,\frac{d^3 \cdot A\mu}{dp^2\,dq} +$$

$$q\,\frac{d^2 \cdot A\mu}{dy\,dq} - q^3\,\frac{d^3 A}{dp^3} - 3p\,q^2\,\frac{d^3 A}{dy\,dp^2} - 3p^2\,q\,\frac{d^3 A}{dy^2\,dp} - p^3\,\frac{d^3 A}{dy^3} - 3p^2$$

$$\frac{d^3 A}{dy^2\,dx} - 3q^2\,\frac{d^2 A}{dy\,dp} - 3p\,q\,\frac{d^2 A}{dy^2} - 3q^2\,\frac{d^3 A}{dx\,dp^2} - 6p\,q\,\frac{d^3 A}{dx\,dy\,dp} -$$

$$3q\,\frac{d^2 A}{dx\,dy} - 3q\,\frac{d^3 A}{dx^2\,dp} - 3p\,\frac{d^3 A}{dx^2\,dy} - \frac{d^3 \cdot A}{dx^3}.$$

Maintenant, comme A & μ par l'hypothése ne doivent point renfermer r, cette transformée donnera néceffairement les deux équations $\sigma = 0$ & $\rho = 0$, puis il faudra trouver pour A une valeur qui fatisfaffe en même temps à ces deux équations.

Cela fait, $A\,dq + A\mu\,dx$ fera une différentielle exacte que je repréfenterai par du, & $u = a$ fera une des intégrales premières complètes de la propofée. Nommons $A\,2$ un autre facteur qui fatisfaffe aux deux équations σ & ρ, fans être compris dans la formule $A\,\varphi : (u)$, & faifons $A\,2\,dq + A\,2\,\mu\,dx = dt$, $t = b$ fera une des deux autres intégrales premières complètes de la propofée. Pour trouver la troifième, nous prendrons un facteur $A\,3$ qui fatisfaffe aux mêmes équations de condition, fans être compris ni dans la formule $A\,\varphi : (u)$ ni dans celle-ci $A\,2\,f : (t)$; & en faifant $A\,3\,dq + A\,3\,\mu\,dx = ds$, nous aurons $s = c$ pour cette troifième intégrale première complète de la propofée. Mais Ψ étant une fonction quelconque de $\int du\,\varphi : (u)$, $\int dt\,f : (t)$ & $\int ds\,F : (s)$, cette quantité

$$\left(A\,\frac{d\Psi}{du}\,\varphi : (u) + A\,2\,\frac{d\Psi}{dt}\,\varphi : (t) + A\,3\,\frac{d\Psi}{ds}\,F : (s) \right)(dq + \mu\,dx)$$

fera auffi une différentielle exacte, puifqu'elle eft égale à

$$\frac{d\Psi}{du}\,du\,\varphi : (u) + \frac{d\Psi}{dt}\,dt\,f : (t) + \frac{d\Psi}{ds}\,ds\,F : (s);$$

donc $A\,\frac{d\Psi}{du}\,\varphi : (u) + A\,2\,\frac{d\Psi}{dt}\,f : (t) + A\,3\,\frac{d\Psi}{ds}\,F : (s)$ eft la formule générale qui renferme tous les facteurs propres à rendre $dq + \mu\,dx$ une différentielle exacte, & eft par conféquent l'expreffion la plus générale qui puiffe fatisfaire aux équations σ & ρ.

Si l'équation étoit du quatrième ordre, on trouveroit de la même manière, ou par les autres méthodes que nous avons indiquées, les équations de condition par lefquelles le facteur eft donné; & par un raifonnement femblable à celui que nous venons de faire, on parviendroit facilement à trouver la forme générale de ce facteur. Il en feroit de même des ordres fupérieurs; la grande difficulté, c'eft de pouvoir fatisfaire aux équations de condition qui font aux différences partielles; nous allons dans le chapitre fuivant traiter ce genre d'équations avec beaucoup d'étendue.

CHAPITRE IV.

DE L'INTÉGRATION DES ÉQUATIONS AUX DIFFÉRENCES PARTIELLES.

(482). J'AI donné dans les (n°s. 301 & *suiv.*) les principes fondamentaux du Calcul dont il va être queſtion ; j'ai même intégré complétement (n°. 308) l'équation linéaire du premier ordre $M \frac{dz}{dy} + N \frac{dz}{dx} + Pz + Q = 0$, où M, N, P, Q ſont fonctions des deux variables y & x. Maintenant, ſoit entre les mêmes variables y, x & la fonction z de ces variables une équation non linéaire du même ordre $\frac{dz}{dx} = V$, où V renferment x, y & z.

A cauſe de $dz = \frac{dz}{dx} dx + \frac{dz}{dy} dy$, on aura $dz - V dx = \frac{dz}{dy} dy$; mais ſi pour un moment on regarde y comme conſtant, on aura la différentielle $dz - V dx$ qu'on rendra exacte en la multipliant par un facteur μ qui pourra être fonction des trois quantités x, y & z ; on fera $\mu dz - \mu V dx = dS$, & il ſera clair que $S = F : (y)$ eſt l'intégrale complète de $\frac{dz}{dx} = V$, quel que ſoit V. Soit la différentielle de S, en faiſant varier x, y & z, égale à $\mu dz - \mu V dx + Q dy$; on trouvera Q par la méthode du (n° 291), il doit être pris de la même manière que S ; c'eſt-à-dire que ſi S eſt pris de manière qu'il s'évanouiſſe lorſque $x = a$ & $z = c$, Q devra s'évanouir dans la même hypothèſe. Mais cette différentielle de S eſt auſſi égale à $dy F' : (y)$; donc $dz = V dx + \frac{F' : (y) - Q}{\mu} dy$, & par conſéquent $\frac{dz}{dy} = \frac{F' : (y) - Q}{\mu}$.

Ces propoſitions ſeront éclaircies par les exemples ſuivans.

(483). On propoſe d'intégrer l'équation $\frac{dz}{dx} = \frac{y}{x + z}$. On cherchera d'abord le facteur propre à rendre intégrable la différentielle $dz - \frac{y \, dx}{x + z}$, où y eſt regardé comme conſtant. Mais cette différentielle n'eſt autre que $\frac{-y}{x + z} \left(dx - \frac{x \, dz}{y} - \frac{z \, dz}{y} \right)$, & il eſt clair que $dx - \frac{x \, dz}{y} - \frac{z \, dz}{y}$ a pour facteur $e^{-\frac{z}{y}}$, donc le facteur demandé eſt $- \frac{x + z}{y} e^{-\frac{z}{y}}$.

Ainſi $dS = -\dfrac{x+\zeta}{y}\, e^{-\frac{\zeta}{y}}\, d\zeta + e^{-\frac{\zeta}{y}}\, dx$; d'où l'on tire

$S = e^{-\frac{\zeta}{y}}(y + x + \zeta)$, & $e^{-\frac{\zeta}{y}}(y + x + \zeta) = F : (y)$ pour l'inté-grale complète de $\dfrac{d\zeta}{dx} = \dfrac{y}{x+\zeta}$. La valeur totale de S eſt $e^{-\frac{\zeta}{y}}(y+x+\zeta) + C$,

ou bien $e^{-\frac{\zeta}{y}}(y + x + \zeta) - e^{-\frac{c}{y}}(y + a + c)$, ſi elle doit être priſe de manière qu'elle s'évanouiſſe lorſque $x = a$ & $\zeta = c$; or

$$Q = \frac{dS}{dy} = e^{-\frac{\zeta}{y}}\left(1 + \frac{\zeta}{y} + \frac{x\,\zeta}{y^2} + \frac{\zeta^2}{y^2}\right) - e^{-\frac{c}{y}}\left(1 + \frac{c}{y} + \frac{a\,c}{y^2} + \frac{c^2}{y^2}\right);$$

donc Q s'évanouira auſſi lorſqu'on fera $x = a$ & $\zeta = c$.

Je prendrai pour ſecond exemple l'équation $\dfrac{d\zeta}{dx} = \dfrac{y^2 + \zeta^2}{y^2 + x^2}$. Il eſt clair que le facteur de $d\zeta - \dfrac{y^2 + \zeta^2}{y^2 + x^2}\, dx$, où y eſt regardé comme conſtant, eſt $\dfrac{y}{y^2 + \zeta^2}$; donc $dS = \dfrac{y\,d\zeta}{y^2 + \zeta^2} - \dfrac{y\,dx}{y^2 + x^2}$; & on a par conſéquent pour l'intégrale com-plète démandée cette équation A tang. $\dfrac{y\zeta - xy}{y^2 + x\zeta} = F : (y)$.

Si la valeur de S doit s'évanouir lorſque $x = a$ & $\zeta = c$, elle eſt

$$A \text{ tang. } \frac{y\zeta - xy}{y^2 + x\zeta} - A \text{ tang. } \frac{cy - ay}{y^2 + ac} ;$$

or $Q = \dfrac{dS}{dy} = -\dfrac{\zeta}{y^2 + \zeta^2} + \dfrac{x}{x^2 + y^2} + \dfrac{c}{y^2 + c^2} - \dfrac{a}{y^2 + a^2}$;

donc cette quantité s'évanouira auſſi lorſqu'on fera $x = a$ & $\zeta = c$.

Si on eut propoſé l'équation $\dfrac{d\zeta}{dy} = V$, on auroit cherché le facteur de $d\zeta - V\,dy$, en regardant x comme conſtant ; de cette manière on feroit parvenu à une différentielle exacte, dont l'intégrale égalée à une fonction ar-bitraire de x, auroit été l'intégrale complète demandée.

(484). De l'équation $d\zeta = \dfrac{d\zeta}{dx}\,dx + \dfrac{d\zeta}{dy}\,dy$, on tire

$$\zeta = x\,\frac{d\zeta}{dx} + y\,\frac{d\zeta}{dy} - \int\!\left(x\,d\,\frac{d\zeta}{dx} + y\,d\,\frac{d\zeta}{dy}\right);$$

cette transformation peut être de quelqu'uſage dans l'intégration des équations aux différences partielles, nous en allons donner pluſieurs exemples.

Si

Si on propose celle - ci $\frac{d\zeta}{dy} \cdot \frac{d\zeta}{dx} = 1$; en faisant $\frac{d\zeta}{dx} = p$, on en tirera $\frac{d\zeta}{dy} = \frac{1}{p}$, & par la transformation précédente, $\zeta = px + \frac{y}{p} - \int \left(x - \frac{y}{p^2} \right) dp$. Cette expression seroit absurde, si le co.- efficient de dp sous le signe intégral n'étoit fonction de p seul ; en conséquence on fera $x - \frac{y}{p^2} = F' : (p)$, pour que $\int \left(x - \frac{y}{p^2} \right) dp = F : (p)$; & l'intégrale complète demandée sera donnée par les deux équations $x = \frac{y}{p^2} + F' : (p)$, $\zeta = \frac{2y}{p} + pF'(p) - F:(p)$. Pour avoir une des intégrales particulières, on fera $F : (p) = ap - \frac{b}{p}$, & on aura $F' : (p) = a + \frac{b}{p^2}$. Ces valeurs étant substituées dans les deux équations précédentes, elles deviendront $x = a \frac{b+y}{p^2}$, $\zeta = \frac{2(b+y)}{p}$; d'où l'on tirera $p = \frac{\zeta}{2(y+b)}$, $p^2 = \frac{x-a}{y+b}$; & par conséquent $\zeta = 2 \sqrt{[(x-a)(y+b)]}$, qui est l'intégrale particulière demandée. Celle-ci $\zeta = 2 \sqrt{(xy)}$, qu'on auroit trouvée en faisant $F : (p) = 0$, est évidemment renfermée dans la précédente.

(485). Cette autre équation $\left(\frac{d\zeta}{dy} \right)^2 + \left(\frac{d\zeta}{dx} \right)^2 = 1$ ne sera pas plus difficile à intégrer ; car on en tirera $\frac{d\zeta}{dy} = \sqrt{(1-p^2)}$, & par nôtre transformation , $\zeta = px + y \sqrt{(1-p^2)} - \int \left(x - \frac{py}{\sqrt{(1-p^2)}} \right) dp$. En prenant $F' : (p)$ pour la fonction de p à laquelle le co-efficient de dp doit être égal , on aura l'intégrale complète donnée par les deux équations

$$x = \frac{py}{\sqrt{(1-p^2)}} + F' : (p), \quad \zeta = \frac{y}{\sqrt{(1-p^2)}} + pF':(p) - F:(p).$$

On en trouvera bien simplement une intégrale particulière en faisant $F:(p) = 0$; alors $x = \frac{py}{\sqrt{(1-p^2)}}$, $\zeta = \frac{y}{\sqrt{(1-p^2)}}$; d'où l'on tirera $p = \frac{x}{\zeta}$, & $\zeta = \sqrt{(x^2+y^2)}$.

(486). Soit $\frac{d\zeta}{dx} = p$ & $\frac{d\zeta}{dy} = q$; la formule général deviendra $\zeta = px + qy - \int (x\,dp + y\,dq)$. Cela posé , une équation entre p, q & une des deux variables x où y, x par exemple, étant proposée , on cherchera x en fonction de p, q ; & ayant intégré $x\,dp$ par rapport à p seulement, si l'intégrale est V, celle de la différentielle $x\,dp + y\,dq$ qui nécessairement sera exacte, ne pourra être que de la forme $V + F : (q)$. On aura donc

$x\,dp + y\,dq = dV + dq\,F' : (q)$, d'où l'on tirera, en représentant par $x\,dp + S\,dq$ la différentielle de V prise en faisant varier p & q, $y = S + F' : (q)$, & par conséquent $z = p\,x + S\,q + q\,F' : (q) - F' : (q) - V$; on voit que S est comme V une fonction donnée de p & q.

Si l'on proposoit $q = P\,x + \pi$, où P & π ne font fonctions que de la feule variable p; on en tireroit $x = \dfrac{q - \pi}{P}$, & par conséquent

$V = q\displaystyle\int \dfrac{dp}{P} - \int \dfrac{\pi\,dp}{P}, \; S = \int \dfrac{dp}{P}$. Donc l'intégrale demandée feroit donnée par les deux équations

$$y = \int \dfrac{dp}{P} + F' : (q), \; z = \dfrac{p\,(q - \pi)}{P} + \int \dfrac{\pi\,dp}{P} + q\,F' : (q) - F' : (q).$$

On peut réfoudre ce problême d'une autre manière; car de

$d z = p\,dx + (P\,x + \pi)\,dy$, on tire $z = p\,x + \int (P\,x\,dy + \pi\,dy - x\,dp)$; en faifant enfuite $P\,x + \pi = u$, d'où l'on tire $x = \dfrac{u - \pi}{P}$, on a

$z = p\,x + \displaystyle\int \dfrac{\pi\,dp}{P} + \int u \left(dy - \dfrac{dp}{P} \right)$. Il eft clair maintenant

que u & $\displaystyle\int u \left(dy - \dfrac{dp}{P} \right)$ doivent être fonctions de $y - \int \dfrac{dp}{P}$; &

que fi l'on fait $\displaystyle\int u \left(dy - \dfrac{dp}{P} \right) = f : \left(y - \int \dfrac{dp}{P} \right)$, on doit

avoir u ou $P\,x + \pi = f' : \left(y - \displaystyle\int \dfrac{dp}{P} \right)$.

Donc de cette manière l'intégrale complète fera donnée par les deux équations

$x = - \dfrac{\pi}{P} + \dfrac{1}{P}\,f' : \left(y - \displaystyle\int \dfrac{dp}{P} \right)$ &

$z = \displaystyle\int \dfrac{\pi\,dp}{P} - \dfrac{p\,\pi}{P} + \dfrac{p}{P}\,f' : \left(y - \int \dfrac{dp}{P} \right) + f : \left(y - \int \dfrac{dp}{P} \right)$;

il ne fera pas inutile de comparer ces deux réfultats en apparence fi différens.

On tire du premier $y - \displaystyle\int \dfrac{dp}{P} = F' : (q)$, & réciproquement $q = f' : \left(y - \int \dfrac{dp}{P} \right)$;

donc $x = - \dfrac{\pi}{P} + \dfrac{1}{P}\,f' : \left(y - \displaystyle\int \dfrac{dp}{P} \right)$.

Puifque $F' : (q) = y - \displaystyle\int \dfrac{dp}{P}$ & que $dq = d\left(y - \int \dfrac{dp}{P} \right) f'' : \left(y - \int \dfrac{dp}{P} \right)$,

on aura

$$dq\,F' : (q) = \left(y - \int \dfrac{dp}{P} \right) d\left(y - \int \dfrac{dp}{P} \right) f'' : \left(y - \int \dfrac{dp}{P} \right), \&$$

$$F : (q) = \left(y - \int \dfrac{dp}{P} \right) f' : \left(y - \int \dfrac{dp}{P} \right) - f : \left(y - \int \dfrac{dp}{P} \right).$$

En mettant pour q, $F:(q)$ & $F':(q)$ leurs valeurs dans

$$\zeta = \frac{p(q-\Pi)}{P} + \int \frac{\Pi\, dp}{P} + q F':(q) - F:(q),$$

on trouvera

$$\zeta = \int \frac{\Pi\, dp}{P} - \frac{p\,\Pi}{P} + \frac{p}{P} f':\left(y - \int \frac{dp}{P}\right) + f:\left(y - \int \frac{dp}{P}\right).$$

(487). Si l'équation proposée étoit telle qu'on eût ζ égal à une fonction donnée de p & q ; de l'équation $d\zeta = p\,dx + q\,dy$, on tireroit $dy = \frac{d\zeta}{q} - r\,dx$, en faisant pour abréger $\frac{p}{q} = r$; puis $y = \frac{\zeta}{q} - rx + \int \left(\frac{\zeta\,dq}{q^2} + x\,dr\right)$.

Ayant intégré $\frac{\zeta\,dq}{q^2}$, où ζ n'est fonction que de q & r, par rapport à q seulement, si l'intégrale est V, celle de $\frac{\zeta\,dq}{q^2} + x\,dr$, qui nécessairement est une différentielle exacte, ne pourra être que de la forme $V + F:(r)$. On aura donc $\frac{\zeta\,dq}{q^2} + x\,dr = dV + dr\,F'(r)$; d'où l'on tirera, en représentant par $\frac{\zeta\,dq}{q^2} + S\,dr$ la différentielle de V prise en faisant varier q & r, $x = S + F':(r)$, & par conséquent $y = \frac{\zeta}{q} + V - rS - rF':(r) + F:(r)$.

Soit $\zeta = apq = aq^2 r$; il faudra d'abord intégrer $ar\,dq$ en regardant q seul comme variable, & on aura $V = arq$, $S = aq$. Donc dans ce cas - ci

$$x = aq + F':(r), \quad y = aq - rF':(r) + F:(r).$$

Mais on peut conclure de la première de ces équations

$$r = f':(x - aq), \quad dr = (dx - a\,dq) f'':(x - aq) ;$$

donc, à cause de $dr\,F':(r) = (x - aq)(dx - a\,dq).f'':(x - aq)$, d'où l'on tire $F:(r) = (x - aq)f':(x - aq) - f:(x - aq)$,

$$F:(r) - rF':(r) = -f:(x - aq) ;$$

on aura aussi $y = aqf':(x - aq) - f:(x - aq)$, $\zeta = aq^2 f'(x - aq)$. On peut parvenir bien simplement à ce dernier résultat, car de $dy = \frac{d\zeta}{q} - \frac{\zeta\,dx}{aq^2}$,

on tire $y = \frac{\zeta}{q} - \int \left(-\frac{\zeta\,dq}{q^2} + \frac{\zeta\,dx}{aq^2}\right)$, & que $\frac{\zeta}{q^2}$ ne peut être fonction que de $-q + \frac{x}{a}$. Il suit delà qu'on peut supposer $\zeta = aq^2 f':(x - aq)$, ce qui donne $y = aqf':(x - aq) - f:(x - aq)$.

(488). L'équation $q = Vx + U$, où V & U sont fonctions de p & y, étant proposée ; on fera usage de la formule $\zeta = p x + \int (q\,dy - x\,dp)$

qui devient alors $z = px + \int (Vx\,dy + U\,dy - x\,dp)$. On supposera $x (V\,dy - dp) + U\,dy = d\sigma$; & μ étant le facteur de $V\,dy - dp$, si $\mu V\,dy - \mu\,dp = dS$, on aura $d\sigma = \dfrac{x}{\mu} dS + U\,dy$. Ayant mis dans U pour p sa valeur en y & S, si l'intégrale de $U\,dy$, prise par rapport à y seul, est T; on aura $\sigma = T + F : (S)$, & par conséquent $\dfrac{x}{\mu} = \dfrac{dT}{dS} + F' : (S)$. Ainsi l'intégrale demandée sera donnée par les deux équations

$$x = \mu \frac{dT}{dS} + \mu F' : (S), \quad z = T + \mu p \frac{dT}{dS} + F : (S) + \mu p F' : (S).$$

U & V étant des fonctions de q & x, si on eut proposé $p = Vy + U$, on auroit fait usage de la formule $z = qy + \int (p\,dx - y\,dq)$ qui seroit devenue $z = qy + \int (Vy\,dx + U\,dx - y\,dq)$; & ayant fait

$$y (V\,dx - dq) + U\,dx = d\sigma, \quad \mu V\,dx - \mu\,dq = dS,$$

on auroit trouvé $d\sigma = \dfrac{y}{\mu} dS + U\,dx$, & par conséquent $\sigma = T + F : (S)$; où T seroit l'intégrale de $U\,dx$, prise en ne faisant varier que x, après avoir mis dans U pour q sa valeur en x & S. L'intégrale complète auroit été donnée par les deux équations.

$$y = \mu \frac{dT}{dS} + \mu F' (S), \quad z = q\mu \frac{dT}{dS} + q\mu F' : (S) + T + F : (S).$$

On pourra proposer $y = Vx + U$, V & U étant des fonctions de p & q. Alors on fera usage de la formule $z = px + qy - \int (x\,dp + y\,dq)$ qui deviendra $z = px + q (Vx + U) - \int (x\,dp + V x\,dq + U\,dq)$. Soit $x (dp + V\,dq) + U\,dq = d\sigma$ & $\mu\,dp + \mu V\,dq = dS$; on aura $d\sigma = \dfrac{x}{\mu} dS + U\,dq$ & $\sigma = T + F : (S)$, T étant l'intégrale de $U\,dq$ prise en ne faisant varier que q après avoir mis dans U pour p sa valeur en S & q. Dans ce cas-ci l'intégrale complète sera donnée par les deux équations

$$x = \mu \frac{dT}{dS} + \mu F' : (S),$$

$$z = \mu (p + qV) \left(\frac{dT}{dS} + F' : (S) \right) - T + qU - F : (S).$$

(489). Je suppose qu'on ait $P = Q$, P & Q étant deux fonctions, l'une de p & x, l'autre de q & y. Pour résoudre cette équation, nous introduirons une nouvelle indéterminée u que nous supposerons égale à chacune des fonctions P & Q; nous aurons de cette manière deux équations desquelles nous pourrons tirer p en x & u, & q en y & u. Mais $dz = p\,dx + q\,dy$; si nous intégrons les différentielles $p\,dx$ & $q\,dy$ (dont la première ne renferme que x & u, & l'autre que y & u), en regardant u comme constant, que nous nommions les intégrales trouvées R & S, & que nous fassions ensuite $dR = p\,dx + V\,du$, $dS = q\,dy + U\,du$; nous aurons $dz = dR + dS - (V + U)\,du$,

expression

expreffion qui feroit abfurde fi $V + U$ n'étoit fonction de u feul. Le problême fera donc réfolu par les deux équations

$$V + U = F' : (u) \ \& \ \zeta = R + S - F : (u).$$

Nous prendrons pour exemple l'équation $a^4 p q = x^2 y^2$, qui devient

$$\frac{a^2 q}{y^2} = \frac{x^2}{a^2 p}. \text{ Nous ferons } \frac{a^2 q}{y^2} = u, \ \frac{x^2}{a^2 p} = u \ ; \text{ d'où nous tirerons}$$

$$p = \frac{x^2}{a^2 u}, \ q = \frac{u y^2}{a^2}, \ R = \frac{x^3}{3 a^2 u}, \ S = \frac{u y^3}{3 a^2},$$

$$V = \frac{d R}{d u} = - \frac{x^3}{3 a^2 u^2}, \ U = \frac{d S}{d u} = \frac{y^3}{3 a^2} \ ;$$

& nous aurons pour réfoudre le problême les deux équations

$$y^3 - \frac{x^3}{u^2} = 3 a^2 F' : (u), \ \zeta = \frac{1}{3 a^2} \left(u y^3 + \frac{x^3}{u^2} - 3 a^2 F : (u) \right).$$

(490). Nous avons démontré (n°. 302) que M & N étant fonctions des deux variables y, x, fi on fuppofoit $\mu M d x - \mu N d y = d S$, l'intégrale complète de l'équation $M \frac{d \zeta}{d y} + N \frac{d \zeta}{d x} = 0$ feroit $\zeta = F : (S)$. Mais $\zeta = F : (S)$ feroit encore l'intégrale complète de cette équation, quand bien même M & N, outre les deux variables dont nous venons de parler, renfermeroient auffi la fonction ζ de ces variables ; c'eft-à-dire que pour intégrer l'équation dans ce cas-là, il fuffiroit de chercher le facteur propre à rendre $M d x - N d y$ une différentielle exacte, en traitant ζ comme une quantité conftante. En effet, à caufe de

$$d\zeta = \frac{d \zeta}{d y} d y + \frac{d \zeta}{d x} d x \ \& \ \text{de} \ \frac{d \zeta}{d y} = - \frac{N}{M} \frac{d \zeta}{d x}, \text{ on a } d\zeta = \frac{d \zeta}{d x} \cdot \frac{M d x - N d y}{M}.$$

Soit μ le facteur de $M d x - N d y$ lorfque ζ eft regardé comme conftant, foit auffi $\mu M d x - \mu N d y = d S$, on aura $d\zeta = \frac{d \zeta}{d x} \frac{d S}{\mu M}$. Mais S renferme x, y & ζ, & la différentielle $d S$ que nous venons de trouver n'a été prife qu'en faifant varier x & y ; il manque donc à $d S$ un terme $K d \zeta$ pour qu'elle foit la différentielle de S prife en faifant varier x, y & ζ. On ajoutera de part & d'autre de l'équation précédente $\frac{d \zeta}{d x} \frac{K d \zeta}{\mu M}$, & on aura $d\zeta + \frac{d \zeta}{d x} \frac{K d \zeta}{\mu M} = \frac{d \zeta}{d x} \cdot \frac{d S + K d \zeta}{\mu M}$,

ou $d\zeta + \frac{d \zeta}{d x} \cdot \frac{K d \zeta}{\mu M} = \frac{d \zeta}{d x} \cdot \frac{d S}{\mu M}$, $d S$ étant ici la différentielle complète de S.

Il fera facile de tirer de-là $d\zeta = \frac{d \zeta}{d x} \cdot \frac{d S}{\mu M + K \frac{d \zeta}{d x}}$, & que par conféquent ζ ne

peut être fonction que de S. Je prendrai pour exemple $x \zeta \frac{d \zeta}{d y} + y^2 \frac{d \zeta}{d x} = 0$.

Partie II. Qq

Alors S égalera $\dfrac{x^2 \zeta}{2} - \dfrac{y^3}{3}$, $\& \zeta = F : (3 x^2 \zeta - 2 y^3)$ fera l'intégrale complète de la propofée.

(491). Jufqu'ici nous n'avons fuppofé que deux variables y & x; fi la fonction ζ en devoit renfermer trois y, x, u; & qu'on proposât d'intégrer complètement l'équation $M \dfrac{d\zeta}{dy} + N \dfrac{d\zeta}{dx} + P \dfrac{d\zeta}{du} = 0$; alors à caufe de

$d\zeta = \dfrac{d\zeta}{dy} dy + \dfrac{d\zeta}{dx} dx + \dfrac{d\zeta}{du} du$, on auroit, en éliminant fucceffivement

$\dfrac{d\zeta}{dy}$, $\dfrac{d\zeta}{dx}$ & $\dfrac{d\zeta}{du}$ ces trois équations

$$d\zeta = \frac{d\zeta}{dx} \left(dx - \frac{N}{M} dy \right) + \frac{d\zeta}{du} \left(du - \frac{P}{M} dy \right),$$

$$d\zeta = \frac{d\zeta}{dy} \left(dy - \frac{M}{N} dx \right) + \frac{d\zeta}{du} \left(du - \frac{P}{N} dx \right),$$

$$d\zeta = \frac{d\zeta}{dy} \left(dy - \frac{M}{P} du \right) + \frac{d\zeta}{dx} \left(dx - \frac{N}{P} du \right).$$

1°. Si les fractions $\dfrac{N}{M}$ & $\dfrac{P}{M}$ ne renferment, l'une que x & y, l'autre que

u & y; on cherchera les facteurs de $dx - \dfrac{N}{M} dy$ & $du - \dfrac{P}{M} dy$.

Soient μ & μ' ces facteurs, $\mu dx - \dfrac{\mu N}{M} dy = dS$, $\mu' du - \dfrac{\mu' P}{M} dy = dS'$;

on aura $d\zeta = \dfrac{d\zeta}{dx} \dfrac{dS}{\mu} + \dfrac{d\zeta}{du} \dfrac{dS'}{\mu'}$, & ζ fera néceffairement fonction des feules variables S & S'. Donc $\zeta = F : (S, S')$ eft dans ce premier cas l'intégrale complète de la propofée. Si, par exemple, on avoit à intégrer

$$V X Y \frac{d\zeta}{du} + Q V \frac{d\zeta}{dx} + R X \frac{d\zeta}{du} = 0,$$

où les quantités V, X, Y font chacune fonction d'une des variables u, x, y; & où celles-ci Q, R font fonctions l'une de x, y, l'autre de u, y; il s'agiroit

de rendre exacte $dx - \dfrac{Q\,dy}{X\,Y}$ & $du - \dfrac{R\,dy}{V\,Y}$ pour avoir μ, μ', S & S',

& l'intégrale complète demandée feroit $\zeta = f : (S, S')$. En effet, en fuppofant $d\zeta = (A\,dS + B\,dS')\, F' : (S, S')$, où A & B font des fonctions de S & S'

telles que $\dfrac{dA}{dS'} = \dfrac{dB}{dS}$, on aura

$$\frac{d\zeta}{dy} = \left(A \frac{dS}{dy} + B \frac{dS'}{dy} \right) F' : (S, S'), \quad \frac{d\zeta}{dx} = A \frac{dS}{dx} F' : (S, S');$$

$$\frac{d\zeta}{du} = B \frac{dS'}{du} F' : (S, S').$$

Mais $\frac{dS}{dx} = \mu$, $\frac{dS}{dy} = -\frac{\mu Q}{XY}$, $\frac{dS'}{dy} = -\frac{\mu' R}{VY}$, $\frac{dS'}{du} = \mu'$;

donc $\frac{d\zeta}{dy} = -\left(\frac{\mu A Q}{XY} + \frac{\mu' B R}{VY} \right) F' : (S, S')$, $\frac{d\zeta}{dx} = A\mu F' (S, S')$;

$\frac{d\zeta}{du} = B \mu' F' : (S, S')$; valeurs qui étant fubftituées dans la propofée, la rendront identique.

2°. Si les fractions $\frac{M}{N}$ & $\frac{P}{N}$ ne renferment, l'une que x & y, l'autre que u & x; on cherchera les facteurs de $dy - \frac{M}{N} dx$, $du - \frac{P}{N} dx$.

Si on nomme $\mu\,1$ & $\mu'\,1$ ces facteurs, & qu'enfuite on faffe

$$\mu\,1\, dy - \frac{\mu\,1\, M}{N} dx = dS\,1, \quad \mu'\,1\, du - \frac{\mu'\,P}{N} dx = dS'\,1,$$

on aura pour l'intégrale complète demandée, $\zeta = F : (S\,1, S'\,1)$.

Je prendrai pour exemple l'équation $Q V \frac{d\zeta}{dy} + V X Y \frac{d\zeta}{dx} + R Y \frac{d\zeta}{du} = 0$, ou Q, V, X, Y fignifient les mêmes chofes que dans l'exemple précédent, & où R eft une fonction de u & x. Pour réfoudre ce problême, je chercherai les facteurs de $dy - \frac{Q\,dy}{XY}$, $du - \frac{R\,dx}{VX}$; & ayant trouvé de cette manière $S\,1$ & $S'\,1$, j'aurai pour l'intégrale complète de la propofée $\zeta = F : (S\,1, S'\,1)$; ce qu'on pourra facilement vérifier

3°. Si les fractions $\frac{M}{P}$ & $\frac{N}{P}$ ne renferment, l'une que y & u; l'autre que x & u, on cherchera les facteurs de $dy - \frac{M}{P} du$, $dx - \frac{N}{P} du$.

Ayant nommé $\mu\,2$ & $\mu'\,2$ ces facteurs, fi l'on fait enfuite

$$\mu\,2\, dy - \frac{\mu\,2\, M}{P} du = dS\,2, \quad \mu'\,2\, dx - \frac{\mu'\,2\, N}{P} du = dS'\,2;$$

on aura pour l'intégrale complète demandée $\zeta = F : (S\,2, S'\,2)$. Ainfi pour intégrer $Q X \frac{d\zeta}{dy} + R Y \frac{d\zeta}{dx} + V X Y \frac{d\zeta}{du} = 0$, où V, X, Y fignifient toujours les mêmes chofes, & où les quantités Q & R font fonctions, l'une de y, u, l'autre de x, u; on cherchera les facteurs de $dy - \frac{Q\,du}{YV}$, $dx - \frac{R\,du}{XV}$, & lorfqu'on aura trouvé de cette manière $S\,2$ & $S'\,2$, on fera $\zeta = F : (S\,2, S'\,2)$, & on aura l'intégrale complète demandée.

(492). Soient $\frac{d\zeta}{du} = n$, $\frac{d\zeta}{dx} = p$, $\frac{d\zeta}{dy} = q$; on demande l'intégrale complète de $n p q = 1$. On tire de cette équation $n = \dfrac{1}{p q}$; & , à cause de $d z = n d u + p d x + q d y$, on a $d z = \dfrac{d u}{p q} + p d x + q d y$, & par conséquent

$$z = \frac{u}{p q} + p x + q y - \int \left(x d p + y d q - \frac{u d p}{p q} - \frac{u d q}{p q^2} \right).$$

Cette transformation nous apprend que $\left(x - \dfrac{u}{p^2 q} \right) d p + \left(y - \dfrac{u}{p q^2} \right) d q$ doit être la différentielle exacte d'une fonction de p & q. Nommons S cette fonction ; & nous aurons

$$z = p x + q y + \frac{u}{p q} - S, \quad x - \frac{u}{p^2 q} = \frac{d S}{d p}, \quad y - \frac{u}{p q^2} = \frac{d S}{d q}.$$

Il suit de tout cela que si nous prenons une fonction quelconque S de p & q, nous aurons pour résoudre le problème les trois équations

$$x = \frac{u}{p^2 q} + \frac{d S}{d p}, \quad y = \frac{u}{p q^2} + \frac{d S}{d q} \ \& \ z = \frac{3 u}{p q} + p \frac{d S}{d p} + q \frac{d S}{d q} - S.$$

Si nous voulions une des intégrales particulières de cette équation $n p q = 1$, nous ferions, par exemple, $S = $ constante, pour que $\dfrac{d S}{d p} = 0$, $\dfrac{d S}{d q} = 0$, & nous aurions d'abord les deux équations $p^2 q = \dfrac{u}{x}$, $p q^2 = \dfrac{u}{y}$, desquelles nous tirerions $p^3 q^3 = \dfrac{u^2}{x y}$, $p q = \sqrt[3]{\left(\dfrac{u^2}{x y} \right)}$; & par conséquent

$$p = \sqrt[3]{\left(\frac{u y}{x^2} \right)}, \quad q = \sqrt[3]{\left(\frac{u x}{y^2} \right)}, \quad z = 3 \sqrt[3]{(u x y)} - C;$$

cette valeur de z satisfait évidemment à la proposée. Il n'est pas moins clair que si l'on prend $z = 3 \sqrt[3]{[(u + a)(x + b)(y + c)]} - C$, qui est une valeur de z un peu plus générale que la précédente, on doit aussi satisfaire à la même équation.

Il y a d'autres intégrales particulières de la même équation $n p q = 1$, auxquelles nous nous arrêterons à cause de leur simplicité ; ce sont celles qu'on trouve en prenant $S = 2 c \sqrt{p q}$. En effet, à cause de $\dfrac{d S}{d p} = \dfrac{c \sqrt{q}}{\sqrt{p}}$, $\dfrac{d S}{d q} = \dfrac{c \sqrt{p}}{\sqrt{q}}$, on a alors les trois équations

$$x = \frac{u}{p^2 q} + \frac{c \sqrt{q}}{\sqrt{p}}, \quad y = \frac{u}{p q^2} + \frac{c \sqrt{p}}{\sqrt{q}}, \quad z = \frac{3 u}{p q}.$$

Or en multipliant les deux premières l'une par l'autre, il vient

$$x y = \frac{u^2}{p^3 q^3} + \frac{2 c u}{p q \sqrt{p q}} + c^2, \ \text{ou} \ p^3 q^3 - \frac{2 c u}{x y - c^2} p q \sqrt{p q} = \frac{u^2}{x y - c^2};$$

d'où

d'où l'on tire $p q \sqrt{p q} = - \dfrac{u}{c \pm \sqrt{x y}}$ & $p q = \sqrt[3]{\left(\dfrac{u^2}{(c \pm \sqrt{x y})^2} \right)}$.

Donc $\zeta = 3 \sqrt[3]{[u (c \pm \sqrt{x y})^2]}$; & comme on peut permuter les trois variables entr'elles, il eſt viſible qu'on a auſſi ces deux autres intégrales particulières
$$\zeta = 3 \sqrt[3]{[x (c_1 \pm \sqrt{u y})^2]}, \quad \zeta = 3 \sqrt[3]{[y (c_2 \pm \sqrt{u x})^2]}.$$

C'eſt à-peu-près ainſi qu'Euler réſout ces problêmes dans le troiſième volume de ſon Calcul intégral; je ne ſuivrai pas plus loin la méthode de ce grand géomètre; celle dont je vais me ſervir eſt tirée d'un mémoire que j'ai lu à l'académie des ſciences dans le coûrant de 1772.

(493). J'imagine entre y, x & une fonction de ces variables que je nomme ζ, l'équation $(B) + F : \omega) = 0$ qui renferme une fonction arbitraire. Je différentie cette équation deux fois, l'une par rapport à y, l'autre par rapport à x; ce qui me donne
$$\frac{d (B)}{d y} + \frac{d \omega}{d y} F' : (\omega) = 0, \quad \frac{d (B)}{d x} + \frac{d \omega}{d x} F' : (\omega) = 0;$$

avec ces deux équations j'élimine $F' : (\omega)$, & il me vient $\dfrac{d (B)}{d y} - r \dfrac{d (B)}{d x} = 0$;

où j'ai fait pour abréger $\dfrac{d \omega}{d y} : \dfrac{d \omega}{d x} = r$. Or ſi nous ſuppoſons
$$d (B) = \frac{d (B)}{d x} d x + \frac{d (B)}{d y} d y + \frac{d (B)}{d \zeta} d \zeta, \text{ nous aurons}$$
$$\frac{d (B)}{d y} = \frac{d (B)}{d y} + \frac{d (B)}{d \zeta} \frac{d \zeta}{d y}, \quad \frac{d (B)}{d x} = \frac{d (B)}{d x} + \frac{d (B)}{d \zeta} \frac{d \zeta}{d x};$$

& l'équation précédente deviendra
$$\frac{d (B)}{d \zeta} \frac{d \zeta}{d y} - r \frac{d (B)}{d \zeta} \frac{d \zeta}{d x} + \frac{d (B)}{d y} - r \frac{d (B)}{d x} = 0.$$

Nous allons faire uſage de cette transformée pour intégrer complétement l'équation $M \dfrac{d \zeta}{d y} + N \dfrac{d \zeta}{d x} + V = 0$, dans laquelle M, N ſont fonctions de x, y, & V fonction de x, y, ζ.

Il faudra multiplier cette équation par un facteur Ψ; puis il faudra la comparer à la transformée, ce qui donnera
$$\frac{d (B)}{d \zeta} = M \Psi, \quad - r \frac{d (B)}{d \zeta} = N \Psi, \quad \frac{d (B)}{d y} - r \frac{d (B)}{d x} = V \Psi.$$

On tirera des deux premières équations $M r + N = 0$; la troiſième deviendra
$$\frac{d (B)}{d y} - r \frac{d (B)}{d x} = \frac{V}{M} \frac{d (B)}{d \zeta}; \text{ & le problême ſera réduit à trouver}$$

pour ω & (B) des valeurs qui ſatisfaſſent aux deux équations
$$M \frac{d \omega}{d y} + N \frac{d \omega}{d x} = 0, \quad M \frac{d (B)}{d y} + N \frac{d (B)}{d x} - V \frac{d (B)}{d \zeta} = 0.$$

Partie II. R r

Pour satisfaire à la première, on prendra $\omega = S$, S étant l'intégrale de la différentielle $M\,dx - N\,dy$ multipliée par un facteur μ propre à la rendre exacte.

Mais $d(B) = \dfrac{d(B)}{dx}\,dx + \dfrac{d(B)}{dy}\,dy + \dfrac{d(B)}{d\zeta}\,d\zeta$; en mettant dans cette équation pour $\dfrac{d(B)}{dy}$ sa valeur $-\dfrac{N}{M}\dfrac{d(B)}{dx} + \dfrac{V}{M}\dfrac{d(B)}{d\zeta}$, on aura

$$d(B) = \frac{d(B)}{dx} \cdot \frac{M\,dx - N\,dy}{M} + \frac{d(B)}{d\zeta}\left(d\zeta + \frac{V\,dy}{M}\right) =$$
$$\frac{d(B)}{dx}\frac{dS}{\mu M} + \frac{d(B)}{d\zeta}\left(d\zeta + \frac{V\,dy}{M}\right).$$

On regardera S comme constant, ce qui réduira l'équation précédente à celle-ci $d(B) = \dfrac{d(B)}{d\zeta}\left(d\zeta + \dfrac{V\,dy}{M}\right)$; & il ne sera plus question, pour trouver (B), que de chercher le facteur de la différentielle $d\zeta + \dfrac{V\,dy}{M}$ (dans laquelle on mettra auparavant pour x sa valeur en y & S tirée de $\int(\mu\,M\,dx - \mu\,N\,dy) = S$) en regardant S comme constant. Si la différentielle exacte qu'on trouvera de cette manière est dT, $T = F : (S)$ sera l'intégrale complète de $M\dfrac{d\zeta}{dy} + N\dfrac{d\zeta}{dx} + V = 0$, M, N étant des fonctions quelconques de x, y, & V une fonction quelconque de x, y, ζ.

On auroit pu mettre dans l'équation

$$d(B) = \frac{d(B)}{dx}\,dx + \frac{d(B)}{dy}\,dy + \frac{d(B)}{d\zeta}\,d\zeta;$$

pour $\dfrac{d(B)}{dx}$ sa valeur $-\dfrac{M}{N}\dfrac{d(B)}{dy} + \dfrac{V}{N}\dfrac{d(B)}{d\zeta}$,

ce qui auroit donné

$$d(B) = -\frac{d(B)}{dy} \cdot \frac{M\,dx - N\,dy}{N} + \frac{d(B)}{d\zeta}\left(d\zeta + \frac{V\,dx}{N}\right) = -$$
$$\frac{d(B)}{dy}\frac{dS}{\mu N} + \frac{d(B)}{d\zeta}\left(d\zeta + \frac{V\,dx}{N}\right);$$

& tout se réduit à transformer la différentielle $d\zeta + \dfrac{V\,dx}{N}$ en mettant pour y sa valeur en x & S, & à chercher ensuite le facteur propre à la rendre exacte en regardant S comme constant. Si de cette manière on eût trouvé pour différentielle exacte $d\theta$, on auroit pris $\theta = F : (S)$ pour l'intégrale complète de la proposée. Il ne sera pas inutile d'éclaircir ce que nous venons de dire par quelques exemples.

(494). 1°. Si $V = P\zeta + Q$, P & Q étant des fonctions quelconques de x & y; il s'agira de rendre exacte la différentielle $d\zeta + \dfrac{P}{M}\zeta\,dy + \dfrac{Q}{M}\,dy$, ou celle - ci $d\zeta + \dfrac{P}{N} \zeta\, dx + \dfrac{Q}{N}\, dx$. Je suppose qu'ayant mis pour x sa valeur en y & S, la première devienne $d\zeta + \dfrac{P'}{M'} \zeta\, dy + \dfrac{Q'}{M'}\, dy$, qui a pour facteur $e^{\int \frac{P'}{M'} dy}$; ou qu'ayant mis pour y sa valeur en x & S, la seconde devienne $d\zeta + \dfrac{(P)}{(N)} \zeta\, dx + \dfrac{(Q)}{(N)}\, dx$, qui a pour facteur $e^{\int \frac{(P)}{(N)} dx}$. Alors on aura $T = \zeta\, e^{\int \frac{P'}{M'} dy} + \int e^{\int \frac{P'}{M'} dy} \dfrac{Q'}{M'}\, dy$,

$$\theta = \zeta\, e^{\int \frac{(P)}{(N)} dx} + \int e^{\int \frac{(P)}{(N)} dx} \dfrac{(Q)}{(N)}\, dx ;$$

& pour intégrale complète

$$\zeta = e^{-\int \frac{P'}{M'} dy} \left(F:(S) - \int e^{\int \frac{P'}{M'} dy} \dfrac{Q'}{M'}\, dy \right), \text{ ou}$$

$$\zeta = e^{-\int \frac{(P)}{(N)} dx} \left(F:(S) - \int e^{\int \frac{(P)}{(N)} dx} \dfrac{(Q)}{(N)}\, \right) dx,$$

comme nous l'avons trouvé (n°. 308).

2°. Soit proposé d'intégrer les équations

$$Y \dfrac{d\zeta}{dy} + X \dfrac{d\zeta}{dx} = Z \;\&\; X \dfrac{d\zeta}{dy} + Y \dfrac{d\zeta}{dx} = Z,$$

où les quantités X, Y & Z sont chacune fonction d'une des variables x, y, ζ. Pour la première, il faudra rendre exactes les deux différentielles $Y\, dx - X\, dy$ & $d\zeta - \dfrac{Z\, dy}{Y}$, dont l'une a pour facteur $\dfrac{1}{XY}$ & l'autre $\dfrac{1}{Z}$. On trouvera de cette manière $S = \int \dfrac{dx}{X} - \int \dfrac{dy}{Y}$, $T = \int \dfrac{d\zeta}{Z} - \int \dfrac{dy}{Y}$; & pour l'intégrale complète demandée

$$\int \dfrac{d\zeta}{Z} - \int \dfrac{dy}{Y} = F : \left(\int \dfrac{dx}{X} - \int \dfrac{dy}{Y} \right).$$

Mais pour intégrer $X \dfrac{d\zeta}{dy} + Y \dfrac{d\zeta}{dx} = Z$, il sera plus simple de chercher S & θ en rendant exactes les deux différentielles $X\, dx - Y\, dy$ & $d\zeta - \dfrac{Z\, dx}{X}$; dont l'une a pour facteur l'unité & l'autre $\dfrac{1}{Z}$; on trouvera de cette manière pour l'intégrale complète demandée $\int \dfrac{d\zeta}{Z} - \int \dfrac{dx}{X} = F : (\int X\, dx - \int Y\, dy)$.

3°. Si M & N étant des fonctions homogènes de x & y de même dimenfion e, & Z une fonction de ζ feul, on fait dans la propofée $V = Z$; il faudra prendre $y = ux$, pour avoir $M = a^e U$, $N = x^e U'$, où U & U' ne renferment de variables que u. On tirera delà

$$M\,dx - N\,dy = x^e\left([U - uU']\,dx - U'x\,du\right),$$

qui a pour facteur $\dfrac{1}{x^{e-1}(U - uU')}$. Donc $dS = \dfrac{dx}{x} - \dfrac{U'\,dx}{U - uU'}$;

&, à caufe de $d\zeta + \dfrac{Z\,dy}{M} = d\zeta + \dfrac{Z(u\,dx + x\,du)}{x^e U}$,

on aura $T = \displaystyle\int\dfrac{d\zeta}{Z} + \int\dfrac{u\,dx + x\,du}{x^e U}$, où l'intégrale de $\dfrac{u\,dx + x\,du}{x^e U}$ fera

prife par rapport à u après avoir mis pour x & dx leurs valeurs en u, S, du & dS. Soient, par exemple, $M = x^2$, $N = xy$; on aura

$$e = 2, \quad U = 1, \quad U' = u, \quad \& \quad dS = \dfrac{dx}{x} - \dfrac{u\,du}{1 - u^2},$$

d'où l'on tirera $e^S = x\sqrt{(1 - u^2)}$. On mettra pour x & dx leurs valeurs

dans $\dfrac{u\,dx + x\,du}{x^2}$, & on aura la différentielle $e^{-S}\left(u\,dS\sqrt{(1-u^2)} + \dfrac{du}{\sqrt{(1-u^2)}}\right)$

dont l'intégrale, prife en ne faifant varier que u, fera $e^{-S} A$ fin. u. Ainfi dans ce cas particulier, on aura pour intégrale complète

$$\int\dfrac{d\zeta}{Z} + \dfrac{1}{\sqrt{(x^2 - y^2)}}\ A \text{ fin. } \dfrac{y}{x} = F:(x^2 - y^2).$$

Lorfque $U - uU' = 0$, on a $\dfrac{M}{N} = \dfrac{y}{x}$, ce qui donne $M = Py$, $N = Px$; P étant une fonction quelconque de x & y.

Alors $M\,dx - N\,dy = P(y\,dx - x\,dy)$, différentielle qui devient exacte étant divifée par Py^2, & on a $S = \dfrac{x}{y}$. Il ne refte plus qu'à intégrer $\dfrac{d\zeta}{Z} + \dfrac{dy}{Py}$, après avoir mis dans P pour x fa valeur yS. Si, par exemple, la propofée étoit

$$xy\dfrac{d\zeta}{dy} + x^2\dfrac{d\zeta}{dx} + Z = 0,$$ on auroit $P = x$ & $\dfrac{dy}{Py} = \dfrac{dy}{Sy^2}$, dont l'inté-

grale, prife en ne faifant varier que y, feroit $\dfrac{-1}{Sy} = \dfrac{-1}{x}$.

On auroit donc pour l'intégrale complète demandée $\displaystyle\int\dfrac{d\zeta}{Z} = \dfrac{1}{x} + F:\left(\dfrac{x}{y}\right)$.

4°. Je propoferai pour dernier exemple d'intégrer l'équation

$$y\dfrac{d\zeta}{dy} + x\dfrac{d\zeta}{dx} + \dfrac{\sqrt{(x^2 + y^2\zeta^2)}}{\sqrt{(x^2 + y^4)}}\cdot\dfrac{y^2}{\zeta} = 0,$$

où $M = y$, $N = x$ & $\dfrac{V}{M} = \dfrac{\sqrt{(x^2 + y^2\zeta^2)}}{\sqrt{(x^2 + y^4)}}\dfrac{y}{\zeta}$. Il eft clair que $S = \dfrac{x}{y}$;

il ne s'agit donc plus que de chercher le facteur de $d\zeta + \dfrac{\sqrt{(S^2 + \zeta^2)}}{\sqrt{(S^2 + y^2)}}\, \dfrac{y\, dy}{\zeta}$, en

regardant S comme constant. Or ce facteur est $\dfrac{\zeta}{\sqrt{(S^2 + \zeta^2)}}$; on aura donc

$$T = \int \frac{\zeta\, d\zeta}{\sqrt{(S^2 + \zeta^2)}} + \int \frac{y\, dy}{\sqrt{(S^2 + y^2)}} = \sqrt{(S^2 + \zeta^2)} + \sqrt{(S^2 + y^2)} ;$$

$\&\ \sqrt{(x^2 + y^2\zeta^2)} + \sqrt{(x^2 + y^4)} = y\, F : \left(\dfrac{x}{y}\right)$ sera l'intégrale complète

demandée. De l'autre manière, on auroit eu à chercher le facteur de

$d\zeta + \dfrac{\sqrt{(x^2 + y^2\zeta^2)}}{\sqrt{(x^2 + y^4)}} \cdot \dfrac{y^2\, dx}{x\zeta}$, qui, en mettant pour y sa valeur $\dfrac{x}{S}$ seroit

devenu $d\zeta + \dfrac{\sqrt{(S^2 + \zeta^2)}}{\sqrt{(S^4 + x^2)}} \cdot \dfrac{x\, dx}{S\zeta}$, $\&$ auroit donné

$$\theta = \sqrt{(S^2 + \zeta^2)} + \frac{\sqrt{(S^4 + x^2)}}{S} = \frac{\sqrt{(x^2 + y^2\zeta^2)}}{y} + \frac{\sqrt{(x^2 + y^4)}}{y} ;$$

c'est-à-dire que de cette autre manière on auroit trouvé un résultat absolument
conforme au précédent.

(495). Si $(B) + F : (\omega) = 0$ est l'intégrale première complète d'une
équation du second ordre, (B) renfermera nécessairement x, y, ζ $\&$ les différences partielles $\dfrac{d\zeta}{dy}$, $\dfrac{d\zeta}{dx}$ que nous nommerons α', ζ'. Alors à cause de

$$d(B) = \frac{d(B)}{dx}\, dx + \frac{d(B)}{dy}\, dy + \frac{d(B)}{d\zeta}\, d\zeta + \frac{d(B)}{d\alpha'}\, d\alpha' + \frac{d(B)}{d\zeta'}\, d\zeta' ;$$

nous aurons

$$\frac{d(B)}{dy} = \frac{d(B)}{dy} + \frac{d(B)}{d\zeta}\frac{d\zeta}{dy} + \frac{d(B)}{d\alpha'}\frac{d^2\zeta}{dy^2} + \frac{d(B)}{d\zeta'}\frac{d^2\zeta}{dy\, dx} ,$$

$$\frac{d(B)}{dx} = \frac{d(B)}{dx} + \frac{d(B)}{d\zeta}\frac{d\zeta}{dx} + \frac{d(B)}{d\alpha'}\frac{d^2\zeta}{dy\, dx} + \frac{d(B)}{d\zeta'}\frac{d^2\zeta}{dx^2} ;$$

en mettant ces valeurs dans l'équation $\dfrac{d(B)}{dy} - r\, \dfrac{d(B)}{dx} = 0$, nous la changerons en celle-ci,

$$\frac{d(B)}{d\alpha'}\frac{d^2\zeta}{dy^2} + \left(\frac{d(B)}{d\zeta'} - r\frac{d(B)}{d\alpha'} \right) \frac{d^2\zeta}{dy\, dx} - r\frac{d(B)}{d\zeta'}\frac{d^2\zeta}{dx^2} + \frac{d(B)}{d\zeta}$$

$$\frac{d\zeta}{dy} - r\, \frac{d(B)}{d\zeta}\frac{d\zeta}{dx} + \frac{d(B)}{dy} - r\frac{d(B)}{dx} = 0.$$

Nous allons faire usage de cette transformée pour trouver tous les cas où les
équations linéaires du second ordre peuvent avoir une intégrale de l'ordre immédiatement inférieur.

Partie II.   S s

On peut repréſenter toutes les équations linéaires du ſecond ordre par celle-ci,

$$A \frac{d^2 \zeta}{d y^2} + B \frac{d^2 \zeta}{d y\, d x} + C \frac{d^2 \zeta}{d x^2} + V \zeta = W ;$$
$$+ B' \frac{d \zeta}{d y} \quad + C' \frac{d \zeta}{d x}$$

dans laquelle A, B, C, B', C', V & W ſont des fonctions de y & x. Je multiplie cette équation par un facteur Ψ, & je la compare enſuite à la transformée précédente, ce qui me donne d'abord

$$\frac{d(B)}{d \alpha'} = \Psi A, \quad \frac{d(B)}{d \varsigma'} - r \frac{d(B)}{d \alpha'} = \Psi B, \quad - r \frac{d(B)}{d \varsigma'} = \Psi C ;$$

d'où je tire $\dfrac{d(B)}{d \alpha'} = \Psi A$, $\dfrac{d(B)}{d \varsigma'} = \Psi (A r + B)$, & que r eſt donné par l'équation du ſecond degré $A r^2 + B r + C = 0$. Ayant r, il ſera bien facile de trouver ω au moyen de l'équation $\dfrac{d \omega}{d y} - r \dfrac{d \omega}{d x} = 0$, en ſuppoſant toutefois qu'on connoiſſe le facteur propre à rendre $r\, d y + d x$ une différentielle exacte ; car ſi l'on nomme a ce facteur, & que l'on faſſe $a r\, d y + a\, d x = d b$, on ſait que $\omega = b$ ſatisfait à l'équation $\dfrac{d \omega}{d y} - r \dfrac{d \omega}{d x} = 0$.

$\dfrac{d(B)}{d y} - r \dfrac{d(B)}{d x}$ eſt une fonction du premier ordre ; je lui donne la forme ſuivante, $\alpha_1 \dfrac{d \zeta}{d y} + \varsigma_1 \dfrac{d \zeta}{d x} + \varphi_1 \zeta + X_1$, & je ſuppoſe

$$\frac{d(B)}{d \zeta} + \alpha_1 = \Psi B', \quad - r \frac{d(B)}{d \zeta} + \varsigma_1 = \Psi C', \quad \varphi_1 = \Psi V, \quad X_1 = - \Psi W.$$

Il ſuit de-là que $\dfrac{d(B)}{d \zeta} = \Psi B' - \alpha_1$, & qu'on a de plus les trois équations $\Psi (B' r + C') = \alpha_1 r + \varsigma_1$, $\Psi V = \varphi_1$, $X_1 + \Psi W = 0$.

Je ferai pour abréger $A r + B = B(1)$, $B' r + C' = C'(1)$,

$$\frac{d A}{d y} - r \frac{d A}{d x} = \dot{A}, \&\text{c.}, \quad \frac{d \Psi}{d y} - r \frac{d \Psi}{d x} = \dot{\Psi}, \quad \frac{d \dot{\Psi}}{d y} - r \frac{d \dot{\Psi}}{d x} = \ddot{\Psi} : \text{cela poſé,}$$

ſi le facteur Ψ ne doit être fonction que des ſeules variables y & x, $\Psi \left(A \dfrac{d \zeta}{d y} + B(1) \dfrac{d \zeta}{d x} \right)$ ſera la ſomme de tous les termes de (B) qui renfermeront des différences partielles du premier ordre, & on aura

$$\alpha_1 = A \dot{\Psi} + \Psi \dot{A}, \quad \varsigma_1 = B(1) \dot{\Psi} + \Psi \dot{B}(1).$$

Donc $((B' - \dot{A}). \Psi - \dot{A} \Psi) \zeta$, dans la même hypothèſe, ſera le terme de (B) qui renfermera ζ ; & après avoir fait pour abréger $B' - \dot{A} = B'(2)$, on aura $\varphi\, 1 = \Psi\, \dot{B}'(2) + (B'(2) - \dot{A})\, \dot{\Psi} - A\, \ddot{\Psi}$, ou

$\varphi\, 1 = \dot{B}'(2)\, \Psi + B'(3)\, \dot{\Psi} - A\, \ddot{\Psi}$, en faisant encore pour abréger $B'(2) - \dot{A} = B'(3)$. Nous avons trouvé plus haut $\varphi\, 1 = \Psi\, V$; nous aurons donc l'équation

$$(1)\ldots\ldots\ldots(V - \dot{B}'(2))\,\Psi - B'(3)\,\dot{\Psi} + A\,\ddot{\Psi} = 0.$$

Celle-ci $\Psi\, C'(1) = a\, 1\, r + C\, 1$, après avoir mis pour $a\, 1$ & $C\, 1$ leurs valeurs, & avoir fait pour abréger

$$C'(1) - \dot{A}\, r - \dot{B}(1) = C'(2),\quad A\, r + B(1) = B(2),$$

devient $(2)\ldots\ldots\ldots C'(2)\,\Psi - B(2)\,\dot{\Psi} = 0$. Voilà donc deux équations 1 & 2, dont l'une servira à trouver le facteur Ψ, & l'autre sera l'équation de condition qui devra avoir lieu pour que la proposée ait une intégrale de l'ordre immédiatement inférieur.

Soit $\ddot{\Psi} = K$; à cause de $\ddot{\Psi} = \dfrac{d\dot{\Psi}}{dy} - r\dfrac{d\dot{\Psi}}{dx}$, on a $\dot{\Psi} = \int K'\, dy$, K' étant ce que devient K après avoir mis pour x sa valeur en y & b tirée de l'équation $\int(a\, r\, dy + a\, dx) = b$. De même, $\dot{\Psi}$ étant égale à $\dfrac{d\Psi}{dy} - r\dfrac{d\Psi}{dx}$, on a $\Psi = \int dy \int K'\, dy$. En mettant ces valeurs de Ψ, $\dot{\Psi}$, $\ddot{\Psi}$ dans les équations 1 & 2, elles deviennent

$$(V - \dot{B}'(2))\int dy \int K'\, dy - B'(3)\int K'\, dy + A K' = 0,$$
$$C'\, 2 \int dy \int K'\, dy - B'(2)\int K'\, dy = 0.$$

Or si je fais $\dfrac{B'(3)}{V - \dot{B}'(2)} = a\, 1$, $\dfrac{A}{V - \dot{B}'(2)} = b\, 1$, $\dfrac{B'(2)}{C'(2)} = a\, 2$, & que je nomme $a'\, 1$, $b'\, 1$, $a'\, 2$, ce que deviennent $a\, 1$, $b\, 1$, $a\, 2$, lorsqu'on a mis pour x sa valeur en y & b, j'aurai les équations

$$\int dy \int K'\, dy - a'\, 1 \int K'\, dy + b'\, 1\, K' = 0,\quad \int dy \int K'\, dy - a'\, 2 \int K'\, dy = 0,$$

qui étant différentiées par rapport à y, donneront

$$\left(1 - \frac{d\, a'\, 1}{dy}\right)\int K'\, dy - \left(a'\, 1 - \frac{d\, b'\, 1}{dy}\right) K' + b'\, 1\, \frac{d K'}{dy} = 0,$$
$$\left(1 - \frac{d\, a'\, 2}{dy}\right)\int K'\, dy - a'\, 2\, K' = 0.$$

En faisant encore $\dfrac{a'\, 1 - \dfrac{d\, b'\, 1}{dy}}{1 - \dfrac{d\, a'\, 1}{dy}} = a''\, 1$, $\dfrac{b'\, 1}{1 - \dfrac{d\, a'\, 1}{dy}} = b''\, 1$, $\dfrac{a'\, 2}{1 - \dfrac{d\, a'\, 2}{dy}} = a''\, 2$, celles-ci deviendront

$$\int K' \, dy - a''1 \, K' + b''1 \, \frac{d\,K'}{dy} = 0, \quad \int K' \, dy - a''2 \, K' = 0,$$

& donneront, en différentiant par rapport à y,

$$(a) \ldots \ldots \left(1 - \frac{d\,a''1}{dy} \right) K' - \left(a''1 - \frac{d\,b''1}{dy} \right) \frac{d\,K'}{dy} + b''1 \frac{d^2\,K'}{dy^2} = 0;$$

$$(b) \ldots \ldots \left(1 - \frac{d\,a''2}{dy} \right) K' - a''2 \, \frac{d\,K'}{dy} = 0.$$

Donc K' sera donné par l'une de ces deux équations entre K', y & b, qu'on peut regarder comme étant aux différences ordinaires; car puisqu'il n'est question que de satisfaire aux équations de condition, on doit pouvoir y supposer b constant.

Il ne nous reste plus qu'à déterminer le terme de (B) qui n'est fonction que de x, y; nommons-le X; &, à cause de $\frac{d\,X}{dy} - r \frac{d\,X}{dx} = X1 = - \Psi W$, nous aurons $X = - \int \Psi W \, dy$, en faisant attention qu'avant d'intégrer par rapport à y, il faudra mettre dans ΨW pour x sa valeur en y & b tirée de l'équation $\int (a \, r \, dy + a \, dx) = b$. Ainsi l'intégrale première complète sera

$$\Psi \left(A \frac{d\zeta}{dy} + B(1) \frac{d\zeta}{dx} \right) + (B'(2) \Psi - A \dot\Psi) \zeta + F : (b) = \int \Psi \, V \, dy.$$

(496). Nous avons intégré (n°. 312) l'équation du second ordre $\frac{d^2\zeta}{dy^2} = c^2 \frac{d^2\zeta}{dx^2}$; si nous la prenons pour exemple, nous trouverons $A = 1$, $B = 0$, $C = - c^2$ & les autres co-efficiens nuls; nous aurons pour déterminer r, l'équation du second degré $r^2 - c^2 = 0$, qui donnera $r = \pm c$, & par conséquent $b = \pm c \, y + x$. De plus, à cause de $B(1) = \pm c$, $B(2) = \pm 2c$, & de $C'(1)$, $B'(2)$, $B'(3)$, $C'(2)$ qui sont nuls, les équations 1 & 2 se réduiront à celles-ci, $\Psi = 0$, $\ddot\Psi = 0$, auxquelles nous satisferons en prenant $\Psi = 1$; nous trouverons ensuite ces deux intégrales premières complètes (car les deux valeurs de r ont également lieu)

$$\frac{d\zeta}{dy} + c \frac{d\zeta}{dx} + F' : (x + cy) = 0, \&$$

$$\frac{d\zeta}{dy} - c \frac{d\zeta}{dx} + f' : (x - cy) = 0,$$

desquelles nous tirerons

$$2 \frac{d\zeta}{dy} + F' : (x + cy) + f' : (x - cy) = 0;$$

$$2c \frac{d\zeta}{dx} + F' : (x + cy) - f' : (x - cy) = 0,$$

& par conséquent

$$2 c \, d\zeta = - (c \, dy + dx) F' : (x + cy) - (c \, dy - dx) f' : (x - cy);$$

qui

qui donne évidemment $2\,c\,\zeta = - F : (x + c\,y) - f : (x - c\,y)$, ou, ce qui revient au même, puisque les fonctions désignées par F & f doivent être arbitraires, $\zeta = F : (x + c\,y) + f : (x - c\,y)$.

Si je prends pour second exemple l'équation

$$\frac{d^2 \zeta}{d\,y^2} - h^2 \frac{d^2 \zeta}{d\,x^2} + \frac{h}{x} \frac{d\zeta}{d\,y} + \frac{h}{x^2} \frac{d\zeta}{d\,x} = 0 ;$$

j'aurai $A = 1$, $B = 0$, $C = - h^2$, $B' = \dfrac{h}{x}$, $C' = \dfrac{h}{x^2}$, $V = 0$, $W = 0$;

& pour déterminer r l'équation du second degré $r^2 - h^2 = 0$, qui donnera $r = h$ ou $r = - h$. En faisant usage de la première valeur de r, je trouverai

$b = h\,y + x$; puis $B\,(1) = h$, $\dot{A} = 0$, $\dot{B}\,(1) = 0$, $C'\,(1) = \dfrac{2\,h^2}{x}$, $B'\,(2) = \dfrac{h}{x}$,

$\dot{B}'\,(2) = \dfrac{h^2}{x^2}$, $B'\,(3) = \dfrac{h}{x}$, $C'\,(2) = \dfrac{2\,h^2}{x}$, $B\,(2) = 2\,h$.

Les équations 1 & 2 deviendront $- \dfrac{h^2}{x^2} \Psi - \dfrac{h}{x} \dot{\Psi} + \ddot{\Psi} = 0$, $\dfrac{h}{x} \Psi - \dot{\Psi} = 0$.

Je ferai $\dot{\Psi} = K$, d'où $\Psi = \int K' \, d\,y$; en mettant dans la seconde équation pour x sa valeur $b - h\,y$, je la changerai en celle-ci, $h \int K' d\,y - (b - h\,y) K' = 0$, de laquelle je tirerai, en ne faisant varier que y, $2\,h\,K' - (b - h\,y) \dfrac{d\,K'}{d\,y} = 0$,

& $K' = \dfrac{1}{(b - h\,y)^2}$. Donc $\Psi = \dfrac{1}{h\,(b - h\,y)} = \dfrac{1}{h\,x}$; comme cette valeur de Ψ satisfait aussi à la première équation de condition, il s'enfuit que la proposée a pour intégrale première complète

$$\frac{d\zeta}{d\,y} + h \frac{d\zeta}{d\,x} + h\,x\,F : (h\,y + x) = 0.$$

Celle - ci étant intégrée donnera

$$\zeta = - \int h\,d\,y\,(h\,y + S)\,F : (2\,h\,y + S) + f : (S) ;$$

S étant égal à $x - h\,y$; c'est pourquoi, si au lieu de la différentielle $h\,d\,y\,(h\,y + S)\,F : (2\,h\,y + S)$, j'écris $h\,d\,y\,(h\,y + S)\,\varphi'' : (2\,h\,y + S)$, dont l'intégrale, prise en ne faisant varier que y, est

$$\frac{h\,y + S}{2} \, \varphi' : (2\,h\,y + S) - \tfrac{1}{4} \varphi : (2\,h\,y + S) ;$$

j'aurai $\zeta = - \dfrac{x}{2} \varphi' : (x + h\,y) + \tfrac{1}{4} \varphi : (x + h\,y) + f : (x - h\,y)$

qui est la valeur complète de ζ dans l'équation

$$\frac{d^2 \zeta}{d\,y^2} - h^2 \frac{d^2 \zeta}{d\,x^2} + \frac{h}{x} \frac{d\zeta}{d\,y} + \frac{h}{x^2} \frac{d\zeta}{d\,x} = 0.$$

Si j'eusse pris $r = - h$, j'aurai trouvé $b = x - h\,y$; puis $B\,(1) = h$,

$$C'(1) = 0,\ \dot{A} = 0,\ \dot{B}(1) = 0,\ B'(2) = \frac{h}{x},\ \dot{B}'(2) = \frac{-h^2}{x^2}\ ;$$

$$B'(3) = \frac{h}{x},\ C'(2) = 0,\ B(2) = -2h.$$

Les équations 1 & 2 seroient devenues $\frac{h^2}{x^2}\,\Psi - \frac{h}{x}\,\dot{\Psi} + \ddot{\Psi} = 0,\ \dot{\Psi} = 0$; mais $\dot{\Psi} = 0$ donne $\Psi = b$ qui ne satisfait point à l'autre équation de condition; donc, &c.

Soit proposé pour troisième exemple, d'intégrer l'équation

$$\frac{d^2\zeta}{dy^2} - \frac{x^2}{y^2}\,\frac{d^2\zeta}{dx^2} + \frac{1}{x}\,\frac{d\zeta}{dy} - \frac{1}{y}\,\frac{d\zeta}{dx} + \frac{2\zeta}{xy} = 0.$$

On fera $A = 1,\ B = 0,\ C = -\frac{x^2}{y^2},\ B' = \frac{1}{x},\ C' = \frac{-1}{y},\ V = \frac{2}{xy},\ W = 0$;

&, à cause de $r^2 - \frac{x^2}{y^2} = 0$, on aura ou $r = \frac{x}{y}$, ou $r = -\frac{x}{y}$.

En faisant usage de la valeur positive de r, on trouvera $b = xy$; puis $\dot{A} = 0,\ B(1) = \frac{x}{y},\ \dot{B}(1) = -\frac{2x}{y^2},\ C'(1) = 0,\ B'(2) = \frac{1}{x}$,

$$\dot{B}'(2) = \frac{1}{xy},\ B'(3) = \frac{1}{x},\ C'(2) = \frac{2x}{y^2},\ B(2) = \frac{2x}{y}\ ;$$

& pour équations de condition $\frac{1}{xy}\,\Psi - \frac{1}{x}\,\dot{\Psi} + \ddot{\Psi} = 0,\ \frac{1}{y}\,\Psi - \dot{\Psi} = 0.$

Si l'on fait $\dot{\Psi} = K$, on aura $\Psi = \int K'\,dy$, & $\int K'\,dy - y K' = 0$, qui donne évidemment $K' = b$, & par conséquent $\Psi = by = xy^2$. Cette valeur de Ψ satisfait à l'autre équation de condition; donc

$$xy^2\,\frac{d\zeta}{dy} + x^2 y\,\frac{d\zeta}{dx} + (y^2 - xy)\,\zeta + F:(xy) = 0$$

est l'intégrale première complète de la proposée.

(497). Le quatrième exemple sera d'intégrer l'équation

$$y^2\,\frac{d^2\zeta}{dy^2} + 2xy\,\frac{d^2\zeta}{dx\,dy} + x^2\,\frac{d^2\zeta}{dx^2} = 0.$$

Alors on aura $A = y^2,\ B = 2xy,\ C = x^2,\ B' = 0,\ C' = 0,\ V = 0,\ W = 0$; & r sera donné par l'équation $y^2 r^2 + 2xy r + x^2 = (yr + x)^2 = 0$, d'où l'on tirera $r = \frac{-x}{y}$, puis $b = \frac{x}{y}$. De plus $\dot{A} = 2y,\ B(1) = xy$, $\dot{B}(1) = 2x,\ C'(1) = 0,\ B'(2) = -2y,\ \dot{B}'(2) = -2,\ B'(3) = -4y$; &, à cause de $C'(2) = 0,\ B(2) = 0$, il n'y a qu'une seule équation de condition, savoir, $2\dot{\Psi} + 4y\,\dot{\Psi} + y^2\,\ddot{\Psi} = 0$. On fera $\dot{\Psi} = K$, pour avoir $\dot{\Psi} = \int K'\,dy,\ \Psi = \int dy \int K'\,dy$; ces valeurs étant substituées dans l'équation précédente, il en résultera celle-ci, $2\int dy \int K'\,dy + 4y \int K'\,dy + y^2 K' = 0$, qui, lorsqu'on aura fait disparaître les signes d'intégration, deviendra

$$12 K' + 8y\,\frac{dK'}{dy} + y^2\,\frac{d^2 K'}{dy^2} = 0.$$

On fait qu'on fatisfera à l'équation précédente, en prenant $K' = y^\lambda$, & λ fera donné par l'équation du fecond degré $\lambda^2 + 7\lambda + 12 = 0$, doù l'on tirera $\lambda = -4$ ou $\lambda = -3$. En fe fervant de la première valeur, on trouvera $\Psi = \frac{1}{6y^2}$; & pour intégrale première complète

$$y\frac{d\zeta}{dy} + x\frac{d\zeta}{dx} + 6y \, F:\left(\frac{x}{y}\right) = 0.$$

L'autre valeur de λ donnera $\Psi = \frac{1}{2y}$ qui eft auffi un des facteurs de la propofée ; fi l'on en fait ufage, on trouvera cette autre intégrale première

$$y\frac{d\zeta}{dy} + x\frac{d\zeta}{dx} - \zeta + 2f:\left(\frac{x}{y}\right) = 0.$$

Avec les deux intégrales trouvées, on chaffera $y\frac{d\zeta}{dy} + x\frac{d\zeta}{dx}$, & on aura

$$\zeta = 2f:\left(\frac{x}{y}\right) - 6y\, F:\left(\frac{x}{y}\right), \text{ ou mieux } \zeta = f:\left(\frac{x}{y}\right) + y\, F:\left(\frac{x}{y}\right),$$

qui eft la valeur complète de ζ, telle qu'on l'auroit trouvée, fi on eut intégré l'une ou l'autre des deux intégrales premières.

Je propoferai pour dernier exemple, d'intégrer l'équation

$$y^2\frac{d^2\zeta}{dy^2} + 2xy\frac{d^2\zeta}{dx\,dy} + x^2\frac{d^2\zeta}{dx^2} + hy\frac{d\zeta}{dy} + hx\frac{d\zeta}{dx} + i\zeta = W.$$

On fera $A = y^2$, $B = 2xy$, $C = x^2$, $B' = hy$, $C' = hx$, $V = i$; &, à caufe de $(yr + x)^2 = 0$, on aura $r = -\frac{x}{y}$, $b = \frac{x}{y}$; puis

$$\dot{A} = 2y, \ B(1) = xy, \ \dot{B}(1) = 2x, \ C'(1) = 0, \ B'(2) = (h-2)y,$$

$$\dot{B}'(2) = h-2, \ B'(3) = (h-4)y, \ C'(2) = 0, \ B(2) = 0.$$

Il ne reftera qu'une feule équation de condition qui fera

$$(i - h + 2)\Psi - (h-4)y\dot{\Psi} + y^2\ddot{\Psi} = 0.$$

Je ferai $\ddot{\Psi} = K$, d'où $\dot{\Psi} = \int K' dy$, $\Psi = \int dy\int K' dy$; & par ces fubftitutions je changerai l'équation précédente en celle-ci,

$$(i - h + 2)\int dy\int K' dy - (h-4)y\int K' dy + y^2 K' = 0,$$

qui, lorfqu'on aura fait difparoître les fignes d'intégration, deviendra

$$(i - 3h + 12)K' - (h-8)y\frac{dK'}{dy} + y^2\frac{d^2K'}{dy^2} = 0,$$

à laquelle on doit fatisfaire en prenant $K' = y^\lambda$, En effet, λ fe trouve être déterminé par l'équation du fecond degré $i - 3h + 12 - (h-7)\lambda + \lambda^2 = 0$,

qui donne $\lambda = \frac{h-7}{2} \pm \sqrt{[(h-1)^2 - 4i]}$, ou $\lambda = \frac{h-7}{2} \pm \frac{i'}{2}$, en faisant pour abréger $\sqrt{[(h-1)^2-4i]}=i'$; donc

$$\Psi=\frac{2}{h-5\pm i'}\,y^{\frac{h-5}{2}\pm\frac{i'}{2}},\quad \Psi=\frac{4}{(h-5\pm i')(h-3\pm i')}\,y^{\frac{h-3}{2}\pm\frac{i'}{2}}.$$

On aura pour intégrale complète

$$y\frac{d\zeta}{dy}+x\frac{d\zeta}{dx}+\frac{h-1\mp i'}{2}\zeta+\frac{(h-5\pm i')(h-3\pm i')}{4}$$

$$y^{\frac{-h+1}{2}\mp\frac{i'}{2}}F:\left(\frac{x}{y}\right)=y^{\frac{-h+1}{2}\mp\frac{i'}{2}}\int W y^{\frac{h-3}{2}\pm\frac{i'}{2}}\,dy,$$

à laquelle je puis donner cette forme plus simple

$$y\frac{d\zeta}{dy}+x\frac{d\zeta}{dx}+\frac{h-1\mp i'}{2}\zeta+y^{\frac{-h+1}{2}\mp\frac{i'}{2}}F:\left(\frac{x}{y}\right)=$$

$$y^{\frac{-h+1}{2}\mp\frac{i'}{2}}\int W y^{\frac{h-3}{2}\pm\frac{i'}{2}}\,dy.$$

J'ai donc, à cause de l'ambiguité du signe, ces deux intégrales premières

$$y\frac{d\zeta}{dy}+x\frac{d\zeta}{dx}+\frac{h-1-i'}{2}\zeta+y^{\frac{-h+1}{2}-\frac{i'}{2}}F:\left(\frac{x}{y}\right)=$$

$$y^{\frac{-h+1}{2}-\frac{i'}{2}}\int W y^{\frac{h-3}{2}+\frac{i'}{2}}\,dy,$$

$$y\frac{d\zeta}{dy}+x\frac{d\zeta}{dx}+\frac{h-1+i'}{2}\zeta+y^{\frac{-h+1}{2}+\frac{i'}{2}}f:\left(\frac{x}{y}\right)=$$

$$y^{\frac{-h+1}{2}+\frac{i'}{2}}\int W y^{\frac{h-3}{2}-\frac{i'}{2}}\,dy,$$

qui, en éliminant $y\dfrac{d\zeta}{dy}+x\dfrac{d\zeta}{dx}$ me donnent

$$i'\zeta+y^{\frac{-h+1}{2}}\left(y^{\frac{i'}{2}}f:\left(\frac{x}{y}\right)-y^{-\frac{i'}{2}}F:\left(\frac{x}{y}\right)\right)=$$

$$y^{\frac{-h+1}{2}}\left(y^{\frac{i'}{2}}\int W y^{\frac{h-3}{2}-\frac{i'}{2}}\,dy-y^{-\frac{i'}{2}}\int W y^{\frac{h-3}{2}+\frac{i'}{2}}\,dy\right).$$

Mais en intégrant l'équation

$$y\frac{d\zeta}{dy}+x\frac{d\zeta}{dx}+\frac{h-1\mp i'}{2}\zeta+y^{\frac{-h+1}{2}\mp\frac{i'}{2}}F:\left(\frac{x}{y}\right)=$$

$$y^{\frac{-h+1}{2}\mp\frac{i'}{2}}\int W y^{\frac{h-3}{2}\pm\frac{i'}{2}}\,dy\,;$$

ON

on trouve $\zeta = y^{\frac{-h+1}{2}}\left[y^{\pm\frac{i'}{2}}f:\left(\frac{x}{y}\right) \pm \frac{1}{i'}y^{\mp\frac{i'}{2}}F:\left(\frac{x}{y}\right) + \right.$

$\left. y^{\pm\frac{i'}{2}}\int y^{\mp i'-1}dy\int Wy^{\frac{h-3}{2}\pm\frac{i'}{2}}dy\right];$

de plus, $\int y^{\mp i'-1}dy\int Wy^{\frac{h-3}{2}\pm\frac{i'}{2}}dy = \frac{1}{\mp i'}\left(y^{\mp i'}\int Wy^{\frac{h-3}{2}\pm\frac{i'}{2}}\right.$

$\left. dy - \int Wy^{\frac{h-3}{2}\mp\frac{i'}{2}}dy\right);$

donc $i'\zeta = y^{\frac{-h+1}{2}}\left[i'y^{\pm\frac{i'}{2}}f:\left(\frac{x}{y}\right) \pm y^{\mp\frac{i'}{2}}F:\left(\frac{x}{y}\right) \mp\right.$

$\left. y^{\mp\frac{i'}{2}}\int Wy^{\frac{h-3}{2}\pm\frac{i'}{2}}dy \pm y^{\pm\frac{i'}{2}}\int Wy^{\frac{h-3}{2}\mp\frac{i'}{2}}dy\right].$

A cause de l'ambiguité du signe, on tirera delà deux valeurs de ζ qui seront, comme on le verra aisément, identiquement la même chose, & coïncideront avec celle qu'on a trouvée un peu plus haut. S'il arrivoit que i' fût une quantité imaginaire, on se serviroit des substitutions dont nous avons parlé dans beaucoup d'endroits de cet ouvrage, & sur-tout dans les (n°s. 275 & *suiv.*). Il pourroit aussi arriver que i' fût $= 0$, alors l'intégrale première deviendroit

$$y\frac{d\zeta}{dy} + x\frac{d\zeta}{dx} + \frac{h-1}{2}\zeta + y^{\frac{-h+1}{2}}F:\left(\frac{x}{y}\right) = y^{\frac{-h+1}{2}}\int Wy^{\frac{h-3}{2}}dy,$$

& donneroit

$$\zeta = y^{\frac{-h+1}{2}}\left(f:\left(\frac{x}{y}\right) - yF:\left(\frac{x}{y}\right) + y\int Wy^{\frac{h-3}{2}}dy - \int Wy^{\frac{h-1}{2}}dy\right).$$

(498). En général, soit $(B) + F:(\omega) = 0$ une équation aux différences partielles, de l'ordre $n - 1$, entre deux variables y & x, qui renferme une fonction arbitraire ; pour trouver l'équation de l'ordre n dont elle est l'intégrale première complète, on mettra dans l'équation $\frac{d(B)}{dy} - r\frac{d(B)}{dx} = 0$, ou $r = \frac{d\omega}{dy} : \frac{d\omega}{dx}$, pour $\frac{d(B)}{dy}$ & $\frac{d(B)}{dx}$ leurs valeurs qu'on trouvera de la manière suivante. On nommera ζ la fonction de y, x que (B) renferme avec ses différences partielles ; on fera

$$\frac{d^{n-1}\zeta}{dy^{n-1}} = \alpha', \quad \frac{d^{n-1}\zeta}{dy^{n-2}dx} = \epsilon' \ldots\ldots\ldots\ldots \frac{d^{n-1}\zeta}{dx^{n-1}} = \sigma';$$

$$\frac{d^{n-1}\zeta}{dy^{n-2}} = \alpha'', \quad \frac{d^{n-1}\zeta}{dy^{n-3}dx} = \epsilon'' \ldots\ldots\ldots\ldots \frac{d^{n-1}\zeta}{dx^{n-2}} = \sigma'', \&c.;$$

Partie II. V v

& on aura

$$\frac{d(B)}{dy} = \frac{d(B)}{d\alpha'}\frac{d^n\zeta}{dy^n} + \frac{d(B)}{d\sigma'}\frac{d^n\zeta}{dy^{n-1}dx} + \ldots \ldots \ldots$$

$$+ \frac{d(B)}{d\sigma'}\frac{d^n\zeta}{dy\,dx^{n-1}} + \&c. + \frac{d(B)}{d\zeta}\frac{d\zeta}{dy} + \frac{d(B)}{dy},$$

$$\frac{d(B)}{dx} = \frac{d(B)}{d\alpha'}\frac{d^n\zeta}{dy^{n-1}dx} + \frac{d(B)}{d\sigma'}\frac{d^n\zeta}{dy^{n-1}dx^2} + \ldots \ldots \ldots$$

$$+ \frac{d(B)}{d\sigma''}\frac{d^n\zeta}{dx^n} + \&c. + \frac{d(B)}{d\zeta}\frac{d\zeta}{dx} + \frac{d(B)}{dx}.$$

Ces substitutions faites, il viendra l'équation.

$$(A)\ldots\ldots \frac{d(B)}{d\alpha'}\frac{d'\zeta}{dy^n} + \left(\frac{d(B)}{d\sigma'} - r\frac{d(B)}{d\alpha'}\right)\frac{d^n\zeta}{dy^{n-1}dx} + \ldots \ldots \ldots$$

$$+ \left(\frac{d(B)}{d\sigma'} - r\frac{d(B)}{d_{r'}}\right)\frac{d^n\zeta}{dy\,dx^{n-1}} - r\frac{d(B)}{d\sigma'}\frac{d^n\zeta}{dx^n} + \frac{d(B)}{d\alpha''}\frac{d^{n-1}\zeta}{dy^{n-1}} +$$

$$\left(\frac{d(B)}{d\sigma''} - r\frac{d(B)}{d\alpha''}\right)\frac{d^{n-1}\zeta}{dy^{n-2}dx} + \ldots \ldots - r\frac{d(B)}{d\rho''}\frac{d^{n-1}\zeta}{dx^{n-1}} + \ldots \ldots$$

$$+ \frac{d(B)}{d\zeta}\frac{d\zeta}{dv} - r\frac{d(B)}{d\zeta}\frac{d\zeta}{dx} + \frac{d(B)}{dy} - r\frac{d(B)}{dx} = 0,$$

qui a pour intégrale première complète $(B) + F:(\omega) = 0$. Je vais faire usage
de cette transformée pour trouver les cas où l'équation linéaire d'un ordre
quelconque

$$A\frac{d^n\zeta}{dy^n} + B\frac{d^n\zeta}{dy^{n-1}dx} + C\frac{d^n\zeta}{dy^{n-2}dx^2} + \ldots \ldots \ldots$$

$$+ S\frac{d^n\zeta}{dy\,dx^{n-1}} + T\frac{d^n\zeta}{dx^n}$$

$$+ B'\frac{d^{n-1}\zeta}{dy^{n-1}} + C'\frac{d^{n-1}\zeta}{dy^{n-2}dx} + \ldots \ldots \ldots$$

$$+ S'\frac{d^{n-1}\zeta}{dy\,dx^{n-2}} + T'\frac{d^{n-1}\zeta}{dx^{n-1}}$$

$$+ C''\frac{d^{n-1}\zeta}{dy^{n-1}} + \ldots \ldots \ldots$$

$$+ S''\frac{d^{n-2}\zeta}{dy\,dx^{n-3}} + T''\frac{d^{n-2}\zeta}{dx^{n-2}}$$

$$\ldots \ldots \ldots \ldots \ldots \ldots \ldots$$

$$+ S^{(n-1)'}\frac{d\zeta}{dy} + T^{(n-1)'}\frac{d\zeta}{dx}$$

$$+ V\zeta = W,$$

dans laquelle les co-efficiens des différences partielles aussi bien que V & W,
sont des fonctions quelconques de y & x, pour trouver, dis-je, le cas où cette
équation a une intégrale de l'ordre immédiatement inférieur.

Si on multiplie la proposée par un facteur Ψ, & qu'après cela on la compare à l'équation A, on aura premièrement

$$\frac{d(B)}{d\alpha'} = \Psi A, \quad \frac{d(B)}{d\sigma'} - r\frac{d(B)}{d\alpha'} = \Psi B \dots\dots\dots\dots\dots 0$$

$$\frac{d(B)}{d\sigma'} - r\frac{d(B)}{d\rho'} = \Psi S, \quad -r\frac{d(B)}{d\sigma'} = \Psi T;$$

d'où l'on tirera

$$\frac{d(B)}{d\alpha'} = \Psi A, \quad \frac{d(B)}{d\sigma'} = \Psi(Ar + B) \dots\dots\dots\dots\dots$$

$$\frac{d(B)}{d\sigma'} = \Psi(Ar^{n-1} + Br^{n-2} + \dots\dots\dots + S);$$

& r sera donné par l'équation du degré n,

$$Ar^n + Br^{n-1} + Cr^{n-2} + \dots\dots\dots + Sr + T = 0.$$

Pour trouver ω, on cherchera le facteur a propre à rendre $r\,dy + dx$ une différentielle exacte; & si l'on a $ar\,dy + a\,dx = db$, on trouvera $\omega = b$. Il se présente ici une remarque assez importante, c'est que la proposée étant linéaire ou non, pourvu que les co-efficiens des plus hautes différences partielles ne soient fonctions que de x & y, on aura toujours une fonction de ces variables seulement pour l'arbitraire qui entrera dans l'intégrale complète.

(499). Secondement $\dfrac{d(B)}{dy} - r\dfrac{d(B)}{dx}$ étant une fonction de l'ordre $n-1$, je lui donne la forme suivante

$$\alpha 1 \frac{d^{n-1}\zeta}{dy^{n-1}} + \varsigma 1 \frac{d^{n-2}\zeta}{dy^{n-2}dx} + \dots\dots\dots\dots + \sigma 1 \frac{d^{n-1}\zeta}{dx^{n-1}} +$$

$$\alpha 2 \frac{d^{n-2}\zeta}{dy^{n-2}} + \&c. + \varphi 1\,\zeta + X1,$$

& je suppose

$$\frac{d(B)}{d\alpha''} + \alpha 1 = \Psi B', \quad \frac{d(B)}{d\sigma''} - r\frac{d(B)}{d\alpha''} + \varsigma 1 = \Psi C' \dots\dots\dots$$

$$\frac{d(B)}{d\rho''} - r\frac{d(B)}{d\pi''} + \rho 1 = \Psi S', \quad -r\frac{d(B)}{d\rho''} + \sigma 1 = \Psi T';$$

$$\frac{d(B)}{d\alpha'''} + \alpha 2 = \Psi C'' \dots\dots\dots \frac{d(B)}{d\pi'''} - r\frac{d(B)}{d\sigma'''} + \pi 2 = \Psi S'';$$

$$-r\frac{d(B)}{d\pi'''} + \rho 2 = \Psi T'';$$

$$\dots\dots\dots\dots\dots\dots\dots\dots\dots\dots\dots\dots$$

$$\frac{d(B)}{d\zeta} + \alpha n - 1 = \Psi S^{(n-1)'}, \quad -r\frac{d(B)}{d\zeta} + \varsigma n - 1 = \Psi T^{(n-1)'};$$

$$\varphi 1 = \Psi K, \quad X1 = -\Psi W.$$

d'où je tire évidemment

$$\frac{d(B)}{d\,\alpha''} = \Psi B' - \alpha 1, \qquad \frac{d(B)}{d\,C''} = \Psi(B'r + C') - \alpha 1 r - C 1, \ldots\ldots$$

$$\frac{d(B)}{d\rho''} = \Psi(B'r^{n-2} + C'r^{n-3} + \ldots\ldots + S') - \alpha 1 r^{n-2} - C 1 r^{n-3} - \ldots\ldots - \rho 1;$$

$$\frac{d(B)}{d\alpha'''} = \Psi C'' - \alpha 2 \ldots\ldots \qquad \frac{d(B)}{d\pi'''} = \Psi(C''r^{n-3} + \ldots\ldots + S'') - \alpha 2 r^{n-3} - \ldots\ldots - \pi 2;$$

$$\ldots\ldots \qquad \frac{d(B)}{d\zeta} = \Psi S^{(n-1)'} - \alpha n - 1;$$

& les n équations que voici,

$$\Psi(B'r^{n-1} + C'r^{n-2} + \ldots\ldots + T') = \alpha 1 r^{n-1} + C 1 r^{n-2} + \ldots\ldots + \sigma 1;$$

$$\Psi(C''r^{n-2} + \ldots\ldots + T'') = \alpha 2 r^{n-2} + C 2 r^{n-3} + \ldots\ldots + \rho 2,$$

$$\ldots\ldots\ldots\ldots$$

$$\Psi(S^{(n-1)'}r + T^{(n-1)'}) = \alpha n - 1 r + C n - 1,$$
$$\Psi V = \varphi 1.$$

Je fais pour abréger

$$A r + B = B(1),$$
$$A r^2 + B r + C = C(1);$$

  &c.

$$B' r + C' = C'(1);$$
$$B' r^2 + C' r + D' = D'(1);$$

  &c.

$$C'' r + D'' = D''(1);$$
$$C'' r^2 + D'' r + E'' = E''(1);$$

  &c. &c.;

$$\frac{dA}{dy} - r\frac{dA}{dx} = \dot{A}, \&c., \qquad \frac{d\Psi}{dy} - r\frac{d\Psi}{dx} = \dot{\Psi};$$

$$\frac{d\dot{\Psi}}{dy} - r\frac{d\dot{\Psi}}{dx} = \ddot{\Psi}, \&c.$$

(500). Cela posé, si le facteur Ψ ne doit être fonction que des seules variables y & x, on a

$$\Psi(A\alpha' + B(1)C' + \ldots\ldots + S^{(n)}\sigma'),$$

pour

pour la fomme de tous les termes de (B) qui renferment des différences partielles de l'ordre $n - 1$; donc

$$\alpha 1 = \dot{A}\,\Psi + A\dot{\Psi}, \quad \mathfrak{G}1 = \dot{B}(1)\Psi + B(1)\dot{\Psi} \ldots \ldots \sigma 1 = \dot{S}(1)\Psi + S(1)\dot{\Psi};$$

& par conféquent

$$[(B' - \dot{A})\Psi - A\dot{\Psi}]\,\alpha'' + [(C'(1) - \dot{A}r - \dot{B}(1))\Psi - (Ar +$$
$$B(1))\dot{\Psi}]\,\mathfrak{G}'' + \ldots \ldots \ldots + [(S'(1) - \dot{A}r^{n-2} - \dot{B}(1)r^{n-3} -$$
$$\ldots \ldots \ldots - R(1))\Psi - (Ar^{n-2} + B(1)r^{n-3} + \ldots \ldots \ldots$$
$$+ R(1))\dot{\Psi}]\,\rho''$$

eft la fomme de tous les termes de (B) qui renferment les différences partielles de l'ordre $n - 2$. En continuant toujours de même, on trouvera, après avoir fait pour abréger,

$$Ar + B(1) = B(2),$$
$$Ar^2 + B(1)r + C(1) = C(2);$$
$$\&c.$$

$$Ar + B(2) = B(3),$$
$$Ar^2 + B(2)r + C(2) = C(3);$$
$$\&c.$$

$$Ar + B(3) = B(4)$$
$$Ar^2 + B(3)r + C(3) = C(4), \&c.$$
$$\&c.$$

$$B' - \dot{A} = B'(2),$$
$$C'(1) - \dot{A}r - \dot{B}(1) = C'(2)$$
$$D'(1) - \dot{A}r^2 - \dot{B}(1)r - \dot{C}(1) = D'(2)$$
$$\&c.$$

$$C'' - \dot{B}'(2) = C''(2),$$
$$D''(1) - \dot{B}'(2)r - \dot{C}'(2) = D''(2),$$
$$E''(1) - \dot{B}'(2)r^2 - \dot{C}'(2)r - \dot{D}'(2) = E''(2);$$
$$\&c.$$

$$D''' - \dot{C}''(2) = D'''(2),$$
$$E'''(1) - \dot{C}''(2)r - \dot{D}''(2) = E'''(2);$$
$$F'''(1) - \dot{C}''(2)r^2 - \dot{D}''(2)r - \dot{E}''(2) = F'''(2), \&c.$$
$$\&c.$$

$$B'(2) - \dot{A} = B'(3),$$

$$(B'(2) - \dot{A})\,r + C'(2) - \dot{B}(2) = C'(3),$$

$$(B'(2) - \dot{A})\,r^2 + (C'(2) - \dot{B}(2))\,r + D'(2) - \dot{C}(2) = D'(3);$$
&c.

$$B'(3) - \dot{A} = B'(4),$$

$$(B'(3) - \dot{A})\,r + C'(3) - \dot{B}(3) = C'(4),$$

$$(B'(3) - \dot{A})\,r^2 + C'(3) - \dot{B}(3))\,r + D'(3) - \dot{C}(3) = D'(4), \text{ &c.}$$
&c.

$$C''(2) - \dot{B}'(3) = C''(3),$$

$$(C''(2) - \dot{B}'(3))\,r + D''(2) - \dot{C}'(3) = D''(3),$$

$$(C''(2) - \dot{B}'(3))\,r^2 + (D''(2) - \dot{C}'(3))\,r + E''(2) - \dot{D}'(3) = E''(3),$$
&c.

$$C''(3) - \dot{B}'(4) = C''(4),$$

$$(C''(3) - \dot{B}'(4))\,r + D''(3) - \dot{C}'(4) = D''(4),$$

$$(C''(3) - \dot{B}'(4))\,r^2 + (D''(3) - \dot{C}'(4))\,r + E''(3) - \dot{D}'(4) = E''(4), \text{ &c.}$$
&c.

$$D'''(2) - \dot{C}''(3) = D'''(3),$$

$$(D'''(2) - \dot{C}''(3))\,r + E'''(2) - \dot{D}''(3) = E'''(3),$$

$$(D'''(2) - \dot{C}''(3))\,r^2 + (E'''(2) - \dot{D}''(3))\,r + F'''(2) - \dot{E}''(3) = F'''(3),$$
&c.

$$D'''(3) - \dot{C}''(4) = D'''(4),$$

$$(D'''(3) - \dot{C}''(4))\,r + E'''(3) - \dot{D}''(4) = E'''(4),$$

$$(D'''(3) - \dot{C}''(4))\,r^2 + (E'''(3) - \dot{D}''(4))\,r + F'''(3) - \dot{E}''(4) = F'''(4), \text{ &c.}$$
&c.

&c. ; on trouvera, dis-je, que la somme des termes de (B) qui renferment ζ & ses différences partielles, est égale à.

$$(\Sigma)\ldots\ldots \Psi \left(A\,\frac{d^{n-1}\zeta}{dy^{n-1}} + B(1)\,\frac{d^{n-1}\zeta}{dy^{n-2}\,dx} + C(1)\,\frac{d^{n-1}\zeta}{dy^{n-3}\,dx^2} \right.$$

$$\left. + \ldots + S(1)\,\frac{d^{n-1}\zeta}{dx^{n-1}} \right) + (B'(2)\,\Psi - A\,\dot{\Psi})\,\frac{d^{n-2}\zeta}{dy^{n-2}} + (C'(2)\,\Psi -$$

$$B(2)\,\dot{\Psi})\,\frac{d^{n-2}\zeta}{dy^{n-3}\,dx} + \ldots + (S'(2)\,\Psi - R(2)\,\dot{\Psi})\,\frac{d^{n-2}\zeta}{dx^{n-2}} +$$

$$\left(C''(2)\Psi - B'(3)\dot{\Psi} + A\ddot{\Psi}\right)\frac{d^{n-3}\zeta}{d\dot{y}^{n-3}} + \left(D''(2)\Psi - C'(3)\dot{\Psi} + B(3)\ddot{\Psi}\right)$$

$$\frac{d^{n-3}\zeta}{dy^{n-4}\,dx} + \ldots + \left(S''(2)\Psi - R'(3)\dot{\Psi} + Q(3)\ddot{\Psi}\right)\frac{d^{n-3}\zeta}{dx^{n-3}} +$$

$$\left(D'''(2)\Psi - C''(3)\dot{\Psi} + B'(4)\ddot{\Psi} - A\dddot{\Psi}\right)\frac{d^{n-4}\zeta}{dy^{n-4}} + \left(E'''(2)\Psi - \right.$$

$$D''(3)\dot{\Psi} + C'(4)\ddot{\Psi} - B(4)\dddot{\Psi}\Big)\frac{d^{n-4}\zeta}{dy^{n-5}\,dx} + \ldots + \left(S'''(2)\Psi - \right.$$

$$R''(3)\dot{\Psi} + Q'(4)\ddot{\Psi} - P(4)\dddot{\Psi}\Big)\frac{d^{n-4}\zeta}{dx^{n-4}} + \ldots + \left(R^{(n-2)'}(2)\Psi - \right.$$

$$Q^{(n-3)'}(3)\dot{\Psi} + \ldots \pm B'(n-1)\overset{(.)\,n-3}{\Psi} \mp A\overset{(.)\,n-2}{\Psi}\Big)\frac{d\zeta}{dy} +$$

$$\left(S^{(n-2)'}(2)\Psi - R^{(n-3)'}(3)\dot{\Psi} + \ldots \pm C'(n-1)\overset{(.)\,n-3}{\Psi} \mp \right.$$

$$B(n-1)\overset{(.)\,n-2}{\Psi}\Big)\frac{d\zeta}{dx} + \left(S^{(n-1)'}(2)\Psi - R^{(n-2)'}(3)\dot{\Psi} + \ldots \mp \right.$$

$$T'(n)\overset{(.)\,n-2}{\Psi} \pm A\overset{(.)\,n-1}{\Psi}\Big)\zeta.$$

Quant au terme de (B) qui n'est fonction que de x, y, nommons-le X; &, à cause de $\dfrac{dX}{dy} - r\dfrac{dX}{dx} = X_1 = -\Psi W$, nous aurons $X = -\int \Psi W\, dy$, en faisant attention qu'avant d'intégrer par rapport à y, il faudra mettre dans ΨW pour x sa valeur en y & b tirée de l'équation $\int(u\,r\,dy + a\,dx) = b$.

(501). Nous avons trouvé plus haut α_1, ς_1, &c.; par un procédé semblable on parviendra à connoître α_2, $\varsigma_2 \ldots \ldots \varphi_1$; & en substituant ces valeurs dans les n équations dont il étoit question il n'y a qu'un moment, on aura

$$T'(2)\Psi - S(2)\dot{\Psi} = 0,$$

$$T''(2)\Psi - S'(3)\dot{\Psi} + R(3)\ddot{\Psi} = 0,$$

$$T'''(2)\Psi - S''(3)\dot{\Psi} + R'(4)\ddot{\Psi} - Q(4)\dddot{\Psi} = 0,$$

$$\ldots \ldots \ldots \ldots \ldots \ldots \ldots$$

$$T^{(n-1)'}(2)\Psi - S^{(n-2)'}(3)\dot{\Psi} + R^{(n-3)'}(4)\ddot{\Psi} - \ldots \ldots$$

$$\pm C'(n)\overset{(.)\,n-2}{\Psi} \mp B(n)\overset{(.)\,n-1}{\Psi} = 0,$$

$$\left(V - S^{(n-1)'}(2)\right)\Psi - S^{(n-1)'}(3)\dot{\Psi} + R^{(n-1)'}(4)\ddot{\Psi} - \ldots \ldots$$

$$\mp B'(n+1)\overset{(.)\,n-1}{\Psi} \pm A\overset{(.)\,n}{\Psi} = 0 :$$

une de ces équations servira à déterminer le facteur Ψ, & les $n-1$ restantes seront les équations de condition qui devront avoir lieu en même temps, pour que la propofée ait une intégrale de l'ordre immédiatement inférieur.

Si je fais $\overset{(.)\,n}{\Psi} = K$, j'aurai $\overset{(.)\,n-1}{\Psi} = \int K' dy$ (K' étant ce que devient K lorfqu'on met pour x fa valeur en y & b $\overset{(.)\,n-2}{\Psi} = \int dy \int K' dy$, &c.; par-là je réduirai la dernière des équations précédentes, qui eft celle de l'ordre le plus élevé, à une équation linéaire de cette forme,

$$\alpha K' + \varepsilon \frac{dK'}{dy} + \ldots \ldots \ldots + \varphi \frac{d^n K'}{dy^n} = 0,$$

ou α, ε, &c. feront fonctions de y & b, & que je traiterai comme étant aux différences ordinaires, puifque pour fatisfaire à cette équation je puis regarder b comme conftant. Je transformerai les autres équations de la même manière; & il fera clair que le problême de trouver l'intégrale première complète d'une équation linéaire aux différences partielles, pourra toujours fe réduire à fatisfaire à une équation linéaire aux différences ordinaires, qui ne fera jamais d'un ordre plus élevé que la propofée. Cela fait, cette intégrale première complète fera $\Sigma + F : (b) = \int \Psi W dy$.

Je ne détaillerai pas tous les cas où il eft poffible de trouver plufieurs de ces intégrales premières, comme par exemple lorfque l'équation du degré n qui renferme r a des racines inégales qui fatisfont aux conditions. En voici encore un dont je ne parlerai que pour rappeller ce que nous avons démontré dans les n°^{os}. 275 & *fuivans*. Dans ce cas on n'a qu'une feule valeur de r, & toutes les équations de conditions font nulles d'elles-mêmes, excepté la dernière qui eft de l'ordre n. Alors fi on parvenoit à intégrer complétement cette dernière équation, on auroit, en faifant fucceffivement dans l'intégrale trouvée toutes les conftantes arbitraires moins une égales à zéro, n valeurs de Ψ qui donneroient n intégrales premières complètes de la propofée. Nous allons faire ufage des formules précédentes, pour intégrer quelques équations particulières qui ont déjà été réfolues de différentes manières.

(502). Euler, dans le troifième volume de fon Calcul intégral, ne s'occupe guère, au-delà du fecond ordre, que des équations qu'il appelle homogènes, & qu'on peut toutes repréfenter par

$$\frac{d^n \zeta}{dy^n} + a \frac{d^n \zeta}{dy^{n-1}\,dx} + b \frac{d^n \zeta}{dy^{n-2}\,dx^2} + \ldots \ldots + i \frac{d^n \zeta}{dx^n} = W,$$

dans laquelle a, b ..... i font conftans, & W une fonction quelconque de x, y. On trouvera premièrement que dans cet exemple r eft une quantité conftante donnée par l'équation $r^n + a r^{n-1} + b r^{n-2} + \ldots \ldots + i = 0$, & que par conféquent $b = ry + x$. Secondement, que les n équations de condition fe réduifent à celles-ci, $\Psi = 0, \ddot{\Psi} = 0 \ldots \ldots \overset{(.)\,n}{\Psi} = 0$; or comme $\Psi = 1$, fatisfait à toutes, on peut fuppofer le facteur égal à 1. Donc, quelles que foient les conftantes a, b ...... i & la fonction W, on aura pour l'in-

tégrale

tégrale première complète de la proposée

$$\frac{d^{n-1}\zeta}{dy^{n-1}} + (r+a)\frac{d^{n-1}\zeta}{dy^{n-2}dx} + (r^2+ar+b)\frac{d^{n-1}\zeta}{dy^{n-3}dx^2} + \ldots\ldots$$

$$+ (r^n\!-\!1 + a\,r^{n-2} + b\,r^{n-3} + \ldots\ldots\ldots + h)\frac{d^{n-1}\zeta}{dx^{n-1}}$$

$$+ F:(ry+x) = \int W\,dy;$$

il ne faudra pas oublier qu'avant d'intégrer $W\,dy$ par rapport à y, on doit mettre dans W pour x sa valeur $b - ry$.

Il est clair que si toutes les racines de l'équation qui renferme r étoient inégales, on auroit n intégrales premières complètes, & par conséquent la valeur complète de ζ. Supposons, pour en donner un exemple que la proposée soit

$$\frac{d^3\zeta}{dy^3} + a\frac{d^3\zeta}{dy^2dx} + b\frac{d^3\zeta}{dy\,dx^2} + c\frac{d^3\zeta}{dx^3} = 0;$$

nous aurons, en nommant $r\,1$, $r\,2$, $r\,3$ les racines de l'équation $r^3 + ar^2 + br + c = 0$, qui par l'hypothèse sont inégales, nous aurons, dis-je, ces trois intégrales premières

$$\frac{d^2\zeta}{dy^2} + (r\,1+a)\frac{d^2\zeta}{dy\,dx} + (r^2\,1+ar\,1+b)\frac{d^2\zeta}{dx^2} + F:(r\,1\,y+x) = 0;$$

$$\frac{d^2\zeta}{dy^2} + (r\,2+a)\frac{d^2\zeta}{dy\,dx} + (r^2\,2+ar\,2+b)\frac{d^2\zeta}{dx^2} + f:(r\,2\,y+x) = 0,$$

$$\frac{d^2\zeta}{dy^2} + (r\,3+a)\frac{d^2\zeta}{dy\,dx} + r^2\,3+ar\,3+b)\frac{d^2\zeta}{dx^2} + \varphi:(r\,3\,y+x) = 0;$$

d'où nous tirerons, en éliminant $\frac{d^2\zeta}{dy^2}$,

$$(r\,1-r\,2)\frac{d^2\zeta}{dy\,dx} + (r\,1-r\,2)(r\,1+r\,2+a)\frac{d^2\zeta}{dx^2} + F:(r\,1\,y+x)$$

$$- f:(r\,2\,y+x) = 0,$$

$$(r\,1-r\,3)\frac{d^2\zeta}{dy\,dx} + (r\,1-r\,3)(r\,1+r\,3+a)\frac{d^2\zeta}{dx^2} + F:(r\,1\,y+x)$$

$$- \varphi:(r\,3\,y+x) = 0;$$

& en éliminant $\frac{d^2\zeta}{dy\,dx}$,

$$(r\,2-r\,3)\frac{d^2\zeta}{dx^2} + \frac{F:(r\,1\,y+x)-f:(r\,2\,y+x)}{r\,1-r\,2} - \frac{F:(r\,1\,y+x)-\varphi:(r\,3\,y+x)}{r\,1-r\,3} = 0;$$

équation à laquelle nous pouvons donner cette forme plus simple,

$$\frac{d^2\zeta}{dx^2} = \Gamma'':(r\,1\,y+x) + \Delta'':(r\,2\,y+x) + \Sigma'':(r\,3\,y+x).$$

Donc $\zeta = \Gamma:(r\,1\,y+x) + \Delta:(r\,2\,y+x) + \Sigma:(r\,3\,y+x)$ est la valeur complète de ζ dans l'équation du troisième ordre proposée.

On trouvera toujours autant d'intégrales premières complètes que de racines inégales ; lorsque le nombre n'en sera pas suffisant pour avoir la valeur complète de ζ, on aura recours aux intégrations successives. Ainsi pour intégrer l'équation homogène de l'ordre n dans le cas où toutes les valeurs de r seroient égales ; je commencerai par remarquer que dans cette hypothèse l'équation qui renferme r peut être représentée par $(r + q)^n = 0$, & que l'intégrale trouvée plus haut doit prendre la forme suivante

$$\frac{d^{n-1}\zeta}{dy^{n-1}} + (n-1) \cdot q \frac{d^{n-1}\zeta}{dy^{n-2}dx} + \frac{(n-1)\cdot(n-2)}{1\cdot 2} q^2 \frac{d^{n-1}\zeta}{dy^{n-3}dx^2} +$$
$$\&c. + F : (-qy + x) = \int W \, dy.$$

Pour passer à l'intégrale de l'ordre immédiatement inférieur ; soit une quantité r' donnée par l'équation

$$r'^{n-1} + (n-1) \cdot q \, r'^{n-2} + \frac{(n-1)\cdot(n-2)}{1\cdot 2} q^2 r'^{n-3} + \&c. = 0 ,$$

qui n'étant autre que $(r' + q)^{n-1} = 0$, donne $r' = -q$. Ainsi la fonction arbitraire qu'il faudra ajouter dans cette seconde intégration sera $f : (-qy + x)$; nous trouverons de même $\varphi : (-qy + x)$, pour celle qu'il faudra ajouter dans la troisième intégration, & ainsi des autres. Quant aux intégrales successives, elles seront

$$\frac{d^{n-2}\zeta}{dy^{n-2}} + (n-2) \cdot q \frac{d^{n-2}\zeta}{dy^{n-3}dx} + \frac{(n-2)\cdot(n-3)}{1\cdot 2} q^2 \frac{d^{n-2}\zeta}{dy^{n-4}dx^2} + \&c.$$
$$+ \int dy \, F : (-qy + x) + f : (-qy + x) = \int dy \int W \, dy ,$$
$$\frac{d^{n-3}\zeta}{dy^{n-3}} + (n-3) \cdot q \frac{d^{n-3}\zeta}{dy^{n-4}dx} + \frac{(n-3)\cdot(n-4)}{1\cdot 2} q^2 \frac{d^{n-3}\zeta}{dy^{n-5}dx^2} + \&c.$$
$$+ \int dy \int dy \, F : (-qy + x) + \int dy \, f : (-qy + x) + \varphi : (-qy + x)$$
$$= \int dy \int dy \int W \, dy .$$

Il est donc démontré que dans le cas que nous examinons la valeur complète de ζ est

$$\zeta = \int \ldots \ldots \ldots \int dy \int W \, dy + y^{n-1} F (1) : (-qy + x) + y^{n-2}$$
$$F (2) : (-qy + x) + \ldots \ldots \ldots + F (n) : (-qy + x) ;$$

par $F (1)$, $F (2) \ldots \ldots \ldots F (n)$, nous entendons n fonctions différentes de la même quantité $-qy + x$.

(503). Maintenant soit cette autre équation

$$A \frac{d^n \zeta}{dy^n} + B' \frac{d^{n-1}\zeta}{dy^{n-1}} + C'' \frac{d^{n-2}\zeta}{dy^{n-2}} + \ldots \ldots \ldots + V \zeta = W ,$$

dans laquelle A, B', $C' \ldots \ldots V$ & W sont des fonctions quelconques de y & x. Il est clair qu'on a $r = 0$ & $b = x$; que

$$B' (2) = B' - \frac{dA}{dy} ,$$

$$C'' (2) = C'' - \frac{dB'}{dy} + \frac{d^2 A}{dy^2} ,$$

$$D''' (2) = D''' - \frac{dC''}{dy} + \frac{d^2 B'}{dy^2} - \frac{d^3 A}{dy^3} , \&c. ;$$

$$B'(3) = B' - 2\frac{dA}{dy},$$

$$C''(3) = C'' - 2\frac{dB'}{dy} + 3\frac{d^2 A}{dy^2},$$

$$D'''(3) = D''' - 2\frac{dC'}{dy} + 3\frac{d^2 B'}{dy^2} - 4\frac{d^3 A}{dy^3}, \&c. ;$$

$$B'(4) = B' - 3\frac{dA}{dy},$$

$$C''(4) = C'' - 3\frac{dB'}{dy} + 6\frac{d^2 A}{dy^2}$$

$$D'''(4) = D''' - 3\frac{dC''}{dy} + 6\frac{d^2 B'}{dy^2} - 10\frac{d^3 A}{dy^3}, \&c., \&c.$$

La proposée a donc pour intégrale première complète

$$A\Psi\frac{d^{n-1}\zeta}{dy^{n-1}} + \left(\left(B' - \frac{dA}{dy}\right)\Psi - A\frac{d\Psi}{dy}\right)\frac{d^{n-2}\zeta}{dy^{n-2}} + \left(\left(C'' - \frac{dB'}{dy} + \frac{d^2 A}{dy^2}\right)\Psi - \left(B' - 2\frac{dA}{dy}\right)\frac{d\Psi}{dy} + A\frac{d^2\Psi}{dy^2}\right)\frac{d^{n-3}\zeta}{dy^{n-3}} + \left(\left(D''' - \frac{dC''}{dy} + \frac{d^2 B'}{dy^2} - \frac{d^3 A}{dy^3}\right)\Psi - \left(C'' - 2\frac{dB'}{dy} + 3\frac{d^2 A}{dy^2}\right)\frac{d\Psi}{dy} + \left(B' - 3\frac{dA}{dy}\right)\frac{d^2\Psi}{dy^2} - A\frac{d^3\Psi}{dy^3}\right)\frac{d^{n-4}\zeta}{dy^{n-4}} + \&c. +$$

$$F:(x) = \int \Psi W\, dy.$$

Ψ étant donné par l'équation

$$\left(V - \frac{dS^{(n-1)'}}{dy} + \frac{d^2 R^{(n-2)'}}{dy^2} - \frac{d^3 Q^{(n-3)'}}{dy^3} + \frac{d^4 P^{(n-4)'}}{dy^4} - \&c.\right)\Psi - \left(S^{(n-1)'} - 2\frac{dR^{(n-2)'}}{dy} + 3\frac{d^2 Q^{(n-3)'}}{dy^2} - 4\frac{d^3 P^{(n-4)'}}{dy^3} + \&c.\right)\frac{d\Psi}{dy} + \left(R^{(n-2)'} - 3\frac{dQ^{(n-3)'}}{dy} + 6\frac{d^2 P^{(n-4)'}}{dy^2} - \&c.\right)\frac{d^2\Psi}{dy^2} - \&c. = 0.$$

J'intégrerai cette équation en la multipliant par un facteur K qui sera renfermé dans l'équation

$$A\frac{d^n K}{dy^n} + B'\frac{d^{n-1}K}{dy^{n-1}} + C''\frac{d^{n-2}K}{dy^{n-2}} + \ldots\ldots + Vk = 0,$$

qui n'est autre que la proposée dans laquelle on auroit fait $W = 0$. Donc pour avoir une des intégrales premières complètes de la proposée, il suffira de trouver une valeur de ζ qui, en regardant x comme constant, satisfasse à cette équation dans le cas de $W = 0$. Si on avoit n valeurs de ζ; ou bien si dans le cas de $W = 0$, on parvenoit à intégrer complétement la proposée, en regardant toujours x comme constant, c'est-à-dire en traitant cette équation comme étant aux différences ordinaires; si, dis-je, on parvenoit à l'une de ces deux choses, on en tireroit aifément par de fimples éliminations la valeur complète de ζ. Voici encore un exemple qui achevera d'éclaircir la théorie précédente.

(504). On demande l'intégrale première complète de l'équation du troifième ordre ,

$$y^3 \frac{d^3 \zeta}{dy^3} + 3 x y^2 \frac{d^3 \zeta}{dy^2 dx} + 3 x^2 y \frac{d^3 \zeta}{dy dx^2} + x^3 \frac{d^3 \zeta}{dx^3} = W,$$
$$+ h y^2 \frac{d^2 \zeta}{dy^2} + 2 h x y \frac{d^2 \zeta}{dx dy} + h x^2 \frac{d^2 \zeta}{dx^2}$$
$$+ i y \frac{d \zeta}{dy} + i x \frac{d \zeta}{dx}$$
$$+ k \zeta$$

A caufe de $A = y^3$, $B = 3 x y^2$, $C = 3 x^2 y$, $D = x^3$, r fera donné par l'équation $(y r + x)^3 = 0$, d'où l'on tirera $r = \frac{-x}{y}$, & par conféquent $b = \frac{x}{y}$. On fera enfuite

$$B' = h y^2,\ C' = 2 h x y,\ D' = h x^2,\ C'' = i y,\ D'' = i x,\ V = k;$$

puis on aura

$$B (1) = 2 x y^2,\ C (1) = x^2 y,\ D (1) = 0,\ C' (1) = h x y,\ D' (1) = 0;$$
$$B (2) = x y^2,\ C (2) = 0,\ B (3) = 0,\ B' (2) = (h - 3) \cdot y^2,$$
$$C' (2) = (h - 3) \cdot x y,\ D' (2) = 0,\ C'' (2) = (i - 2 \cdot (h - 3)) y,$$
$$D'' (2) = 0,\ B' (3) = (h - 6) y^2,\ C' (3) = 0,\ D''' (2) = k - i + 2 (h - 3),$$
$$C'' (3) = (i - 2 \cdot (2 h - 9)) y,\ B' (4) = (h - 9) y^2.$$

Ainfi l'intégrale première complète de la propofée fera

$$\Psi \left(y^3 \frac{d^2 \zeta}{dy^2} + 2 x y^2 \frac{d^2 \zeta}{dy dx} + x^2 y \frac{d^2 \zeta}{dx^2} \right) + ((h - 3) \cdot y^2 \cdot \Psi - y^3 \dot\Psi) \frac{d \zeta}{dy} + ((h - 3) \cdot x y \Psi - x y^2 \dot\Psi) \frac{d \zeta}{dx} + ((i - 2 \cdot (h - 3)) y \Psi - (h - 6) y^2 \dot\Psi + y^3 \ddot\Psi) \zeta + F : \left(\frac{x}{y} \right) = \int \Psi W dy;$$

Ψ étant donné par l'équation du troifième ordre,

$$(k - i + 2 (h - 3)) \Psi - (i - 2 \cdot (2 h - 9)) y \dot\Psi + (h - 9) y^2 \ddot\Psi - y^3 \dddot\Psi = 0.$$

On trouvera que $\Psi = y^\mu$, μ étant une des racines de l'équation du troifième degré ,

$$k - i + 2 (h - 3) - (i - 3 h + 11) \mu + (h - 6) \mu^2 - \mu^3 = 0;$$
$$\&$$

& on aura pour intégrale première complète de la proposée

$$y^2 \frac{d^2 \zeta}{dy^2} + 2xy \frac{d^2 \zeta}{dx\,dy} + x^2 \frac{d^2 \zeta}{dx^2} + (h - \mu - 3)\left(y \frac{d\zeta}{dy} + x \frac{d\zeta}{dx}\right) +$$

$$(i - 2(h - 3) - (h - 5)\mu + \mu^2)\zeta + y^{-\mu-1} F : \left(\frac{x}{y}\right) =$$

$$y^{-\mu-1} \int W\, y^\mu\, dy \,,$$

équation qui est précisément de la forme de celle dont nous nous sommes occupés (n°. 497).

(505). J'ai regardé le facteur Ψ comme ne devant renfermer que x & y, & par conséquent j'ai supposé qu'une équation linéaire devoit nécessairement avoir pour intégrale de l'ordre immédiatement inférieur une équation linéaire ; voici une démonstration bien simple de cette proposition.

On a $(B) = A \int \Psi\, d\alpha' + B (1) \int \Psi\, d\mathbb{C}' + \ldots\ldots\ldots + S (1) \int \Psi\, d\sigma' + \mathcal{A}$, $\mathcal{A}$ ne pouvant renfermer que des différences partielles de l'ordre $n - 2$; donc

$$\frac{d(B)}{dy} - r \frac{d(B)}{dx} = \dot{A} \int \Psi\, d\alpha' + \dot{B} (1) \int \Psi\, d\mathbb{C}' + \ldots\ldots\ldots\ldots +$$

$$\dot{S} (1) \int \Psi\, d\sigma' + \dot{\mathcal{A}} + \text{une suite de termes } A \left(\frac{d\int \Psi\, d\alpha'}{dy} - r \frac{d\int \Psi\, d\alpha'}{dx} \right) +$$

$$B (1) \left(\frac{d\int \Psi\, d\mathbb{C}'}{dy} - r \frac{d\int \Psi\, d\mathbb{C}'}{dx} \right) + \ldots\ldots + S (1) \left(\frac{d\int \Psi\, d\sigma'}{dy} - r \frac{d\int \Psi\, d\sigma'}{dx} \right)$$

que je désignerai par K. Or toutes les différences partielles de l'ordre n doivent se trouver dans K, & elles doivent s'y trouver sous une forme linéaire, ce qui évidemment ne pourroit pas être, si Ψ en renfermoit de l'ordre $n - 1$; donc le facteur Ψ ne peut pas renfermer de différences partielles de l'ordre $n - 1$. On démontreroit de la même manière qu'il ne peut pas renfermer de différences partielles de l'ordre $n - 2$, ni celles de l'ordre $n - 3$, &c. ; & enfin qu'il doit être fonction de x, y seulement. Je passe aux équations entre trois variables ; je veux dire celles où l'indéterminée ζ est fonction de trois variables u, x & y.

(506). J'imagine que $(B) + F : (\omega, \omega\, 1) = 0$ soit l'intégrale première complète d'une équation aux différences partielles de l'ordre n entre trois variables y, x & u, que je trouverai en différentiant successivement cette intégrale par rapport à chacune des trois variables. Ainsi en représentant par $(\Gamma\, d\omega + \Gamma\,\Delta\, d\omega\, 1)\, F' : (\omega, \omega\, 1)$ la différentielle de $F : (\omega, \omega\, 1)$, j'aurai ces trois équations

$$\frac{d(B)}{dy} + \left(\Gamma \frac{d\omega}{dy} + \Gamma\,\Delta \frac{d\omega\, 1}{dy} \right) F' : (\omega, \omega\, 1) = 0,$$

$$\frac{d(B)}{dx} + \left(\Gamma \frac{d\omega}{dx} + \Gamma\,\Delta \frac{d\omega\, 1}{dx} \right) F' : (\omega, \omega\, 1) = 0,$$

$$\frac{d(B)}{du} + \left(\Gamma \frac{d\omega}{du} + \Gamma\,\Delta \frac{d\omega\, 1}{du} \right) F' : (\omega, \omega\, 1)) = 0.$$

Partie II. Z z

Je ferai $\frac{d\omega}{dy} : \frac{d\omega}{dx} = r$, & après avoir multiplié la seconde équation par r, & l'avoir ôtée de la première, il viendra

$$\frac{d(B)}{dy} - r\frac{d(B)}{dx} + \Gamma \Delta \left(\frac{d\omega 1}{dy} - r\frac{d\omega 1}{dx} \right) F' : (\omega, \omega 1) = 0;$$

Je ferai aussi $\frac{d\omega 1}{dy} : \frac{d\omega 1}{du} = s$, & après avoir multiplié la troisième équation par s, je l'ôterai de la précédente, d'où je tirerai

$$\frac{d(B)}{dy} - r\frac{d(B)}{dx} - s\frac{d(B)}{du} - \Gamma \left(\Delta r\frac{d\omega 1}{dx} + s\frac{d\omega}{du} \right) F' : (\omega, \omega 1) = 0.$$

Cette équation ne doit pas renfermer de fonction arbitraire, on a donc nécessairement $\Delta r\frac{d\omega 1}{dx} + s\frac{d\omega}{du} = 0$; & comme Δ ne doit prendre aucune valeur, il faut que $\frac{d\omega 1}{dx} = 0$, $\frac{d\omega}{du} = 0$.

J'aurois pu faire $\frac{d\omega 1}{dx} : \frac{d\omega 1}{du} = - s$, ce qui m'auroit donné

$$\frac{d(B)}{dy} - r\frac{d(B)}{dx} - rs\frac{d(B)}{du} + \Gamma \left(\Delta \frac{d\omega 1}{dy} - rs\frac{d\omega}{du} \right) F' : (\omega, \omega 1) = 0;$$

d'où j'aurois tiré que $\Delta \frac{d\omega 1}{dy} - rs\frac{d\omega}{du}$ doit être nul, sans que Δ prenne aucune valeur, & que par conséquent $\frac{d\omega 1}{dy} = 0$, $\frac{d\omega}{du} = 0$.

En général, soit $\frac{d(B)}{dy} - r\frac{d(B)}{dx} - t\frac{d(B)}{du} = 0$ l'équation qui a pour intégrale première complète $(B) + F : (\omega, \omega 1) = 0$. Si l'on fait

$$\frac{d^{n-1}\zeta}{dy^{n-1}} = \alpha', \quad \frac{d^{n-1}\zeta}{dy^{n-1}dx} = \epsilon'_{,} \quad \ldots\ldots\ldots \quad \frac{d^{n-1}\zeta}{dx^{n-1}} = \sigma';$$

$$\frac{d^{n-2}\zeta}{dy^{2-2}} = \alpha'', \quad \&c. \quad \&c. :$$

$$\frac{d^{n-1}\zeta}{dx^{n-2}du} = \epsilon'_{,} \quad \ldots\ldots\ldots\ldots \quad \frac{d^{n-1}\zeta}{dx^{n-2}du} = \sigma'_{,}$$

$$\frac{d^{n-1}\zeta}{dy^{n-3}du^2} = \sigma'_{,\prime}$$

$$\&c.$$

à cause de $\frac{d(B)}{dy} = \frac{d(B)}{d\alpha'}\frac{d^n\zeta}{dy^n} + \&c.$, $\frac{d(B)}{dx} = \frac{d(B)}{d\alpha'}\frac{d^n\zeta}{dy^{n-1}dx} + \&c.$,

$$\frac{d(B)}{du} = \frac{d(B)}{d\alpha'}\frac{d^n\zeta}{dy^{n-1}du} + \&c.;$$

l'équation précédente deviendra

$$(A) \ldots\ldots \frac{d(B)}{d\alpha'}\frac{d^n\zeta}{dy^n} + \left(\frac{d(B)}{d\varepsilon'} - r\frac{d(B)}{d\alpha'}\right)\frac{d^n\zeta}{dy^{n-1}dx}$$

$$+ \left(\frac{d(B)}{d\upsilon'} - r\frac{d(B)}{d\varepsilon'}\right)\frac{d^n\zeta}{dy^{n-2}dx^2}$$

$$+ \ldots\ldots\ldots + \left(\frac{d(B)}{d\varsigma'_{\prime}} - t\frac{d(B)}{d\alpha'}\right)\frac{d^n\zeta}{dy^{n-1}du} +$$

$$\left(\frac{d(B)}{d\upsilon'_{\prime}} - r\frac{d(B)}{d\varsigma'_{\prime}} - t\frac{d(B)}{d\varsigma'}\right)\frac{d^n\zeta}{dy^{n-2}dxdu}$$

$$\left(\frac{d(B)}{d\upsilon'_{\prime\prime}} - t\frac{d(B)}{d\varsigma'_{\prime}}\right)\frac{d^n\zeta}{dy^{n-2}du^2}$$

$$+ \left(\frac{d(B)}{d\sigma'} - r\frac{d(B)}{d\rho'}\right)\frac{d^n\zeta}{dy\,dx^{n-1}} - r\frac{d(B)}{d\sigma'}\frac{d^n\zeta}{dx^n} + \frac{d(B)}{d\alpha''}\frac{d^{n-1}\zeta}{dy^{n-2}}$$

$$- \left(r\frac{d(B)}{d\sigma'_{\prime}} + t\frac{d(B)}{d\sigma'}\right)\frac{d^n\zeta}{dx^{n-1}du}$$

$$- \left(r\frac{d(B)}{d\sigma'_{\prime\prime}} + t\frac{d(B)}{d\sigma'_{\prime}}\right)\frac{d^n\zeta}{dx^{n-2}du^2}$$

&c.

$$+ \left(\frac{d(B)}{d\varsigma''} - r\frac{d(B)}{d\alpha''}\right)\frac{d^{n-1}\zeta}{dy^{n-2}dx} + \ldots\ldots\ldots$$

$$- r\frac{d(B)}{d\rho''}\frac{d^{n-1}\zeta}{dx^{n-1}} + \ldots\ldots$$

$$+ \left(\frac{d(B)}{d\varsigma''_{\prime}} - t\frac{d(B)}{d\alpha''}\right)\frac{d^{n-2}\zeta}{dy^{n-2}du} + \ldots\ldots$$

$$- \left(r\frac{d(B)}{d\rho''_{\prime}} + t\frac{d(B)}{d\rho''}\right)\frac{d^{n-1}\zeta}{dx^{n-2}du}$$

&c.

$$+ \frac{d(B)}{d\zeta}\frac{d\zeta}{dy} - r\frac{d(B)}{d\zeta}\frac{d\zeta}{dx} - t\frac{d(B)}{d\zeta}\frac{d\zeta}{du} + \frac{d(B)}{dy}$$

$$- r\frac{d(B)}{dx} - t\frac{d(B)}{du} = 0.$$

(.507). Pour donner un exemple de l'usage qu'on peut faire de cette transformée, nous allons chercher par son moyen le cas d'intégrabilité de l'équation de l'ordre n

$$A\frac{d^n\zeta}{dy^n} + B\frac{d^n\zeta}{dy^{n-1}dx} + C\frac{d^n\zeta}{dy^{n-2}dx^2} + \ldots\ldots + T\frac{d^n\zeta}{dx^n}$$

$$+ B_{\prime}\frac{d^n\zeta}{dy^{n-1}du} + C_{\prime}\frac{d^n\zeta}{dy^{n-2}dxdu} + \ldots\ldots + T_{\prime}\frac{d^n\zeta}{dx^{n-1}du}$$

$$+ C_{\prime\prime}\frac{d^n\zeta}{dy^{n-2}du^2} + \ldots\ldots + T_{\prime\prime}\frac{d^n\zeta}{dx^{n-2}du^2}$$

$$\ldots\ldots\ldots\ldots\ldots\ldots\ldots\ldots\ldots\ldots$$

$$+ B' \frac{d^{n-1}\zeta}{dy^{n-1}} + C' \frac{d^{n-1}\zeta}{dy^{n-1}dx} + \ldots\ldots + T' \frac{d^{n-1}\zeta}{dx^{n-1}}$$

$$+ C'_{,} \frac{d^{n-1}\zeta}{dy^{n-1}du} + \ldots\ldots + T'_{,} \frac{d^{n-1}\zeta}{dx^{n-1}du}$$

$$\ldots\ldots\ldots\ldots\ldots\ldots\ldots\ldots\ldots\ldots\ldots\ldots$$

$$+ S^{(n-1)'}\frac{d\zeta}{dy} + T^{(n-1)'}\frac{d\zeta}{dx} + T_{,}^{(n-1)'}\frac{d\zeta}{du} + V\zeta = W,$$

dans laquelle les co-efficiens des différences partielles aussi bien que V & W font des fonctions quelconques de y, x, u.

Je multiplie cette équation par un facteur Ψ, qu'on démontreroit aisément ne devoir renfermer que les variables y, x, u; & la comparant à la transformée précédente, il me vient

$$\frac{d(B)}{d\alpha'} = \Psi A, \quad \frac{d(B)}{d\zeta'} - r\frac{d(B)}{d\alpha'} = \Psi B \ldots\ldots\ldots\ldots$$

$$\frac{d(B)}{d\sigma'} - r\frac{d(B)}{d\rho'} = \Psi S, \quad - r\frac{d(B)}{d\sigma'} = \Psi T; \text{ donc}$$

$$\frac{d(B)}{d\alpha'} = \Psi A, \quad \frac{d(B)}{d\zeta'} = \Psi(Ar+B)\ldots\ldots\ldots\ldots$$

$$\frac{d(B)}{d\sigma'} = \Psi(Ar^{n-1}+Br^{n-2}+\ldots\ldots\ldots\ldots+S);$$

r étant donné par l'équation $Ar^n + Br^{n-1} + \ldots\ldots Sr + T = 0.$
J'aurai aussi

$$\frac{d(B)}{d\zeta'_{,}} - t\frac{d(B)}{d\alpha'} = \Psi B_{,}, \quad \frac{d(B)}{d\sigma'_{,}} - r\frac{d(B)}{d\zeta'_{,}} - t\frac{d(B)}{d\zeta'} = \Psi C_{,}$$

$$\ldots\ldots\ldots - r\frac{d(B)}{d\sigma'_{,}} - t\frac{d(B)}{d\sigma'} = \Psi T_{,};$$

$$\frac{d(B)}{d\sigma'_{,,}} - t\frac{d(B)}{d\sigma'_{,}} = \Psi C_{,,}, \quad \frac{d(B)}{d\delta'_{,,}} - r\frac{d(B)}{d\sigma'_{,,}} - t\frac{d(B)}{d\sigma'_{,}} = \Psi D_{,,}$$

$$\ldots\ldots\ldots - r\frac{d(B)}{d\sigma'_{,,}} - t\frac{d(B)}{d\sigma'_{,}} = \Psi T_{,,};$$

$$\frac{d(B)}{d\delta'_{,,,}} - t\frac{d(B)}{d\sigma'_{,,}} = \Psi D_{,,,}, \quad \frac{d(B)}{d\epsilon'_{,,,}} - r\frac{d(B)}{d\delta'_{,,,}} - t\frac{d(B)}{d\delta'_{,,}} = \Psi E_{,,,}$$

$$\ldots\ldots\ldots - r\frac{d(B)}{d\sigma'_{,,,}} - t\frac{d(B)}{d\sigma'_{,,}} = \Psi T_{,,,};$$

&c.; d'où je tire, en conservant une partie des abréviations du (n°. 499), & faisant de plus

$$B_{,}r +$$

$$B_i r + C_i = C_i (1),$$
$$B_i r^2 + C_i r + D_i = D_i (1);$$
$$\&c.$$

$$C_{||} r + D_{||} = D_{||} (1),$$
$$C_{||} r^2 + D_{||} r + E_{||} = E_{||} (1);$$
$$\&c. \ \&c. ;$$

$$B' r + C_i (1) = C_i (2),$$
$$B' r^2 + C_i (1) r + D_i (1) = D_i (2);$$
$$\&c.$$

$$B' r + C_i (2) = C_i (3),$$
$$B' r^2 + C_i (2) r + D_i (2) = D_i (3);$$
$$\&c. \ \&c.$$

$$C_{||} r + D_{||} (1) = D_{||} (2),$$
$$C_{||} r^2 + D_{||} (1) r + E_{||} (1) = E_{||} (2);$$
$$\&c.$$

$$C_{||} r + D_{||} (2) = D_{||} (3),$$
$$C_{||} r^2 + D_{||} (2) r + E_{||} (2) = E_{||} (3);$$
$$\&c. \ \&c.$$

&c. ; d'où je tire, dis-je,

$$\frac{d(B)}{d\,\varsigma'_i} = (B_i + A\,t).\Psi;$$

$$\frac{d(B)}{d\,u'_i} = (C_i (1) + B (2) t).\Psi \ldots\ldots\ldots\ldots$$

$$\frac{d(B)}{d\,\sigma'_i} = (S_i (1) + R (2) t).\Psi;$$

$$\frac{d(B)}{d\,\varkappa'_{||}} = (C_{||} + B_i t + A\,t^2).\Psi,$$

$$\frac{d(B)}{d\,\delta'_{||}} = (D_{||} (1) + C_i (2) t + B (3) t^2).\Psi \ldots\ldots\ldots$$

$$\frac{d(B)}{d\,\sigma'_{||}} = (S_{||} (1) + R_i (2) t + Q (3) t^2).\Psi;$$

$$\frac{d(B)}{d\,\delta'_{|||}} = (D_{|||} + C_{||} t + B_i t^2 + A\,t^3)\,\Psi,$$

$$\frac{d(B)}{d\,\varepsilon'_{|||}} = (E_{|||} (1) + D_{||} (2) t + C_i (3) t^2 + B (4) t^3)\,\Psi;$$

$$\ldots\ldots\ldots\ldots\ldots\ldots\ldots\ldots\ldots\ldots$$

$$\frac{d(B)}{d\,\sigma'_{|||}} = (S_{|||} (1) + R_{||} (2) t + Q_i (3) t^2 + P (4) t^3).\Psi;$$

&c., & les n équations que voici,

Partie II. A a a

$$T_{,} (1) + S (2) t = 0,$$
$$T_{,,} (1) + S_{,} (2) t + R (3) t^2 = 0,$$
$$T_{,,,} (1) + S_{,,} (2) t + R_{,} (3) t^2 + Q (4) t^3 = 0,$$

&c. : t sera nécessairement donné par une des ces équations, les autres feront autant d'équations de condition.

(508). $\dfrac{d(B)}{dy} - r \dfrac{d(B)}{dx} - t \dfrac{d(B)}{du}$ est une fonction de l'ordre $n - 1$, je lui donne la forme suivante

$$\alpha 1 \frac{d^{n-1}\zeta}{dy^{n-1}} + \mathsf{C} 1 \frac{d^{n-1}\zeta}{dy^{n-2}dx} + \ldots\ldots\ldots\ldots +$$
$$+ \mathsf{C}_{,} 1 \frac{d^{n-1}\zeta}{dy^{n-2}du} +$$
$$r 1 \frac{d^{n-1}\zeta}{dx^{n-1}} + \alpha 2 \frac{d^{n-2}\zeta}{dy^{n-2}} + \&c. + \varphi 1 \zeta + X 1;$$
$$\varsigma_{,} 1 \frac{d^{n-1}\zeta}{dx^{n-2}du}$$
$$\&c.$$

puis je fuppofe premiérement que

$$\frac{d(B)}{d\alpha''} + \alpha 1 = B' \Psi, \quad \frac{d(B)}{d\mathsf{C}''} - r \frac{d(B)}{d\alpha''} + \mathsf{C} 1 = C' \Psi; \ldots\ldots\ldots$$
$$- r \frac{d(B)}{d\rho''} + \sigma 1 = T' \Psi;$$
$$\frac{d(B)}{d\mathsf{C}_{,}''} - t \frac{d(B)}{d\alpha''} + \mathsf{C}_{,} 1 = C_{,}' \Psi, \quad \frac{d(B)}{d\varkappa_{,}''} - r \frac{d(B)}{d\mathsf{C}''_{,}} - t \frac{d(B)}{d\mathsf{C}''} +$$
$$\varkappa_{,} 1 = D_{,}' \Psi, \ldots\ldots\ldots\ldots\ldots\ldots$$
$$\frac{d(B)}{d\rho''_{,}} - r \frac{d(B)}{d\pi_{,}''} - t \frac{d(B)}{d\pi''} + \rho_{,} 1 = S_{,}' \Psi,$$
$$- r \frac{d(B)}{d\rho''_{,}} - t \frac{d(B)}{d\rho''} + \sigma_{,} 1 = T_{,,} \Psi;$$
$$\frac{d(B)}{d\varkappa''_{,}} - t \frac{d(B)}{d\mathsf{C}''_{,}} + \varkappa_{,,} 1 = D_{,,}' \Psi, \quad \frac{d(B)}{d\delta''_{,,}} - r \frac{d(B)}{d\varkappa_{,}''} - t \frac{d(B)}{d\varkappa''_{,}} +$$
$$\delta_{,,} 1 = E_{,,}' \Psi \ldots\ldots\ldots\ldots\ldots\ldots$$
$$\frac{d(B)}{d\rho_{,,}''} - r \frac{d(B)}{d\pi''_{,,}} - t \frac{d(B)}{d\pi''_{,}} + \rho_{,,} 1 = S_{,,}' \Psi, \quad - r \frac{d(B)}{d\rho''_{,,}} - t \frac{d(B)}{d\rho''_{,}} +$$
$$\sigma_{,,} 1 = T_{,,}' \Psi;$$

&c. , & il y aura vifiblement un nombre n de femblables fuites d'équations; fecondement que

$$\frac{d(B)}{d\alpha'''} + \alpha 2 = C' \Psi, \quad \frac{d(B)}{d\mathsf{C}'''} - r \frac{d(B)}{d\alpha'''_{,}} + \mathsf{C} 2 = D'' \Psi, \ldots\ldots\ldots$$
$$- r \frac{d(B)}{d\pi'''_{,}} + \rho 2 = T'' \Psi;$$

$$\frac{d(B)}{d\zeta'''_{\prime}} - t\,\frac{d(B)}{d\alpha'''} + \zeta_{\prime}2 = D_{\prime}''\Psi, \quad \frac{d(B)}{d\pi'''_{\prime}} - r\,\frac{d(B)}{d\zeta_{\prime}'''} - t\,\frac{d(B)}{d\zeta'''} +$$

$$\upsilon_{\prime}2 = E_{\prime}''\Psi \;.$$

$$\frac{d(B)}{d\pi_{\prime}'''} - r\,\frac{d(B)}{do_{\prime}'''} - t\,\frac{d(B)}{do'''} + \pi_{\prime}2 = S_{\prime}''\Psi;$$

$$- r\,\frac{d(B)}{d\pi_{\prime}'''} - t\,\frac{d(B)}{d\pi'''} + \rho_{\prime}2 = T_{\prime}''\Psi,$$

& il y aura un nombre $n - 1$ de femblables fuites d'équations. Nous en trouverons enfuite $n - 2$, puis $n - 3$, &c., jufqu'à ce qu'étant arrivés aux différences partielles du premier ordre, nous ayons

$$\frac{d(E)}{d\zeta} + an - 1 = S^{(n-1)'}\Psi, \quad - r\,\frac{d(B)}{d\zeta} + \zeta n - 1 = T^{(n-1)'}\Psi;$$

$$- t\,\frac{d(B)}{d\zeta} + \zeta_{\prime}n - 1 = T_{\prime}^{(n-1)'}\Psi;$$

& enfin $\varphi 1 = V\Psi, \; X 1 = - W\Psi.$

Soient

$$B_{\prime} + At = B_{\prime}(1),$$
$$C_{\prime\prime} + B_{\prime}t + At^2 = C_{\prime\prime}(1),$$
$$D_{\prime\prime\prime} + C_{\prime\prime}t + B_{\prime}t^2 + At^3 = D_{\prime\prime\prime}(1);$$
&c.

$$C_{\prime}(1) + B(2)t = C_{\prime}(1)),$$
$$D_{\prime\prime}(1) + C_{\prime}(2)t + B(3)t^2 = D_{\prime\prime}(1));$$
$$E_{\prime\prime\prime}(1) + D_{\prime\prime}(2)t + C_{\prime}(3)t^2 + B(4)t^3 = E_{\prime\prime\prime}(1));$$
&c.

$$\frac{dA}{dy} - r\,\frac{dA}{dx} - t\,\frac{dA}{du} = \dot{A}, \text{ &c.}$$

$$\frac{d\Psi}{dy} - r\,\frac{d\Psi}{dx} - t\,\frac{d\Psi}{du} = \dot{\Psi},$$

$$\frac{d\dot{\Psi}}{dy} - r\,\frac{d\dot{\Psi}}{dx} - t\,\frac{d\dot{\Psi}}{du} = \ddot{\Psi}, \text{ &c.}$$

(509). Cela pofé, le facteur Ψ ne devant être fonction que des feules variables y, x, u, on aura pour la fomme des différences partielles de l'ordre $n - 1$ qui doivent entrer dans l'intégrale

$$\Psi\left(A\alpha' + B(1)\zeta' + C(1)\upsilon' + \ldots\ldots\ldots + S(1)\sigma'\right)$$
$$+ \Psi\left(B_{\prime}(1)\zeta'_{\prime} + C_{\prime}(1)\upsilon'_{\prime} + \ldots\ldots\ldots + S'_{\prime}(1)\sigma'_{\prime}\right)$$
$$+ \Psi\left(C_{\prime\prime}(1)\upsilon'_{\prime\prime} + \ldots\ldots\ldots + S_{\prime\prime}(1)\sigma'_{\prime\prime}\right)$$
&c.;

& par conséquent

$$\alpha\, \mathrm{i} = \dot{A}\,\Psi + A\,\dot{\Psi},$$

$$\mathfrak{C}\, \mathrm{i} = \dot{B}\,(1)\,\Psi + B\,(1)\,\dot{\Psi},$$

$$\mathfrak{x}\, \mathrm{i} = \dot{C}\,(1)\,\Psi + C\,(1)\,\dot{\Psi}, \ \&c.\,;$$

$$\mathfrak{C}_{,}\, \mathrm{i} = \dot{B}_{,}(1))\,\Psi + B_{,}(1))\,\dot{\Psi},$$

$$\mathfrak{u}_{,}\, \mathrm{i} = \dot{C}_{,}(1))\,\Psi + C_{,}(1))\,\dot{\Psi}, \ \&c.\,;$$

$$\mathfrak{u}_{,,}\, \mathrm{i} = \dot{C}_{,,}(1))\,\Psi + C_{,,}(1))\,\dot{\Psi}, \ \&c.$$

En continuant ainsi, on trouvera, après avoir fait pour abréger

$$C'_{,} + B'(2)\,t = C'_{,}(1)),$$

$$D'_{,} + C'(2)\,t = D'_{,}(1)), \ \&c.\,;$$

$$D'_{,,} + C'_{,}(2))\,t = D'_{,,}(1)),$$

$$E'_{,,} + D'_{,}(2))\,t = E'_{,,}(1)), \ \&c.\,;$$

$$\&c.\,;$$

$$D''_{,} + C''(2)\,t = D''_{,}(1)),$$

$$E''_{,} + D''(2)\,t = E''_{,}(1)), \ \&c.\,;$$

$$E''_{,,} + D''_{,}(2))\,t = E''_{,,}(1)),$$

$$F''_{,,} + E''_{,}(2))\,t = F''_{,,}(1)), \ \&c.\,;$$

$$\&c.\,;\ \&c.\,;$$

$$A\,t + B_{,}(1)) = B_{,}(2));$$

$$B\,(3)\,t + B_{,}(1))\,r + C_{,}(1)) = C_{,}(2));$$

$$C\,(3)\,t + B_{,}(1))\,r^{2} + C_{,}(1))\,r + D_{,}(1)) = D_{,}(2));$$

$$\&c.\,,$$

$$A\,t + B_{,}(2)) = B_{,}(3));$$

$$B\,4\,t + B_{,}(2))\,r + C_{,}(2)) = C_{,}(3)),$$

$$C\,4\,t + B_{,}(2))\,r^{2} + C_{,}(2))\,r + D_{,}(2)) = D_{,}(3));$$

$$\&c. \ \&c.\,;$$

$$B_{,}(2))\,t + C_{,,}(1)) = C_{,,}(2)),$$

$$(C_{,}(2)) + B_{,}(2))\,r)\,t + D_{,,}(1)) + C_{,,}(1))\,r = D_{,,}(2));$$

$$(D_{,}(2)) + C_{,}(2))\,r + B_{,}(2))\,r^{2})\,t + E_{,,}(1)) + D_{,,}(1))\,r + C_{,,}(1))\,r^{2} = E_{,,}(2));$$

$$\&c.\,,$$

$$B'(3))\,t + C_{,,}(2)) = C_{,,}(3)),$$

$$(C_{,}(3)) + B_{,}(3))\,r)\,t + D_{,,}(2)) + C_{,,}(2))\,r = D_{,,}(3)),$$

$$(D_{,}(3)) + C_{,}(3))\,r + B_{,}(3))\,r^{2})\,t + E_{,,}(2)) + D_{,,}(2))\,r + C_{,,}(2))\,r^{2} = E_{,,}(3));$$

$$\&c.\,,\ \&c.\,;\ \&c.\,;$$

$$C'_{,}(1))$$

$$C'_{,}(1)) - \dot{B}_{,}(1)) = C'_{,}(2)),$$
$$D'_{,}(1)) - \dot{C}_{,}(1)) + C'_{,}(2)) r = D'_{,}(2));$$
$$E'_{,}(1)) - \dot{D}_{,}(1)) + D'_{,}(2)) r = E'_{,}(2));$$
$$\&c.$$
$$D''_{,}(1)) - \dot{C}'_{,}(2)) = D''_{,}(2));$$
$$E''_{,}(1)) - \dot{D}'_{,}(2)) + D''_{,}(2)) r = E''_{,}(2));$$
$$F''_{,}(1)) - \dot{E}'_{,}(2)) + E''_{,}(2)) r = F''_{,}(2)),$$
$$\&c., \&c.;$$
$$D'_{,,}(1)) - \dot{C}_{,,}(1)) = D'_{,,}(2),$$
$$E'_{,,}(1)) - \dot{D}_{,,}(1)) + D'_{,,}(2)) r = E'_{,,}(2));$$
$$F'_{,,}(1)) - \dot{E}_{,,}(1)) + E'_{,,}(2)) r = F'_{,,}(2)),$$
$$\&c.,$$
$$E''_{,,}(1) - \dot{D}'_{,,}(2)) = E''_{,,}(2)),$$
$$F''_{,,}(1)) - \dot{E}'_{,,}(2)) + E''_{,,}(2)) r = F''_{,,}(2));$$
$$G''_{,,}(1)) - \dot{F}'_{,,}(2)) + F''_{,,}(2)) r = G''_{,,}(2)),$$
$$\&c., \&c.; \&c.;$$
$$B'(3) t + C'_{,}(2)) - \dot{B}_{,}(2)) = C'_{,}(3));$$
$$C'_{,}(3)) r + C'(3) t + D'_{,}(2)) - \dot{C}_{,}(2)) = D'_{,}(3));$$
$$D'_{,}(3)) r + D'(3) t + E'_{,}(2)) - \dot{D}_{,}(2)) = E'_{,}(3));$$
$$\&c.$$
$$C''(3) t + D''_{,}(2)) - \dot{C}'_{,}(3)) = D''_{,}(3)),$$
$$D''_{,}(3)) r + D''(3) t + E''_{,}(2)) - \dot{D}'_{,}(3)) = E''_{,}(3));$$
$$E''_{,}(3)) r + E''(3) t + F''_{,}(2)) - \dot{E}'_{,}(3)) = F''_{,}(3)),$$
$$\&c., \&c.;$$
$$C'_{,}(3)) t + D'_{,,}(2)) + \dot{C}_{,,}(2)) = D'_{,,}(3)),$$
$$D'_{,,}(3)) r + D'_{,}(3)) t + E'_{,,}(2)) - \dot{D}_{,,}(2)) = E'_{,,}(3));$$
$$E'_{,,}(3)) r + E'_{,}(3)) t + F'_{,,}(2)) - \dot{E}_{,,}(2)) = F'_{,,}(3)),$$
$$\&c.$$
$$D''_{,}(3)) t + E''_{,,}(2)) - \dot{D}'_{,,}(3)) = E''_{,,}(3)),$$
$$E''_{,,}(3)) r + E''_{,}(3)) t + F''_{,,}(2)) - \dot{E}'_{,,}(3)) = F''_{,,}(3));$$
$$F''_{,,}(3)) r + F''_{,}(3)) t + G''_{,,}(2)) - \dot{F}_{,,}(3)) = G''_{,,}(3)),$$
$$\&c., \&c.; \&c.;$$

Partie II. Bbb

$$B'(4)t + C',(3)) - \dot{B},(3)) = C'_,(4)),$$

$$C'_,(4))r + C'(4)t + D',(3)) - \dot{C},(3)) = D'_,(4)),$$

$$D',(4))r + D'(4)t + E'_,(3)) - \dot{D}_,(3)) = E'_,(4));$$

&c. , &c. ;

$$C'_,(4))t + D'_{,,}(3)) - \dot{C}_{,,}(3)) = D'_{,,}(4)),$$

$$D'_{,,}(4))r + D'_,(4))t + E'_{,,}(3)) - \dot{D}_{,,}(3)) = E'_{,,}(4)),$$

$$E'_{,,}(4))r + E'_,(4))t + F'_{,,}(3)) - \dot{E}_{,,}(3)) = F'_{,,}(4)),$$

&c. , &c. ;

&c. : on trouvera, dis-je, pour la somme de tous les termes de l'intégrale qui renferment ζ & ses différences partielles,

$$\Psi\left(A\, \frac{d^{n-1}\zeta}{dy^{n-1}} + B(1)\, \frac{d^{n-1}\zeta}{dy^{n-2}\,dx} + \ldots\ldots + S(1)\, \frac{d^{n-1}\zeta}{dx^{n-1}} \right)$$

$$+ \Psi\left(B_,(1))\, \frac{d^{n-1}\zeta}{dy^{n-2}\,du} + \ldots\ldots + S_,(1))\, \frac{d^{n-1}\zeta}{dx^{n-2}\,du} \right)$$

&c.

$$+ \left(B'(2)\,\Psi - A\,\dot{\Psi} \right) \frac{d^{n-2}\zeta}{dy^{n-2}} + \left(C'(2)\,\Psi - B(2)\,\dot{\Psi} \right) \frac{d^{n-2}\zeta}{dy^{n-3}\,dx}$$

$$+ \ldots\ldots\ldots\ldots\ldots\ldots\ldots\ldots$$

$$+ \left(C'_,(2))\,\Psi - B_,(2))\,\dot{\Psi} \right) \frac{d^{n-2}\zeta}{dy^{n-3}\,du}$$

$$+ \ldots\ldots\ldots\ldots\ldots\ldots\ldots\ldots$$

$$+ \left(S'(2)\,\Psi - R(2)\,\dot{\Psi} \right) \frac{d^{n-2}\zeta}{dx^{n-2}} + \left(S'_,(2))\,\Psi - R_,(2))\,\dot{\Psi} \right) \frac{d^{n-2}\zeta}{dx^{n-3}\,du}$$

&c.

$$+ \left(C''(2)\,\Psi - B'(3)\,\dot{\Psi} + A\,\ddot{\Psi} \right) \frac{d^{n-3}\zeta}{dy^{n-3}}$$

$$+ \left(D''(2)\,\Psi - C'(3)\,\dot{\Psi} + B(3)\,\ddot{\Psi} \right) \frac{d^{n-3}\zeta}{dy^{n-4}\,dx} +$$

$$\ldots\ldots\ldots\ldots\ldots\ldots\ldots\ldots\ldots\ldots$$

$$+ \left(S''(2)\,\Psi - R'(3)\,\dot{\Psi} + Q(3)\,\ddot{\Psi} \right) \frac{d^{n-3}\zeta}{dx^{n-3}}$$

$$+ \left(D''_,(2))\,\Psi - C'_,(3))\,\dot{\Psi} + B_,(3))\,\ddot{\Psi} \right) \frac{d^{n-3}\zeta}{dy^{n-4}\,du} +$$

$$\ldots\ldots\ldots\ldots\ldots\ldots\ldots\ldots\ldots\ldots$$

$$+ \left(S''_,(2))\,\Psi - R'_,(3))\,\dot{\Psi} + Q_,(3))\,\ddot{\Psi} \right) \frac{d^{n-3}\zeta}{dx^{n-4}\,du}$$

&c.

$$+ \left(D'''(2)\,\Psi - C''(3)\,\dot{\Psi} + B'(4)\,\ddot{\Psi} - A\,\dddot{\Psi} \right) \frac{d^{n-4}\,\zeta}{d\,y^{n-4}}$$

$$+ \left(E'''(2)\,\Psi - D''(3)\,\dot{\Psi} + C'(4)\,\ddot{\Psi} - B(4)\,\dddot{\Psi} \right) \frac{d^{n-4}\,\zeta}{d\,y^{n-4}\,d\,x}$$

$$+ \ldots \ldots \ldots \ldots \ldots$$

$$+ \left(S'''(2)\,\Psi - R''(3)\,\dot{\Psi} + Q'(4)\,\ddot{\Psi} - P(4)\,\dddot{\Psi} \right) \frac{d^{n-4}\,\zeta}{d\,x^{n-4}\,\zeta}$$

$$+ \left(E_{,}'''(2)\,\Psi - D''_{,}(3)\,\dot{\Psi} + C'_{,}(4)\,\ddot{\Psi} - B_{,}(4)\,\dddot{\Psi} \right) \frac{d^{n-4}\,\zeta}{d\,y^{n-4}\,d\,u}$$

$$+ \ldots \ldots \ldots \ldots \ldots$$

$$+ \left(S_{,}'''(2)\,\Psi - R_{,}''(3)\,\dot{\Psi} + Q'_{,}(4)\,\ddot{\Psi} - P_{,}(4)\,\dddot{\Psi} \right) \frac{d\,x^{n-4}\,\zeta}{d\,x^{n-3}\,d\,u}$$

&c.

$$+ \&c. + \left(S^{(n-1)'}(2)\,\Psi - R^{(n-1)'}(3)\,\dot{\Psi} + \ldots \ldots \ldots \right.$$
$$\left. \pm B_{,}(n)\,\overset{(.)^{n-1}}{\Psi} \mp A\,\overset{(.)^{n-1}}{\Psi} \right) \zeta.$$

On aura de plus ces n suites d'équations

$$T'(2)\,\Psi - S(2)\,\dot{\Psi} = 0,$$
$$T_{,}'(2)\,\Psi - S_{,}(2)\,\dot{\Psi} = 0,$$
$$T_{,,}'(2)\,\Psi - S_{,,}(2)\,\dot{\Psi} = 0,$$
&c.

$$T''(2)\,\Psi - S'(3)\,\dot{\Psi} + R(3)\,\ddot{\Psi} = 0,$$
$$T_{,}''(2)\,\Psi - S_{,}'(3)\,\dot{\Psi} + R_{,}(3)\,\ddot{\Psi} = 0,$$
$$T_{,,}''(2)\,\Psi - S_{,,}'(3)\,\dot{\Psi} + R_{,,}(3)\,\ddot{\Psi} = 0,$$
&c.

$$T'''(2)\,\Psi - S''(3)\,\dot{\Psi} + R'(4)\,\ddot{\Psi} - Q(4)\,\dddot{\Psi} = 0,$$
$$T_{,}'''(2)\,\Psi - S_{,}''(3)\,\dot{\Psi} + R_{,}'(4)\,\ddot{\Psi} - Q_{,}(4)\,\dddot{\Psi} = 0,$$
$$T_{,,}'''(2)\,\Psi - S_{,,}''(3)\,\dot{\Psi} + R_{,,}'(4)\,\ddot{\Psi} - Q_{,,}(4)\,\dddot{\Psi} = 0,$$
&c.

$$\ldots \ldots \ldots \ldots \ldots$$

$$\left(V - S^{(n-1)'}(2) \right)\,\Psi - S^{(n-1)'}(3)\,\dot{\Psi} + R^{(n-1)'}(4)\,\ddot{\Psi} - \ldots$$
$$\pm B'(n+1)\,\overset{(.)^{n-1}}{\Psi} \mp A\,\overset{(.)^{n}}{\Psi} = 0.$$

La première de ces suites renferme n équations, la seconde en renferme $n-1$;

& ainsi de suite en progreſſion arithmétique juſqu'à la dernière qui n'en comprend qu'une ſeule : c'eſt-à-dire qu'on aura $\frac{1+n}{2} n$ équations, & comme il n'en faut qu'une pour déterminer le facteur Ψ, il reſtera néceſſairement $\frac{n^2+n}{2} - 1$ équations de condition, qui avec les $n - 1$ trouvées plus haut, feront $\frac{n^2+n}{2} + n - 2$ ou $\frac{(n-1)(n+4)}{2}$ équations de condition, pour que la propoſée ait une intégrale de l'ordre immédiatement inférieur.

(510). Nous ajouterons que r & t ne peuvent être fonctions chacun que de deux quelconques des trois variables y, x, u, & qu'ils ne peuvent être fonctions en même temps des deux mêmes variables ; ſi r étant fonction de y & x, t l'eſt de y & u, ou de x & u, on trouvera ω & ω_1 en rendant exactes les différentielles $r\,dy + dx$ & $t\,dy + du$, ou $r\,dy + dx$ & $t\,dx + du$. Il ne reſte plus qu'à trouver le terme de l'intégrale qui n'eſt fonction que de y, x, u ; on le nommera X, &, à cauſe de $\frac{dX}{dy} - r\frac{dX}{dx} - t\frac{dX}{du} = X_1 = - \Psi W$, on aura $X = - \int \Psi W\,dy$, en n'oubliant pas qu'avant d'intéger par rapport à y, on doit mettre dans ΨW pour x & u leurs valeurs en y, ω, ω_1. Nous avons oublié de faire remarquer que pour déterminer le facteur Ψ, on n'aura qu'à ſatisfaire à une équation aux différences ordinaires qui ne ſera jamais d'un ordre plus élevé que la propoſée.

(511). Enfin, ſi nous prenons pour exemple l'équation homogène

$$a\,\frac{d^n \zeta}{d y^n} + b\,\frac{d^n \zeta}{d y^{n-1} dx} + \&c. = W,$$
$$+ b_1\,\frac{d^n \zeta}{d y^{n-1} du}$$

nous trouverons, 1°. que r eſt une quantité conſtante donnée par l'équation $a\,r^n + b\,r^{n-1} + \&c. = 0$; 2°. que t eſt auſſi une quantité conſtante, & qu'il y a entre les co-efficiens conſtans $n - 1$ équations de condition ; 3°. que toutes les équations qui renferment le facteur ſe réduiſent à celles-ci $\Psi = 0$, $\ddot{\Psi} = 0$, &c., & que par conſéquent il ſera toujours poſſible d'y ſatisfaire en prenant $\Psi = 1$; &c. Propoſons-nous, avec Euler, d'intégrer l'équation du ſecond ordre

$$a\,\frac{d^2 \zeta}{d y^2} + b\,\frac{d^2 \zeta}{d x^2} + c\,\frac{d^2 \zeta}{d u^2} + 2\,e\,\frac{d^2 \zeta}{d x\,d y} + 2\,f\,\frac{d^2 \zeta}{d y\,d u} + 2\,g\,\frac{d^2 \zeta}{d x\,d u} = 0;$$

nous trouverons que r eſt donnée par l'équation du ſecond degré $a\,r^2 + 2\,e\,r + b = 0$; que de plus on a les deux équations

$$g + f\,r + (c + a\,r)\,t = 0, \quad c + 2\,f\,t + a\,t^2 = 0,$$

dont

dont l'une fervira à déterminer t, & l'autre fera l'équation de condition; nous trouverons enfin que la propofée a pour intégrale première complète

$$a\,\frac{d\zeta}{dy} + (2e+ar)\frac{d\zeta}{dx} + (2f+at)\frac{d\zeta}{du} + F:(ry+x,\, ty+u) = 0,$$

ou

$$a\,\frac{d\zeta}{dy} + (2e+ar)\frac{d\zeta}{dx} + (2f+at)\frac{d\zeta}{du} + f:(ry+x,\, -tx+ru) = 0.$$

Pour vérifier ces réfultats, on différentiera d'abord la première équation par rapport à chacune des trois variables y, x, u, & on aura, en fe contentant d'écrire F pour $F:(ry+x,\, ty+u)$ les trois équations

$$a\,\frac{d^2\zeta}{dy^2} + (2e+ar)\frac{d^2\zeta}{dy\,dx} + (2f+at)\frac{d^2\zeta}{dy\,du} + (\Gamma r + \Gamma\Delta t)F' = 0,$$

$$a\,\frac{d^2\zeta}{dy\,dx} + (2e+ar)\frac{d^2\zeta}{dx^2} + (2f+at)\frac{d^2\zeta}{dx\,du} + \Gamma F' = 0,$$

$$a\,\frac{d^2\zeta}{dy\,du} + (2e+ar)\frac{d^2\zeta}{dx\,du} + (2f+at)\frac{d^2\zeta}{du^2} + \Gamma\Delta F' = 0;$$

on ôtera de la première la feconde après l'avoir multipliée par r, & il viendra

$$a\,\frac{d^2\zeta}{dy^2} + 2e\,\frac{d^2\zeta}{dy\,dx} - (2er+ar^2)\frac{d^2\zeta}{dx^2} + (2f+at)\frac{d^2\zeta}{dy\,du} - (2fr+art)\frac{d^2\zeta}{dx\,du} + \Gamma\Delta t F' = 0,$$

on ôtera de celle-ci la troifième après l'avoir multiplié par t, & on aura

$$a\,\frac{d^2\zeta}{dy^2} + 2e\,\frac{d^2\zeta}{dy\,dx} - (2er+ar^2)\frac{d^2\zeta}{dx^2} + 2f\,\frac{d^2\zeta}{dy\,du} - 2(art+fr+et)\frac{d^2\zeta}{dx\,du} - (2ft+at^2)\frac{d^2\zeta}{du^2} = 0,$$

qui fe réduit à la propofée lorfque

$$ar^2 + 2er + b = 0,\quad art + fr + et + g = 0,\quad at^2 + 2ft + c = 0.$$

L'autre réfultat fe vérifiera de la même manière.

(512). Dans les mémoires de l'académie des fciences de 1783 & 1784, nous avons préfenté la théorie précédente fous une forme beaucoup plus générale, en la renfermant dans le théorême que voici :

L'équation de l'ordre n,

$$A\,\frac{d^n\zeta}{dy^n} + B\,\frac{d^n\zeta}{dy^{n-1}dx} + C\,\frac{d^n\zeta}{dy^{n-2}dx^2} + \dots + H\,\frac{d^n\zeta}{dx^n} = W,$$

dans laquelle A, B, C, ... H, W font des fonctions quelconques de x, y ζ & des différences partielles de ζ jufqu'à celles de l'ordre $n-1$ inclufivement, étant propofée; fi on nomme p, q, r, s, &c. les différences partielles de l'ordre $n-1$, & qu'ayant formé l'équation

$$A m^n + B m^{n-1} + C m^{n-2} + \dots + H = 0,$$

Partie II. C c c

l'on fasse pour abréger

$$A m + B = \alpha A, \quad A m \alpha + C = \beta A, \quad A m \zeta + D = \delta A, \ \&c.$$

toutes les intégrales premières complètes de la proposée dépendront de pouvoir intégrer les équations prises de là à deux, qu'on formera, en mettant successivement pour m ses valeurs dans ces deux-ci

$$m\, dy + dx = 0,$$

$$A m \,(dp + \alpha\, dq + \zeta\, dr + \delta\, ds + \&c.\,) + W\, dx = 0.$$

Supposons que l'une de ces intégrales complètes soit $k = F : \omega$, & que

$$dk = P\, dp + Q\, dq + R\, dr + S\, ds + \&c. + dk,$$

$$d\omega = \pi\, dp + \rho\, dq + \sigma\, dr + \tau\, ds + \&c. + d\omega\,;$$

comme par l'élimination de la fonction arbitraire, on trouve (n°. 493)

$$\frac{dk}{dx}\,\frac{d\omega}{dy} - \frac{dk}{dy}\,\frac{d\omega}{dx} = 0, \text{ on aura aussi}$$

$$(Q\pi - P\rho) \left(\frac{dp}{dy}\,\frac{dq}{dx} - \frac{dq}{dy}\,\frac{dp}{dx} \right)$$

$$+ (R\pi - P\sigma) \left(\frac{dp}{dy}\,\frac{dr}{dx} - \frac{dr}{dy}\,\frac{dp}{dx} \right)$$

$$+ (S\pi - P\tau) \left(\frac{dp}{dy}\,\frac{ds}{dx} - \frac{ds}{dy}\,\frac{dp}{dx} \right)$$

$$+ (R\rho - Q\sigma) \left(\frac{dq}{dy}\,\frac{dr}{dx} - \frac{dr}{dy}\,\frac{dq}{dx} \right)$$

$$+ (S\rho - Q\tau) \left(\frac{dq}{dy}\,\frac{ds}{dx} - \frac{ds}{dy}\,\frac{dq}{dx} \right)$$

$$+ (S\sigma - R\tau) \left(\frac{dr}{dy}\,\frac{ds}{dx} - \frac{ds}{dy}\,\frac{dr}{dx} \right)$$

$$+ \&c. + \left(\pi\,\frac{dk}{dx} - P\,\frac{d\omega}{dx} \right)\frac{dp}{dy} - \left(\pi\,\frac{dk}{dy} - P\,\frac{d\omega}{dy} \right)\frac{dp}{dx} +$$

$$\left(\rho\,\frac{dk}{dx} - Q\,\frac{d\omega}{dx} \right)\frac{dq}{dy} - \left(\rho\,\frac{dk}{dy} - Q\,\frac{d\omega}{dy} \right)\frac{dq}{dx} +$$

$$\left(\sigma\,\frac{dk}{dx} - R\,\frac{d\omega}{dx} \right)\frac{dr}{dy} - \left(\sigma\,\frac{dk}{dy} - R\,\frac{d\omega}{dy} \right)\frac{dr}{dx} +$$

$$\left(\tau\,\frac{dk}{dx} - S\,\frac{d\omega}{dx} \right)\frac{ds}{dy} - \left(\tau\,\frac{dk}{dx} - S\,\frac{d\omega}{dy} \right)\frac{ds}{dx} + \&c. +$$

$$\frac{dk}{dx}\,\frac{d\omega}{dy} - \frac{dk}{dy}\,\frac{d\omega}{dx} = 0.$$

On fera dans cette équation

$$Q\tau - P\rho = 0, \quad R\pi - P\sigma = 0, \quad S\pi - P\tau = 0,$$

$$R\rho - Q\tau = 0, \quad S\rho - Q\tau = 0, \quad S\sigma - R\tau = 0, \&c.$$

& désignant par $\alpha, \zeta, \delta, \vartheta, \&c.$ les rapports $\dfrac{\rho}{\pi}, \ \dfrac{\sigma}{\pi}, \ \dfrac{\tau}{\pi}, \ \&c.$;

ou $\frac{Q}{P}$, $\frac{R}{P}$, $\frac{S}{P}$, &c., on changera les différentielles

$$P\,dp + Q\,dq + R\,dr + S\,ds + \&c.,$$
$$\pi\,dp + \rho\,dq + \sigma\,dr + \tau\,ds + \&c.,$$

en celles-ci

$$P\,(\,dp + \alpha\,dq + \mathcal{C}\,dr + \mathfrak{s}\,ds + \&c.\,),$$
$$\pi\,(\,dp + \alpha\,dq + \mathcal{C}\,dr + \mathfrak{s}\,ds + \&c.\,).$$

Cela posé, ayant multiplié la proposée par un facteur Ψ, on la comparera, terme à terme, à l'équation que nous venons de réduire, &, à cause de

$$\frac{dp}{dx} = \frac{dq}{dy}, \quad \frac{dq}{dx} = \frac{dr}{dy}, \quad \frac{dr}{dx} = \frac{ds}{dy}, \quad \&c., \text{ on aura}$$

$$\pi\,\frac{dk}{dx} - P\,\frac{d\omega}{dx} = A\,\Psi, \quad \pi\,\frac{dk}{dy} - P\,\frac{d\omega}{dy} = (A\,\alpha - B)\,\Psi;$$

puis, faisant $\dfrac{A\,\alpha - B}{A} = m$,

$$A\,m\,\alpha = A\,\mathcal{C} - C, \quad A\,m\,\mathcal{C} = A\,\mathfrak{s} - D, \quad A\,m\,\mathfrak{s} = A\,\delta - E, \&c.;$$

& m sera donné par l'équation

$$A\,m^n + B^{n-1} + C\,m^{n-2} + \dots \dots \dots + H = 0.$$

On aura aussi $\dfrac{d\omega}{dx}\,\dfrac{dk}{dy} - \dfrac{d\omega}{dy}\,\dfrac{dk}{dx} = \Psi\,W.$

Au moyen de celle-ci & des deux premières, on trouvera

$$\frac{dk}{dy} - m\,\frac{dk}{dx} + \frac{P\,W}{A} = 0, \quad \frac{d\omega}{dy} - m\,\frac{d\omega}{dx} + \frac{\pi\,W}{A} = 0;$$

donc $d\,k = \dfrac{dk}{dx}\,(\,dx + m\,dy\,) +$

$$P\,\Big(\,dp + \alpha\,dq + \mathcal{C}\,dr + \mathfrak{s}\,ds + \&c. - \frac{W\,dy}{A}\,\Big).$$

Le problême ne dépendra plus que de pouvoir intégrer, pour chaque valeur de m, ces deux équations

$$dx + m\,dy = 0, \quad dp + \alpha\,dq + \mathcal{C}\,dr + \mathfrak{s}\,ds + \&c. - \frac{W\,dy}{A} = 0,$$

ou, ce qui revient au même, les deux que voici :

$$dx + m\,dy = 0, \quad A\,m\,(\,dp + \alpha\,dq + \mathcal{C}\,dr + \mathfrak{s}\,ds + \&c.) + W\,dx = 0.$$

En effet en représentant ces intégrales par $U = a$, $U' = b$ & celle de $d\,k = 0$ par $k = c$, on pourra, entr'autres suppositions, faire $c = b$ & $b = F : a$; donc $U' = F : U$ peut être prise pour l'intégrale complète de la proposée qui répond à la valeur de m qu'on a choisie ; donc &c.

(513). Si l'équation est du premier ordre $A\,\dfrac{d\zeta}{dy} + B\,\dfrac{d\zeta}{dx} = W;$

on aura $A\,m + B = 0$, puis $m\,dy + dx = 0$, $A\,m\,d\zeta + W\,dx = 0;$

ou $B\,dy - A\,dx = 0$, $\quad - B\,d\zeta + W\,dx = 0$. Si $W = 0$, on aura $d\zeta = 0$ & $\zeta = a$; on cherchera le facteur propre à rendre $B\,dy - A\,dx$ une différentielle exacte en regardant ζ comme constant, & si cette différentielle exacte est dS, on aura $S = b$; & comme on peut supposer qu'une des constantes est fonction de l'autre, on pourra prendre $\zeta = F : S$ pour l'intégrale complète de $A\,\dfrac{d\zeta}{dy} + B\,\dfrac{d\zeta}{dx} = 0$, où A & B renferment x, y, ζ (n°. 490).

Si W étant fonction de x, y, ζ, on avoit A & B fonction de x, y seulement, on intégreroit $B\,dy - A\,dx = 0$ en la multipliant par un facteur. Soit $S = b$ cette intégrale; on en tireroit la valeur de y qu'on mettroit dans $- B\,d\zeta + W\,dx = 0$, pour l'intégrer ensuite de la même manière. Si l'on trouvoit pour cette intégrale $T = a$; à cause qu'on peut supposer $a = F : b$, on auroit $T = F : S$ pour l'intégrale complète demandée (n°. 493).

(514). Les équations linéaires de l'ordre n peuvent toutes se représenter par

$$A\,\frac{d^{n}\zeta}{dy^{n}} + B\,\frac{d^{n}\zeta}{dy^{n-1}dx} + C\,\frac{d^{n}\zeta}{dy^{n-1}dx^{2}} + \dots\dots + H\,\frac{d^{n}\zeta}{dx^{n}} = W,$$

$$+ B'\,\frac{d^{n-1}\zeta}{dy^{n-1}} + C'\,\frac{d^{n-1}\zeta}{dy^{n-1}dx} + \dots\dots + H'\,\frac{d^{n-1}\zeta}{dx^{n-1}}$$

$$+ C''\,\frac{d^{n-2}\zeta}{dy^{n-2}} + \dots\dots + H''\,\frac{d^{n-2}\zeta}{dx^{n-2}}$$

$$+ \dots\dots\dots\dots\dots + V\zeta$$

dans laquelle les co‑efficiens de ζ, de ses différences partielles & W sont des fonctions de x, y. Alors si nous nommons p, q, r, s, &c. les différences partielles de l'ordre $n-1$, p', q', r', &c. celles de l'ordre $n-2$, &c., nous aurons à résoudre les équations aux différences ordinaires

$m\,dy + dx = 0$,

$A\,m\,(\,dp + \alpha\,dq + \epsilon\,dr + \mathit{8}\,ds + \text{&c.}\,) - (\,B'\,p + C'\,q + D'\,r + \text{&c.} + C''\,p' + D''\,q' + \text{&c.} + \text{&c.} + V\zeta - W\,)\,dx = 0.$

Désignons par m, m', m'', &c. les valeurs de m tirées de l'équation

$A\,m^{n} + B\,m^{n-1} + C\,m^{n-2} + \dots\dots\dots + H = 0$;

par $dt\,1$, $ds\,1$, $dr\,1$, &c. les différentielles exactes qu'on trouvera en cherchant les facteurs propres à rendre intégrables

$m\,dy + dx$, $\ m'\,dy + dx$, $\ m''\,dy + dx$, &c.

Cela posé, ayant multiplié les équations

$$\frac{dt\,1}{dy}\,dy + \frac{dt\,1}{dx}\,dx = 0,$$

$A\,m\,(\,dp + \alpha\,dq + \epsilon\,dr + \mathit{8}\,ds + \text{&c.}\,) - (\,B'\,p + C'\,q + D'\,r + \text{&c.} + C''\,p' + D''\,q' + \text{&c.} + \text{&c.} + V\zeta - W\,)\,dx = 0,$

la première par Δ, & l'autre par $\wedge$, nous les ajouterons ensemble ; & nous donnerons à la résultante la forme que voici :

$$d \cdot \wedge A m \, (p + \alpha q + \mathcal{C} r + \&c.) - p d \cdot \wedge A m - q d \cdot \wedge A \alpha m$$
$$- r d \cdot \wedge A \mathcal{C} m - \&c. - \wedge (B' p + C' q + D' r + \&c. +$$
$$C'' p' + D'' q' + \&c. + \&c. + V z - W) \, dx$$
$$+ \Delta \left(\frac{d t \, 1}{d y} \, dy + \frac{d t \, 1}{d x} \, dx \right) = 0.$$

Nous supposerons

$$- p d \cdot \wedge A m - q d \cdot \wedge A \alpha m - r d \cdot \wedge A \mathcal{C} m - \&c.$$
$$- \wedge (B' p + C' q + D' r + \&c. + C'' p' + D'' q' + \&c. + \&c.$$
$$+ V z - W) \, dx + \Delta \left(\frac{d t \, 1}{d y} \, dy + \frac{d t \, 1}{d x} \, dx \right)$$

une différentielle exacte que nous nommerons dS ; & $W 1$ étant l'intégrale de $\wedge W \, dx$, prise par rapport à x, après avoir mis pour y sa valeur en x & $t 1$, nous aurons

$$(1) \quad \dots \quad \wedge A m \, (p + \alpha q + \mathcal{C} r + \&c.) + S + W 1 = 0 :$$

nous aurons aussi

$$- p \frac{d \cdot \wedge A m}{d y} - q \frac{d \cdot \wedge A \alpha m}{d y} - r \frac{d \cdot \wedge A \mathcal{C} m}{d y} - \&c.$$
$$+ \Delta \frac{d t \, 1}{d y} = \frac{d S}{d y},$$

$$- p \frac{d \cdot \wedge A m}{d x} - q \frac{d \cdot \wedge A \alpha m}{d x} - r \frac{d \cdot \wedge A \mathcal{C} m}{d x} - \&c. -$$
$$\wedge (B' p + C' q + D' r + \&c. + C'' p' + D'' q' + \&c. + \&c.$$
$$+ V z - W + \Delta \frac{d t \, 1}{d x} = \frac{d S}{d x} ;$$

d'où nous tirerons, en éliminant Δ, & faisant pour abréger ,

$$\frac{d S}{d y} - m \frac{d S}{d x} = \dot{S}, \quad \frac{d \cdot \wedge A m}{d y} - m \frac{d \cdot \wedge A m}{d x} = (\wedge A m), \&c.$$

$$(2) \quad \dots \quad - p \, [\, (\wedge \dot{A} m) - m \wedge B' \,]$$
$$- q \, [\, (\wedge A \alpha \dot{m}) - m \wedge C' \,]$$
$$- r \, [\, (\wedge A \mathcal{C} \dot{m}) - m \wedge D' \,]$$
$$- \&c. + m \wedge (C'' p' + D' q' + \&c.$$
$$+ \&c. + V z) = \dot{S}.$$

(515). Si la proposée a une intégrale de l'ordre immédiatement inférieur ; j'entends par-là une équation linéaire de l'ordre $n - 1$, qui renferme une fonction arbitraire de $t 1$, on pourra supposer

$$S = M p' + N q' + \&c. + M' p'' + N' q'' + \&c. + \&c. + U z + \varphi : t 1 ;$$

Partie II.   D d d d'où l'on tirera

$$\dot{S} = \dot{M} p' + M (p - m q)$$
$$+ \dot{N} q' + N (q - m r) + \&\mathrm{c}.$$
$$+ \dot{M}' p'' + M' (p' - m q')$$
$$+ \dot{N}' q'' + N' (q' - m r') + \&\mathrm{c}. + \&\mathrm{c}.$$
$$+ \ddot{U} \zeta + U (p^{(n-2)'} - m q^{(n-2)'}).$$

Partant, si l'on fait pour abréger,

$$(\wedge A \dot{m}) - m \wedge B' = \omega, \quad (\wedge A \alpha \dot{m}) - m \wedge C' = \pi;$$
$$(\wedge A \mathcal{C} \dot{m}) - m \wedge D' = \tilde{\omega}, \&\mathrm{c}.;$$

l'équation (2) donnera

$$- \omega = M, \quad - \pi = N - m M, \quad - \tilde{\omega} = P - m N, \&\mathrm{c}.$$
$$m \wedge C'' = \dot{M} + M', \quad m \wedge D'' = \dot{N} + N' - m M', \&\mathrm{c}.$$
$$\dots \dots \dots \dots \dots \dots \dots \dots m \wedge V = \dot{U}.$$

La première série contient $n - 1$ équations, la seconde en contient $n - 2$, & ainsi de suite ; le nombre de toutes les équations est la somme d'une progression arithmétique dont le premier terme est 1 & le dernier $n - 1$, c'est-à-dire que ce nombre est $n \cdot \frac{n-1}{2}$: & comme il n'y a que $\frac{(n-1)(n-2)}{2}$ inconnues à déterminer, il reste $n - 1$ équations de condition, qui doivent avoir lieu pour que la proposée ait une intégrale de l'ordre immédiatement inférieur, voici cette intégrale

$$\wedge A m (p + \alpha q + \mathbf{e} r + \&\mathrm{c}.) + M p' + N q' + \&\mathrm{c}. +$$
$$M' p'' + N' q'' + \&\mathrm{c}. + \&\mathrm{c}. + U \zeta + \wp : t1 + W 1 = 0.$$

(516). Si la proposée étoit du second ordre, on auroit les trois équations

$$(\wedge A m) - m \wedge B' + U = 0,$$
$$(\wedge C) + m \wedge C' + m U = 0,$$
$$m \wedge V = \dot{U},$$

dont deux serviroient à trouver U & le facteur $\wedge$, & dont la troisième seroit l'équation de condition.

Si l'équation du second ordre n'étoit autre que $\frac{d^2 \zeta}{d y^2} = X^2 \frac{d^2 \zeta}{d x^2}$, qui est celle des cordes vibrantes lorsque X ne renferment que x & des constantes, les trois équations deviendroient

$$\dot{U} = 0, \; \Lambda\, m\, \frac{d\,m}{d\,x} + 2\, U = 0, \; 2\,\dot{\Lambda} - 3\,\Lambda\, \frac{d\,m}{d\,x} = 0 :$$

on tireroit des deux premières $\Lambda\, \dfrac{d\cdot m^2}{d\,x} = \Lambda\, m\, \dfrac{d^2 \cdot m^2}{d\,x^2}$;

on auroit par conséquent

$$\tfrac{3}{4}\, \frac{d\cdot m^2}{m^2} = \frac{d^2\cdot m^2}{d\,x} : \frac{d\cdot m^2}{d\,x}, \; (m^2)^{-\frac{3}{4}}\, d\cdot m^2 = a\,dx \; \& \; 16\,m = (a\,x + b)^2,$$

a & b étant des constantes ; c'est la valeur de X pour que l'équation des cordes vibrantes ait une intégrale de l'ordre immédiatement inférieur.

Je puis prendre $U = 1$, d'où $\Lambda = \dfrac{-(16)^2}{a\,(a\,x + b)^3}$; j'aurai aussi

$$1 = \int \frac{d\,x}{m} + y = \frac{-16}{a\,(a\,x + b)} + y, \; \& \text{ pour intégrale première complète}$$

$$\frac{d\,\zeta}{d\,y} + \frac{(a\,x + b)^2}{16}\, \frac{d\,\zeta}{d\,x} - \frac{a\,(a\,x + b)}{16}\left(\zeta + \varphi : \left(\frac{16}{a\,(a\,x + b)} - y\right)\right) = 0.$$

Cette différentielle du premier ordre a elle-même pour intégrale complète

$$\zeta = (a\,x + b)\left[f : \left(\frac{16}{a\,(a\,x + b)} + y\right) + \varphi : \left(\frac{16}{a\,(a\,x + b)} - y\right)\right].$$

CHAPITRE V.

DE L'INTÉGRATION DES ÉQUATIONS AUX DIFFÉRENCES PARTIELLES QUI N'ONT POINT D'INTÉGRALES SUCCESSIVES.

(517). L'ÉQUATION des cordes vibrantes $\dfrac{d^2\,\zeta}{d\,y^2} = X^2\, \dfrac{d^2\,\zeta}{d\,x^2}$ n'a d'intégrales successives que lorsque X est une fonction de cette forme $(a\,x + b)^2$; cependant pour beaucoup d'autres valeurs de X, on pourra trouver la valeur générale de ζ. En effet, ayant fait pour abréger

$$f : \left(\int \frac{d\,x}{X} + y \right) + \varphi : \left(\int \frac{d\,x}{X} - y \right) = \Pi,$$

si je suppose $\zeta = \mathfrak{c}\,\Pi + \mathfrak{s}\,\Pi'$, où $\mathfrak{c}$ & $\mathfrak{s}$ sont fonctions de x seul, j'aurai, par la substitution des valeurs de $\dfrac{d^2\,\zeta}{d\,y^2}$, $\dfrac{d^2\,\zeta}{d\,x^2}$ dans la proposée, l'équation identique

$$X^2\frac{d^2\varsigma}{dx^2}\cdot\Pi + 2X\frac{d\varsigma}{dx}\cdot\Pi' + 2X\frac{du}{dx}\cdot\Pi'' = 0,$$
$$-\varsigma\frac{dX}{dx}\qquad -u\frac{dX}{dx}$$
$$+X^2\frac{d^2u}{dx^2}$$

qui doit être indépendante de Π, Π', Π''. J'en tirerai pour résoudre le problème les trois équations

$$\frac{d^2\varsigma}{dx^2}=0,\quad X^2\frac{d^2u}{dx^2}-\varsigma\frac{dX}{dx}+2X\frac{d\varsigma}{dx}=0,\quad \frac{2du}{u}=\frac{dX}{X}.$$

On pourra prendre $\varsigma=1$; &, à cause de $u^2=cX$, on aura pour déterminer u, l'équation $\frac{u^3}{c}\frac{d^2u}{dx^2}-2\frac{du}{dx}=0$. En faisant $u=k(ax+b)^{\lambda}$, on la changera en celle-ci $\frac{a}{c}k^3(\lambda-1)(ax+b)^{3\lambda-1}-2=0$, qui devant être identique, donne $3\lambda-1=0$ ou $\lambda=\frac{1}{3}$, & $k=-\sqrt[3]{\frac{3c}{a}}$. Donc $u=-\left(\frac{3c}{a}\right)^{\frac{1}{3}}(ax+b)^{\frac{1}{3}}$ & $X=\frac{1}{c}\left(\frac{3c}{a}\right)^{\frac{2}{3}}(ax+b)^{\frac{2}{3}}$.

Si on prend $\varsigma=ax+b$; à cause de $u^2=cX$, on aura pour déterminer u, l'équation

$$\frac{u^3}{c}\frac{d^2u}{dx^2}-2(ax+b)\frac{du}{dx}+2au=0.$$

Soit $u=k(ax+b)^{\lambda}$, l'équation précédente deviendra

$$\frac{a}{c}k^3\lambda(\lambda-1)(ax+b)^{3\lambda-2}-2(\lambda-1)=0,$$

qu'on rendra identique en faisant $3\lambda-2=0$ ou $\lambda=\frac{2}{3}$, $k=\sqrt[3]{\frac{3c}{a}}$. Donc

$$\varsigma=ax+b,\quad u=\left(\frac{3c}{a}\right)^{\frac{1}{3}}(ax+b)^{\frac{2}{3}},\quad X=\frac{1}{c}\left(\frac{3c}{a}\right)^{\frac{2}{3}}(ax+b)^{\frac{4}{3}}.$$

(518). Nous chercherons la forme que la proposée doit avoir pour que son intégrale complète soit $\zeta=\varsigma\Pi+u\Pi'+\delta\Pi''$; nous aurons dans ce cas les quatre équations

$$\frac{d^2\varsigma}{dx^2}=0,\quad -X^2\frac{d^2u}{dx^2}-2x\frac{d\varsigma}{dx}+\varsigma\frac{dX}{dx}=0,$$
$$-X^2\frac{d^2\delta}{dx^2}-2X\frac{du}{dx}+u\frac{dX}{dx}=0,\quad \frac{2d\delta}{\delta}=\frac{dX}{X}.$$

Si nous prenons $\varsigma=1$; à cause de $\delta^2=cX$, le problème est réduit à satisfaire à ces deux équations

$$\frac{\delta^3}{c}\frac{d^2u}{dx^2}-2\frac{d\delta}{dx}=0,\quad -\frac{\delta}{c}\frac{d^2\delta}{dx^2}+2\frac{d(u:\delta)}{dx}=0.$$

Pour cela nous ferons $\delta = k(ax+b)^\lambda$, d'où nous tirerons

$$\delta \frac{d^2\delta}{dx^2} = k^2 a^2 \lambda(\lambda-1)(ax+b)^{2\lambda-2},$$

& que par conséquent $\frac{u}{\delta}$ ne peut être que de la forme $k'(ax+b)^{2\lambda-1}$, ce qui donne $u = kk'(ax+b)^{3\lambda-1}$. Par ces substitutions, nos deux équations sont changées en celles-ci

$$\frac{a}{c}k^3 k'(3\lambda-1)(3\lambda-2)(ax+b)^{5\lambda-2} - 2\lambda = 0,$$

$$\frac{a}{c}k^2\lambda(\lambda-1) + 2k'(2\lambda-1) = 0,$$

qui, lorsqu'on fait $5\lambda-2=0$, ou $\lambda=\frac{2}{5}$, deviennent

$$k^3 k' + \frac{5c}{a} = 0, \quad k^2 + \frac{5c}{3a}k' = 0, \ \& \ \text{donnent} \ k = \sqrt[5]{\frac{25c^2}{3a^2}};$$

$$k' = -\frac{3a}{5c}\left(\sqrt[5]{\frac{25c^2}{3a^2}}\right)^2. \ \text{Donc} \ u = -\frac{3a}{5c}\left(\frac{25c^2}{3a^2}\right)^{\frac{3}{5}}(ax+b)^{\frac{1}{5}};$$

$$\delta = \left(\frac{25c^2}{3a^2}\right)^{\frac{1}{5}}(ax+b)^{\frac{2}{5}}, \quad X = \frac{1}{c}\left(\frac{25c^2}{3a^2}\right)^{\frac{2}{5}}(ax+b)^{\frac{4}{5}}.$$

La valeur la plus générale qu'on puisse donner à C est $C = ax+b$; alors, à cause de $\delta^2 = cX$, on aura les deux équations

$$\frac{\delta^3}{c}\frac{d^2 u}{dx^2} + 2a\delta - 2(ax+b)\frac{d\delta}{dx} = 0, \quad \frac{\delta}{c}\frac{d^2\delta}{dx^2} + 2\frac{d(u:\delta)}{dx} = 0.$$

Si on fait $\delta = k(ax+b)^\lambda$, il faudra que $\frac{u}{\delta}$ soit de la forme $k'(ax+b)^{2\lambda-1}$, ce qui donnera $u = kk'(ax+b)^{3\lambda-1}$. Par ces substitutions nos deux équations seront changées en celles-ci

$$\frac{a}{c}k^3 k'(3\lambda-1)(3\lambda-2)(ax+b)^{5\lambda-3} - 2(\lambda-1) = 0;$$

$$\frac{a}{c}k^2\lambda(\lambda-1) + 2k'(2\lambda-1 = 0,$$

qui, en faisant $5\lambda-3=0$ ou $\lambda=\frac{3}{5}$ deviendront $k'k^3 - \frac{5c}{a} = 0$;

$$k^2 - \frac{5c}{3a}k' = 0, \ \& \ \text{donneront} \ k = \sqrt[5]{\frac{25c^2}{3a^2}}, \quad k' = \frac{3a}{5c}\left(\sqrt[3]{\frac{25c^2}{3a^2}}\right)^2.$$

$$\text{Donc} \ u = \frac{3a}{5c}\left(\frac{25c^2}{3a^2}\right)^{\frac{3}{5}}(ax+b)^{\frac{4}{5}}, \quad \delta = \left(\frac{25c^2}{3a^2}\right)^{\frac{1}{5}}(ax+b)^{\frac{3}{5}},$$

$$X = \frac{1}{c}\left(\frac{25c^2}{3a^2}\right)^{\frac{2}{5}}(ax+b)^{\frac{6}{5}}. \&c.$$

(519). Les recherches sur la propagation du son ont conduit à l'équation suivante

$$\frac{1}{2a^2}\frac{d^2\zeta}{dy^2} = \frac{d^2\zeta}{dx^2} + \frac{2}{x}\frac{d\zeta}{dx} - \frac{2\zeta}{x^2},$$

qui n'a pas d'intégrales successives, mais qu'on intégrera facilement en supposant $\zeta = \mathfrak{C} f{:}\omega + \mathfrak{v} f'{:}\omega$, $\mathfrak{C}$, $\mathfrak{v}$ étant des fonctions de x seul. Car on en tire l'équation identique

$$\begin{array}{llll}
\dfrac{d^2 \mathfrak{C}}{dx^2}\,f{:}\omega & +\,2\,\dfrac{d\mathfrak{C}}{dx}\dfrac{d\omega}{dx}\,f'{:}\omega & +\,\mathfrak{C}\left(\dfrac{d\omega}{dx}\right)^2 f''{:}\omega & +\,\mathfrak{v}\left(\dfrac{d\omega}{dx}\right)^2 f'''{:}\omega = 0, \\[2mm]
+\,\dfrac{2}{x}\dfrac{d\mathfrak{C}}{dx} & +\,\mathfrak{C}\dfrac{d^2\omega}{dx^2} & +\,2\,\dfrac{d\mathfrak{v}}{dx}\dfrac{d\omega}{dx} & -\,\dfrac{\mathfrak{v}}{2a^2}\left(\dfrac{d\omega}{dy}\right)^2 \\[2mm]
-\,\dfrac{2\mathfrak{C}}{x^2} & +\,\dfrac{d^2\mathfrak{v}}{dx^2} & +\,\mathfrak{v}\dfrac{d^2\omega}{dx^2} & \\[2mm]
 & -\,\dfrac{\mathfrak{C}}{2a^2}\dfrac{d^2\omega}{dy^2} & -\,\dfrac{\mathfrak{C}}{2a^2}\left(\dfrac{d\omega}{dy}\right)^2 & \\[2mm]
 & +\,\dfrac{2\mathfrak{C}}{x}\dfrac{d\omega}{dx} & -\,\dfrac{\mathfrak{v}}{2a^2}\dfrac{d^2\omega}{dy^2} & \\[2mm]
 & +\,\dfrac{2}{x}\dfrac{d\mathfrak{v}}{dx} & +\,\dfrac{d\mathfrak{v}}{x}\dfrac{d\omega}{dx} & \\[2mm]
 & -\,\dfrac{2\mathfrak{v}}{x^2} & &
\end{array}$$

dans laquelle on égalera à zéro les co-efficiens de $f{:}\omega$, $f'{:}\omega$, $f''{:}\omega$, $f'''{:}\omega$.

On aura d'abord pour déterminer ω l'équation $\dfrac{d\omega}{dy} = \pm\, a\sqrt{2}\,\dfrac{d\omega}{dx}$;

on pourra donc prendre $\omega = x \pm a y\sqrt{2}$; & si l'on fait

$\Pi = f{:}(x + ay\sqrt{2}) + \varphi{:}(x - ay\sqrt{2})$, l'intégrale complète sera $\zeta = \mathfrak{C}\,\Pi + \mathfrak{v}\,\Pi'$, $\mathfrak{C}$, $\mathfrak{v}$ étant donnés par

$$\frac{d^2 \mathfrak{C}}{dx^2} + \frac{2}{x}\frac{d\mathfrak{C}}{dx} - \frac{2\mathfrak{C}}{x^2} = 0, \quad \frac{d^2 \mathfrak{v}}{dx^2} + \frac{2}{x}\frac{d\mathfrak{v}}{dx} - \frac{2\mathfrak{v}}{x^2} + 2\frac{d\mathfrak{C}}{dx} + \frac{2\mathfrak{C}}{x} = 0,$$

$$\frac{d\mathfrak{v}}{dx} + \frac{\mathfrak{v}}{x} = 0.$$

On tire de la troisième $\mathfrak{v} = \dfrac{c}{x}$; en mettant ces valeurs dans la seconde, elle

devient $\dfrac{d\mathfrak{C}}{dx} + \dfrac{\mathfrak{C}}{x} = \dfrac{c}{x^3}$, & donne $\mathfrak{C} = -\dfrac{c}{x^2} + \dfrac{b}{x}$.

Cette valeur de $\mathfrak{C}$ ne peut satisfaire à la première équation qu'en faisant la constante arbitraire $b = 0$; de plus on peut prendre $c = 1$; donc la proposée a pour intégrale complète

$$\zeta = -\frac{1}{x^2}\left[f{:}(x + ay\sqrt{2}) + \varphi{:}(x - ay\sqrt{2}) \right] + \frac{1}{x}\left[f'{:}(x + ay\sqrt{2}) + \varphi'{:}(x - ay\sqrt{2}) \right].$$

(520). Pour l'équation linéaire du second ordre, on tire des équations (1)

& (2) (n°. 514), en faisant pour abréger

$$\Lambda\,(\pi A_n i + \omega C) = \sigma,$$

$$\sigma p = \Lambda C\,(\Lambda V m\mathfrak{z} - \dot{S}) - \pi\,(S + W_1),$$

$$\sigma q = \Lambda A m\,(\Lambda V m\mathfrak{z} - \dot{S}) + \omega\,(S + W_1).$$

Or dt & ds étant les différentielles exactes qu'on trouvera en cherchant les facteurs propres à rendre intégrables

$$m\,dy + dx,\quad m'\,dy + dx,$$

si l'on fait

$$S = A_1 f:s + B_1 f':s + C_1 f'':s + \ldots\ldots\ldots\ldots$$
$$+ K_1 f^{n'}:s + L_1,$$
$$Z = M_1 f:s + N_1 f':s + P_1 f'':s + \ldots\ldots\ldots\ldots$$
$$+ T_1 f^{n'}:s + V_1,$$

la quantité $\Lambda V m\mathfrak{z} - \dot{S}$ deviendra

$$[\Lambda M_1 m V - \dot{A}_1]\,f:s +$$
$$[\Lambda N_1 m V - \dot{B}_1 - A_1 \dot{s}]\,f':s + \ldots\ldots\ldots\ldots +$$
$$[\Lambda T_1 m V - \dot{K}_1 - I_1 \dot{s}]\,f^{n'}:s + K_1 \dot{s} f^{(n+1)'}:s +$$
$$\Lambda V_1 m V - \dot{L}_1.$$

On en tirera facilement les valeurs de p & q ; mais on a aussi

$$p = \frac{dM_1}{dy}\,f:s + \left(\frac{dN_1}{dy} + N_1 \frac{ds}{dy}\right) f':s + \ldots\ldots\ldots\ldots +$$
$$\left(\frac{dT_1}{dy} + S_1 \frac{ds}{dy}\right) f^{n'}:s + T_1 \frac{ds}{dy} f.^{(n+1)'}:s + \frac{dV_1}{dy},$$

$$q = \frac{dM_1}{dx}\,f:s + \left(\frac{dN_1}{dx} + M_1 \frac{ds}{dx}\right) f':s + \ldots\ldots\ldots\ldots +$$
$$\left(\frac{dT_1}{dx} + S_1 \frac{ds}{dx}\right) f^{n'}:s + T_1 \frac{ds}{dx} f^{(n+1)'}:s + \frac{dV_1}{dx};$$

il ne s'agira donc que de déterminer les co-efficiens A_1, M_1, B_1, N_1, &c. au moyen des équations suivantes qui font du premier ordre :

$$\Lambda C\,[\Lambda M_1 m V - \dot{A}_1] - \pi A_1 = \sigma\,\frac{dM_1}{dy},$$

$$\Lambda A m\,[\Lambda M_1 m V - \dot{A}_1] + \omega A_1 = \sigma\,\frac{dM_1}{dx},$$

$$\Lambda C\,[\Lambda N_1 m V - \dot{B}_1 - A_1 \dot{s}] - \pi B_1 = \sigma\left[\frac{dN_1}{dy} + M_1 \frac{ds}{dy}\right],$$

$$\Lambda A m\,[\Lambda N_1 m V - \dot{B}_1 - A_1 \dot{s}] + \omega B_1 = \sigma\left[\frac{dN_1}{dx} + M_1 \frac{ds}{dx}\right],$$

$$\ldots\ldots\ldots\ldots\ldots\ldots\ldots\ldots\ldots\ldots\ldots\ldots\ldots\ldots\ldots$$

$$\Lambda C\left[\Lambda T_1 mV - \dot K_1 - I_1\dot s\right] - \pi K_1 = \sigma\left[\frac{dT_1}{dy} + S_1\frac{ds}{dy}\right];$$

$$\Lambda Am\left[\Lambda T_1 mV - \dot K_1 - I_1\dot s\right] + \omega K_1 = \sigma\left[\frac{dT_1}{dx} + S_1\frac{ds}{dx}\right],$$

$$\Lambda C\left[\Lambda V_1 mV - \dot L_1\right] - \pi\left[W_1 + L_1\right] = \sigma\frac{dV_1}{dy},$$

$$\Lambda Am\left[\Lambda V_1 mV - \dot L_1\right] + \omega\left[W_1 + L_1\right] = \sigma\frac{dV_1}{dx}.$$

On aura de plus les deux équations

$$\Lambda CK_1\dot s = -\sigma T_1\frac{ds}{dy},\quad \Lambda AmK_1\dot s = -\sigma T_1\frac{ds}{dx},$$

qui, à cause de $\Lambda m m' = C$, toujours vraie par la propriété des équations du second degré, se réduisent à une seule qui renferme les conditions qui doivent avoir lieu pour que l'intégrale soit telle que nous l'avons supposée. Nous n'avons trouvé qu'une partie des équations propres à déterminer la valeur de ζ; nous trouverons les autres, en changeant dans les premières m en m', & s en t. De cette manière, nous parviendrons à déterminer les deux séries qui doivent entrer dans la valeur complète de ζ; la première a été représentée par $M_1 f : s + N_1 f' : s +$ &c. , nous représenterons la seconde par $M_2 \varphi : t + N_2 \varphi' : t +$ &c.

(521). Si l'équation du second ordre est celle des cordes vibrantes $\frac{d^2\zeta}{dy^2} = X^2\frac{d^2\zeta}{dx^2}$, on fera

$$\Lambda m = 1,\ m = -X,\ m' = X,\ y - \int\frac{dx}{X} = t,\ y + \int\frac{dx}{X} = s;$$

partant $s = 2$. Alors en supposant que les co-efficiens sont tous fonctions de x seul, on aura à résoudre les équations

$$d\frac{A_1}{X} = 0,\ dA_1 = \frac{dX}{dx}dM_1,\ d\frac{B_1}{X} = \frac{M_1 dX - 2A_1 dx}{X^2},$$

$$dB_1 + \frac{2A_1 dx}{X} = \frac{dX}{dx}\left(dN_1 + \frac{M_1 dx}{X}\right),\ldots\ldots\ldots$$

$$d\frac{K_1}{X} = \frac{S_1 dX - 2I_1 dx}{X^2},\ dK_1 + \frac{2I_1 dx}{X} = \frac{dX}{dx}\left(dT_1 + \frac{S_1 dx}{X}\right);$$

$$2K_1 dx = T_1 dx.$$

On tire des deux premières $A_1 = aX$, $M_1 = ax + b$, a & b étant des constantes, ou bien $A_1 = 0$ & $M_1 = 1$; nous examinerons séparément ces deux cas, en supposant $X = (ax + b)^d$.

(522). Dans le premier cas, on peut supposer

$$N_1 = e_1(ax + b)^{-d+1},\ P_1 = e_2(ax + b)^{-2d+3},\ \&c.,$$

$$B_1 = g_1(ax + b)\qquad,\ C_1 = g_2(ax + b)^{-d+1},\ \&c.,$$

$e_1;$

e_1, g_1, &c. étant des constantes. Par ces substitutions, nos équations deviennent

$$g_1 (1 - d) + 2 = d,$$
$$g_1 + 2 = a e_1 d (2 - d) + d,$$
$$2 a g_2 (1 - d) + 2 g_1 = a e_1 d,$$
$$a g_2 (2 - d) + 2 g_1 = a^2 e_2 (3 - 2 d) d + a e_1 d,$$
$$3 a g_3 (1 - d) + 2 g_2 = a e_2 d,$$
$$a g_3 (3 - 2 d) + 2 g_2 = a^2 e_3 (4 - 3 d) d + a e_2 d,$$
$$\ldots\ldots\ldots\ldots\ldots\ldots\ldots\; 2 g_n = a e_n d.$$

On en tire par l'élimination

$$g_1 = - \frac{2 - d}{1 - d}, \quad e_1 = - \frac{1}{a (1 - d)},$$
$$g_2 = \frac{4 - 3 d}{2 a (1 - d)^2}, \quad e_2 = \frac{4 - 3 d}{2 a^2 (1 - d)^2 (3 - 2 d)},$$
$$g_3 = - \frac{(4 - 3 d)(6 - 5 d)}{2 \cdot 3 a^2 (1 - d)^3 (3 - 2 d)},$$
$$e_3 = - \frac{6 - 5 d}{2 \cdot 3 a^3 (1 - d)^3 (3 - 2 d)}, \quad \text{\&c.}$$

& que d doit être une quantité de cette forme $\dfrac{2 n}{2 n - 1}$, n étant un nombre entier positif.

(523). Lorsque $A = 0$ & $M = 1$, on a $B = - 1$, & on peut supposer $N = e_1 (a x + b)^{- d - 1}$, $P = e_2 (a x + b)^{- 2 (d - 1)}$, &c. $C = g_2 (a x + b)^{- d + 1}$, &c.,

ce qui change nos équations en celles-ci :

$$a e_1 (1 - d) + 1 = 0,$$
$$a g_2 (1 - 2 d) - 2 = a e_1 d,$$
$$a g_2 (1 - d) - 2 = 2 a^2 e_2 (1 - d) d + a e_1 d,$$
$$a g_3 (2 - 3 d) + 2 g_2 = a e_2 d,$$
$$2 a g_3 (1 - d) + 2 g_2 = 3 a^2 e_3 (1 - d) d + a e_2 d,$$
$$a g_4 (3 - 4 d) + 2 g_3 = a e_3 d,$$
$$3 a g_4 (1 - d) + 2 g_3 = 4 a^2 e_4 (1 - d) d + a e_3 d,$$
$$\ldots\ldots\ldots\ldots\ldots\ldots\ldots\; 2 g_n = a e_n d.$$

Il est facile d'en tirer

$$e_1 = - \frac{1}{a (1 - d)}, \quad g_2 = \frac{2 - 3 d}{a (1 - d)(1 - 2 d)},$$
$$e_2 = \frac{2 - 3 d}{2 a^2 (1 - d)^2 (1 - 2 d)}, \quad g_3 = - \frac{4 - 5 d}{2 a^2 (1 - d)^2 (1 - 2 d)},$$
$$e_3 = - \frac{4 - 5 d}{2 \cdot 3 a^3 (1 - d)^3 (1 - 2 d)}, \quad \text{\&c.,}$$

Partie II. F f f

& que d doit être une quantité telle que $\dfrac{2n}{2n+1}$, ou n est un nombre entier positif.

(524). On voit aussi que dans les deux cas $M\,2 = M\,1$, $N\,2 = M\,1$, &c.; il suit donc de ce qui précède que si X est une quantité de cette forme $(a\,x + b)^{\frac{2n}{2n\pm 1}}$, où n est un nombre entier positif, l'équation des cordes vibrantes a pour intégrale complète

$$z = M\,1\,(f:s + \varphi:t) + N\,1\,(f':s + \varphi':t) + \ldots\ldots\ldots\ldots$$
$$+ T\,1\,(f:^{\prime\prime\prime}s + \varphi^{\prime\prime\prime}:t);$$

c'est-à-dire que cette équation est intégrable absolument dans les mêmes cas que celle du comte Ricatti (n°. 403). Dans cet exemple, la proposée ne renfermant pas W, nous avons pu prendre $L\,1 = 0$, $V\,1 = 0$, ce que nous ferons aussi dans celui qui va suivre.

(525). Dalembert, dans un mémoire sur le Calcul intégral qui se trouve dans le quatrième volume des ses Opuscules, se propose une équation de cette forme

$$b\,\frac{d^2 z}{d y^2} + \frac{d^2 z}{d x^2} + X\,\frac{dz}{dx} + X\,1\,z = 0,$$

où X & $X\,1$ sont des fonctions de X & b une constante quelconque. Dans cet exemple

$$A = b, \; B = 0, \; C = 0, \; B' = 0, \; C' = X, \; V = X\,1,$$

$$b\,m^2 + 1 = 0, \; s = m'\,y + x, \; \dot{s} = m' \text{---} m = \text{---} 2\,m.$$

On en tire, en prenant $\Lambda = 1$ & en supposant que $A\,1$, $M\,1$, $B\,1$, $N\,1$, &c. ne renferment que x,

$$\omega = 0, \; \pi = \text{---} m\,X, \; \varsigma = X, \; \dot{A}\,1 = \text{---} m\,\frac{d A\,1}{d x}, \; \dot{B}\,1 = \text{---} m\,\frac{d B\,1}{d x}, \; \&c.$$

On aura donc pour résoudre le problême ces équations

$$X\,1\,M\,1 + \frac{d A\,1}{d x} + X\,A\,1 = 0,$$

$$X\,1\,M\,1 + \frac{d A\,1}{d x} + X\,\frac{d M\,1}{d x} = 0,$$

$$X\,1\,N\,1 + \frac{d B\,1}{d x} + X\,B\,1 = \text{---}\,X\,M\,1 \text{---} 2\,A\,1,$$

$$X\,1\,N\,1 + \frac{d B\,1}{d x} + X\,\frac{d N\,1}{d x} = \text{---}\,X\,M\,1 \text{---} 2\,A\,1,$$

$$X\,1\,P\,1 + \frac{d C\,1}{d x} + X\,C\,1 = \text{---}\,X\,N\,1 \text{---} 2\,B\,1,$$

$$X\,1\,P\,1 + \frac{d C\,1}{d x} + X\,\frac{d P\,1}{d x} = \text{---}\,X\,N\,1 \text{---} 2\,B\,1;$$

$\ldots\ldots$ & pour équation de condition $2\,K\,1 + X\,T\,1 = 0$.

On en tire, en éliminant $A\,\mathrm{i}$, $B\,\mathrm{i}$, &c. cette série d'équation du second ordre

$$\frac{d^2 M\,\mathrm{i}}{d\,x^2} + X\,\frac{d M\,\mathrm{i}}{d\,x} + X\,\mathrm{i}\,M\,\mathrm{i} = 0,$$

$$\frac{d^2 N\,\mathrm{i}}{d\,x^2} + X\,\frac{d N\,\mathrm{i}}{d\,x} + X\,\mathrm{i}\,N\,\mathrm{i} + 2\,\frac{d M\,\mathrm{i}}{d\,x} + X\,M\,\mathrm{i} = 0,$$

$$\frac{d^2 P\,\mathrm{i}}{d\,x^2} + X\,\frac{d P\,\mathrm{i}}{d\,x} + X\,\mathrm{i}\,P\,\mathrm{i} + 2\,\frac{d N\,\mathrm{i}}{d\,x} + X\,N\,\mathrm{i} = 0,$$

. . . .

& pour équation de condition $2\,\dfrac{d\,T\,\mathrm{i}}{d\,x} + X\,T\,\mathrm{i} = 0$.

(526). Si $b = \dfrac{-1}{a^2}$, $X = \dfrac{h}{x}$, $X\,\mathrm{i} = \dfrac{i}{x^2}$, on a $m = \pm\,a$, & les équations précédentes deviennent

$$\frac{d^2 M\,\mathrm{i}}{d\,x^2} + \frac{h}{x}\,\frac{d M\,\mathrm{i}}{d\,x} + \frac{i}{x^2}\,M\,\mathrm{i} = 0,$$

$$\frac{d^2 N\,\mathrm{i}}{d\,x^2} + \frac{h}{x}\,\frac{d N\,\mathrm{i}}{d\,x} + \frac{i}{x^2}\,N\,\mathrm{i} + 2\,\frac{d M\,\mathrm{i}}{d\,x} + \frac{h}{x}\,M\,\mathrm{i} = 0,$$

&c. On satisfait à la première en prenant $M\,\mathrm{i} = x^\lambda$, & λ sera donné par l'équation $\lambda\,.\,\lambda - 1 + h\,\lambda + i = 0$; à la seconde en prenant $N\,\mathrm{i} = e\,\mathrm{i}\,x^{\lambda+1}$, & on en tirera $e\,\mathrm{i} = -\dfrac{2\,\lambda + h}{\lambda\,.\,\lambda + 1 + h\,.\,\lambda + 1 + i}$; à la troisième en prenant $P\,\mathrm{i} = e\,2\,x^{\lambda+2}$, & on en tirera

$$e\,2 = -\,e\,\mathrm{i}\;\frac{2\,(\lambda + 1) + h}{\lambda + 1\,.\,\lambda + 2 + h\,.\,\lambda + 2 + i} \quad . \quad . \quad . \quad . \quad . \quad .$$

à celle qui renferme $T\,\mathrm{i}$, en prenant $T\,\mathrm{i} = e\,n\,x^{\lambda+n}$, & on en tirera

$$e\,n = -\,e\,(n - 1)\;\frac{2\,(\lambda + n - 1) + h}{(\lambda + n)\,(\lambda + n - 1) + h\,(\lambda + n) + i}.$$

On aura pour équation de condition

$$2\,(\lambda + n) + h = 0, \quad \text{ou} \quad \left(\frac{h}{2} + n\right)\left(\frac{h}{2} - n - 1\right) = i.$$

Si on vouloit intégrer de cette manière l'equation du n°. 519, on feroit $h = 2$, $i = -2$, & on auroit $n^2 + n = 2$ dont la racine positive est $n = 1$. Quelque soit h & i, toutes les fois qu'il résultera de l'équation de condition que n est un nombre entier positif, la proposée sera intégrable absolument.

(527). Puisque $d\,t$ & $d\,s$ sont ce qu'on trouve en rendant exactes les différentielles $m\,d\,y + d\,x$, $m'\,d\,y + d\,x$, on pourra avoir y & x en s & t, & regarder les co-efficiens $A\,\mathrm{i}$, $B\,\mathrm{i}$, &c., $M\,\mathrm{i}$, $N\,\mathrm{i}$, &c. comme fonctions de s & t. Cela posé, soit représentée par Σ la suite $A\,\mathrm{i}\,f:s + B\,\mathrm{i}\,f':s + $ &c.,

par Z cette autre suite $M\,\mathrm{1}\,f:s + N\,\mathrm{1}\,f':s + \&c.$; s'il arrivoit que la valeur de χ dût renfermer des termes où la fonction arbitraire fût embarrassée du signe intégral, si, par exemple, on avoit $\chi = \rho\int\tau\,ds\,f:s + Z$, on représenteroit par $u\int t\,ds\,f:s$ celui qui devroit entrer dans S & on auroit $S = u\int t\,ds\,f:s + \Sigma$. Alors, à cause de

$$\frac{d\chi}{ds} = \frac{d\rho}{ds}\int\tau\,ds\,f:s + \rho\,\tau\,f:s + \frac{dZ}{ds},\quad \frac{d\chi}{dt} = \frac{d\rho}{dt}\int\tau\,ds\,f:s + \rho\int\frac{d\tau}{dt}\,ds\,f:s + \frac{dZ}{dt};$$

$$\frac{dS}{ds} = \frac{du}{ds}\int t\,ds\,f:s + u\,t\,f:s + \frac{d\Sigma}{ds},\quad \frac{dS}{dt} = \frac{du}{dt}\int t\,ds\,f:s + u\int\frac{dt}{dt}\,ds\,f:s + \frac{d\Sigma}{dt};$$

$$\dot{S} = \frac{dS}{ds}\dot{s}\,,\ \&\ \text{de}\ \frac{dt}{dy} - m\frac{dt}{dx} = 0,\ \text{on tireroit des équations du}$$

n°. 520.

$$\sigma p = \Lambda^2\,V C m\,\rho\int\tau\,ds\,f:s + \Lambda^2\,V C m\,Z - \left(\Lambda C\dot{s}\,\frac{du}{ds} + \pi u\right)\int t\,ds\,f:s -$$

$$\Lambda C\dot{s}\left(u\,t\,f:s + \frac{d\Sigma}{ds}\right) - \pi\,(\Sigma + W\mathrm{1}),$$

$$\sigma q = \Lambda^2\,V A m^2\,\rho\int\tau\,ds\,f:s + \Lambda^2\,V A m^2\,Z - \left(\Lambda A m\dot{s}\,\frac{du}{ds} - \omega u\right)\int t\,ds\,f:s -$$

$$\Lambda A m\dot{s}\left(u\,t\,f:s + \frac{d\Sigma}{ds}\right) + \omega\,(\Sigma + W\mathrm{1}).$$

Mais on a aussi

$$p = \frac{d\rho}{dy}\int\tau\,ds\,f:s + \rho\,\frac{dt}{dy}\int\frac{d\tau}{dt}\,ds\,f:s + \rho\,\tau\,\frac{ds}{dy}\,f:s + \frac{dZ}{dy};$$

$$q = \frac{d\rho}{dx}\int\tau\,ds\,f:s + \rho\,\frac{dt}{dx}\int\frac{d\tau}{dt}\,ds\,f:s + \rho\,\tau\,\frac{ds}{dx}\,f:s + \frac{dZ}{dx};$$

il sera donc facile de former les deux équations

$$\rho\,\mathrm{1}\int\tau\,ds\,f:s - \sigma\rho\,\frac{dt}{dy}\int\frac{d\tau}{dt}\,ds\,f:s - u\,\mathrm{1}\int t\,ds\,f:s = T\mathrm{1},$$

$$\rho\,\mathrm{2}\int\tau\,ds\,f:s - \sigma\rho\,\frac{dt}{dx}\int\frac{d\tau}{dt}\,ds\,f:s + u\,\mathrm{2}\int t\,ds\,f:s = U\mathrm{2},$$

dans lesquelles on a fait pour abréger

$$\Lambda^2\,V C m\,\rho - \sigma\frac{d\rho}{dy} = \rho\,\mathrm{1},\quad \pi u + \Lambda C\,\frac{du}{ds}\,\dot{s} = u\,\mathrm{1}.$$

$$\Lambda^2\,V A m^2\,\rho - \sigma\frac{d\rho}{dx} = \rho\,\mathrm{2},\quad \omega u - A A m\,\frac{du}{ds}\,\dot{s} = u\,\mathrm{2},$$

$$- \Lambda^2\,V C m\,Z + \sigma\frac{dZ}{dy} + \sigma\rho\,\tau\,\frac{ds}{dy}\,f:s + \Lambda C\dot{s}\left(u\,t\,f:s + \frac{d\Sigma}{ds}\right) + \pi\,(\Sigma + W\mathrm{1}) = T\mathrm{2},$$

$$- \Lambda^2\,V A m^2\,Z + \sigma\frac{dZ}{dx} + \sigma\rho\,\tau\,\frac{ds}{dx}\,f:s + \Lambda A m\dot{s}\left(u\,t\,f:s + \frac{d\Sigma}{ds}\right) - \omega\,(\Sigma + W\mathrm{1}) = U\mathrm{2},$$

$$(528).$$

(528). On en tirera, en éliminant $\int \tau\, d\, s f : s$, & faisant pour abréger

$$\frac{\gimel 2 \rho 1 + \gimel 1 \rho 2}{\sigma \rho \left(\gimel 2 \dfrac{d\,t}{d\,y} + \gimel 1 \dfrac{d\,t}{d\,x} \right)} = \Gamma, \qquad \frac{\gimel 2 T 2 + \gimel 1 U 2}{\sigma \rho \left(\gimel 2 \dfrac{d\,t}{d\,y} + \gimel 1 \dfrac{d\,t}{d\,x} \right)} = V 2,$$

$$\Gamma \int \tau\, d\, s f : s - \int \frac{d\,\tau}{d\,t}\, d\, s f : s = V 2.$$

Au moyen de celle-ci, on aura $\int \tau\, d\, s f : s$ en quantités débarraffées du figne intégral, à moins que $\dfrac{d\,\Gamma}{d\,s}$ ne foit nul; donc Γ ne doit pas renfermer s. On le fera paffer fous le figne intégral, & l'équation précédente deviendra

$$\int \left(\Gamma \tau - \frac{d\,\tau}{d\,t} \right) d\, s f : s = V 2 : \text{ or } e^{-\int \Gamma d t} \left(\Gamma \tau - \frac{d\,\tau}{d\,t} \right) \text{ eft la différen-}$$

tielle de $- \tau e^{-\int \Gamma d t}$, prife par rapport à t & divifée par $d\,t$; ayant donc multiplié les deux membres de la dernière équation par $d\,t\, e^{-\int \Gamma d t}$, on l'inté-grera & on aura $e^{-\int \Gamma d t} \int \tau\, d\, s f : s = \int e^{-\int \Gamma d t} V 2\, d\,t$.

Celle-ci donnera $\int \tau\, d\, s f : s$ en quantités délivrées du figne intégral, toutes les fois que $\gimel 2 \dfrac{d\,t}{d\,y} + \gimel 1 \dfrac{d\,t}{d\,x}$ ne fera pas nul; & lorfqu'il fera nul, on aura une équation de cette forme

$$(\gimel 2 \rho 1 + \gimel 1 \rho 2) \int \tau\, d\, s f : s = M 3 f : s + \text{\&c.}$$

qui donnera $\int \tau\, d\, s f : s$ en quantités délivrées du figne intégral, à moins que $\gimel 2 \rho 1 + \gimel 1 \rho 2$ ne foit nul auffi : ainfi pour que $\int \tau\, d\, s f : s$ ne puiffe pas être donné en quantités délivrées du figne intégral, il faut que ces deux équations

$$\gimel 2 \frac{d\,t}{d\,y} + \gimel 1 \frac{d\,t}{d\,x} = 0, \quad \gimel 2 \rho 1 + \gimel 1 \rho 2 = 0,$$

aient lieu en même temps. On en tire, à caufe de $\dfrac{d\,t}{d\,y} = m \dfrac{d\,t}{d\,x}$;

$\rho 1 - m \rho 2 = 0$, ou $\Lambda^2 V m \rho (C - A m^2) - \sigma \left(\dfrac{d\,\rho}{d\,y} - m \dfrac{d\,\rho}{d\,x} \right) = 0.$

Mais $\dfrac{d\,\rho}{d\,y} - m \dfrac{d\,\rho}{d\,x} = \dfrac{d\,\rho}{d\,s} \left(\dfrac{d\,s}{d\,y} - m \dfrac{d\,s}{d\,x} \right) = \dfrac{d\,\rho}{d\,s}\, \dot{s}$;

donc $\dfrac{1}{\rho} \dfrac{d\,\rho}{d\,s} = \dfrac{C - A m^2}{\sigma\, \dot{s}} \Lambda^2 V m.$ Si on repréfente celle-ci par $\dfrac{1}{\rho} \dfrac{d\,\rho}{d\,s} = u$, on

en tirera $\rho = e^{\int u d s} \varphi : t$; d'où il fuit que quand l'intégrale doit contenir le terme $\rho \int \tau\, d\, s f : s$, la partie de la valeur de ζ à laquelle il appartient, renferme une fonction arbitraire de t, outre celle de s, & que par conféquent elle peut être prife par l'intégrale complète.

(529). Nous prendrons pour fecond exemple, les équations linéaires du troifième ordre par rapport auxquelles les équations (1) & (2) deviennent

<table><tr><td>Partie II.</td><td align="right">G g g</td></tr></table>

$$\Lambda\,A\,m\,(p + \alpha q + C r) + S + W1 = 0,$$

$$-\omega p - \pi q - \tilde{\omega} r + \Lambda\,m\,(C'' p' + D'' q' + V z) = \ddot{S}.$$

Ayant fait, pour abréger,

$$\frac{dN1}{dy} + M1\,\frac{ds}{dy} = N2, \quad \frac{dP1}{dy} + N1\,\frac{ds}{dy} = P2, \ \&c.,$$

$$\frac{dN1}{dx} + M1\,\frac{ds}{dx} = N3, \quad \frac{dP1}{dx} + N1\,\frac{ds}{dx} = P3, \ \&c.,$$

$$\frac{dN2}{dy} + \frac{dM1}{dy}\,\frac{ds}{dy} = N4, \quad \frac{dP2}{dy} + N2\,\frac{ds}{dy} = P4, \ \&c.,$$

$$\frac{dN2}{dx} + \frac{dM1}{dy}\,\frac{ds}{dx} = N5, \quad \frac{dP2}{dx} + N2\,\frac{ds}{dx} = P5, \ \&c.,$$

$$\frac{dN3}{dx} + \frac{dM1}{dx}\,\frac{ds}{dx} = N6, \quad \frac{dP3}{dx} + N3\,\frac{ds}{dx} = P6, \ \&c.;$$

de $z = M1\,f\!:\!s + N1\,f'\!:\!s + P1\,f''\!:\!s + \ldots\ldots + T1\,f^{n'}\!:\!s + V1;$
on tire

$$p' = \frac{dM1}{dy}\,f\!:\!s + N2\,f'\!:\!s + \ldots\ldots + T2\,f^{n'}\!:\!s + T1\,\frac{ds}{dy}\,f^{(n+1)'}\!:\!s + \frac{dV1}{dy},$$

$$q' = \frac{dM1}{dx}\,f\!:\!s + N3\,f'\!:\!s + \ldots\ldots + T3\,f^{n'}\!:\!s + T1\,\frac{ds}{dx}\,f^{(n+1)'}\!:\!s + \frac{dV1}{dx},$$

$$p = \frac{d^2 M1}{dy^2}\,f\!:\!s + N4\,f'\!:\!s + \ldots\ldots + T4\,f^{n'}\!:\!s + \left(T2\,\frac{ds}{dy} + \frac{d\cdot T1\,\frac{ds}{dy}}{dy}\right) f^{(n+1)'}\!:\!s + T1\left(\frac{ds}{dy}\right)^2 f^{(n+2)'}\!:\!s + \frac{d^2 V1}{dy^2},$$

$$q = \frac{d^2 M1}{dy\,dx}\,f\!:\!s + N5\,f'\!:\!s + \ldots\ldots + T5\,f^{n'}\!:\!s + \left(T2\,\frac{ds}{dx} + \frac{d\cdot T1\,\frac{ds}{dy}}{dx}\right) f^{(n+1)'}\!:\!s + T1\,\frac{ds}{dy}\,\frac{ds}{dx}\,f^{(n+2)'}\!:\!s + \frac{d^2 V1}{dy\,dx},$$

$$z = \frac{d^2 M1}{dx^2}\,f\!:\!s + N6\,f'\!:\!s + \ldots\ldots + T6\,f\!:^{n'}\!:\!s + \left(T3\,\frac{ds}{dx} + \frac{d\cdot T1\,\frac{ds}{dx}}{dx}\right) f\!:^{(n+1)'}s + T1\left(\frac{ds}{dx}\right)^2 f^{(n+2)'}\!:\!s + \frac{d^2 T1}{dx^2}.$$

(530). Nous ferons

$$S = A_1 f : s + B_1 f' : s + C_1 f'' : s + \ldots\ldots + k_1 f^{n'} : s + L_1 f^{(n+1)'} : s + G_1;$$

c'est-à-dire que nous lui donnerons un terme de plus qu'à ζ ; nous lui en donnerions deux, si l'équation étoit du quatrième ordre : partant

$$\dot{S} = \dot{A}_1 f : s + (\dot{B}_1 + A_1 \dot{s}) f' : s + \ldots\ldots\ldots\ldots$$

$$+ (\dot{K}_1 + I_1 \dot{s}) f^{n'} : s + (\dot{L}_1 + k_1 \dot{s}) f^{(n+1)} : s$$

$$+ L_1 \dot{s} f^{(n+2)'} : s + \dot{G}_1.$$

On aura donc pour déterminer $A_1, M_1, B_1, N_1 \ldots\ldots K_1, T_1, G_1, V_1$ les équations du second ordre

$$\Lambda A m \left(\frac{d^2 M_1}{dy^2} + \alpha \frac{d^2 M_1}{dy\,dx} + C \frac{d^2 M_1}{dx^2} \right) + \dot{A}_1 = 0,$$

$$\omega \frac{d^2 M_1}{dy^2} + \pi \frac{d^2 M_1}{dy\,dx} + \tilde{\omega} \frac{d^2 M_1}{dx^2}$$

$$- \Lambda m \left(C'' \frac{d M_1}{dy} + D'' \frac{d M_1}{dx} + V M_1 \right) + \dot{A}_1 = 0,$$

$$\Lambda A m (N_4 + \alpha N_5 + C N_6) + \dot{B}_1 = 0,$$

$$\omega N_4 + \pi N_5 + \tilde{\omega} N_6$$

$$- \Lambda m (C'' N_2 + D'' N_3 + V N_1) + \dot{B}_1 + A_1 \dot{s} = 0,$$

$$\cdot\,\cdot$$

$$\Lambda A m (T_4 + \alpha T_5 + C T_6) + \dot{K}_1 = 0,$$

$$\omega T_4 + \pi T_5 + \tilde{\omega} T_6$$

$$- \Lambda m (C'' T_2 + D'' T_3 + V T_1) + \dot{K}_1 + I_1 \dot{s} = 0,$$

$$\Lambda A m \left(\frac{d^2 V_1}{dy^2} + \alpha \frac{d^2 V_1}{dy\,dx} + C \frac{d^2 V_1}{dx^2} \right) + G_1 + W_1 = 0,$$

$$\omega \frac{d^2 V_1}{dy^2} + \pi \frac{d^2 V_1}{dy\,dx} + \tilde{\omega} \frac{d^2 V_1}{dx^2}$$

$$- \Lambda m \left(C'' \frac{d V_1}{dy} + D'' \frac{d V_1}{dx} + V V_1 \right) + \dot{G}_1 = 0.$$

On aura de plus ces quatre équations

$$\Lambda A m \left[T_2 \frac{ds}{dy} + \frac{d \cdot T_1 \frac{ds}{dy}}{dy} + \alpha \left(T_2 \frac{ds}{dx} + \frac{d \cdot T_1 \frac{ds}{dy}}{dx} \right) \right.$$

$$\left. + C \left(T_3 \frac{ds}{dx} + \frac{d \cdot T_1 \frac{ds}{dx}}{dx} \right) \right] + L_1 = 0,$$

$$\omega \left(T_2 \frac{ds}{dy} + \frac{d \cdot T_1 \frac{ds}{dy}}{dy} \right) + \pi \left(T_2 \frac{ds}{dx} + \frac{d \cdot T_1 \frac{ds}{dy}}{dx} \right)$$

$$+ \tilde{\omega} \left(T_3 \frac{ds}{dx} + \frac{d \cdot T_1 \frac{ds}{dx}}{dx} \right) - \Lambda m \left(C'' \frac{ds}{dy} + D'' \frac{ds}{dx} \right) T_1$$

$$+ L_1 + K_1 s = 0,$$

$$\left(\frac{ds}{dy} \right)^2 + a \frac{ds}{dy} \frac{ds}{dx} + \mathfrak{c} \left(\frac{ds}{dx} \right)^2 = 0,$$

$$\omega \left(\frac{ds}{dy} \right)^2 + \pi \frac{ds}{dy} \frac{ds}{dx} + \tilde{\omega} \left(\frac{ds}{dx} \right)^2 + L_1 s = 0;$$

dont la troisième, qui n'est autre que

$$A (m\, m')^2 - C m m' - D (m + m') = 0,$$

est toujours vraie par la nature de l'équation du troisième degré, dont m & m' sont deux racines ; il n'y a donc effectivement que deux équations de condition , pour que les suppositions que nous avons faites puissent avoir lieu.

(532). Nous prendrons pour exemple l'équation

$$\frac{d^3 \zeta}{d x^3} + a \frac{d^3 \zeta}{d x^2\, d y} + b \frac{d^3 \zeta}{d x\, d y^2} + c \frac{d^3 \zeta}{d y^3}$$

$$+ \frac{1}{u} \left(a' \frac{d^2 \zeta}{d x^2} + b' \frac{d^2 \zeta}{d x\, d y} + c' \frac{d^2 \zeta}{d y^2} \right) + \frac{1}{u^2} \left(e \frac{d \zeta}{d x} + f \frac{d \zeta}{d y} \right)$$

$$+ \frac{g \zeta}{u^3} = 0,$$

où a, b, c, a', b', c', e, f, g sont des constantes , & $u = h x + i y$, h, i étant aussi constans. On aura m, m', m'' constans ,

$$t = m y + x, \quad s = m' y + x, \quad r = m'' y + x, \quad \dot{s} = m' - m.$$

Alors ayant fait $\Lambda = - 1$, on supposera

$$M_1 = e_1 u^{-n}, \quad N_1 = e_2 u^{-n+1} \ldots \ldots \ldots \ldots T_1 = e(n+1),$$
$$A_1 = g_1 u^{-n-1}, \quad B = g_2 u^{-n-1} \ldots \ldots \ldots K_1 = g(n+1)u^{-2},$$
$$L_1 = g(n+2)u^{-1};$$

& par ces substitutions les équations qu'il s'agit de résoudre deviendront

$$n . (n+1) (c m i^2 + (c m^2 + b m) i h - h^2) e_1 = g_1 ,$$

$$[n . (n+1) (c' i^2 + b' i h + a' h^2) - n(f i + e h) + g] e_1 = \frac{n+2}{m} (i - m h) g_1 ,$$

$$[c m i^2 + (c m^2 + b m) h i - h^2] (n - 1) n e_2 - [2 c m m' i + (c m^2 + b m)$$
$$(i + h m') - 2 h] n e_1 = g_2 ,$$

$$[n(n-1)$$

$$[n(n-1)(c'i^2 + b'hi + a'h^2) - (n-1)(fi + eh) + g]e2 -$$
$$[n((2ic' + hb')m' + b'i + 2a'h) - fm' - e]e1 =$$
$$\frac{i - hm}{m}(n+1)g2 + \frac{m - m'}{m}g1,$$

$$[cmi^2 + (cm^2 + bm)ih - h^2](n-2)(n-1)e3 - [2cmm'i +$$
$$(cm^2 + bm)(i + hm') - 2h](n-1)e2 + (cmm'^2 + (cm^2 + bm)m'$$
$$- 1)e1 = g3,$$

$$[(n-1)(n-2)(c'i^2 + b'hi + a'h^2) - (n-2)(fi + eh) + g]e3 -$$
$$[(n-1)((2ic' + hb')m' + b'i + 2a'h) - fm' - e]e2 +$$
$$(c'm'^2 + b'm' + a')e1 = \frac{i - hm}{m}g3 + \frac{m - m'}{m}g2,$$

$$\cdots\cdots\cdots\cdots\cdots\cdots\cdots\cdots\cdots$$

$$(cmm'^2 + (cm^2 + bm)m' - 1)en = g(n+2),$$
$$(c'm'^2 + b'm' + a')en + (fm' + e)e(n+1) =$$
$$\frac{i - hm}{m}g(n+2) + \frac{m - m'}{m}g(n+1);$$

$$\frac{m - m'}{m}g(n+2) = c'm'^2 + b'm' + a'.$$

Les deux premières ne pourront donner que le rapport de $e1$ à $g1$, & une équation du troisième degré relativement à n. Une des conditions d'intégrabilité sera donc que a, b, c, a', b' c', e, f, g soient tels qu'une des racines réelles de l'équation du troisième degré donne pour n un nombre entier positif. Nous remarquerons encore que la proposée ne renfermant pas de dernier terme W, nous avons pu faire $G1$ & $V1$ nuls. Nous trouverions aussi facilement les deux autres séries qui doivent entrer dans la valeur complète de z ; une des conditions seroit que l'équation du troisième degré dont venons de parler fût possible en nombre entier positif pour chacune des trois racines m, m', m'' de l'équation $cm^3 + bm^2 + am + 1 = 0$.

(532). Nous représenterons par Z l'une des séries $M1f: s + N1f': s + $ &c.; alors si z doit renfermer des termes dans lesquelles la fonction arbitraire $f: s$ soit embarrassée du signe intégral, si, par exemple, on a $z = \rho \int \tau \, ds f: s + Z$; puisqu'on peut toujours regarder ρ, τ & toute autre fonctions de x, y comme ne renfermant que t & s, nous aurons

$$dz = d\rho \int \tau \, ds f: s + \rho \tau \, ds f: s + \rho \, dt \int \frac{d\tau}{dt} \, ds f: s + dZ.$$

Soit $dz = d\rho \int \tau \, ds f: s + \rho \, dt \int \frac{d\tau}{dt} \, ds f: s + dZ'$, on en tirera

$$p' = \frac{d\rho}{dy} \int \tau \, ds f: s + \rho \frac{dt}{dy} \int \frac{d\tau}{dt} \, ds f: s + \frac{dZ'}{dy},$$
$$q' = \frac{d\rho}{dx} \int \tau \, ds f: s + \rho \frac{dt}{dx} \int \frac{d\tau}{dt} \, ds f: s + \frac{dZ'}{dx};$$

$$p = \frac{d^2 \rho}{dy^2}\int \tau\, ds f:s + \left(2\,\frac{d\rho}{dy}\,\frac{dt}{dy} + \rho\,\frac{d^2 t}{dy^2}\right)\int \frac{d\tau}{dt}\, ds f:s +$$
$$\rho\left(\frac{dt}{dy}\right)^2\int \frac{d^2 \tau}{dt^2}\, ds f:s + \&c.,$$

$$q = \frac{d^2 \rho}{dy\,dx}\int \tau\, ds f:s + \left(\frac{d\rho}{dy}\frac{dt}{dx} + \frac{d\rho}{dx}\frac{dt}{dy} + \rho\,\frac{d^2 t}{dy\,dx}\right)\int \frac{d\tau}{dt}\, ds f:s$$
$$+ \rho\,\frac{dt}{dy}\,\frac{dt}{dx}\int \frac{d^2 \tau}{dt^2}\, ds f:s + \&c.,$$

$$r = \frac{d^2 \rho}{dx^2}\int \tau\, ds f:s + \left(2\,\frac{d\rho}{dx}\,\frac{dt}{dx} + \rho\,\frac{d^2 t}{dx^2}\right)\int \frac{d\tau}{dt}\, ds f:s +$$
$$\rho\left(\frac{dt}{dx}\right)^2\int \frac{d^2 \tau}{dt^2}\, ds f:s + \&c.\,;$$

& faifant pour abréger

$$\frac{d^2 \rho}{dy^2} + \alpha\,\frac{d^2 \rho}{dy\,dx} + \mathfrak{C}\,\frac{d^2 \rho}{dx^2} = \rho\,\mathbf{1},$$

$$2\,\frac{d\rho}{dy}\,\frac{dt}{dy} + \rho\,\frac{d^2 t}{dy^2} + \alpha\left(\frac{d\rho}{dy}\,\frac{dt}{dx} + \frac{d\rho}{dx}\,\frac{dt}{dy} + \rho\,\frac{d^2 t}{dx\,dy}\right)$$
$$+ \mathfrak{C}\left(2\,\frac{d\rho}{dx}\,\frac{dt}{dx} + \rho\,\frac{d^2 t}{dx^2}\right) = \sigma\,\mathbf{1},$$

$$\left(\frac{dt}{dy}\right)^2 + \alpha\,\frac{dt}{dy}\,\frac{dt}{dx} + \mathfrak{C}\left(\frac{dt}{dx}\right)^2 = \tau\,\mathbf{1},$$

$$\omega\,\frac{d^2 \rho}{dy^2} + \pi\,\frac{d^2 \rho}{dy\,dx} + \tilde{\omega}\,\frac{d^2 \rho}{dx^2} - \Lambda m\left(C''\,\frac{d\rho}{dy} + D''\,\frac{d\rho}{dx} + V\rho\right) = \rho\,2,$$

$$\omega\left(2\,\frac{d\rho}{dy}\,\frac{dt}{dy} + \rho\,\frac{d^2 t}{dy^2}\right) + \pi\left(\frac{d\rho}{dy}\,\frac{dt}{dx} + \frac{d\rho}{dx}\,\frac{dt}{dy} + \rho\,\frac{d^2 t}{dx\,dy}\right)$$
$$+ \tilde{\omega}\left(2\,\frac{d\rho}{dx}\,\frac{dt}{dx} + \rho\,\frac{d^2 t}{dx^2}\right) - \Lambda m\left(C''\,\frac{dt}{dy} + D''\,\frac{dt}{dx}\right)\rho = \sigma\,2,$$

$$\omega\left(\frac{dt}{dy}\right)^2 + \pi\,\frac{dt}{dy}\,\frac{dt}{dx} + \tilde{\omega}\left(\frac{dt}{dx}\right)^2 = \tau\,2,$$

les deux équations

$$\Lambda m\left(\rho\,1\int \tau\, ds f:s + \sigma 1\int \frac{d\tau}{dt}\, ds f:s + \rho\tau 1\int \frac{d^2 \tau}{dt^2}\, ds f:s\right)$$
$$+ u\int \varepsilon\, ds f:s + \&c. = 0,$$

$$\rho\,2\int \tau\, ds f:s + \sigma 2\int \frac{d\tau}{dt}\, ds f:s + \rho\tau 2\int \frac{d^2 \tau}{dt^2}\, as f:s$$
$$+ \frac{du}{ds}\,s\int \varepsilon\, ds f:s + \&c. = 0,$$

dans lefquelles nous avons défigné par $u\int \varepsilon\, ds f:s$ le terme de S correfpondant à celui de χ, où la fonction arbitraire eft embarraffée du figne intégral. On en tirera, en éliminant $\int t\, d\, s\, f : s$, & faifant pour abréger $\wedge A\, m\, \frac{s}{t}\, \frac{d\, v}{d\, s} = b$,

$$(b\rho 1 - \rho 2)\int \tau\, d\, s\, f : s + (b\sigma 1 - \sigma 2)\int' \frac{d\, \tau}{d\, t}\, d\, s\, f : s +$$

$$(b\tau 1 - \tau 2)\, \rho \int' \frac{d^2\, \tau}{d\, t^2}\, d\, s\, f : s + \&\mathrm{c}. = 0,$$

(533). Si $b\tau 1 - \tau 2$ n'eft pas nul, en faifant pour abréger

$$\frac{b\rho 1 - \rho 2}{\rho(b\tau 1 - \tau 2)} = U 1, \quad \frac{b\sigma 1 - \sigma 2}{\rho(b\tau 1 - \tau 2)} = U 2, \text{ on aura}$$

$$U 1 \int \tau\, d\, s\, f : s + U 2 \int' \frac{d\, \tau}{d\, t}\, d\, s\, f : s + \int \frac{d^2\, \tau}{d\, t^2}\, d\, s\, f : s + \&\mathrm{c}. = 0;$$

& différentiant par rapport à s,

$$\frac{d\, U 1}{d\, s} \int \tau\, d\, s\, f : s + \frac{d\, U 2}{d\, s} \int' \frac{d\, \tau}{d\, t}\, d\, s\, f : s + \&\mathrm{c}. = 0.$$

Si $\frac{d\, U 2}{d\, s}$ n'eft pas nul, on tirera de celle-ci $\int \tau\, d\, s\, f : s$ en quantités délivrées du figne intégral, à moins que $\frac{d\, U 1}{d\, s} : \frac{d\, U 2}{d\, s}$, que nous ferons $= c$ pour abréger, ne renferme point s. Car en mettant c fous le figne & intégrant par rapport à t, on aura $\int \tau\, d\, s\, f : s$ en quantités délivrées du figne intégral. Mais l'hypothèfe exige que la valeur de χ contienne un terme dans lequel la fonction arbitraire foit embarraffée du figne intégral ; il eft donc néceffaire que $\frac{d\, U 2}{d\, s}$ foit nul.

On démontrera de la même maniére que $\frac{d\, U 1}{d\, s}$ doit être nul ; donc $U 1$ & $U 2$ ne doivent pas renfermer s, & on pourra les faire paffer fous le figne intégral, d'où réfultera cette équation

$$\int' \left(\frac{d^2\, \tau}{d\, t^2} + U 2\, \frac{d\, \tau}{d\, t} + U 1\, \tau \right) d\, s\, f : s + \&\mathrm{c}. = 0.$$

Or (n°. 276) θ étant donné par $\frac{d^2\, \theta}{d\, t^2} - \frac{d\, .\, U 2\, \theta}{d\, t} + U 1\, \theta = 0,$

on a pour l'intégrale de $\left(\frac{d^2\, \tau}{d\, t^2} + U 2\, \frac{d\, \tau}{d\, t} + U 1\, \tau \right) \theta\, d\, t,$

la quantité fuivante $\theta\, \frac{d\, \tau}{d\, t} + \left(U 2\, \theta - \frac{d\, \theta}{d\, t} \right) \tau$;

donc l'équation dont il s'agit deviendra

$$\int' \left[\theta\, \frac{d\, \tau}{d\, t} + \left(U 2\, \theta - \frac{d\, \theta}{d\, t} \right) \tau \right] d\, s\, f : s + \&\mathrm{c}. = 0,$$

qui, étant intégrée une feconde fois par rapport à t, donnera $\int \tau\, d\, s\, f : s$ en quantités délivrées du figne intégral ; donc $b\tau 1 - \tau 2$ doit être nul : & comme on démontrera de la même manière que $b\tau 1 - \tau 2$, $b\rho 1 - \rho 2$ doivent être nuls aussi, on aura trois équations que nous pourrons écrire comme il suit :

$$b\tau 1 - \tau 2 = 0, \quad b\rho 1 - \rho 2 = 0, \quad b(\sigma 1 + t\rho 1) - \sigma 2 - t\rho 2 = 0.$$

(534). Nous les changerons en celles-ci

$$(b - \omega) m^2 + (ba - \pi) m + bC - \tilde{\omega} = 0,$$

$$(b - \omega) \frac{d^2 \rho}{dy^2} + (ba - \pi) \frac{d^2 \rho}{dy\, dx} + (bC - \tilde{\omega}) \frac{d^2 \rho}{dx^2} +$$

$$\Lambda m \left(C'' \frac{d\rho}{dy} + D'' \frac{d\rho}{dx} + V\rho \right) = 0,$$

$$(b - \omega) \frac{d^2 \cdot \rho t}{dy^2} + (ba - \pi) \frac{d^2 \cdot \rho t}{dy\, dx} + (bC - \tilde{\omega}) \frac{d^2 \cdot \rho t}{dx^2} +$$

$$\Lambda m \left(C'' \frac{d \cdot \rho t}{dy} + D'' \frac{d \cdot \rho t}{dx} + V\rho \cdot t \right) = 0.$$

Elles sont telles, que si on représente par u une valeur de ρ qui satisfasse à toutes ; $\rho = u\varphi : t$ satisfera aussi aux mêmes conditions ; d'où il résulte (comme pour le second ordre n°. 528) que si une des trois séries doit contenir un terme dans lequel la fonction arbitraire ne soit pas délivrée du signe intégral, cette série renfermera effectivement deux fonctions arbitraires. On pourroit supposer plusieurs termes où les fonctions arbitraires ne fussent pas délivrées du signe intégral, que même de ces termes sont affectés du double signe $\int\!\int$ par rapport à deux fonctions arbitraires, &c. ; mais nous ne croyons pas nécessaire de pousser plus loin cette discussion.

(535). L'indéterminée ζ est fonction de x, y, & on demande de leur substituer deux autres variables t & u. On regardera x, y chacune comme fonction de t & u, & on aura

$$\frac{d\zeta}{dy} = \frac{d\zeta}{dt} \frac{dt}{dy} + \frac{d\zeta}{du} \frac{du}{dy}, \quad \frac{d\zeta}{dx} = \frac{d\zeta}{dt} \frac{dt}{dx} + \frac{d\zeta}{du} \frac{du}{dx},$$

$$\frac{d^2 \zeta}{dy^2} = \frac{d^2 \zeta}{dt^2} \left(\frac{dt}{dy} \right)^2 + 2 \frac{d^2 \zeta}{dt\, du} \frac{du}{dy} \frac{dt}{dy} + \frac{d^2 \zeta}{du^2} \left(\frac{du}{dy} \right)^2$$

$$+ \frac{d\zeta}{dt} \frac{d^2 t}{dy^2} + \frac{d\zeta}{du} \frac{d^2 u}{dy^2},$$

$$\frac{d^2 \zeta}{dy\, dx} = \frac{d^2 \zeta}{dt^2} \frac{dt}{dx} \frac{dt}{dy} + \frac{d^2 \zeta}{dt\, du} \left(\frac{du}{dx} \frac{dt}{dy} + \frac{dt}{dx} \frac{du}{dy} \right) + \frac{d^2 \zeta}{du^2} \frac{du}{dx} \frac{du}{dy}$$

$$+ \frac{d\zeta}{dt} \frac{d^2 t}{dx\, dy} + \frac{d\zeta}{du} \frac{d^2 u}{dx\, dy},$$

$$\frac{d^2 \zeta}{dx^2} = \frac{d^2 \zeta}{dt^2} \left(\frac{dt}{dx} \right)^2 + 2 \frac{d^2 \zeta}{dt\, du} \frac{dt}{dx} \frac{du}{dx} + \frac{d^2 \zeta}{du^2} \left(\frac{du}{dx} \right)^2$$

$$+ \frac{d\zeta}{dt} \frac{d^2 t}{dx^2} + \frac{d\zeta}{du} \frac{d^2 u}{dx^2}.$$

S'il

S'il étoit queſtion des équations linéaires du ſecond ordre

$$A \frac{d^2 \zeta}{dy^2} + B \frac{d^2 \zeta}{dy\,dx} + C \frac{d^2 \zeta}{dx^2} = W,$$
$$+ B' \frac{d \zeta}{dy} + C' \frac{d \zeta}{dx}$$
$$+ V\zeta$$

& que $f:t$, $\varphi:u$ fuſſent les deux fonctions arbitraires de ſon intégrale complète; on auroit

$$A \left(\frac{dt}{dy} \right)^2 + B \frac{dt}{dy} \frac{dt}{dx} + C \left(\frac{dt}{dx} \right)^2 = 0;$$
$$A \left(\frac{du}{dy} \right)^2 + B \frac{du}{dy} \frac{du}{dx} + C \left(\frac{du}{dx} \right)^2 = 0;$$

par leſquelles t & u ſeroient donnés ; on feroit pour abréger

$$2 \frac{du}{dy} \frac{dt}{dy} + \frac{du}{dx} \frac{dt}{dy} + \frac{du}{dy} \frac{dt}{dx} + 2 \frac{du}{dx} \frac{dt}{dx} = M,$$
$$A \frac{d^2 t}{dy^2} + B \frac{d^2 t}{dy\,dx} + C \frac{d^2 t}{dx^2} + B' \frac{dt}{dy} + C' \frac{dt}{dx} = N,$$
$$A \frac{d^2 u}{dy^2} + B \frac{d^2 u}{dy\,dx} + C \frac{d^2 u}{dx^2} + B' \frac{du}{dy} + C' \frac{du}{dx} = P,$$

& par les ſubſtitutions précédentes l'équation du ſecond ordre ſeroit réduite à cette forme plus ſimple

$$M \frac{d^2 \zeta}{dt\,du} + N \frac{d\zeta}{dt} + P \frac{d\zeta}{du} + V\zeta = W.$$

On trouveroit facilement des ſubſtitutions analogues pour transformer les équations du troiſième ordre & celles des ordres ſupérieurs.

(536). Nous terminerons ce chapitre par la recherche des ſolutions particulières des équations aux différences partielles ; & pour y parvenir nous ferons uſage des principes que nous avons développés dans les n°s. 436 *& ſuiv.*

Soit l'équation $V = 0$ entre x, y, ζ & deux conſtantes arbitraires a & b; on en tirera $\frac{dV}{dy} = 0$, $\frac{dV}{dx} = 0$, puis en éliminant ces deux conſtantes arbitraires au moyen des deux équations précédentes & de $V = 0$, on aura une équation entre x, y, ζ, $\frac{d\zeta}{dx}$, $\frac{d\zeta}{dy}$ qu'on repréſentera par $Z = 0$. Ayant, par exemple, l'équation $\zeta = a + b x + m b y$, on en tirera $\frac{d\zeta}{dx} = b$, $\frac{d\zeta}{dy} = m b$, & l'équation aux différences partielles $\frac{d\zeta}{dy} = m \frac{d\zeta}{dx}$, à laquelle on ſatisfera en prenant $\zeta = a + b(x + my)$, a & b étant deux conſtantes arbitraires.

Quand a & b n'auroient point été conſtans , le réſultat de l'élimination auroit toujours été le même , ſi on eut eu $\frac{d\zeta}{da} da + \frac{d\zeta}{db} db = 0$. Donc en prenant pour a & b des fonctions variables telles que $\frac{d\zeta}{da} da + \frac{d\zeta}{db} db = 0$, & ſubſtituant ces valeurs dans $V = 0$, on aura une équation qui ſatisfera encore à $Z = 0$.

(537). La manière la plus ſimple d'avoir $\frac{d\zeta}{da} da + \frac{d\zeta}{db} db = 0$, c'eſt de faire $\frac{d\zeta}{da} = 0$ & $\frac{d\zeta}{db} = 0$; on tirera de ces équations les valeurs correſpondantes de a & b, qui étant ſubſtituées dans $V = 0$, donneront autant de ſolutions particulières de la propoſée. Si , par exemple , la propoſée eſt

$$\zeta = y \frac{d\zeta}{dy} + x \frac{d\zeta}{dx} + h \sqrt{\left[1 + \left(\frac{d\zeta}{dx} \right)^2 + \left(\frac{d\zeta}{dy} \right)^2 \right]};$$

à cauſe de $\zeta = a x + b y + h \sqrt{(1 + a^2 + b^2)}$ qui ſatisfait à cette équation , on a

$$\frac{d\zeta}{da} = x + \frac{h a}{\sqrt{(1 + a^2 + b^2)}} = 0, \quad \frac{d\zeta}{db} = y + \frac{h b}{\sqrt{(1 + a^2 + b^2)}} = 0;$$

d'où l'on tire

$$b = \frac{- y}{\sqrt{(h^2 - x^2 - y^2)}}, \quad a = \frac{- x}{\sqrt{(h^2 - x^2 - y^2)}};$$

& pour ſolution particulière $\zeta = \sqrt{(h^2 - x^2 - y^2)}$.

En rapprochant tout cela de ce qui eſt démontré n°ˢ. 436 & ſuivans, ſur les équations différentielles, on verra que l'équation aux différences partielles $Z = 0$ étant propoſée, ſi après l'avoir différentiée & fait diſparoître les fractions, on a

$$M d \frac{d\zeta}{dx} + N d \frac{d\zeta}{dy} + P dx + Q dy = 0, \quad M, N, P, Q$$

étant des fonctions connues & entières de x , y , ζ , $\frac{d\zeta}{dx}$, $\frac{d\zeta}{dy}$, dont on fera chacune $= 0$; on verra , dis-je , que toutes ces équations étant combinées avec $Z = 0$, donneront par l'élimination de $\frac{d\zeta}{dy}$, $\frac{d\zeta}{dx}$ trois équations entre x , y , ζ qui devront avoir lieu en même temps ; & par conſéquent, que ſi ces équations ont un facteur commun , il ſera la ſolution particulière demandée , ſinon la propoſée n'en admettra pas.

(538). Si l'équation $Z = 0$ étoit telle qu'on eût par la différentiation $A d \frac{d\zeta}{dx} + b d \frac{d\zeta}{dy} = 0$, on n'auroit alors que les deux équations $A = 0$;

$B = 0$, qui ferviroient à éliminer $\frac{d\zeta}{dy}$, $\frac{d\zeta}{dx}$ dans $Z = 0$, & l'équation réfultante feroit toujours la folution particulière demandée.

L'équation $\zeta = y\,\frac{d\zeta}{dy} + x\,\frac{d\zeta}{dx} + h\,\sqrt{\left[\,1 + \left(\frac{d\zeta}{dy}\right)^2 + \left(\frac{d\zeta}{dx}\right)^2\,\right]}$, qui devient par la différentiation

$$0 = y\,d\,\frac{d\zeta}{dy} + x\,d\,\frac{d\zeta}{dx} + h\,\frac{\frac{d\zeta}{dy}\,d\,\frac{d\zeta}{dy} + \frac{d\zeta}{dx}\,d\,\frac{d\zeta}{dx}}{\sqrt{\left[\,1 + \left(\frac{d\zeta}{dy}\right)^2 + \left(\frac{d\zeta}{dx}\right)^2\,\right]}}\,;$$

eft dans ce cas-là. On en tire les deux équations

$$y\,\sqrt{\left[\,1 + \left(\frac{d\zeta}{dy}\right)^2 + \left(\frac{d\zeta}{dx}\right)^2\,\right]} + h\,\frac{d\zeta}{dy} = 0\,;$$

$$x\,\sqrt{\left[\,1 + \left(\frac{d\zeta}{dy}\right)^2 + \left(\frac{d\zeta}{dx}\right)^2\,\right]} + h\,\frac{d\zeta}{dx} = 0\,;$$

qui donnent d'abord $x\,\frac{d\zeta}{dy} = y\,\frac{d\zeta}{dx}$; puis $\frac{d\zeta}{dy} = \frac{\mp y}{\sqrt{(h^2 - x^2 - y^2)}}$,

$\frac{d\zeta}{dx} = \frac{\mp x}{\sqrt{(h^2 - x^2 - y^2)}}$, & $\sqrt{\left[\,1 + \left(\frac{d\zeta}{dy}\right)^2 + \left(\frac{d\zeta}{dx}\right)^2\,\right]} = \frac{\pm h}{\sqrt{(h^2 - x^2 - y^2)}}$.

Donc fi l'on fait ces fubftitutions dans la propofée, on aura pour la folution particulière demandée $\zeta = \pm\,\sqrt{(h^2 - x^2 - y^2)}$.

(539). Pour fatisfaire à l'équation $\frac{d\zeta}{da}\,da + \frac{d\zeta}{db}\,db = 0$, nous avons fait $\frac{d\zeta}{da} = 0$, $\frac{d\zeta}{db} = 0$; cette fuppofition eft trop limitée. En effet, fi on fuppofe $b = \varphi : (a)$, l'équation $\frac{d\zeta}{da}\,da + \frac{d\zeta}{db}\,db = 0$ deviendra $\frac{d\zeta}{da} + \frac{d\zeta}{db}\,\varphi' : (a) = 0$; au moyen de laquelle fi on élimine a dans l'équation $V = 0$, l'équation réfultante de cette élimination fatisfera également à l'équation $Z = 0$. Cette équation réfultante renfermera une fonction arbitraire, & fera par conféquent l'intégrale complète de $Z = 0$. Ainfi étant donnée l'équation $V = 0$, qui fatisfait à $Z = 0$, & qui renferme deux conftantes arbitraires, on en conclura l'intégrale complète de $Z = 0$; il fuffira pour cela de regarder une des conftantes comme fonction de l'autre, & d'éliminer cette autre au moyen de $V = 0$ & de

$$\frac{d\zeta}{da} + \frac{d\zeta}{db}\,\varphi' : (a) = 0.$$

Pour en donner un exemple bien fimple, foit propofé d'intégrer complètement l'équation aux différences partielles $\frac{d\zeta}{dy} = m\,\frac{d\zeta}{dx}$, à laquelle fatisfait $\zeta = a + b\,(x + my)$ qui renferme deux conftantes arbitraires a & b.

On tire de cette dernière équation

$$\frac{d\zeta}{da} = 1, \quad \frac{d\zeta}{db} = x + my \ \& \ da + (x + my)\, db = 0,$$

qui donne, lorsqu'on suppose $a = \varphi : (b)$, $\varphi' : (b) + x + my = 0$. Donc b & a sont des fonctions de $x + my$; & par conséquent $a + b\,(x + my)$ est une fonction de la même quantité que je puis représenter par $F : (x + my)$. D'où il suit que $\zeta = F : (x + my)$ est l'intégrale complète demandée, ce qui s'accorde bien avec ce que nous savions déjà.

(540). Si $V = 0$ est une équation entre x, y, ζ & les cinq constantes a, b, c, g, h, on en pourra déduire une équation aux différences partielles du second ordre.

Étant donné, par exemple, $\zeta = a + bx + cy + hx^2 + gxy + mhy^2$; on en tirera

$$\frac{d\zeta}{dy} = c + gx + 2mhy, \quad \frac{d\zeta}{dx} = b + 2hx + gy, \quad \frac{d^2\zeta}{dy^2} = 2mh,$$

$$\frac{d^2\zeta}{dxdy} = g, \quad \frac{d^2\zeta}{dx^2} = 2h,$$

& l'équation du second ordre $\dfrac{d^2\zeta}{dy^2} = m\,\dfrac{d^2\zeta}{dx^2}$.

Nommons $Z' = 0$ l'équation du second ordre qu'on tirera de $V = 0$ en opérant comme nous venons de faire. Mais cette même équation $V = 0$ serviroit à trouver

$$\frac{d\zeta}{da}\, da + \frac{d\zeta}{db}\, db + \frac{d\zeta}{dc}\, dc + \frac{d\zeta}{dh}\, dh + \frac{d\zeta}{dg}\, dg,$$

$$\frac{d^2\zeta}{dxda}\, da + \frac{d^2\zeta}{dxdb}\, db + \frac{d^2\zeta}{dxdc}\, dc + \frac{d^2\zeta}{dxdh}\, dh + \frac{d^2\zeta}{dxdg}\, dg,$$

$$\frac{d^2\zeta}{dyda}\, da + \frac{d^2\zeta}{dydb}\, db + \frac{d^2\zeta}{dydc}\, dc + \frac{d^2\zeta}{dydh}\, dh + \frac{d^2\zeta}{dydg}\, dg,$$

qu'on fera chacun égal à zéro. Avec ces trois équations on éliminera deux des différentielles; puis dans l'équation résultante, on égalera à zéro les co-efficiens des différentielles qui resteront. De cette manière, on aura trois équations qui, avec $V = 0$, $\dfrac{dV}{dy} = 0$, $\dfrac{dV}{dx} = 0$, serviront à éliminer les cinq constantes arbitraires, & il résultera une équation entre x, y, ζ qui sera la solution particulière de $Z' = 0$.

(541). Soit à présent $Z = 0$ une équation entre x, y, ζ, $\dfrac{d\zeta}{dy}$, $\dfrac{d\zeta}{dx}$ & les deux constantes arbitraires a & b; on en pourra déduire une équation du second ordre $Z' = 0$.

En effet, si la proposée est $\dfrac{d\zeta}{dy} - m\,\dfrac{d\zeta}{dx} = a + bx + nby$, on en tirera

$$\frac{d^2\zeta}{dy^2} - m\,\frac{d^2\zeta}{dydx} = nb, \quad \frac{d^2\zeta}{dydx} - m\,\frac{d^2\zeta}{dx^2} = b;$$

&

& par conséquent l'équation du second ordre

$$\frac{d^2 \zeta}{d y^2} - (m + n) \frac{d^2 \zeta}{d y\, d x} + m\, n \frac{d^2 \zeta}{d x^2} = 0.$$

Je remarquerai que l'équation du second ordre

$\dfrac{d^2 \zeta}{d y^2} - a \dfrac{d^2 \zeta}{d y\, d x} + b \dfrac{d^2 \zeta}{d x^2} = 0$ étant proposée, si on nomme m & n les racines de l'équation $r^2 - A r + B = 0$, on aura

$\dfrac{d \zeta}{d y} - m \dfrac{d \zeta}{d x} = a + b x + n b y$, &, en permutant les deux lettres m & n,

$\dfrac{d \zeta}{d y} - n \dfrac{d \zeta}{d x} = h + g x + m g y$. Au moyen de ces deux équations du premier ordre, on trouvera une valeur de ζ qui renfermera cinq conſtantes arbitraires & qui satisfera à la propoſée.

Cela poſé, pour tirer de $Z = 0$ la ſolution particulière de $Z' = 0$, on formera les deux équations $\dfrac{d Z}{d a} = 0$, $\dfrac{d Z}{d b} = 0$, au moyen deſquelles & de $Z = 0$, on éliminera a & b, & la réſultante ſera la ſolution particulière demandée.

(542). S'il s'agit de trouver la ſolution particulière de $Z' = 0$, ſans connoître $Z = 0$; de $Z' = 0$, on tirera par la différentiation,

$$M d \frac{d^2 \zeta}{d y^2} + N d \frac{d^2 \zeta}{d y\, d x} + P d \frac{d^2 \zeta}{d x^2} + Q\, d y + R\, d x = 0,$$

& on fera $M = 0$, $N = 0$, $P = 0$, $Q = 0$, $R = 0$. Ces cinq équations ſeront combinées avec $Z' = 0$, en ſorte que $\dfrac{d^2 \zeta}{d y^2}$, $\dfrac{d^2 \zeta}{d x\, d y}$, $\dfrac{d^2 \zeta}{d x^2}$, diſparoiſ-ſent; & il réſultera trois équations entre y, x, $\dfrac{d \zeta}{d y}$, $\dfrac{d \zeta}{d x}$ qui devront avoir lieu en même temps, ou qui devront avoir un facteur commun pour que la propoſée ſoit ſuſceptible d'une ſolution particulière ; ce facteur commun ſera lui-même la ſolution particulière demandée.

Il pourroit arriver qu'on eût $d Z' = A d \dfrac{d^2 \zeta}{d y^2} + B d \dfrac{d^2 \zeta}{d y\, d x} + C d \dfrac{d^2 \zeta}{d x^2}$; alors les trois équations $A = 0$, $B = 0$, $C = 0$, ſerviroient à éliminer $\dfrac{d^2 \zeta}{d y^2}$, $\dfrac{d^2 \zeta}{d y\, d x}$, $\dfrac{d^2 \zeta}{d x^2}$ dans $Z' = 0$; & la réſultante ſeroit la ſolution particu-lière demandée.

Enfin ayant $Z = 0$, on trouvera facilement l'intégrale complète aux premières différences de $Z' = 0$. Car ayant fait $\dfrac{d Z}{d a} d a + \dfrac{d Z}{d b} d b = 0$, ſi l'on ſuppoſe $b = \varphi : (a)$, on aura $\dfrac{d Z}{d a} + \dfrac{d Z}{d b} \varphi' : (a) = 0$, laquelle ſervira à éliminer a

dans $Z = 0$, qui alors renfermera une fonction arbitraire, & sera par conséquent l'intégrale complète demandée.

Je prendrai pour exemple $\dfrac{d^2 z}{d y^2} - A \dfrac{d^2 z}{d y\, d x} + B \dfrac{d^2 z}{d x^2} = 0$, à laquelle satisfait $\dfrac{d z}{d y} - m \dfrac{d z}{d x} = a + b \, (x + n y)$. On tirera de celle-ci $\dfrac{d Z}{d a} = 1$, $\dfrac{d Z}{d b} = x + n y$, & par conséquent $\varphi' : (a) = \dfrac{-1}{x + n y}$. Donc a, b & $a + b \, (x + n y)$ sont des fonctions de $x + n y$; & on a pour l'intégrale complète demandée $\dfrac{d z}{d y} - m \dfrac{d z}{d x} = f : (x + n y)$. Si on fût parti de $\dfrac{d z}{d y} - n \dfrac{d z}{d x} = h + g \, (x + m y)$, on auroit trouvé $\dfrac{d z}{d y} - n \dfrac{d z}{d x} = F : (x + m y)$. Ainsi la proposée a deux intégrales premières complètes qui serviront à trouver la valeur de complète de z, &c.

CHAPITRE VI.

DES ÉQUATIONS DIFFÉRENTIELLES DU SECOND ORDRE ET DES ORDRES SUPÉRIEURS, CONSIDÉRÉES COMME ÉQUATIONS AUX DIFFÉRENCES PARTIELLES.

(543). TOUTES les équations différentielles du second ordre peuvent être représentées par $\dfrac{1}{d x} \, d z + \mu = 0$, μ étant une fonction quelconque de x, y & $\dfrac{d v}{d x} = z$. Soit $d z = \dfrac{d z}{d x} \, d x + \dfrac{d z}{d y} \, d y$; on changera de cette manière l'équation différentielle en une équation aux différences partielles $\dfrac{d z}{d x} + z \, \dfrac{d z}{d y} + \mu = 0$.

On doit voir que toute solution de l'équation aux différences partielles qui renfermera une constante arbitraire, sera une des intégrales premières complètes de l'équation différentielle : une de ces solutions qui renfermeroit deux constantes arbitraires, donneroit, en faisant chacune de ces constantes successivement nulle, les deux intégrales premières complètes de l'équation différentielle; on en tireroit encore l'intégrale complète de l'équation aux différences partielles, par la méthode que nous avons exposée (n°. 539). Mais de quelque manière qu'on parvienne à intégrer complètement l'équation aux différences partielles, on aura ζ par une équation qui renfermera une fonction arbitraire; il sera facile d'en tirer deux équations particulières, qui seront les intégrales premières complètes de l'équation différentielle. Le cas le plus simple est celui où $\mu = 0$, & où l'équation aux différences partielles a pour intégrale complète $y - x\zeta + f:\zeta = 0$; on en tire $y - x\zeta = a$, $\zeta = b$, qui sont les deux intégrales premières complètes de l'équation différentielle $\frac{d^2 y}{dx^2} = 0$; &, en éliminant ζ, $y - bx = a$, qui, à cause des deux constantes arbitraires a & b, en est l'intégrale finie complète.

(544). Mais je remarquerai que si l'on donne à la proposée la forme

$$\frac{d\zeta}{dx} + \zeta\,\frac{d\zeta}{dy} + \alpha\zeta^2 + \mathfrak{C}\zeta + \gamma = 0,$$

α, $\mathfrak{C}$, γ étant des fonctions inconnues de x, y, ζ telles que $\alpha\zeta^2 + \mathfrak{C}\zeta + \gamma = u$; je remarquerai, dis-je, qu'on satisfera à cette équation aux différences partielles, en prenant

$$\zeta = e^{\int(\sigma\,dx - \alpha\,dy + \Sigma\,d\zeta)}\left[a - \int e^{-\int(\sigma\,dx - \alpha\,dy + \Sigma\,d\zeta)}\left(\gamma\,dx + (\mathfrak{C} + \sigma)\,dy + \Sigma\zeta\,d\zeta\right)\right],$$

où e est le nombre qui a pour logarithme l'unité, a une constante arbitraire & σ, Σ d'autres fonctions inconnues de x, y, ζ. Pour que cette expression signifie quelque chose, il faut que les différentes quantités sous le signe $\int$ soient des différentielles exactes; c'est-à-dire qu'il faut que l'on ait les quatre équations suivantes, dans lesquelles on a mis pour $\mathfrak{C}$ sa valeur $\frac{\mu - \alpha\zeta^2 - \gamma}{\zeta}$:

$$(a)\dots\begin{cases}\dfrac{d\sigma}{dy} + \dfrac{d\alpha}{dx} = 0, \quad \dfrac{d\Sigma}{dy} + \dfrac{d\alpha}{d\zeta} = 0, \quad \dfrac{d\gamma}{d\zeta} - \zeta\dfrac{d\Sigma}{dx} + \\[2mm] \Sigma(\sigma\zeta - \gamma) = 0, \quad \dfrac{d\sigma}{dx} - \sigma^2 - \dfrac{\sigma}{\zeta}(\mu - \gamma - \alpha\zeta^2) \\[2mm] = \dfrac{d\gamma}{dy} + \alpha\gamma - \dfrac{1}{\zeta}\dfrac{d(\mu - \gamma - \alpha\zeta^2)}{dx}.\end{cases}$$

(545). Si l'on fait $e^{-\int(\sigma\,dx - \alpha\,dy + \Sigma\,d\zeta)} = A$, d'où l'on tire

$$\sigma = -\frac{1}{A}\frac{dA}{dx}, \quad \alpha = \frac{1}{A}\frac{dA}{dy}, \quad \Sigma = -\frac{1}{A}\frac{dA}{d\zeta}, \quad \text{\& par conséquent}$$

$$\frac{d\sigma}{dv} + \frac{d\alpha}{dx} = 0, \quad \frac{d\Sigma}{dy} + \frac{d\alpha}{d\zeta} = 0;$$

que l'on mette ensuite ces valeurs dans les deux dernières des équations (a) elles deviendront

$$(b)\dots\begin{cases}\dfrac{d^2 A}{dx^2} + \zeta\dfrac{d^2 A}{dx\,dy} + \dfrac{1}{\zeta}\dfrac{d\cdot A\gamma}{dx} + \dfrac{d\cdot A\gamma}{dy} - \dfrac{1}{\zeta}\dfrac{d\cdot A\mu}{dx} = 0, \\[3mm] \zeta\dfrac{d^2 A}{dx\,d\zeta} + \dfrac{d\cdot A\gamma}{d\zeta} = 0.\end{cases}$$

On tirera de la seconde de celles-ci $A\varpi = \int\frac{dA}{dx}\,d\zeta - \zeta\frac{dA}{dx} + k$;

k étant une fonction de x, y; & cette valeur de $A\varpi$ étant substituée dans la première, on aura

$$\frac{d(k - A\mu)}{dx} + \zeta\frac{dk}{dy} + \int\frac{d^2A}{dx^2}\,d\zeta + \zeta\int\frac{d^2A}{dx\,dy}\,d\zeta = 0.$$

Cette dernière équation étant différentiée deux fois pour faire disparoître les deux signes d'intégration, donne

$$(d)\ldots\ldots\frac{d^2A}{dx\,d\zeta} + \zeta\frac{d^2A}{dy\,d\zeta} - \frac{d^2\cdot A\mu}{d\zeta^2} + 2\frac{dA}{dy} = 0.$$

Donc $\zeta^2\frac{dA}{dy} - \zeta\frac{d\cdot A\mu}{d\zeta} + A\mu = \int\frac{dA}{dx}\,d\zeta - \zeta\frac{dA}{dx} = A\varpi$;

si l'on fait $k = 0$; & cette autre valeur de $A\varpi$ étant substituée dans la première des équations (b), elle deviendra

$$(e)\ldots\ldots\frac{d^2A}{dx^2} + 2\zeta\frac{d^2A}{dx\,dy} + \zeta^2\frac{d^2A}{dy^2} - \frac{d^2\cdot A\mu}{dx\,d\zeta} - \zeta\frac{d^2\cdot A\mu}{dy\,d\zeta} + \frac{d\cdot A\mu}{dy} = 0.$$

Les équations (d) & (e) sont celles que nous avons trouvées ($n^o.$ 463); en supposant que A fût le facteur propre à rendre $d\zeta + \mu\,dx$ une différentielle exacte.

(546). La proposée étant

$$\frac{d\zeta}{dx} + \zeta\frac{d\zeta}{dy} + \alpha\zeta^2 + C\zeta + \varpi = 0;$$

où α, C, ϖ sont des fonctions de x, y seulement; si nous prenons pour y satisfaire

$$\zeta = e^{\int(\sigma dx - \alpha dy)}\left[a - \int e^{-\int(\sigma dx - \alpha dy)}(\varpi\,dx + (C+\sigma)\,dy)\right],$$

nous aurons pour équations de condition

$$\frac{d\sigma}{dy} + \frac{d\alpha}{dx} = 0,\quad \frac{d(C+\sigma)}{dx} - \sigma(C+\sigma) = \frac{d\varpi}{dy} + \alpha\varpi.$$

Ces deux équations donnent

$$\frac{d^2\alpha}{dx^2} = \frac{d^2C}{dx\,dy} - \frac{d^2\varpi}{dy^2} - \frac{d\cdot\alpha\varpi}{dy} - (C+\sigma)\frac{d\sigma}{dy} - \sigma\frac{d(C+\sigma)}{dy};$$

où l'on mettra pour $\frac{d\sigma}{dy}$ sa valeur $-\frac{d\alpha}{dx}$, & on en tirera

$$\sigma = \frac{\dfrac{d^2\alpha}{dx^2} - \dfrac{d^2C}{dx\,dy} + \dfrac{d^2\varpi}{dy^2} + \dfrac{d\cdot\alpha\varpi}{dy} - C\dfrac{d\alpha}{dx}}{2\dfrac{d\alpha}{dx} - \dfrac{dC}{dy}}.$$

Donc σ étant tel que nous venons de le définir, la valeur de ζ qui renferme une constante arbitraire, satisfera à l'équation aux différences partielles, toutes les
fois

fois que les équations de condition auront lieu en même temps, & fera alors l'intégrale première complète de l'équation différentielle correspondante. Il en faut excepter le cas où $2 \dfrac{d\alpha}{dx} - \dfrac{d\varsigma}{dy}$ feroit nul, & que nous allons exami-ner (n°s. 471 & *fuiv.*)

(547). Si je fais $\dfrac{\varsigma}{2} + \varpi = \rho$, je changerai les équations de condition du n°. précédent en celles-ci $2 \dfrac{d\rho}{dy} = \dfrac{d\varsigma}{dy} - 2 \dfrac{d\alpha}{dx}$,

$$ (D)\ldots\ldots\ \frac{d\rho}{dx} - \rho^2 = \frac{d\upsilon}{dy} + \alpha\upsilon - \frac{1}{2}\frac{d\varsigma}{dx} - \frac{\varsigma^2}{4}. $$

Or ayant tiré de la première la valeur complète de ρ, qui renfermera une fonc-tion arbitraire de x, & l'ayant fubftituée dans la feconde, on verra aifément que comme celle qui en réfultera doit fervir à déterminer cette fonction arbi-traire, elle ne pourra être vraie à moins que $\dfrac{d\varsigma}{dy} - 2\dfrac{d\alpha}{dx}$ ne foit nul, & qu'on n'ait en même temps $\dfrac{d\upsilon}{dy} + \alpha\upsilon - \dfrac{1}{2}\dfrac{d\varsigma}{dx} - \dfrac{\varsigma^2}{4}$ fonction de la feule variable x.

Ainfi dans le cas dont il s'agit, ayant pris pour ρ une fonction de x, qui fatisfaffe à l'équation (D), on aura pour folution de l'équation aux différences partielles

$$ \zeta = e^{\int[(\rho-\frac{\varsigma}{2})dx-\alpha dy]}\left[a - \int e^{-\int[(\rho-\frac{\varsigma}{2})dx-\alpha dy]}\left(\upsilon\,dx + \left(\rho+\frac{\varsigma}{2}\right)dy\right)\right]; $$

& cette folution pourra renfermer deux conftantes arbitraires, car il fuffira d'en ajouter une en intégrant l'équation (D).

(548). Soient B & K deux fonctions de x, y, ζ, & fuppofons

$$ dB = \frac{dB}{dx}dx + \frac{dB}{dy}dy + \frac{dB}{d\zeta}d\zeta, $$
$$ dK = \frac{dK}{dx}dx + \frac{dK}{dy}dy + \frac{dK}{d\zeta}d\zeta: $$

cela pofé, fi $B + F : K = 0$, eft l'intégrale complète d'une équation aux dif-férences partielles du premier ordre ; en différentiant cette intégrale deux fois, l'une par rapport à y, l'autre par rapport à x, & en éliminant la fonction arbitraire, on trouvera que l'équation aux différences partielles, à laquelle elle appartient, eft

$$ \frac{dB}{dy}\frac{dK}{dx} - \frac{dB}{dx}\frac{dK}{dy} + \frac{dB}{d\zeta}\left(\frac{dK}{dx}\frac{d\zeta}{dy} - \frac{dK}{dy}\frac{d\zeta}{dx}\right) $$
$$ - \frac{dK}{d\zeta}\left(\frac{dB}{dx}\frac{d\zeta}{dy} - \frac{dB}{dy}\frac{d\zeta}{dx}\right) = 0. $$

Mais, ayant multiplié l'équation $\dfrac{d\zeta}{dx} + \zeta\dfrac{d\zeta}{dy} + \mu = 0$, par un facteur Ψ,

Partie II. L l l

fi on la compare à la précédente, on aura les trois équations

$$\frac{dK}{d\zeta}\frac{dB}{dy} - \frac{dK}{dy}\frac{dB}{d\zeta} = \Psi, \quad \frac{dK}{dx}\frac{dB}{d\zeta} - \frac{dK}{d\zeta}\frac{dB}{dx} = \Psi\zeta;$$

$$\frac{dK}{dx}\frac{dB}{dy} - \frac{dK}{dy}\frac{dB}{dx} = \Psi\mu:$$

&, en éliminant Ψ, celles que voici,

$$\frac{dK}{d\zeta}\left(\frac{dB}{dx} + \zeta\frac{dB}{dy}\right) - \frac{dB}{d\zeta}\left(\frac{dK}{dx} + \zeta\frac{dK}{dy}\right) = 0;$$

$$\frac{dK}{dy}\left(\frac{dB}{dx} - \mu\frac{dB}{d\zeta}\right) - \frac{dB}{dy}\left(\frac{dK}{dx} - \mu\frac{dK}{d\zeta}\right) = 0.$$

(549). Nous supposerons

$$B = m\zeta + m_1 + \frac{m_2}{\zeta} + \frac{m_3}{\zeta^2} + \frac{m_4}{\zeta^3} + \&c.;$$

$$K = M\zeta + M_1 + \frac{M_2}{\zeta} + \frac{M_3}{\zeta^2} + \frac{M_4}{\zeta^3} + \&c.,$$

où m, M, m_1, M_1, &c. font des fonctions inconnues de x, y. Ces subftitutions étant faites dans la première des équations que nous venons de trouver, il faudra qu'elle ait lieu indépendamment de ζ ; c'eft pourquoi fi l'on fait pour abréger

$$m\frac{dM}{dx} - M\frac{dm}{dx} = n, \quad m\frac{dM_1}{dx} - M\frac{dm_1}{dx} = n_1;$$

$$m\frac{dM_2}{dx} - M\frac{dm_2}{dx} - m_2\frac{dM}{dx} + M_2\frac{dm}{dx} = n_2,$$

$$m\frac{dM_3}{dx} - M\frac{dm_3}{dx} - m_2\frac{dM_1}{dx} + M_2\frac{dm_1}{dx} - 2m_3\frac{dM}{dx} + 2M_3\frac{dm}{dx} = n_3;$$

$$m\frac{dM_4}{dx} - M\frac{dm_4}{dx} - m_2\frac{dM_2}{dx} + M_2\frac{dm_2}{dx} - 2m_3\frac{dM_1}{dx} + 2M_3\frac{dm_1}{dx}$$
$$- 3m_4\frac{dM}{dx} + 3M_4\frac{dm}{dx} = n_4;$$

$$\&c.$$

on en tirera

$$M\frac{dm}{dy} - m\frac{dM}{dy} = 0, \quad M\frac{dm_1}{dy} - m\frac{dM_1}{dy} = n;$$

$$M\frac{dm_2}{dy} - m\frac{dM_2}{dy} - M_2\frac{dm}{dy} + m_2\frac{dM}{dy} = n_1;$$

$$M\frac{dm_3}{dy} - m\frac{dM_3}{dy} - M_2\frac{dm_1}{dy} + m_2\frac{dM_1}{dy} + 2m_3\frac{dM}{dy} - 2M_3\frac{dm}{dy} = n_2;$$

$$M\frac{dm_4}{dy} - m\frac{dM_4}{dy} - M_2\frac{dm_2}{dy} + m_2\frac{dM_2}{dy} + 2m_3\frac{dM_1}{dy} - 2M_3\frac{dm_1}{dy}$$
$$+ 3m_4\frac{dM}{dy} - 3M_4\frac{dm}{dy} = n_3;$$

$$M\frac{dm_5}{dy} - m\frac{dM_5}{dy} - M_2\frac{dm_3}{dy} + m_2\frac{dM_3}{dy} + 2m_3\frac{dM_2}{dy} - 2M_3\frac{dm_2}{dy}$$
$$+ 3m_4\frac{dM_1}{dy} - 3M_4\frac{dm_1}{dy} + 4m_5\frac{dM}{dy} - 4M_5\frac{dm}{dy} = n_4;$$

&c. ;

ces équations entre m, M, m_1, M_1, &c. sont absolument indépendantes de μ.

(550). Je passe à l'autre équation

$$\frac{dB}{dx}\frac{dK}{dy} - \frac{dB}{dy}\frac{dK}{dx} = \mu\left(\frac{dB}{d\zeta}\frac{dK}{dy} - \frac{dB}{dy}\frac{dK}{d\zeta}\right);$$

dans laquelle $\dfrac{dB}{dy}\dfrac{dK}{d\zeta} - \dfrac{dB}{d\zeta}\dfrac{dK}{dy} = n + \dfrac{n_1}{\zeta} + \dfrac{n_2}{\zeta^2} +$ &c.

De plus, si nous convenons de nous servir de $\dot{m}\dot{M}$ pour représenter $\dfrac{dm}{dy}\dfrac{dM}{dx} - \dfrac{dm}{dx}\dfrac{dM}{dy}$ & ainsi des autres quantités de même forme, nous trouverons

$$\frac{dB}{dy}\frac{dK}{dx} - \frac{dB}{dx}\frac{dK}{dy} = \dot{m}\dot{M}\zeta^2 + (\dot{m}_1\dot{M} + \dot{m}\dot{M}_1)\zeta + \dot{m}_2\dot{M} + \dot{m}_1\dot{M}_1 +$$
$$\dot{m}\dot{M}_2 + (\dot{m}_3\dot{M} + \dot{m}_2\dot{M}_1 + \dot{m}_1\dot{M}_2 + \dot{m}\dot{M}_3)\zeta^{-1} + (\dot{m}_4\dot{M} +$$
$$\dot{m}_3\dot{M}_1 + \dot{m}_2\dot{M}_2 + \dot{m}_1\dot{M}_3 + \dot{m}\dot{M}_4)\zeta^{-2} +$$ &c.

Il sera donc nécessaire de donner à μ cette forme

$$\alpha\,\zeta^2 + \mathfrak{C}\,\zeta + \mathfrak{u} + \frac{\delta}{\zeta} + \frac{\varepsilon}{\zeta^2} +\ \text{&c.} ;$$

& alors nous aurons cette autre suite d'équations

$$\dot{m}\dot{M} = \alpha n,$$
$$\dot{m}_1\dot{M} + \dot{m}\dot{M}_1 = \alpha n_1 + \mathfrak{C}\,n;$$
$$\dot{m}_2\dot{M} + \dot{m}_1\dot{M}_1 + \dot{m}\dot{M}_2 = \alpha n_2 + \mathfrak{C}\,n_1 + \mathfrak{u}\,n;$$
$$\dot{m}_3\dot{M} + \dot{m}_2\dot{M}_1 + \dot{m}_1\dot{M}_2 + \dot{m}\dot{M}_3 = \alpha n_3 + \mathfrak{C}\,n_2 + \mathfrak{u}\,n_1 + \delta n;$$
$$\dot{m}_4\dot{M} + \dot{m}_3\dot{M}_1 + \dot{m}_2\dot{M}_2 + \dot{m}_1\dot{M}_3 + \dot{m}\dot{M}_4 = \alpha n_4 + \mathfrak{C}\,n_3 + \mathfrak{u}\,n_2 + \delta n_1$$
$$+ \varepsilon n,\ \text{&c.}$$

Or e étant le nombre dont le logarithme est l'unité, si l'on prend x_1, X_1, x_2, X_2, &c. pour représenter des fonctions de la seule variable x & x'_1, X'_1, x'_2, X'_2, &c. pour représenter les co-efficiens de dx dans les différentielles de ces fonctions, &c. on tirera de ces équations & de celles du n°. précédent :

$$m = M x_1, \quad M = e^{\int \alpha\,dy} X_1;$$

$$m_1 = x_1 M_1 + (N_1) \dots\dots\dots x_2 - x'_1 \int M\,dy;$$

$$M_1 = X_2 + \int'\left(\varsigma M - \frac{dM}{dx}\right) dy;$$

$$m_2 = x_1 M_2 + (N_2) \dots\dots\dots \frac{1}{M}\left(x_3 + \int n_1\,dy\right);$$

$$M_2 = e^{-\int \alpha\,dy}\left[X_3 + \int e^{\int \alpha\,dy}\left[\upsilon M + \frac{1}{M x'_1}\left(\dot m_1 \dot M_1 + \frac{dM}{dx}\left(\alpha n_2 + \frac{dN_2}{dy}\right) - \varsigma n_1\right)\right] dy\right];$$

$$m_3 = x_1 M_3 + (N_3) \dots \frac{1}{M^2}\left[x_4 + \int\left(n_2 + M_2\frac{dM_1}{dy} - m_2\frac{dM_1}{dy}\right) M\,dy\right],$$

$$M_3 = e^{-2\int \alpha\,dy}\left[X_4 + \int e^{2\int \alpha\,dy}\left[\delta M + \frac{1}{M x'_1}\left(m_2 \dot M_1 + \dot m_1 \dot M_2 + \frac{dM}{dx}\left(2\alpha N_3 + \frac{dN_3}{dy}\right) + \alpha N_2\frac{dM_1}{dx} - \alpha M_2\left(M_1 x'_1 + \frac{dN_1}{dx}\right) - \varsigma n_2 - \upsilon n_1\right)\right] dy\right];$$

$$m_4 = x_1 M_4 + (N_4) \dots \frac{1}{M^3}\left[x_5 + \int\left(n_3 + M_2\frac{dm_2}{dy} - m_2\frac{dM_2}{dy} + 2M_3\frac{dm_1}{dy} - 2m_3\frac{dM_1}{dy}\right) M^2\,dy\right],$$

$$M_4 = e^{-3\int \alpha\,dy}\left[X_5 + \int e^{3\int \alpha\,dy}\left[\varepsilon M + \frac{1}{M x'_1}\left(\dot m_3 \dot M_1 + \dot m_2 \dot M_2 + \dot m_1 \dot M_3 + \frac{dM}{dx}\left(3\alpha n_4 + \frac{dN_4}{dy}\right) + 2\alpha N_3\frac{dM_1}{dx} - 2\alpha M_3\left(M_1 x'_1 + \frac{dN_1}{dx}\right) + \alpha N_2\frac{dM_2}{dx} - \alpha M_2\left(x'_1 M_2 + \frac{dN_2}{dx}\right) - \varsigma n_3 - \upsilon n_2 - \delta n_1\right)\right] dy\right];$$

&c.

Il n'est pas nécessaire de pousser plus loin ces séries pour découvrir l'ordre qu'elles doivent suivre. Ainsi l'équation différentielle du second ordre proposée aura pour intégrales de l'ordre immédiatement inférieur

$$M \zeta + M_1 + \frac{M_2}{\zeta} + \frac{M_3}{\zeta^2} + \frac{M_4}{\zeta^3} + \&c. = a;$$

$$a x_1 + N_1 + \frac{N_2}{\zeta} + \frac{N_3}{\zeta^2} + \frac{N_4}{\zeta^3} + \&c. = b,$$

a & b étant les constantes arbitraires.

(551). Les arbitraires x_1, X_1, &c. serviront à remplir les conditions relatives à chacun des problêmes qu'on pourra proposer. Si, par exemple, on demandoit les cas où l'équation

$$\frac{1}{dx}\,d\zeta + \alpha\zeta^2 + \mathfrak{c}\zeta + \mathfrak{s} = 0 ,$$

a pour intégrales premières complètes

$$M\zeta + M_1 = a , \quad m\zeta + m_1 = b ,$$

& pour intégrale finie complète $a x_1 + N_1 = b$, les formules précédentes donneroient pour conditions

$$\frac{dN_1}{dx} + x'_1 M_1 = 0 , \quad \frac{dM_1}{dx} = \mathfrak{s}M , \quad \text{ou}$$

$$x'_2 + x'_1 X_2 + \int\left[\left(\mathfrak{c} - 2\int\frac{d\alpha}{dx}\,dy\right)x'_1 - \frac{2x'_1 X'_1}{X_1} - x''_1\right]M\,dy = 0 ;$$

$$X'_2 + \int\left[\frac{d\mathfrak{c}}{dx} - \int\frac{d^2\alpha}{dx^2}\,dy + \int\frac{d\alpha}{dx}\,dy\left(\mathfrak{c} - \int\frac{d\alpha}{dx}\,dy\right) + \right.$$
$$\left. - \frac{X'_1}{X_1}\left(\mathfrak{c} - 2\int\frac{d\alpha}{dx}\,dy\right) - \frac{X''_1}{X_1}\right]M\,dy = \mathfrak{s}M .$$

Ces conditions seroient par conséquent que

$$\mathfrak{c} - 2\int\frac{d\alpha}{dx}\,dy \ \&\ \frac{d\mathfrak{c}}{dx} - \int\frac{d^2\alpha}{dx^2}\,dy + \int\frac{d\alpha}{dx}\,dy\left(\mathfrak{c} - \int\frac{d\alpha}{dx}\,dy\right) - \frac{d\mathfrak{s}}{dy} - \alpha\mathfrak{s}$$

fussent fonctions de la seule variable x. Nommons p & r ces deux fonctions, nous aurons

$$x'_2 + x'_1 X_2 = 0 , \quad p = \frac{2X'_1}{X_1} + \frac{x''_1}{x'_1} ,$$

$$r + p\,\frac{X'_1}{X_1} - \frac{X''_1}{X_1} = 0 , \quad X'_2 = \mathfrak{s}M - \int\left(\frac{d\mathfrak{s}}{dy} - \alpha\mathfrak{s}\right)M\,dy ;$$

& comme $\mathfrak{s}M - \int\left(\frac{d\mathfrak{s}}{dy} - \alpha\mathfrak{s}\right)M\,dy$ est évidemment fonction de x seul, ces quatre équations serviront à déterminer x_1, x_2, X_1, X_2; tout est réduit à trouver X_1, au moyen d'une equation linéaire du second ordre.

(552). Toutes les équations différentielles du troisième ordre peuvent être représentées par $\frac{1}{dx}\,dZ + \mu = 0$, μ étant une fonction quelconque de x, y, $\frac{dy}{dx} = \zeta$, $\frac{1}{dx}\,d\zeta = Z$: à cette équation différentielle, répond une équation aux différences partielles du second ordre

$$\frac{d^2\zeta}{dx^2} + 2\zeta\frac{d^2\zeta}{dx\,dy} + \zeta^2\frac{d^2\zeta}{dy^2} + \frac{d\zeta}{dy}Z + \mu = 0 .$$

Je suppose que celle-ci ait pour intégrale complète de l'ordre immédiatement inférieur [illegible] = F : K = 0, on aura d'abord la transformée

Tome II.   M m m

$$\frac{dB}{dy}\frac{dK}{dx} - \frac{dB}{dx}\frac{dK}{dy} + \left(\frac{dB}{dy}\frac{dK}{d\zeta} - \frac{dK}{dy}\frac{dB}{d\zeta}\right)\frac{d\zeta}{dx} +$$

$$\left(\frac{dB}{d\zeta}\frac{dK}{dx} - \frac{dB}{dx}\frac{dK}{d\zeta}\right)\frac{d\zeta}{dy} + \left[\frac{dB}{dy}\frac{dK}{dZ} - \frac{dB}{dZ}\frac{dK}{dy} + \right.$$

$$\left. \frac{d\zeta}{dy}\left(\frac{dB}{d\zeta}\frac{dK}{dZ} - \frac{dB}{dZ}\frac{dK}{d\zeta}\right)\right]\left(\frac{d^2\zeta}{dx^2} + \zeta\frac{d^2 y}{dx\,dy} + \frac{d\zeta}{dx}\frac{d\zeta}{dy}\right) +$$

$$\left[\frac{dB}{dZ}\frac{dK}{dx} - \frac{dB}{dx}\frac{dK}{dZ} + \frac{d\zeta}{dx}\left(\frac{dB}{dZ}\frac{dK}{d\zeta} - \frac{dB}{d\zeta}\frac{dK}{dZ}\right)\right]$$

$$\left(\frac{d^2\zeta}{dx\,dy} + \zeta\frac{d^2\zeta}{dy^2} + \left(\frac{d\zeta}{dy}\right)^2\right) = 0,$$

à laquelle on comparera la proposée, après l'avoir multipliée par un facteur Ψ, & on en tirera

$$\Psi = \frac{dB}{dy}\frac{dK}{dZ} - \frac{dK}{dy}\frac{dB}{dZ} + \frac{d\zeta}{dy}\left(\frac{dB}{d\zeta}\frac{dK}{dZ} - \frac{dB}{dZ}\frac{dK}{d\zeta}\right),$$

$$\Psi\zeta = \frac{dB}{dZ}\frac{dK}{dx} - \frac{dB}{dx}\frac{dK}{dZ} + \frac{d\zeta}{dx}\left(\frac{dB}{dZ}\frac{dK}{d\zeta} - \frac{dB}{d\zeta}\frac{dK}{dZ}\right),$$

$$\Psi\mu = \frac{dB}{dy}\frac{dK}{dx} - \frac{dB}{dx}\frac{dK}{dy} + \frac{d\zeta}{dx}\left(\frac{dB}{dy}\frac{dK}{d\zeta} - \frac{dB}{d\zeta}\frac{dK}{dy}\right)$$
$$+ \frac{d\zeta}{dy}\left(\frac{dB}{d\zeta}\frac{dK}{dx} - \frac{dK}{d\zeta}\frac{dB}{dx}\right).$$

Nous désignerons par dB, dK des différentielles prises en ne faisant varier que x, y, & nous aurons, en éliminant Ψ, ces deux équations

$$\frac{dK}{dZ}\left(\frac{1}{dx}dB + Z\frac{dB}{d\zeta}\right) - \frac{dB}{dZ}\left(\frac{1}{dx}dK + Z\frac{dK}{d\zeta}\right) = 0,$$

$$\frac{dB}{dy}\frac{dK}{dx} - \frac{dB}{dx}\frac{dK}{dy} - \frac{d\zeta}{dx}\left(\frac{dB}{d\zeta}\frac{dK}{dy} - \frac{dB}{dy}\frac{dK}{d\zeta}\right) +$$

$$\frac{d\zeta}{dy}\left(\frac{dB}{d\zeta}\frac{dK}{dx} - \frac{dB}{dx}\frac{dK}{d\zeta}\right) = \mu\left[\frac{dB}{dy}\frac{dK}{dZ} - \frac{dB}{dZ}\frac{dK}{dy} + \right.$$

$$\left. \frac{d\zeta}{dy}\left(\frac{dB}{d\zeta}\frac{dK}{dZ} - \frac{dB}{dZ}\frac{dK}{d\zeta}\right)\right].$$

(553). Nous supposerons

$$B = mZ + m_1 + \frac{m_2}{Z} + \frac{m_3}{Z^2} + \frac{m_4}{Z^3} + \&c.\,;$$

$$K = MZ + M_1 + \frac{M_2}{Z} + \frac{M_3}{Z^2} + \frac{M_4}{Z^3} + \&c.\,;$$

& faisant pour abréger

$$m\,dM - M\,dm = n\,dx, \quad m\,dM_1 - M\,dm_1 = n_1\,dx;$$

$$m\,dM_2 - M\,dm_2 - m_2\,dM + M_2\,dm = n_2\,dx,$$

$$m\,dM_3 - M\,dm_3 - m_2\,dM_1 + M_2\,dm_1 - 2m_3\,dM + 2M_3\,dm = n_3\,dx,$$

$$m\,dM_4 - M\,dm_4 - m_2\,dM_2 + M_2\,dm_2 - 2m_3\,dM_1 + 2M_3\,dm_1$$
$$- 3m_4\,dM + 3M_4\,dm = n_4\,dx,$$

&c, nous aurons une suite d'équations, desquelles nous tirerons, en désignant par p, q, r, s, t, &c. des fonctions arbitraires de x, y seuls,

$$m = pM, \quad m1 = pM1 + (N1) \ldots\ldots q - \frac{1}{dx}\, dp \int M\, d\zeta,$$

$$m2 = pM2 + (N2)\ldots \frac{1}{M}\left(r + \int n1\, d\zeta\right),$$

$$m3 = pM3 + (N3)\ldots \frac{1}{M^2}\left[s + \int\left(n2 + M2\frac{dm1}{d\zeta} - m2\frac{dM1}{d\zeta}\right)M\, d\zeta\right];$$

$$m4 = pM4 + (N4)\ldots \frac{1}{M^3}\left[t + \int\left(n3 + M2\frac{dm2}{d\zeta} - m2\frac{dM2}{d\zeta}\right.\right.$$
$$\left.\left. + 2M3\frac{dm1}{d\zeta} - 2m3\frac{dM1}{d\zeta}\right)M^2\, d\zeta\right]$$

&c.

(554). Soit encore fait pour abréger

$$\frac{dm}{dy}\frac{dM}{dx} - \frac{dm}{dx}\frac{dM}{dy} = \dot{m}\dot{M}, \quad \frac{dm}{d\zeta}\frac{dM}{dy} - \frac{dm}{dy}\frac{dM}{d\zeta} = (mM);$$

$$\frac{dm}{d\zeta}\frac{dM}{dx} - \frac{dm}{dx}\frac{dM}{d\zeta} = [mM],$$ & ainsi des autres quantités semblables ; nous aurons

$$\frac{dB}{dy}\frac{dK}{dx} - \frac{dB}{dx}\frac{dK}{dy} = \dot{m}\dot{M} Z^2 + (\dot{m}1\,\dot{M} + \dot{m}\dot{M}1) Z + \dot{m}2\dot{M}$$

$$+ \dot{m}1\dot{M}1 + \dot{m}\dot{M}2 + (\dot{m}3\dot{M} + \dot{m}2\dot{M}1 + \dot{m}1\dot{M}2 + \dot{m}\dot{M}3) Z^{-1}$$

$$+ (\dot{m}4\dot{M} + \dot{m}3\dot{M}1 + \dot{m}2\dot{M}2 + \dot{m}1\dot{M}3 + \dot{m}\dot{M}4) Z^{-2} + \text{\&c.},$$

$$\frac{dB}{d\zeta}\frac{dK}{dy} - \frac{dB}{dy}\frac{dK}{d\zeta} = (mM) Z^2 + [(m1M) + (mM1)] Z + (m2M)$$

$$+ (m1M1) + (mM2) + [(m3M) + (m2M1) + (m1M2) +$$
$$(mM3)] Z^{-1} + [(m4M) + (m3M1) + (m2M2) + (m1M3)$$
$$+ (mM4)] Z^{-2} + \text{\&c.},$$

$$\frac{dB}{d\zeta}\frac{dK}{dx} - \frac{dB}{dx}\frac{dK}{d\zeta} = [mM] Z^2 + ([m1M] + [mM1]) Z +$$

$$[m2M] + [m1M1] + [mM2] + ([m3M] + [m2M1] + [m1M2]$$
$$+ [mM3]) Z^{-1} + ([m4M] + [m3M1] + [m2M2] + [m1M3]$$
$$+ [mM4]) Z^{-2} + \text{\&c.}$$

Ainsi le premier membre de la seconde équation du (n°. 553) deviendra

$$\dot{m}\dot{M} Z^2 + (\dot{m}1\dot{M} + \dot{m}\dot{M}1) Z + \text{\&c.} - \frac{d\zeta}{dx}\left[(mM) Z^2 +\right.$$

$$\left. [(m1M) + (mM1)] Z + \text{\&c.}\right] + \frac{d\zeta}{dy}\left([mM] Z^2 +\right.$$

$$\left. ([m1M] + [mM1]) Z + \text{\&c.}\right),$$

ou, mettant pour $\frac{d\zeta}{dx}$ fa valeur $Z + \zeta\,\frac{d\zeta}{dy}$, ce membre deviendra

$$\dot m \dot M Z^2 + (\dot m_1 \dot M + \dot m \dot M_1)\,Z + \&c. - (mM)Z^3 - [(m_1 M) + (mM_1)]\,Z^2 - \&c. + \frac{d\zeta}{dy}\Big\{ ([mM] + \zeta(mM))\,Z^2 + ([m_1 M] + \zeta(m_1 M) + [mM_1] + \zeta(mM_1))\,Z + \&c. \Big\}.$$

Pour abréger nous représenterons dans la suite par $[mM]$ la somme

$$[mM] + \zeta(mM) = \frac{1}{dx}\,dM\,\frac{dm}{d\zeta} - \frac{1}{dx}\,dm\,\frac{dM}{d\zeta},$$

par $[m_1 M]$ ceci $\dfrac{1}{dx}\,dM\,\dfrac{dm_1}{d\zeta} - \dfrac{1}{dx}\,dm_1\,\dfrac{dM}{d\zeta},$

& ainsi des autres quantités femblables ; de cette manière le premier membre dont il s'agit prendra la forme fuivante

$$\dot m \dot M Z^2 + (\dot m_1 \dot M + \dot m \dot M_1)\,Z + \&c. - (mM)Z^3 - [(m_1 M) + (mM_1)]\,Z^2 - \&c. + \frac{d\zeta}{dy}\Big[[mM]\,Z^2 + ([m_1 M] + [mM_1])\,Z + \&c. \Big].$$

(555). Pour former le fecond membre de la même équation, nous remarquerons que

$$\frac{dK}{dZ}\frac{dB}{d\zeta} - \frac{dB}{dZ}\frac{dK}{d\zeta} = n + n_1 Z^{-1} + n_2 Z^{-2} + n_3 Z^{-3} + \&c.,$$

$$\frac{dK}{dZ}\frac{dB}{dy} - \frac{dB}{dZ}\frac{dK}{dy} = \Big(M\frac{dm}{dy} - m\frac{dM}{dy}\Big)Z + M\frac{dm_1}{ay} - m\frac{dM_1}{dy}$$
$$+ \Big(M\frac{dm_2}{dy} - m\frac{dM_2}{dy} - M_2\frac{dm}{dy} + m_2\frac{dM}{dy}\Big)Z^{-1} + \Big(M\frac{dm_3}{dy}$$
$$- m\frac{dM_3}{dy} - M_2\frac{dm_1}{dy} + m_2\frac{dM_1}{dy} - 2M_3\frac{dm}{dy} + 2M_3\frac{dm}{dy}\Big)Z^{-2} + \&c.;$$

& que fi nous représentons cette dernière quantité par

$$iZ + h + h_1 Z^{-1} + h_2 Z^{-2} + \&c.,$$

nous aurons pour le multiplicateur de μ

$$iZ + h + h_1 Z^{-1} + h_2 Z^{-2} + \&c. + \frac{d\zeta}{dy}(n + n_1 Z^{-1} + n_2 Z^{-2} + \&c.)$$

Il fuit delà, qu'en développant μ, fi nous pouvons lui donner cette forme,

$$\alpha Z^2 + \varsigma Z + \gamma + \delta Z^{-1} + \varepsilon Z^{-2} + \&c.,$$

ce fecond membre fera

$$\alpha i Z^3 + \alpha h . Z^2 + \alpha h_1 . Z + \&c. +$$
$$+\, Ci \qquad\qquad +\, Ch$$
$$+\, g i$$

$$-\frac{d\zeta}{dy}\,[\alpha n Z^2 + \alpha n_1 . Z + \alpha n_2 + \&c.].$$
$$+\, Cn \qquad\qquad +\, Cn_1$$
$$+\, g n$$

Par la comparaison des termes homologues des deux membres que nous venons de trouver, nous aurons premiérement

$$[m\,M] = \alpha n,\quad [m_1 M] + [m\,M_1] = \alpha n_1 + Cn,$$
$$[m_2 M] + [m_1 M_1] + [m\,M_2] = \alpha n_2 + Cn_1 + g n;$$

&c., defquelles nous tirerons, comme dans le (n°. 550),

$$M = e^{\int \alpha d\zeta} P,\quad M_1 = Q + \int\!\Big(C M - \frac{1}{dx}\,dM \Big) d\zeta,$$

$$M_2 = e^{-\int \alpha d\zeta}\Big[R + \int e^{\int \alpha d\zeta}\Big[g M + \big(1 : \tfrac{1}{dx}\,M dp\big)\big([m_1 M_1]$$
$$+ \frac{1}{dx}\,dM\Big(\alpha N_2 + \frac{dN_2}{d\zeta}\Big) - Cn_1\big)\Big]d\zeta\Big],$$

$$M_3 = e^{-2\int \alpha d\zeta}\Big[S + \int e^{2\int \alpha d\zeta}\Big[\delta M + \big(1 : \tfrac{1}{dx}\,M dp\big)\big([m_2 M_1]$$
$$+ [m_1 M_2] + \frac{1}{dx}\,dM\Big(2\alpha N_3 + \frac{dN_3}{d\zeta}\Big) + \frac{1}{dx}\,\alpha N_2\,dM_1$$
$$- \frac{1}{dx}\,\alpha M_2\,(M_1 dp + dN_1) - Cn_2 - g n_1\big)\Big]d\zeta\Big],$$

$$M_4 = e^{-3\int \alpha d\zeta}\Big[T + \int e^{3\int \alpha d\zeta}\Big[\cdot M + \big(1 : \tfrac{1}{dx}\,M dp\big)\big([m_3 M_1]$$
$$+ [m_2 M_2] + [m_1 M_3] + \frac{1}{dx}\,dM\Big(3\alpha N_4 + \frac{dN_4}{d\zeta}\Big) + \frac{1}{dx}\,2\alpha N_3\,dM_1$$
$$- \frac{1}{dx}\,2\alpha M_3\,(M_1 dp + dN_1) + \frac{1}{dx}\,\alpha N_2\,dM_2 - \frac{1}{dx}\,\alpha M_2\,(M_2 dp$$
$$+ dN_2) - Cn_3 - g n_2 - \delta n_1\big)\Big]d\zeta\Big],$$

&c., P, Q, R, &c. étant des fonctions arbitraires de x, y ajoutées en intégrant.

Secondement nous trouverons pour équations de condition

$$(m\,M) = - i\alpha,$$
$$(m_1 M) + (m\,M_1) = \dot{m}\,\dot{M} - h\alpha - iC,$$
$$(m_2 M) + (m_1 M_1) + (m\,M_2) = \dot{m}_1\,\dot{M} + \dot{m}\,\dot{M}_1 - h_1\alpha - hC - ig;$$
$$(m_3 M) + (m_2 M_1) + (m_1 M_2) + (m\,M_3) = \dot{m}_2\,\dot{M} + \dot{m}_1\,\dot{M}_1$$
$$+ \dot{m}\,\dot{M}_2 - h_2\alpha - h_1 C - h g - i\delta,$$

&c.

Partie II.   N n n

(556). Les arbitraires P, Q, R, &c. serviront à remplir les conditions du problème. Si, par exemple, on demandoit les cas où l'équation du troisième ordre

$$\frac{1}{dx}\,dZ + aZ^2 + cZ + \varepsilon = 0,$$

a pour intégrales de l'ordre immédiatement inférieur

$$MZ + M_1 = a, \quad mZ + m_1 = b.$$

On trouveroit pour conditions

$$d\,M_1 = \varepsilon\,M\,dx, \quad d\,m_1 = \varepsilon\,M\,p\,dx.$$

Mais avant d'aller plus loin, nous ferons remarquer que Π étant une fonction de x, y, ζ, on peut transformer $\frac{1}{dx}\,d\int\Pi\,d\zeta$ en $\int\frac{1}{dx}\,d\Pi\,d\zeta + \int d\zeta\int\frac{d\Pi}{dy}\,d\zeta$.

En effet, à cause de $\dfrac{d\int\Pi\,d\zeta}{dx} = \int\frac{d\Pi}{dx}\,d\zeta$, $\dfrac{d\int\Pi\,d\zeta}{dy} = \int\frac{d\Pi}{dy}\,d\zeta$, on a

$$\frac{1}{dx}\,d\int\Pi\,d\zeta = \int\frac{d\Pi}{dx}\,d\zeta + \zeta\int\frac{d\Pi}{dy}\,d\zeta;$$

on a aussi

$$\int\frac{1}{dx}\,d\Pi\,d\zeta = \int\left(\frac{d\Pi}{dx} + \zeta\frac{d\Pi}{dy}\right)d\zeta.$$

Soit $\frac{1}{dx}\,d\int\Pi\,d\zeta = \int\frac{1}{dx}\,d\Pi\,d\zeta + K$, on aura en différentiant par rapport à ζ, & effaçant les termes qui se détruisent, $dK = d\zeta\int\frac{d\Pi}{dy}\,d\zeta$, d'où

$$K = \int d\zeta\int\frac{d\Pi}{dy}\,d\zeta \ \ \& \ \ \frac{1}{dx}\,d\int\Pi\,d\zeta = \int\frac{1}{dx}\,d\Pi\,d\zeta + \int d\zeta\int\frac{d\Pi}{dy}\,d\zeta.$$

(557). Cela posé, nous nous occuperons d'abord de la première équation $d\,m_1 = \varepsilon\,M\,dx$, qui devient

$$dQ + \int\left(d\cdot cM - \frac{1}{dx}\,ddM\right)d\zeta + \iint\left(\frac{d\cdot cM}{dy} - \frac{1}{dx}\frac{ddM}{dy}\right)dx\,d\zeta\,d\zeta = \varepsilon\,M\,dx;$$

& de laquelle on tire, en différentiant par rapport à ζ,

$$\begin{aligned}
\frac{dQ}{dy} = \; & e^{\int\alpha\,d\zeta}\left[\left(\frac{d\varepsilon}{d\zeta} + a\varepsilon - \frac{1}{dx}\,dc + \frac{1}{dx^2}\,dd\int\alpha\,d\zeta - \right.\right.\\
& \left. \frac{1}{dx}\,d\int\alpha\,d\zeta\left(c - \frac{1}{dx}\,d\int\alpha\,d\zeta\right)\right)P - \left(c - \frac{2}{dx}\,d\int\alpha\,d\zeta\right)\frac{1}{dx}\,dP \\
& \left. + \frac{1}{dx^2}\,d^2P\right] - \int e^{\int\alpha\,d\zeta}\left[\left(\frac{dc}{dy} - \frac{1}{dx}\frac{dd\int\alpha\,d\zeta}{dy} + \right.\right.\\
& \left. \frac{d\int\alpha\,d\zeta}{dy}\left(c - \frac{1}{dx}\,d\int\alpha\,d\zeta\right)\right)P + \left(c - \frac{2}{dx}\,d\int\alpha\,d\zeta + \int\frac{d\alpha}{dx}\,d\zeta\right)\frac{dP}{dy} \\
& \left. - \frac{dP}{dx}\int\frac{d\alpha}{d\zeta}\,d\zeta\right]d\zeta + \frac{1}{dx}\frac{ddP}{dy}\int e^{\int\alpha\,d\zeta}\,d\zeta - \frac{d^2P}{dy^2}\iint e^{\int\alpha\,d\zeta}\,d\zeta\,d\zeta.
\end{aligned}$$

Soit fait pour abréger

$$\frac{d\,u}{d\zeta} + \alpha u - \frac{1}{dx}\,d\varsigma + \frac{1}{dx^2}\,dd\!\int\! a\,d\zeta - \frac{1}{dx}\,d\!\int\! a\,d\zeta\left(\varsigma - \frac{1}{dx}\,d\!\int\! a\,d\zeta\right) = H,$$

$$\varsigma - \frac{2}{dx}\,d\!\int\! a\,d\zeta = I,$$

$$\frac{d\varsigma}{dy} - \frac{1}{dx}\,\frac{dd\!\int\! a\,d\zeta}{dy} + \frac{d\!\int\! a\,d\zeta}{dy}\left(\varsigma - \frac{1}{dx}\,d\!\int\! a\,d\zeta\right) = h;$$

en différentiant une seconde fois par rapport à ζ, on aura

$$\left(\frac{dH}{d\zeta} + \alpha H - h\right)P - \left(\frac{dI}{d\zeta} + \alpha I - \int \frac{d\alpha}{dy}\,d\zeta\right)\frac{dP}{dx} -$$
$$\left(2I + \int \frac{d\alpha}{dx}\,d\zeta + \zeta\left(\frac{dI}{d\zeta} + \alpha I\right)\right)\frac{dP}{dy} + \frac{1}{dx^2}\,\alpha\,dd P + \frac{3}{dx}\,\frac{dd P}{dy} = 0.$$

(558). Prenons pour exemple le cas où

$$\alpha = 0,\quad \varsigma = \delta\zeta + \varepsilon,\quad s = \pi\zeta^3 + \rho\zeta^2 + \sigma\zeta + \tau,$$

tous ces co-efficiens étant des fonctions de x, y. Alors l'équation précédente devient

$$3\zeta\left(2\pi P - \frac{d\cdot\delta P}{dy} + \frac{d^2 P}{dy^2}\right) + 2\rho P - \frac{d\cdot\delta P}{dx} - 2\frac{d\cdot\varepsilon P}{dy} + 3\frac{d^2 P}{dx\,dy} = 0,$$

laquelle en donnera deux, dont l'une $\dfrac{d^2 P}{dy^2} - \dfrac{d\cdot\delta P}{dy} + 2\pi P = 0$, aura

pour intégrale complète $P = x_1 k_1 + x_2 k_2$, x_1, x_2 étant des fonctions arbitraires de x, si par k_1, k_2 on entend deux valeurs de P qui satisfassent à cette équation en regardant x comme constant. On mettra dans l'autre $x_1 k_1$ pour P, & on en tirera

$$\frac{x'_1}{x_1} = (\Psi_1)\ldots\ldots \frac{3\dfrac{d^2 k_1}{dx\,dy} - 2\dfrac{d\cdot\varepsilon k_1}{dy} - \dfrac{d\cdot\delta k_1}{dx} + 2\rho k_1}{\delta k_1 - 3\dfrac{dk_1}{dy}}.$$

On aura de plus $\dfrac{dQ}{dy} = \sigma P - \dfrac{d\cdot\varepsilon P}{dx} + \dfrac{d^2 P}{dx^2}$, $\dfrac{dQ}{dx} = \tau P$;

dont la première donnera $Q = X_1 + \displaystyle\int\left(\sigma P - \frac{d\cdot\varepsilon P}{dx} + \frac{d^2 P}{dx^2}\right)dy$;

& comme cette valeur étant substituée dans la seconde, il en résulte que

$$X'_1 = \tau P - \int\left(\frac{d\cdot\sigma P}{dx} - \frac{d^2\cdot\varepsilon P}{dx^2} + \frac{d^3 P}{dx^3}\right)dy,$$

il est donc nécessaire que ce second membre différentié, en ne faisant varier que y, soit égal à zéro, ou que l'on ait

$$\frac{d\cdot\tau P}{dy} - \frac{d\cdot\sigma P}{dx} + \frac{d^2\cdot\varepsilon P}{dx^2} - \frac{d^3 P}{dx^3} = 0.$$

On mettra dans cette équation $x_1 k_1$ pour P, & on aura

$$x_1 \left(\frac{d^3 k_1}{dx^3} - \frac{d^2 \cdot \varepsilon k_1}{dx^2} + \frac{d \cdot \varepsilon k_1}{dx} - \frac{d \cdot \tau k_1}{dy} \right) + x'_1 \left(3 \frac{d^2 k_1}{dx^2} \right.$$
$$\left. - 2 \frac{d \cdot \varepsilon k_1}{dx} + \varepsilon k_1 \right) + x''_1 \left(3 \frac{dk_1}{dx} - \varepsilon k_1 \right) + x'''_1 k_1 = 0.$$

Il faudra donc que Ψ_1 & que les co-efficiens de x_1, x'_1, x''_1, divisés par k_1, dans l'équation précédente, soient chacune fonction de x seul.

(559). L'équation $dm_1 = \varepsilon Mp\, dx$, ou

$$d \cdot pM_1 + dq - d \left(\frac{1}{dx} dp \int M\, d\zeta \right) = \varepsilon Mp\, dx,$$

à cause de $pM_1 = Qp + \int(\varsigma Mp - \frac{1}{dx} d \cdot Mp)\, d\zeta + \int \left(\frac{1}{dx} M\, dp \right) d\zeta$, peut être divisée de manière que

$$d \cdot Qp + d\int(\varsigma Mp - \frac{1}{dx} d \cdot Mp)\, d\zeta = \varepsilon Mp\, dx,$$

$$dq + d\int \left(\frac{1}{dx} M\, dp \right) d\zeta - d \left(\frac{1}{dx} dp \int M\, d\zeta \right) = 0.$$

Or on tire de la seconde $q + \int \left(\frac{1}{dx} M\, dp \right) d\zeta - \frac{1}{dx} dp \int M\, d\zeta = 0$;

ou $q = \frac{dp}{dy} \int d\zeta \int M\, d\zeta$, à laquelle on ne peut satisfaire qu'en prenant $q = 0$ & p fonction de x seul. Quant à la première, elle n'est autre que celle-ci $dM_1 = \varepsilon M\, dx$, en y mettant Pp pour P; on en tirera donc des conséquences analogues pour le cas particulier dont nous nous sommes occupés dans l'article précédent. On prendra $Pp = x_1 k_2$, & il en résultera une valeur de $\frac{x'_2}{x_2}$ qui sera celle de $\frac{x'_1}{x_1}$ en y mettant k_2 pour k_1. On trouvera de même une autre valeur de Q; & les équations de condition devront avoir lieu pour k_2 comme pour k_1. Ainsi ayant deux valeurs de P tirées de l'équation $\frac{d^2 P}{dy^2} - \frac{d \cdot \delta P}{dy} + 2\pi P = 0$, qui satisfassent aux équations de condition, on aura deux des intégrales premières de la proposée. Il faut excepter le cas où pour une de ces valeurs on auroit $\delta P - 3 \frac{dP}{dy} = 0$, & que nous allons examiner.

(560). Dans ce cas on fera $\delta - \frac{3}{P} \frac{dP}{dy} = \rho_1$ & ρ_1 sera donné par l'équation $\frac{\delta - \rho_1}{3} (2\delta + \rho_1) + \frac{d(2\delta + \rho_1)}{dy} = 2 \cdot 3\pi$, on en tirera une valeur de ρ_1, ou deux valeurs, si les substitutions de k_1 & k_2 pour P rendent nul en même temps $\delta P - 3 \frac{dP}{dy}$. Alors en représen-

tant

tant par $H1$, $H2$ les deux valeurs de $e^{\int \frac{\delta - \rho 1}{3} dy}$ correspondantes aux deux valeurs de $\rho 1$, on auroit $P = x1\, H1 + x2\, H2$, & le reste du calcul comme ci-dessus. Je passe aux équations différentielles du quatrième ordre, auxquelles, si l'on fait $\frac{1}{dx} dy = \zeta$, $\frac{1}{dx} d\zeta = Z$, $\frac{1}{dx} dZ = Z'$, répond l'équation aux différences partielles du troisième ordre

$$\frac{d^3 \zeta}{dx^3} + 3\zeta \frac{d^3 \zeta}{dx^2 dy} + 3\zeta^2 \frac{d^3 \zeta}{dx dy^2} + \zeta^3 \frac{d^3 \zeta}{dy^3} +$$

$$3 Z \left(\frac{d^2 \zeta}{dx dy} + \zeta \frac{d^2 \zeta}{dy^2} \right) + Z' \frac{d\zeta}{dy} + \mu = 0,$$

où μ est fonction de x, y, ζ, Z, Z'

(561). Si on représente par $B + F : K = 0$, l'intégrale première complète de cette équation, B & K seront donnés par

$$\frac{dK}{dZ'} \left(\frac{dB}{dx} + \zeta \frac{dB}{dy} + Z \frac{dB}{d\zeta} + Z' \frac{dB}{dZ} \right) -$$

$$\frac{dB}{dZ'} \left(\frac{dK}{dx} + \zeta \frac{dK}{dy} + Z \frac{dK}{d\zeta} + Z' \frac{dK}{dZ} \right) = 0,$$

$$\left(\frac{dB}{dx} - \mu \frac{dB}{dZ'} \right) \left(\frac{dK}{dy} + \frac{dK}{d\zeta} \frac{d\zeta}{dy} + \frac{dK}{dZ} \frac{dZ}{dy} \right) -$$

$$\left(\frac{dK}{dx} - \mu \frac{dK}{dZ'} \right) \left(\frac{dB}{dy} + \frac{dB}{d\zeta} \frac{d\zeta}{dy} + \frac{dB}{dZ} \frac{dZ}{dy} \right) +$$

$$\frac{d\zeta}{dx} \left(\frac{dK}{dy} \frac{dB}{d\zeta} - \frac{dB}{dy} \frac{dK}{d\zeta} \right) + \frac{dZ}{dx} \left(\frac{dK}{dy} \frac{dB}{dZ} - \frac{dB}{dy} \frac{dK}{dZ} \right)$$

$$+ \left(\frac{dB}{dZ} \frac{dK}{d\zeta} - \frac{dK}{dZ} \frac{dB}{d\zeta} \right) \left(\frac{d\zeta}{dy} \frac{dZ}{dx} - \frac{d\zeta}{dx} \frac{dZ}{dy} \right) = 0.$$

Mais nous nous contenterons d'examiner le cas particulier où $B = m Z' + n$, $K = M Z' + N$, m, n, M, N étant des fonctions de x, y, ζ, Z. Alors on tirera de la première équation

$$M \frac{dm}{d\zeta} - m \frac{dM}{dZ} = 0, \quad M \frac{dn}{dZ} - m \frac{dN}{dZ} + Z \left(M \frac{dm}{d\zeta} - m \frac{dM}{d\zeta} \right) +$$

$$\zeta \left(M \frac{dm}{dy} - m \frac{dM}{dy} \right) + M \frac{dm}{dx} - m \frac{dM}{dx} = 0;$$

$$M \frac{dn}{dx} - m \frac{dN}{dx} + \zeta \left(M \frac{dn}{dy} - m \frac{dN}{ay} \right) + Z \left(M \frac{dn}{d\zeta} - m \frac{dN}{d\zeta} \right) = 0;$$

& par conséquent $m = M P$, P étant une fonction arbitraire de x, y, ζ,

$$\frac{dn}{dZ} - \frac{dN}{dZ} P + M \left(\frac{dP}{dx} + \zeta \frac{dP}{dy} + Z \frac{dP}{d\zeta} \right) = 0,$$

$$\frac{dn}{dx} - \frac{dN}{dx} P + \zeta \left(\frac{dn}{dy} - \frac{dN}{dy} P \right) + Z \left(\frac{dn}{d\zeta} - \frac{dN}{d\zeta} P \right) = 0.$$

On transformera l'autre équation en celle-ci

$$\mu M\left[\frac{dZ}{dy}\left(\frac{dP}{dx}+\frac{dP}{d\zeta}\frac{d\zeta}{dx}\right)-\frac{dZ}{dx}\left(\frac{dP}{dy}+\frac{dP}{d\zeta}\frac{d\zeta}{dy}\right)\right]-\mu n1 =$$

$$Z'^2\frac{dM}{dZ}\left[\frac{dZ}{dy}\left(\frac{dP}{dx}+\frac{dP}{d\zeta}\frac{d\zeta}{dx}\right)-\frac{dZ}{dx}\left(\frac{dP}{dy}+\frac{dP}{d\zeta}\frac{d\zeta}{dy}\right)\right]+$$

$$Z'\frac{dZ}{dx}\left[\dot M\dot P-\frac{n1}{M}\frac{dM}{dZ}-\frac{dN}{dZ}\left(\frac{dP}{dy}+\frac{dP}{d\zeta}\frac{d\zeta}{dy}\right)-\frac{1}{dx}\,\mathrm dP\left(\frac{dM}{dy}+\right.\right.$$

$$\left.\left.\frac{dM}{d\zeta}\frac{d\zeta}{dy}\right)\right]+Z'\frac{dZ}{dy}\left[\zeta\dot M\dot P+\frac{n2}{M}\frac{dM}{dZ}+\frac{dN}{dZ}\left(\frac{dP}{dx}+\frac{dP}{d\zeta}\frac{d\zeta}{dx}\right)+\right.$$

$$\left.\frac{1}{dx}\,\mathrm dP\left(\frac{dM}{dx}+\frac{dM}{d\zeta}\frac{d\zeta}{dx}\right)\right]+\frac{dZ}{dx}\left[\frac{n2}{M}\frac{dM}{dy}-\frac{n1}{M}\frac{dM}{dx}+\dot N\dot P\right.$$

$$+\frac{n3}{M}\frac{dM}{d\zeta}-\frac{n1}{M}\frac{dN}{dZ}-\frac{1}{dx}\,\mathrm dP\left(\frac{dN}{dy}+\frac{dN}{d\zeta}\frac{d\zeta}{dy}\right)\bigg]+\frac{dZ}{dy}\left[\frac{n2}{M}\frac{dM}{dy}\zeta-\right.$$

$$\frac{n1}{M}\frac{dM}{dx}\zeta+\zeta\dot N\dot P+\frac{n3}{M}\frac{dM}{d\zeta}\zeta+\frac{n2}{M}\frac{dN}{dZ}+\frac{1}{dx}\,\mathrm dP\left(\frac{dN}{dx}+\right.$$

$$\left.\left.\frac{dN}{d\zeta}\frac{d\zeta}{dx}\right)\right]+\frac{\dot N\dot n}{M},$$

où la caractéristique d désigne une différentielle prise par rapport aux trois variables x, y, ζ, & où l'on a fait pour abréger

$$\frac{dn}{dy}+\frac{dn}{d\zeta}\frac{d\zeta}{dy}-P\left(\frac{dN}{dy}+\frac{dN}{d\zeta}\frac{d\zeta}{dy}\right)=n1,$$

$$\frac{dn}{dx}+\frac{dn}{d\zeta}\frac{d\zeta}{dx}-P\left(\frac{dN}{dx}+\frac{dN}{d\zeta}\frac{d\zeta}{dx}\right)=n2,$$

$$\frac{dn}{dx}\frac{d\zeta}{dy}-\frac{dn}{dy}\frac{d\zeta}{dx}-P\left(\frac{dN}{dx}\frac{d\zeta}{dy}-\frac{dN}{dy}\frac{d\zeta}{dx}\right)=n3,$$

$$\frac{dM}{dy}\frac{dP}{dx}-\frac{dM}{dx}\frac{dP}{dy}+\frac{d\zeta}{dx}\left(\frac{dM}{dy}\frac{dP}{d\zeta}-\frac{dM}{d\zeta}\frac{dP}{dy}\right)$$

$$+\frac{d\zeta}{dy}\left(\frac{dM}{d\zeta}\frac{dP}{dx}-\frac{dM}{dx}\frac{dP}{d\zeta}\right)=\dot M\dot P,$$

& ainsi des autres quantités semblables.

On prendra $\mu=\alpha Z'^2+\mathfrak{C}Z'+\mathfrak{u}$, α, $\mathfrak{C}$, $\mathfrak{u}$ étant fonctions de x, y, ζ, Z; & ayant substitué cette valeur dans le premier membre de l'équation précédente, on la comparera terme à terme au second, ce qui donnera

$$\frac{dM}{dZ}=\alpha M \;\&\; M=p\,e^{\int\alpha\,dZ},$$

$$\frac{dN}{dZ}=\mathfrak{C}M-\frac{1}{dx}\,\mathrm dM\;\&$$

$$N=q+\int e^{\int\alpha\,dZ}\left[\left(\mathfrak{C}-\frac{1}{dx}\,\mathrm d\int\alpha\,dZ\right)p-\frac{1}{dx}\,\mathrm dp\right]dZ,$$

$$\frac{1}{dx}\,\mathrm dN=\mathfrak{u}p\,e^{\int\alpha\,dZ},$$

p, q étant des fonctions arbitraires de x, y, z. On aura aussi

$$n = Q + \int e^{\int \alpha\, dZ} \left[\left(\mathsf{C} - \frac{1}{dx}\, d \int \alpha\, dZ \right) p\, P - \frac{1}{dx}\, d\,.\, p\, P \right] dZ,$$

$$\frac{1}{dx}\, dn = \alpha\, p\, P\, e^{\int \alpha\, dZ}.$$

En faisant les substitutions convenables dans l'équation, $\frac{1}{dx}\, dN = \alpha\, p\, e^{\int \alpha\, dZ}$, on en tirera

$$\frac{1}{dx}\, dq = \alpha\, p\, e^{\int \alpha\, dZ} - p \int e^{\int \alpha\, dZ} \left[\frac{1}{dx}\, d\mathsf{C} - \frac{1}{dx^2}\, d\, d \int \alpha\, dZ + \right.$$
$$\left. \frac{1}{dx}\, d \int \alpha\, dZ \left(\mathsf{C} - \frac{1}{dx}\, d \int \alpha\, dZ \right) \right] dZ - \int\int e^{\int \alpha\, dZ} \left\{ \left[\frac{d\mathsf{C}}{dz} - \right. \right.$$
$$\frac{d \left(\frac{1}{dx}\, d \int \alpha\, dZ \right)}{dz} + \frac{d \int \alpha\, dZ}{dz} \left(\mathsf{C} - \frac{1}{dx}\, d \int \alpha\, dZ \right) \right] p + \frac{dp}{dz}$$
$$\left(\int \frac{d\alpha}{dx}\, dZ + z \int \frac{d\alpha}{dy}\, dZ \right) - \int \frac{d\alpha}{dz}\, dZ \left(\frac{dp}{dx} + z \frac{dp}{dy} \right) \right\} dZ\, dZ$$
$$- \frac{1}{dx}\, dp \int e^{\int \alpha\, dZ} \left(\mathsf{C} - \frac{2}{dx}\, d \int \alpha\, dZ \right) dZ + \frac{1}{dx^2}\, d\, dp \int e^{\int \alpha\, dZ}\, dZ$$
$$- \frac{1}{dx}\, d \frac{dp}{dz} \int\int e^{\int \alpha\, dZ}\, dZ\, dZ;$$

& différentiant, en ne faisant varier que Z, après avoir fait pour abréger

$$\frac{d\mathsf{C}}{dz} - \frac{d \left(\frac{1}{dx}\, d \int \alpha\, dZ \right)}{dz} + \frac{d \int \alpha\, dZ}{dz} \left(\mathsf{C} - \frac{1}{dx}\, d \int \alpha\, dZ \right) = h;$$

$$\frac{dq}{dz} = e^{\int \alpha\, dZ} \left[p \left(\frac{d\alpha}{dz} + \alpha\, \alpha - \frac{1}{dx}\, d\mathsf{C} + \frac{1}{dx^2}\, d\, d \int \alpha\, dZ - \frac{1}{dx}\, d \int \alpha\, dZ \right.\right.$$
$$\left. \left(\mathsf{C} - \frac{1}{dx}\, d \int \alpha\, dZ \right) \right) - \frac{1}{dx}\, dp \left(\mathsf{C} - \frac{2}{dx}\, d \int \alpha\, dZ \right) + \frac{1}{dx^2}\, d\, dp \right]$$
$$- \int e^{\int \alpha\, dZ} \left[hp + \frac{dp}{dz} \left(\mathsf{C} - \frac{2}{dx}\, d \int \alpha\, dZ + \int \frac{d\alpha}{dx}\, dZ + z \int \frac{d\alpha}{dy}\, dZ \right) \right.$$
$$- \left(\frac{dp}{dx} + z \frac{dp}{dy} \right) \int \frac{d\alpha}{dz}\, dZ \right] dZ + \frac{1}{dx}\, d\, \frac{dp}{dz} \int e^{\int \alpha\, dZ}\, dZ$$
$$- \frac{d^2 p}{dz^2} \int\int e^{\int \alpha\, dZ}\, dZ\, dZ.$$

On fera encore pour abréger

$$\frac{d\alpha}{dz} + \alpha\, \alpha - \frac{1}{dx}\, d\mathsf{C} + \frac{1}{dx^2}\, d\, d \int \alpha\, dZ - \frac{1}{dx}\, d \int \alpha\, dZ \left(\mathsf{C} - \frac{1}{dx}\, d \int \alpha\, dZ \right) = H,$$

$$\mathsf{C} - \frac{2}{dx}\, d \int \alpha\, dZ = I,$$

& une seconde différentiation donnera

$$\left(\frac{dH}{dZ} + \alpha H - h\right) p - \left(\frac{dI}{dZ} + \alpha I - \int \frac{d\alpha}{d\zeta}\, dZ\right)\left(\frac{dp}{dx} + \zeta\,\frac{dp}{dy}\right)$$

$$- \left(2I + Z\left(\frac{dI}{d\zeta} + \alpha I\right) + \int \frac{d\alpha}{dx}\, dZ + \zeta \int \frac{d\alpha}{dy}\, dZ\right)\frac{dp}{d\zeta}$$

$$+ \frac{\alpha}{dx^2}\, dd\,p + \frac{3}{dx}\, d\,\frac{dp}{d\zeta} = 0.$$

(562). Si l'on suppose

$$\alpha = 0, \quad \mathcal{C} = \delta Z + \varepsilon, \quad \mathfrak{u} = \pi Z^3 + \rho Z^2 + \sigma Z + \tau;$$

l'équation précédente donnera

$$\frac{d^2 p}{d\zeta^2} - \frac{d\cdot\delta p}{d\zeta} + 2\pi p = 0,$$

$$3\left(\frac{d^2 p}{dx\,d\zeta} + \zeta\,\frac{d^2 p}{dy\,d\zeta}\right) - 2\,\frac{d\cdot\varepsilon p}{d\zeta} - \frac{d\cdot\delta p}{dx} - \zeta\,\frac{d\cdot\delta p}{dy} + 2\rho p = 0.$$

Soit k_1 & k_2 deux valeurs de p qui satisfassent à la première de celles-ci, en regardant x, y comme constans, elle aura pour intégrale complète $p = k_1 \pi_1 + k_2 \pi_2$, où π_1 & π_2 sont fonctions de x, y seulement. On mettra dans l'autre $k_1 \pi_1$ pour p, & de cette manière on en tirera

$$\frac{1}{\pi_1}\left(\frac{d\pi_1}{dx} + \zeta\,\frac{d\pi_1}{dy}\right) = (\Psi_1)\, \ldots \ldots \ldots \ldots \ldots \ldots ?$$

$$\frac{3\left(\dfrac{d^2 k_1}{dx\,d\zeta} + \zeta\dfrac{d^2 k_1}{dy\,d\zeta}\right) - 2\dfrac{d\cdot\varepsilon k_1}{d\zeta} - \dfrac{d\cdot\delta k_1}{dx} - \zeta\dfrac{d\cdot\delta k_1}{dy} + 2\rho k_1}{\delta k_1 - 3\dfrac{dk_1}{d\zeta}}.$$

On trouvera ensuite

$$\frac{dq}{d\zeta} = \sigma p - \frac{d\cdot\varepsilon p}{dx} - \zeta\,\frac{d\cdot\varepsilon p}{dy} + \frac{d^2 p}{dx^2} + 2\zeta\,\frac{d^2 p}{dx\,dy} + \zeta^2\,\frac{d^2 p}{dy^2},$$

$$\frac{dq}{dx} + \zeta\,\frac{dq}{dy} = \tau p.$$

Ayant tiré de la première

$$q = \pi_3 + \int\left(h'\pi_1 - \frac{i'}{dx}\,d\pi_1 + \frac{K_1}{dx^2}\,dd\pi_1\right)d\zeta,$$

où $h' = \varepsilon k_1 - \frac{1}{dx}\,d\cdot\varepsilon k_1 + \frac{1}{dx^2}\,dd k_1$, $i' = \varepsilon k_1 - \frac{2}{dx}\,dk_1$,

& où d désigne une différentielle prise par rapport aux deux variables x & y, on mettra cette valeur dans la seconde, & on aura

$$\frac{1}{dx}\,d\pi_3 = \tau k_1 \pi_1 - \int\left[\frac{1}{dx}\,dh'\cdot\pi_1 + \frac{I'}{dx}\,d\pi_1 - \frac{K'}{dx^2}\,dd\pi_1 + \frac{k_1}{dx^3}\,ddd\pi_1\right]d\zeta - \iint\left[\frac{dh'}{dy}\pi_1 + h'\frac{d\pi_1}{dy} - \frac{1}{dx}\frac{di'}{dy}\,d\pi_1 - \right.$$

$$\left. i'\,\frac{d\left(\frac{1}{dx}\,d\pi_1\right)}{dy} + \frac{1}{dx^2}\frac{dk_1}{dy}\,dd\pi_1 + k_1\,\frac{d\left(\frac{1}{dx^2}\,dd\pi_1\right)}{dy}\right] d\zeta\,a\zeta,$$

où

où $I' = \varepsilon k_1 - \frac{2}{dx} d \cdot \varepsilon k_1 + \frac{3}{dx^2} dd \cdot \varepsilon k_1$, $k' = \varepsilon k_1 - \frac{3}{dx} d k_1$.

Celle-ci étant différentiée deux fois par rapport à ζ, donnera d'abord

$$\frac{d\pi_3}{dy} = \left(\frac{d \cdot \tau k_1}{d\zeta} - \frac{1}{dx} d h' \right) \pi_1 - \frac{l'}{dx} d\pi_1 + \frac{K'}{dx^2} dd\pi_1 -$$

$$\frac{K_1}{dx^3} ddd\pi_1 - \int \left[\frac{dh'}{dy} \pi_1 + h' \frac{d\pi_1}{dy} - \frac{1}{dx}\frac{di'}{dy} d\pi_1 - i' \frac{d\left(\frac{1}{dx} d\pi_1\right)}{dy} \right.$$

$$\left. + \frac{1}{dx^2}\frac{dk_1}{dy} dd\pi_1 + k_1 \frac{d\left(\frac{1}{dx^2} dd\pi_1\right)}{dy} \right] d\zeta,$$

puis l'équation

$$\left(\frac{dH'}{d\zeta} + \frac{dh'}{dy} \right) \pi_1 - \left(\frac{dl'}{d\zeta} - \frac{di'}{dy} \right) \frac{1}{dx} d\pi_1 - (I' + h') \frac{d\pi_1}{dy}$$

$$+ \left(\frac{dk'}{d\zeta} - \frac{dk_1}{dy} \right) \frac{1}{dx^2} dd\pi_1 + (2k' + i') \frac{d\left(\frac{1}{dx} d\pi_1\right)}{dy} -$$

$$\frac{1}{dx^3} \frac{dk_1}{d\zeta} ddd\pi_1 - 4 k_1 \frac{d\left(\frac{1}{dx^2} dd\pi_1\right)}{dy} = 0;$$

où $H' = \frac{d \cdot \tau k_1}{d\zeta} - \frac{1}{dx} d h'$.

(563). Lorsqu'on aura $\int$ & π nuls, ρ fonction des seules variables x, y & $\varepsilon = a\zeta + b$, $\sigma = e\zeta^2 + f\zeta + y$, $\tau = p\zeta^4 + q\zeta^3 + r\zeta^2 + s\zeta + t$, tous ces co-efficiens de ζ étant fonctions de x, y, si l'on prend $k_1 = 1$, comme alors le dénominateur Ψ_1 sera nul, il faudra que $\rho = a$, & il ne s'agira plus que de déterminer $\frac{1}{dx} d\pi_1$ d'une autre manière. On fera usage pour cela de la dernière équation qui donnera

$$\frac{d^3\pi_1}{dy^3} - \frac{d^2 \cdot a\pi_1}{dy^2} + \frac{d \cdot e\pi_1}{dy} - 3 p\pi_1 = 0,$$

$$8 \frac{d^3\pi_1}{dx\,dy^2} - 3 \frac{d^2 \cdot b\pi_1}{dy^2} - 5 \frac{d^2 \cdot a\pi_1}{dx\,dy} + 3 \frac{d \cdot f\pi_1}{dy} + 2 \frac{d \cdot e\pi_1}{dx} - 6 q\pi_1 = 0,$$

$$4 \frac{d^3\pi_1}{dx^2\,dy} - 3 \frac{d^2 \cdot b\pi_1}{dx\,dy} - \frac{d^2 \cdot a\pi_1}{dx^2} + \frac{d \cdot f\pi_1}{dx} + 2 \frac{d \cdot g\pi_1}{dy} - 2 r\pi_1 = 0.$$

Si nous désignons par H_1, H_2, H_3, trois valeurs de π_1 qui satisfassent à la première, en regardant x comme constant, elle aura pour intégrale complète $\pi_1 = x_1 H_1 + x_2 H_2 + x_3 H_3$,

x_1, x_2, x_3 étant des fonctions de x; on mettra $x_1 H_1$ pour π_1 dans les deux autres, qui deviendront par-là

Partie II. P p p

$$\left(8\frac{d^2 H_1}{dx\,dy^2} - 3\frac{d^2\cdot b H_1}{dy^2} - 5\frac{d^2\cdot a H_1}{dx\,dy} + 3\frac{d\cdot f H_1}{dy} + 2\frac{d\cdot e H_1}{dx} - 6q H_1\right)x_1$$
$$+ \left(8\frac{d^2 H_1}{dy^2} - 5\frac{d\cdot a H_1}{dy} + 2e H_1\right)x'_1 = 0$$

$$\left(4\frac{d^3 H_1}{dx^2\,dy} - 3\frac{d^2\cdot b H_1}{ax\,dy} - \frac{d^2\cdot a H_1}{dx^2} + \frac{d\cdot f H_1}{dx} + 2\frac{d\cdot g H_1}{dy} - 2r H_1\right)x_1$$
$$+ \left(4\frac{d^2 H_1}{dx\,dy} - 3\frac{d\cdot b H_1}{dy} + 2\frac{d\cdot a H_1}{dx} + f H_1\right)x'_1 + \left(4\frac{d H_1}{dy} - a H_1\right)x''_1 = 0.$$

On trouvera ensuite

$$\frac{d\pi_2}{dy} = s\pi_1 - \frac{d\cdot g\pi_1}{dx} + \frac{d^2\cdot b\pi_1}{dx^2} - \frac{d^3\pi_1}{dx^3}, \quad \frac{d\pi_2}{dx} = t\pi_1;$$

d'où il sera facile de tirer

$$\pi_2 = X + \int\left(s\pi_1 - \frac{d\cdot g\pi_1}{dx} + \frac{d^2\cdot b\pi_1}{dx^2} - \frac{d^3\pi_1}{dx^3}\right)dy,$$

$$X' = t\pi_1 - \int\left(\frac{d\cdot s\pi_1}{dx} - \frac{d^2\cdot g\pi_1}{dx^2} + \frac{d^3\cdot b\pi_1}{dx^3} - \frac{d^4\pi_1}{dx^4}\right)dy:$$

& comme le second membre de celle-ci ne doit pas renfermer y, on aura

$$\left(\frac{d\cdot t H_1}{dy} - \frac{d\cdot s H_1}{dx} + \frac{d^2\cdot g H_1}{dx^2} - \frac{d^3\cdot b H_1}{dx^3} + \frac{d^4 H_1}{dx^4}\right)x_1 -$$
$$\left(s H_1 - 2\frac{d\cdot g H_1}{dx} + 3\frac{d^2\cdot b H_1}{dx^2} - 4\frac{d^3 H_1}{dx^3}\right)x'_1 + \left(g H_1 - 3\frac{d\cdot b H_1}{dx} + 6\frac{d^2 H_1}{dx^2}\right)x''_1 - \left(b H_1 - 4\frac{d H_1}{dx}\right)x'''_1 + H_1 x^{iv}_1 = 0.$$

Si nous représentons les trois équations que nous venons de trouver par

$$x'_1 + a_1 x_1 = 0, \quad x''_1 + b_1 x'_1 + c_1 x_1 = 0,$$
$$x^{iv}_1 + d_1 x'''_1 + e_1 x''_1 + f_1 x'_1 + g_1 x_1 = 0,$$

il sera nécessaire que les co-efficiens a_1, b_1, c_1, &c. soient fonctions de x seul ; alors une des équations donnera x_1 & cette valeur devra satisfaire aux deux autres. On trouveroit des conditions fort différentes, si au lieu de prendre $k_1 = 1$, on le prenoit $= \zeta$.

(564). Ayant proposé l'équation aux différences partielles d'un ordre quelconque

$$\frac{1}{dx}\,dZ' + \alpha Z'^h + \mathcal{C}Z' + \mathcal{B} = 0,$$

où α, $\mathcal{C}$, $\mathcal{B}$ sont fonctions de x, y, $\zeta \ldots\ldots\ldots Z$; si on lui suppose pour intégrale première complète $m Z' + n + F:(M Z' + N) = 0$, on aura

$$M = e^{\int \alpha\, dZ}\, p, \quad N = q + \int e^{\int \alpha\, dZ} \left[(\mathfrak{c} - \tfrac{1}{d x} d\textstyle\int \alpha\, dZ)p - \tfrac{1}{d x} d\, p \right] dZ;$$

$$m = e^{\int \alpha\, dZ}\, pP, \quad n = q\, Q + \int e^{\int \alpha\, dZ} \left[(\mathfrak{c} - \tfrac{1}{d x} d\textstyle\int \alpha\, dZ)pP - \tfrac{1}{d x} d\cdot pP \right] dZ;$$

dans ces valeurs de M, N, m, n, les lettres p, P, q, Q désignent des fonctions arbitraires de x, y, ζ . . . . Z & d des différentielles prises par rapport à ces seules variables.

Si on vouloit intégrer par approximation l'équation différentielle d'un ordre quelconque, ou celle-ci $\frac{1}{d x} d\, Z' + \mu = 0$, dans laquelle μ est fonction de x, y, ζ . . . . . . Z, Z', on supposeroit

$$B = m Z' + m\, \mathrm{1} + \frac{m\, 2}{Z'} + \frac{m\, 3}{Z'^2} + \&c.,$$

$$K = M Z' + M\, \mathrm{1} + \frac{M\, 2}{Z'} + \frac{M\, 3}{Z'^2} + \&c.;$$

& il ne seroit plus question que de déterminer ces co-efficiens, puis de tirer des deux intégrales les valeurs Z' par des séries convergentes, ce qu'on feroit par les méthodes connues du retour des suites que nous développerons avec quelqu'étendue dans le chapitre VIII.

CHAPITRE VII.

DE L'INTÉGRATION DES ÉQUATIONS AUX DIFFÉRENCES FINIES.

(565). CONDORCET, dans le volume de l'académie de 1770, a donné les équations de condition qui doivent avoir lieu, pour qu'une fonction $\mathfrak{c}$ aux différences finies, d'un ordre quelconque, & comprenant un nombre quelconque de variables, soit la différence exacte d'une fonction de l'ordre immédiatement inférieur. Il est aussi démontré dans le même mémoire, que ces équations seroient celles qui auroient lieu entre les variables, si $\mathfrak{c}$ n'étant point une différence exacte, $\Sigma \mathfrak{c}$ devoit être un *maximum* ou un *minimum*. Voici une manière bien simple de parvenir aux mêmes résultats.

Puisque par l'hypothèse $\mathfrak{c}$ est la différence exacte d'une fonction de l'ordre immédiatement inférieur; nous aurons, en nommant B cette fonction qui sera de l'ordre $n - 1$ si, comme nous le supposons, $\mathfrak{c}$ est de l'ordre n; nous aurons, dis-je, $d\mathfrak{c} = d \Delta B = (\text{n}^\circ. \ 117) \ \Delta\, d B.$

Mais $dB = \dfrac{dB}{dx}dx + \dfrac{dB}{d\Delta x}d\Delta x + \dfrac{dB}{d\Delta^2 x}d\Delta^2 x + \&\mathrm{c.} + \dfrac{dB}{dy}dy + \&\mathrm{c.}\ \&\mathrm{c.}$;

ainsi pour trouver $\Delta\, dB$, il n'est question que de chercher la différence finie de chacun des termes du second membre de l'équation précédente. Or si on veut se rappeller que la différence finie du produit pq des deux quantités p & q, est égale à $q\,\Delta p + p\,\Delta q + \Delta p\,.\,\Delta q$; on verra aisément que

$$\Delta . \frac{dB}{dx}dx = \Delta\frac{dB}{dx}.dx + \frac{dB}{dx}d\Delta x + \Delta\frac{dB}{dx}.d\Delta x,$$

$$\Delta . \frac{dB}{d\Delta x}d\Delta x = \Delta\frac{dB}{d\Delta x}.d\Delta x + \frac{dB}{d\Delta x}d\Delta^2 x + \Delta\frac{dB}{d\Delta x}.d\Delta^2 x,\ \&\mathrm{c.}$$

On aura donc cette suite d'équations

$$\frac{dC}{dx} = \Delta\frac{dB}{dx},$$

$$\frac{dC}{d\Delta x} = \frac{dB}{dx} + \Delta\frac{dB}{dx} + \Delta\frac{dB}{d\Delta x},$$

$$\frac{dC}{d\Delta^2 x} = \frac{dB}{d\Delta x} + \Delta\frac{dB}{d\Delta x} + \Delta\frac{dB}{d\Delta x},$$

$$\frac{dC}{d\Delta^3 x} = \frac{dB}{d\Delta^2 x} + \Delta\frac{dB}{d\Delta^2 x} + \Delta\frac{dB}{d\Delta^3 x},$$

$$\cdots\cdots\cdots\cdots\cdots\cdots\cdots\cdots$$

$$\frac{dC}{d\Delta^n x} = \frac{dB}{d\Delta^{n-1} x} + \Delta\frac{dB}{d\Delta^{n-1} x},\ \&\mathrm{c.}$$

Ces équations donnent évidemment

$$\frac{dC}{dx} = \Delta\frac{dB}{dx},$$

$$\Delta\frac{dC}{d\Delta x} = \frac{dC}{dx} + \Delta\frac{dC}{dx} + \Delta^2\frac{dB}{d\Delta x},$$

$$\Delta^2\frac{dC}{d\Delta^2 x} = -\frac{dC}{dx} - 2\Delta\frac{dC}{dx} - \Delta^2\frac{dC}{dx} + \Delta^3\frac{dB}{d\Delta^2 x}$$
$$+ \Delta\frac{dC}{d\Delta x} + \Delta^2\frac{dC}{d\Delta x},$$

$$\Delta^3\frac{dC}{d\Delta^3 x} = \frac{dC}{dx} + 3\Delta\frac{dC}{dx} + 3\Delta^2\frac{dC}{dx} + \Delta^3\frac{dC}{dx} + \Delta^4\frac{dB}{d\Delta^3 x}$$
$$- \Delta\frac{dC}{d\Delta x} - 2\Delta^2\frac{dC}{d\Delta x} - \Delta^3\frac{dC}{d\Delta x}$$
$$+ \Delta^2\frac{dC}{d\Delta^2 x} + \Delta^3\frac{dC}{d\Delta^2 x}$$

$$\cdots\cdots\cdots\cdots\cdots\cdots\cdots\cdots\cdots\cdots\ \pm\,\Delta^n.$$

$$\pm \Delta^n \frac{dC}{d\Delta^n x} = \frac{dC}{dx} + n\Delta \frac{dC}{dx} + n\cdot\frac{n-1}{2}\Delta^2 \frac{dC}{dx}$$
$$- \Delta\frac{dC}{d\Delta x} - (n-1)\Delta^2\frac{dC}{d\Delta x}$$
$$+ \Delta^2\frac{dC}{d\Delta^2 x}$$

$$+ n\cdot\frac{n-1}{2}\cdot\frac{n-2}{3}\Delta^3 \frac{dC}{dx} + \ldots\ldots + \Delta^n \frac{dC}{dx}.$$
$$- (n-1)\frac{n-2}{2}\Delta^3\frac{dC}{d\Delta x} - \ldots\ldots - \Delta^n\frac{dC}{d\Delta x}$$
$$+ (n-2)\Delta^3\frac{dC}{d\Delta^2 x} + \ldots\ldots + \Delta^n\frac{dC}{d\Delta^2 x}.$$
$$- \Delta^3\frac{dC}{d\Delta^3 x} - \ldots\ldots - \Delta^n\frac{dC}{d\Delta^3 x}$$

&c.

La dernière équation est une des équations de condition demandées; on trouvera les autres de la même manière, & il y en aura autant que de variables.

(566). Maintenant, C étant toujours une fonction de l'ordre n, on demande les équations qui ont lieu entre les variables, lorsque ΣC doit être un *maximum* ou un *minimum*. La nature du problême donne (n⁰ˢ. 117 & *suiv.*) $\delta \Sigma C = \Sigma \delta C = 0$.

Mais $\delta C = \frac{dC}{dx}\delta x + \frac{dC}{d\Delta x}\Delta\delta x + \frac{dC}{d\Delta^2 x}\Delta^2\delta x + $ &c. &c.,

car $\delta\Delta x = \Delta\delta x$, $\delta\Delta^2 x = \Delta^2\delta x$, &c., comme nous l'avons démontré dans le n⁰. 117. De plus, par un théorême du n⁰. 118

$$\Sigma \frac{dC}{d\Delta x}\Delta\delta x = \frac{dC}{d\Delta x}\delta x' - \Sigma\left(\Delta\frac{dC}{d\Delta x}\cdot\delta x'\right),$$

$$\Sigma \frac{dC}{d\Delta^2 x}\Delta^2\delta x = \frac{dC}{d\Delta^2 x}\Delta\delta x - \Delta\frac{dC}{d\Delta^2 x}\cdot\delta x' + \Sigma\left(\Delta^2\frac{dC}{d\Delta^2 x}\cdot\delta x''\right),$$

&c. &c. On a donc, en n'ayant égard qu'aux termes qui se trouvent sous le signe Σ, l'équation

$$\Sigma\left(\frac{dC}{dx}\delta x - \Delta\frac{dC}{d\Delta x}\cdot\delta x' + \Delta^2\frac{dC}{d\Delta^2 x}\cdot\delta x'' - \ldots \pm \Delta^n\frac{dC}{d\Delta^n x}\delta x'''\ \&c.\right) = 0,$$

qui n'est autre que

$$\Sigma\left\{\left(\left[\frac{dC}{dx}\right]^{n'} - \left[\Delta\frac{dC}{d\Delta x}\right]^{(n-1)'} + \left[\Delta^2\frac{dC}{d\Delta^2 x}\right]^{(n-2)'} - \ldots\ldots \pm\right.\right.$$
$$\left.\left. \Delta^n\frac{dC}{d\Delta^n x}\right)\delta x''' \ \&c.\right\} = 0.$$

Or si les variations $\delta x''', \delta y''',$ &c. doivent être indépendantes les unes des autres, on trouvera, en égalant à zéro, chacun de leurs co-efficiens, les équations de *maximum* & de *minimum*, qui seront en même nombre que les variables.

Partie II. Qqq

Il suit du théorême démontré n°. 111 que

$$\left[\frac{d\,\mathscr{C}}{dx}\right]^{n'} = \frac{d\,\mathscr{C}}{dx} + n\,\Delta\,\frac{d\,\mathscr{C}}{dx} + n\cdot\frac{n-1}{2}\,\Delta^{2}\,\frac{d\,\mathscr{C}}{dx} + \ldots\ldots + \Delta^{n}\,\frac{d\,\mathscr{C}}{dx},$$

$$\left[\Delta\,\frac{d\,\mathscr{C}}{d\,\Delta\,x}\right]^{(n-1)'} = \Delta\,\frac{d\,\mathscr{C}}{d\,\Delta\,x} + (n-1)\,\Delta^{2}\,\frac{d\,\mathscr{C}}{d\,\Delta\,x} + \ldots\ldots + \Delta^{n}\,\frac{d\,\mathscr{C}}{d\,\Delta\,x},$$

$$\left[\Delta^{2}\,\frac{d\,\mathscr{C}}{d\,\Delta^{2}\,x}\right]^{(n-2)'} = \qquad\qquad \Delta^{2}\,\frac{d\,\mathscr{C}}{d\,\Delta^{2}\,x} + \ldots\ldots + \Delta^{n}\,\frac{d\,\mathscr{C}}{d\,\Delta^{2}\,x},$$

&c. Donc, en faisant les substitutions convenables on aura

$$\frac{d\,\mathscr{C}}{dx} + n\,\Delta\,\frac{d\,\mathscr{C}}{dx} + n\cdot\frac{n-1}{2}\,\Delta^{2}\,\frac{d\,\mathscr{C}}{dx} + \ldots\ldots + \Delta^{n}\,\frac{d\,\mathscr{C}}{dx}$$

$$- \Delta\,\frac{d\,\mathscr{C}}{d\,\Delta\,x} - (n-1)\,\Delta^{2}\,\frac{d\,\mathscr{C}}{d\,\Delta\,x} - \ldots\ldots - \Delta^{n}\,\frac{d\,\mathscr{C}}{d\,\Delta\,x}$$

$$+ \Delta^{2}\,\frac{d\,\mathscr{C}}{d\,\Delta^{2}\,x} + \ldots\ldots + \Delta^{n}\,\frac{d\,\mathscr{C}}{d\,\Delta^{2}\,x}$$

$$\ldots\ldots\ldots\ldots\ldots\ldots\ldots\ldots\ldots\ldots\ldots\ldots\ldots\ldots$$

$$\pm \Delta^{n}\,\frac{d\,\mathscr{C}}{d\,\Delta^{n}\,x} = 0,$$

qui est une des équations de *maximum* ou de *minimum*. On voit aussi que cette équation est une de celles que nous venons de démontrer devoir être identiques, pour que $\mathscr{C}$ soit la différence exacte d'une fonction de l'ordre immédiatement inférieur.

(567). Toutes les questions de *maximis* & *minimis* relatives à la précédente, pourront toujours se réduire à trouver la variation d'une fonction π qui n'est donnée que par une équation aux différences finies $\Pi = 0$ de l'ordre n.

Soit $\delta\Pi = A\,\delta\pi + B\,\Delta\,\delta\pi + C\,\Delta^{2}\,\delta\pi + \&c. + M\,\delta x + N\,\Delta\,\delta x + P\,\Delta^{2}\,\delta x + \&c.\ \&c. = 0.$

Je multiplie cette équation par un facteur Ψ, & je trouve

$\Sigma\,(A\,\Psi\,\delta\pi + B\,\Psi\,\Delta\,\delta\pi + C\,\Psi\,\Delta^{2}\,\delta\pi + \&c. + M\,\Psi\,\delta x + N\,\Psi\,\Delta\,\delta x + P\,\Psi\,\Delta^{2}\,\delta x + \&c.\ \&c.\,) = $ constante,

que je transformerai facilement en celle-ci :

$\Sigma\,\big([A\,\Psi]^{n'} - [\Delta\cdot B\,\Psi]^{(n-1)'} + [\Delta^{2}\cdot C\,\Psi]^{(n-2)'} - \&c.\big)\,\delta\pi^{n'}$

$\quad + B\,\Psi\,\delta\pi - \Delta\cdot C\,\Psi\cdot\delta\pi' + \&c.$

$\quad + C\,\Psi\,\Delta\,\delta\pi - \&c.$

$\quad \&c. = $ constante $- (\Delta')\ldots\ldots\ldots\ldots\ldots\ldots$

$\Sigma\,\big\{[M\,\Psi]^{n'} - [\Delta\cdot N\,\Psi]^{(n-1)'} + [\Delta^{2}\cdot P\,\Psi]^{(n-2)'} - \&c.\big)\,\delta x^{n'}\ \&c.\big\}$

$\quad + N\,\Psi\,\delta x - \Delta\cdot P\,\Psi\cdot\delta x' + \&c.$

$\quad + P\,\Psi\,\Delta\,\delta x - \&c.$

&c. &c.

Je ferai $[A\Psi]'' - [\Delta.B\Psi]^{(n-1)'} + [\Delta^2.C\Psi]^{(n-2)'} - \&c. = 0$, ou

$$
\left.
\begin{aligned}
A\Psi + n\,\Delta.A\Psi + n.\frac{n-1}{2}\,\Delta^2.A\Psi + \&c.&\\
- \Delta.B\Psi - (n-1)\,\Delta^2.B\Psi - \&c.&\\
+ \qquad\qquad \Delta^2.C\Psi + \&c.&\\
\&c.&
\end{aligned}
\right\} = 0\,;
$$

& le problême sera réduit à trouver la valeur complète de Ψ dans cette équation de l'ordre n qui est linéaire par rapport à cette quantité. (Voyez le n°. 351.)

(568). On a vu (n°. 319) la manière d'intégrer complètement les équations linéaires du premier ordre aux différences finies. Maintenant, soit proposée l'équation linéaire du second ordre $Ay + B\Delta y + C\Delta^2 y = X$, où A, B, C, X sont fonctions de x seul, & où Δx est pris pour l'unité. L'ayant multiplié par un facteur σ, je l'intègre, ce qui me donne

$$\Sigma(A\sigma y + B\sigma\Delta y + C\sigma\Delta^2 y) = \Sigma\sigma X + \text{constante. Mais}$$
$$\Sigma B\sigma\Delta y = B\sigma y - \Sigma[\Delta.B\sigma.y'],$$
$$\Sigma C\sigma\Delta^2 y = C\sigma\Delta y - \Delta.C\sigma.y' + \Sigma[\Delta^2.C\sigma.y''];$$

donc l'équation précédente devient

$$\Sigma(A\sigma y - \Delta.B\sigma.y' + \Delta^2.C\sigma.y'') + B\sigma y - \Delta.C\sigma.y' + C\sigma\Delta y =$$
$$\Sigma\sigma X + \text{constante.}$$

On voit aussi que

$$\Sigma A\sigma y = \Sigma A''\sigma'' y'' - A'\sigma' y' - A\sigma y\,;$$
$$\Sigma\Delta.B\sigma.y' = \Sigma\Delta.B'\sigma'.y'' - \Delta.B\sigma.y'\,;$$

& que par ces substitutions l'équation dont il s'agit est changée en celle-ci :

$$\Sigma(A''\sigma'' - \Delta.B'\sigma' + \Delta^2.C\sigma)\,y'' + (K)\quad\ldots\ldots\ldots\ldots\ldots\,$$
$$(B-A)\sigma y - (A'\sigma' - \Delta.(B-C)\sigma)\,y' + C\sigma\Delta y - \Sigma\sigma X = a,$$

a étant la constante arbitraire ajoutée en intégrant. Je ferai

$$A''\sigma'' - \Delta.B'\sigma' + \Delta^2.C\sigma = 0,$$

& cette équation servira à déterminer le facteur σ; alors $K = a$ sera l'intégrale première complète de la proposée. De plus, si l'on veut faire attention que

$$A''\sigma'' = A''\sigma + 2A''\Delta\sigma + A''\Delta^2\sigma,$$
$$\Delta.B'\sigma' = \Delta B'.\sigma' + B''\Delta\sigma' = \Delta B'.\sigma + (\Delta B' + B'')\Delta\sigma + B''\Delta^2\sigma\,;$$
$$\Delta^2.C\sigma = \Delta^2 C.\sigma + 2\Delta C'.\Delta\sigma + C''\Delta^2\sigma\,;$$

on verra que l'équation qui renferme σ n'est autre que

$$
(A)\ldots\ldots\ldots\ldots
\begin{aligned}
A''.\sigma &+ 2A''.\Delta\sigma &+ A''.\Delta^2\sigma &= 0.\\
- \Delta B' &- \Delta B' &- B''&\\
+ \Delta^2 C &- B'' &+ C''&\\
+ 2\Delta C' & & &
\end{aligned}
$$

Je repréfenterai celle-ci par $A\,\mathbf{1}\,\sigma + B\,\mathbf{1}\,\Delta\,\sigma + C\,\mathbf{1}\,\Delta^2\,\sigma = 0$; & l'ayant multiplié par un facteur Ψ'', je l'intégrerai comme j'ai fait la propofée, ce qui me donnera

$$(K\,2)\ldots\ldots\ldots(B\,\mathbf{1} - A\,\mathbf{1})\,\Psi''\,\sigma - (A'\,\mathbf{1}\,\Psi''' - \Delta\,.\,(B\,\mathbf{1} - C\,\mathbf{1})\,\Psi'')\,\sigma'$$
$$+ C\,\mathbf{1}\,\Psi''\,\Delta\,\sigma = b,$$

b étant la conftante arbitraire ajoutée en intégrant. Puis j'aurai, pour déterminer Ψ'', l'équation

$$A''\,\mathbf{1}\,.\,\Psi'' + 2\quad A''\,\mathbf{1}\,.\,\Delta\,\Psi'' + A''\,\mathbf{1}\,.\,\Delta^2\,\Psi'' = 0,$$
$$- \Delta\,B'\,\mathbf{1}\qquad - \Delta\,B'\,\mathbf{1}\qquad - B''\,\mathbf{1}$$
$$+ \Delta^2\,C\,\mathbf{1}\qquad - B''\,\mathbf{1}\qquad + C''\,\mathbf{1}$$
$$+ 2\,\Delta\,C'\,\mathbf{1}$$

qu'on verra aifément, en mettant pour $A''\,\mathbf{1}$, $B'\,\mathbf{1}$, $B''\,\mathbf{1}$, $C\,\mathbf{1}$, $C'\,\mathbf{1}$, $C''\,\mathbf{1}$ leurs valeurs, être la même que $A''\,\Psi'' + B''\,\Delta\,\Psi'' + C''\,\Delta^2\,\Psi'' = 0$, qui donnera $(B)\ldots\ldots A\,\Psi + B\,\Delta\,\Psi + C\,\Delta^2\,\Psi = 0$.

Lorfqu'on connoîtra le facteur Ψ, on intégrera complètement l'équation $K\,2 = b$, ce qui eft toujours poffible, puifqu'elle n'eft que du premier ordre. Or, comme la valeur de σ, qu'on trouvera de cette manière, renfermera deux conftantes arbitraires ; on aura, en faifant fucceffivement une de ces conftantes égale à zéro, & l'autre égale à 1, deux valeurs particulières de σ, qui étant fubftituées fucceffivement dans l'équation $K = a$, donneront les deux intégrales premières complètes de la propofée, au moyen defquelles on pourra chaffer $\Delta\,y$, & avoir la valeur complète de y. Mais l'équation B n'eft autre que la propofée dans laquelle on auroit fait $X = 0$; donc tout eft réduit, comme lorfqu'il n'étoit queftion que de différentielles (n°. 276), à trouver une feule valeur de y qui fatisfaffe à la propofée dans le cas de $X = 0$.

(569). Soient A, B, C des quantités conftantes. On fatisfera à l'équation B en prenant $\Psi = \mathfrak{C}^x$, d'où l'on tirera

$$\Delta\,\Psi = \mathfrak{C}^x\,(\mathfrak{C} - 1),\quad \Delta^2\,\Psi = \mathfrak{C}^x\,(\mathfrak{C} - 1)^2;$$

& $\mathfrak{C}$ fera donnée par l'équation du fecond degré

$$A - B + C + (B - 2\,C)\,\mathfrak{C} + C\,\mathfrak{C}^2 = 0.$$

Alors, à caufe de $\Psi'' = \mathfrak{C}^{x+1}$, $\Delta\,\Psi'' = \mathfrak{C}^{x+1}\,(\mathfrak{C} - 1)$, $\Psi''' = \mathfrak{C}^{x+3}$, l'équation $K\,2 = b$ deviendra

$$[\,C\,\mathbf{1} - A\,\mathbf{1} - (A\,\mathbf{1} - B\,\mathbf{1} + C\,\mathbf{1})\,\mathfrak{C}\,]\,\sigma - [\,(A\,\mathbf{1} - B\,\mathbf{1} + C\,\mathbf{1})$$
$$\mathfrak{C} + B\,\mathbf{1} - 2\,C\,\mathbf{1}\,]\,\Delta\,\sigma = \frac{b}{\mathfrak{C}^{x+2}},\ \text{ou}$$

$$[\,C - B - C\,\mathfrak{C}\,]\,\sigma - [\,C\,\mathfrak{C} + B - 2\,C\,]\,\Delta\,\sigma = \frac{b}{\mathfrak{C}^{x+1}}.$$

Ainfi, en nommant $\mathfrak{C}\,1$ & $\mathfrak{C}\,2$ les deux valeurs de $\mathfrak{C}$, & on aura les deux équations

$$[\,C - B$$

$$[C - B - C\varsigma_1]\,\sigma - [C\varsigma_1 + B - 2C]\,\Delta\sigma = \frac{b_1}{\varsigma^{x+2}_1}\,;$$

$$[C - B - C\varsigma_2]\,\sigma - [C\varsigma_2 + B - 2C]\,\Delta\sigma = \frac{b_2}{\varsigma^{x+2}_2}\,;$$

qui donneront par l'élimination de $\Delta\sigma$, cette valeur complète de σ;

$$\sigma = \frac{b_1[C\varsigma_2 + B - 2C]}{C^2(\varsigma_1 - \varsigma_2)\varsigma^{x+2}_1} - \frac{b_2[C\varsigma_1 + B - 2C]}{C^2(\varsigma_1 - \varsigma_2)\varsigma^{x+2}_2}\,,$$

qui devient, à caufe de $B - 2C = -C(\varsigma_1 + \varsigma_2)$,

$$\sigma = -\frac{b_1}{C(\varsigma_1 - \varsigma_2)\varsigma^{x+1}_1} + \frac{b_2}{C(\varsigma_1 - \varsigma_2)\varsigma^{x+1}_2}\,.$$

On en tirera deux valeurs particulières de σ, favoir

$$\frac{1}{C(\varsigma_1 - \varsigma_2)\varsigma^{x+1}_1} \quad \& \quad \frac{1}{C(\varsigma_1 - \varsigma_2)^{x+1}_2}\,;$$

en fubftituant ces valeurs fuc-cessivement dans l'équation $K = a$, on aura ces deux intégrales premières complètes de la propofée

$$([C - A]\varsigma_1 - A + B - C)y - (A - B + C + [B - 2C]\varsigma_1)\,\Delta y$$
$$= \varsigma^{x+2}_1\left[C_1 + \Sigma\,\frac{X}{\varsigma^{x+1}_1}\right],$$

$$([C - A]\varsigma_2 - A + B - C)y - (A - B + C + [B - 2C]\varsigma_2)\,\Delta y$$
$$= \varsigma^{x+2}_2\left[C_2 + \Sigma\,\frac{X}{\varsigma^{x+1}_2}\right].$$

Avec ces deux intégrales premières complètes, on trouvera la valeur complète de y, qu'on changera en mettant pour $A - B + C$ & $B - 2C$ leurs valeurs $C\varsigma_1\varsigma_2$ & $-C(\varsigma_1 + \varsigma_2)$, en la fuivante,

$$y = \frac{1}{C(\varsigma_1 - \varsigma_2)}\left(\varsigma^x_1\left[C_1 + \Sigma\,\frac{X}{\varsigma^{x+1}_1}\right] - \varsigma^x_2\left[C_2 + \Sigma\,\frac{X}{\varsigma^{x+1}_2}\right]\right).$$

Ce réfultat eft bien conforme à celui que nous avons trouvé d'une autre manière (n°. 320); j'y ai dit que le cas où les deux valeurs de ς feroient égales, fe réfoudroit par la méthode de Dalembert, que j'ai expliquée (n°. 289); voici cette folution.

(570). On fuppofera que les deux valeurs de ς ne diffèrent que d'une quantité infiniment petite ρ; dans cette hypothèfe, on aura

$$y = \frac{-1}{C\rho}\left(\varsigma^x\left[C_1 + \Sigma\,\frac{X}{\varsigma^{x+1}}\right] - (\varsigma + \rho)^x\left[C_2 + \Sigma\,\frac{X}{(\varsigma+\rho)^{x+1}}\right]\right);$$

d'où il fera facile de tirer, en développant les fonctions $(\varsigma + \rho)^x$ & $\dfrac{X}{(\varsigma+\rho)^{x+1}}$,

$$y = \frac{x\varsigma^{x-1}}{C}\left[a_1 + \Sigma\,\frac{X}{\varsigma^{x-1}}\right] - \frac{\varsigma^x}{C}\left[a_2 + \Sigma\,\frac{X(x+1)}{\varsigma^{x+2}}\right];$$

Partie II.R r r

c'est l'intégrale complète de la proposée lorsque les deux valeurs de c sont égales. On parviendra au même résultat, en intégrant complétement l'équation

$$[C - B - Cc]\,\sigma - [Cc + B - 2C]\,\Delta\sigma = \frac{b}{c^{x+2}},$$

qui n'est que du premier ordre. En effet, à cause de $B - 2C = -2Cc$, cette équation deviendra $(c - 1)\sigma + c\,\Delta\sigma = \frac{b}{C c^{x+2}}$.

En la comparant à celle du (n°. 319), on aura

$$\sigma = \frac{1}{c^{x+1}}\left[a + \frac{b}{Cc}\,\Sigma 1\right] = \frac{1}{c^{x+1}}\left[a + \frac{b(x+1)}{Cc}\right];$$

d'où l'on tirera ces deux valeurs particulières de σ, $\frac{1}{c^{x+1}}$ & $\frac{x+1}{c^{x+2}}$; qui étant substituées successivement dans l'équation $K = a$, donneront pour intégrales premières complètes de la proposée, ces deux équations,

$$[(C - A)c - A + B - C]y - [A - B + C + (B - 2C)c]$$
$$\Delta y = c^{x+2}\left[a\,1 + \Sigma\frac{X}{c^{x+1}}\right],$$

$$[(C - A)(x + 1)c - (A - B + C)(x + 2)]y - [(A - B + C)$$
$$(x + 2) + (B - 2C)(x + 1)c]\,\Delta y = c^{x+3}\left[a\,2 + \Sigma\frac{X(x + 1)}{c^{x+2}}\right].$$

On les changera, en mettant pour $B - 2C$, $A - B + C$ & $C - A$ leurs valeurs $-2Cc$, Cc^2 & $-Cc(c - 2)$; on les changera, dis-je, en celles-ci,

$$-(c - 1)y + \Delta y = \frac{c^x}{C}\left[a\,1 + \Sigma\frac{X}{c^{x+1}}\right].$$

$$-[(c - 1)x + c]y + x\,\Delta y = \frac{c^{x+1}}{C}\left[a\,2 + \Sigma\frac{X(x + 1)}{c^{x+1}}\right];$$

desquelles on tirera, par l'élimination de Δy, la même valeur complète de y que ci-dessus.

(571). Maintenant soit l'équation aux différences finies de l'ordre n
$$A y + B\Delta y + C\Delta^2 y + D\Delta^3 y + \&c. = X,$$
où $A, B, C, D \ldots\ldots X$ font fonctions de la seule variable x & de constantes, & où Δx est pris pour l'unité. L'ayant multipliée par un facteur σ, je l'intègre, ce qui me donne

$$\Sigma(A\sigma y + B\sigma\Delta y + C\sigma\Delta^2 y + D\sigma\Delta^3 y + \&c.) = \Sigma\sigma X + \text{constante.}$$

Mais $\Sigma B\sigma\Delta y = B\sigma y - \Sigma[\Delta . B\sigma . y']$,

$\Sigma C\sigma\Delta^2 y = C\sigma\Delta y - \Delta C\sigma . y' + \Sigma[\Delta^2 . C\sigma . y'']$,

$\Sigma D\sigma\Delta^3 y = D\sigma\Delta^2 y - \Delta . D\sigma . \Delta y' + \Delta^2 . D\sigma . y'' - \Sigma[\Delta^3 . D\sigma . y''']$,

&c.; donc l'équation précédente deviendra,

$$\Sigma [\, A\sigma y - \Delta . B\sigma . y' + \Delta^2 . C\sigma . y'' - \Delta^3 . D\sigma . y''' + \&c. \,]$$
$$+ . B\sigma y - \Delta . C\sigma . y' + \Delta^2 . D\sigma . y'' - \&c.$$
$$+ (\sigma \Delta y - \Delta . D\sigma . \Delta y' + \&c.$$
$$+ D\sigma \Delta^2 y - \&c.$$
$$\&c. = \Sigma \sigma X + \text{conftante.}$$

Il n'eft pas moins clair que

$$\Sigma A\sigma y = \Sigma [A\sigma]^{n'} y^{n'} - [A\sigma]^{(n-1)'} y^{(n-1)'} - \ldots \ldots - A\sigma y;$$
$$\Sigma \Delta . B\sigma . y' = \Sigma [\Delta . B\sigma]^{(n-1)'} y^{n'} - [\Delta . B\sigma]^{(n-2)'} y^{(n-1)'} - \ldots - \Delta . B\sigma . y',$$
$$\Sigma \Delta^2 . C\sigma . y'' = \Sigma [\Delta^2 . C\sigma]^{(n-2)'} y^{n'} - [\Delta^2 . C\sigma]^{(n-3)'} y^{(n-1)'} - \ldots - \Delta^2 . C\sigma . y'',$$
$$\Sigma \Delta^3 . D\sigma . y''' = \Sigma [\Delta^3 . D\sigma]^{(n-3)'} y^{n'} - [\Delta^3 . D\sigma]^{(n-4)'} y^{(n-1)'} - \ldots - \Delta^3 . D\sigma . y''',$$

&c. Par la fubftitution de ces valeurs l'équation dont il s'agit fera changée en en celle-ci,

$$\Sigma ([A\sigma]^{n'} - \Delta [B\sigma]^{(n-1)'} + \Delta^2 [C\sigma]^{(n-2)'} - \Delta^3 [D\sigma]^{(n-3)'}$$
$$+ \&c.) y^{n'} + (K) \ldots \ldots \ldots \ldots \ldots \ldots$$
$$+ (B - A) \sigma y - (\Delta [C\sigma - B\sigma] + A'\sigma') y' + (\Delta^2 [D\sigma - C\sigma] +$$
$$\Delta . B'\sigma' - A''\sigma'') y'' - \&c.$$
$$+ C\sigma \Delta y - \Delta . D\sigma . \Delta y' + \&c.$$
$$+ D\sigma \Delta^2 y - \&c.$$
$$\&c. - \Sigma \sigma X = a,$$

a étant la conftante arbitraire ajoutée en intégrant. Je ferai

$$[A\sigma]^{n'} - \Delta [B\sigma]^{(n-1)'} + \Delta^2 [C\sigma]^{(n-2)'} - \Delta^3 [D\sigma]^{(n-3)'} + \&c. = 0,$$

& cette équation fervira à déterminer le facteur σ; alors $K = a$ fera l'intégrale première complète de la propofée. Mais

$$A^{n'} \sigma^{n'} = A^{n'} [\, \sigma + n \Delta \sigma + n . \frac{n-1}{2} \Delta^2 \sigma + \&c. \,],$$
$$\Delta [B\sigma]^{(n-1)'} = \Delta B^{(n-1)'} . \sigma^{(n-1)'} + B^{n'} \Delta \sigma^{(n-1)'} =$$
$$\Delta B^{(n-1)'} [\, \sigma + (n-1) \Delta \sigma + (n-1) \frac{n-2}{2} \Delta^2 \sigma + \&c. \,]$$
$$+ B^{n'} [\qquad\qquad \Delta \sigma + (n-1) \qquad\qquad \Delta^2 \sigma + \&c. \,]$$
$$\Delta^2 [C\sigma]^{(n-2)'} = \Delta^2 C^{(n-2)'} . \sigma^{(n-2)'} + 2 \Delta C^{(n-1)'} . \Delta \sigma^{(n-1)'} +$$
$$C^{n'} \Delta^2 \sigma^{(n-1)'} =$$
$$\Delta^2 C^{(n-2)'} [\, \sigma + (n-2) \Delta \sigma + (n-2) \frac{n-3}{2} \Delta^2 \sigma + \&c. \,]$$
$$+ 2 \Delta C^{(n-1)'} [\qquad\qquad \Delta \sigma + (n-2) \qquad\qquad \Delta^2 \sigma + \&c. \,]$$
$$+ C^{n'} [\qquad\qquad\qquad\qquad \Delta^2 \sigma + \&c. \,]$$
$$\Delta^3 [D\sigma]^{(n-3)'} = \Delta^3 D^{(n-3)'} . \sigma^{(n-3)'} + 3 \Delta^2 D^{(n-2)'} .$$
$$\Delta \sigma^{(n-3)'} + 3 \Delta D^{(n-1)'} . \Delta^2 \sigma^{(n-3)'} + D^{n'} \Delta^3 \sigma^{(n-3)'} =$$

$$\Delta^3 D^{(n-3)'}\left[\sigma + (n-3)\,\Delta\sigma + (n-3)\,\tfrac{n-4}{2}\,\Delta^2\sigma + \&c.\right]$$
$$+3\,\Delta^2 D^{(n-2)'}\left[\qquad\qquad \Delta\sigma + (n-3)\qquad \Delta^2\sigma + \&c.\right]$$
$$+3\,\Delta D^{(n-1)'}\left[\qquad\qquad\qquad\qquad\qquad \Delta^2\sigma + \&c.\right]$$
$$+\quad D^{n'}\left[\qquad\qquad\qquad\qquad\qquad\qquad \Delta^3\sigma\right]$$

&c. ; donc on pourra transformer l'équation qui renferme σ en celle-ci,

$$(A)\ldots\ldots\ A_1\,\sigma + B_1\,\Delta\sigma + C_1\,\Delta^2\sigma + D_1\,\Delta^3\sigma + \&c. = 0.$$

dans laquelle

$$A_1 = A^{n'} - \Delta B^{(n-1)'} + \Delta^2 C^{(n-2)'} - \Delta^3 D^{(n-3)'} + \&c.,$$

$$B_1 = n A^{n'} - (n-1)\Delta B^{(n-1)'} - B^{n'} + (n-2)\Delta^2 C^{(n-2)'} +$$
$$2\Delta C^{(n-1)'} - (n-3)\Delta^3 D^{(n-3)'} - 3\Delta^2 D^{(n-2)'} + \&c.$$

$$C_1 = n\,\tfrac{n-1}{2}\,A^{n'} - (n-1)\,\tfrac{n-2}{2}\,\Delta B^{(n-1)'} - (n-1)\,B^{n'} +$$
$$(n-2)\,\tfrac{n-3}{2}\,\Delta^2 C^{(n-2)'} + 2(n-2)\,\Delta C^{(n-1)'} + C^{n'} - (n-3)$$
$$\tfrac{n-4}{2}\,\Delta^3 D^{(n-3)'} - 3(n-3)\,\Delta^2 D^{(n-2)'} - 3\Delta D^{(n-1)'} + \&c.,$$

$$D_1 = n\cdot\tfrac{n-1}{2}\cdot\tfrac{n-2}{3}\,A^{n'} - (n-1)\,\tfrac{m-2}{2}\cdot\tfrac{n-3}{3}\,\Delta B^{(n-1)'}$$
$$- (n-1)\,\tfrac{n-2}{2}\,B^{n'} + (n-2)\,\tfrac{n-3}{2}\cdot\tfrac{n-4}{3}\,\Delta^2 C^{(n-2)'} +$$
$$2(n-2)\,\tfrac{n-3}{2}\,\Delta C^{(n-1)'} + (n-2)\,C^{n'} - (n-3)\,\tfrac{n-4}{2}\cdot\tfrac{n-5}{3}$$
$$\Delta^3 D^{(n-3)'} - 3(n-3)\,\tfrac{n-4}{2}\,\Delta^2 D^{(n-2)'} - 3(n-3)\Delta D^{(n-1)'} -$$
$$D^{n'} + \&c.,\ \&c.$$

(572). Je multiplierai cette équation A par un facteur $\Psi^{n'}$, & l'ayant intégrée comme j'ai fait la proposée, j'aurai

$$(K2)\ldots\ldots (B_1 - A_1)\,\Psi^{n'}\sigma - \left(\Delta\cdot[C_1 - B_1]\,\Psi^{n'} + A'_1\,\Psi^{(n+1)'}\right)$$
$$\sigma' + \left(\Delta^2\cdot[D_1 - C_1]\,\Psi^{n'} + \Delta B'_1\,\Psi^{(n+1)'} - A''_1\,\Psi^{(n+2)'}\right)\sigma'' - \&c.$$
$$+\ C_1\,\Psi^{n'}\,\Delta\sigma - \Delta\cdot D_1\,\Psi^{n'}\cdot\Delta\sigma' + \&c.$$
$$+\ D_1\,\Psi^{n'}\,\Delta^2\sigma - \&c.$$
$$+\ \&c. = b,$$

&c.

b étant la constante arbitraire ajoutée en intégrant. J'aurai aussi pour déterminer $\Psi^{n'}$ une équation qui, toute réduction faite, deviendra

$$A^{n'}\Psi^{n'} + B^{n'}\Delta\Psi^{n'} + C^{n'}\Delta^2\Psi^{n'} + D^{n'}\Delta^3\Psi^{n'} + \&c. = 0,$$

& donnera par conséquent

$$(B) \ldots \ldots A \Psi + B \Delta \Psi + C \Delta^2 \Psi + D \Delta^3 \Psi + \&c. = 0.$$

Si l'on pouvoit trouver $n-1$ valeurs de Ψ qui satisfissent à l'équation précédente, on auroit, au moyen de l'équation $K z = b$, $n-1$ équations qui renfermeroient σ & ses différences successives jusqu'à celles de l'ordre $n-1$ inclusivement. Ainsi par l'élimination on arriveroit à une équation du premier ordre, de laquelle il seroit facile de tirer la valeur complète de σ. En faisant dans cette valeur successivement toutes les constantes arbitraires, moins une, égales à zéro, on parviendroit à avoir n valeurs particulières de σ. Ces valeurs étant substituées successivement dans l'équation $K = a$, donneroient les n intégrales premières complètes de la proposée, avec lesquelles on éllmineroit Δy, $\Delta^2 y \ldots \ldots \Delta^{n-1} y$, & on auroit la valeur complète de y. Mais l'équation B n'est autre que la proposée dans laquelle on auroit fait $X = 0$; d'où il suit qu'on trouveroit la valeur complète de y dans l'équation linéaire d'un ordre quelconque

$$A y + B \Delta y + C \Delta^2 y + D \Delta^3 y + \&c. = X,$$

si on avoit $n-1$ valeurs de y qui satisfissent à cette équation dans le cas de $X = 0$. Ainsi le théorême de Lagrange, démontré n°. 281, s'étend aux différences finies; comme Condorcet & Laplace l'ont remarqué dans les mémoires cités page 314; & nous sommes arrivés au même résultat, quoique nous ayons suivi chacun des méthodes fort différentes.

Si A, B, C, D, &c. sont des quantités constantes, on satisfera à l'équa-B, en prenant $\Psi = 6^x$, & 6 sera donné par l'équation du degré n

$$A + B(6-1) + C(6-1)^2 + D(6-1)^3 + \&c. = 0.$$

Lorsque cette équation aura toutes ses racines inégales, le problême pourra se résoudre par de simples éliminations; & dans le cas où elles auroient des racines égales, on feroit de plus usage de la méthode de Dalembert que nous avons suffisamment expliquée.

(573). Maintenant étant donné entre les variables z, y & x les deux équations linéaires du premier ordre

$$A y + B z + C \Delta y + D \Delta z = X,$$
$$A_1 y + B_1 z + C_1 \Delta y + D_1 \Delta z = X_1;$$

on propose de trouver les valeurs complètes de y & z, chacune en fonctions de x & de constantes. Après les avoir multipliées, la première par un facteur σ; la seconde par un facteur σ_1, j'intègre, comme j'ai fait dans l'article précédent, & il me vient

$$\Sigma[(A\sigma + A_1\sigma_1)y - \Delta(C\sigma + C_1\sigma_1).y'] +$$
$$\Sigma[(B\sigma + B_1\sigma_1)z - \Delta(D\sigma + D_1\sigma_1)z']$$
$$+ (C\sigma + C_1\sigma_1)y + (D\sigma + D_1\sigma_1)z =$$
$$\Sigma[X\sigma + X_1\sigma_1] + \text{constante}.$$

Partie II. $\qquad\qquad$ S s s

Mais il eſt clair que

$$\Sigma\,[\,A\sigma + A\,1\,\sigma\,1\,]\,y = \Sigma\,(\,A'\,\sigma' + A'\,1\,\sigma'\,1\,)\,y' - (\,A\sigma + A\,1\,\sigma\,1\,)\,y\,;$$

$$\Sigma\,(\,B\sigma + B\,1\,\sigma\,1\,)\,\zeta = \Sigma\,(\,B'\,\sigma' + B'\,1\,\sigma'\,1\,)\,\zeta' - (\,B\sigma + B\,1\,\sigma\,1\,)\,\zeta\,;$$

ainſi l'équation précédente pourra être changée en celle-ci,

$$\Sigma\,[\,A'\,\sigma' + A'\,1\,\sigma'\,1 - \Delta\,(\,C\sigma + C\,1\,\sigma\,1\,)\,]\,y' +$$

$$\Sigma\,[\,B'\,\sigma' + B'\,1\,\sigma'\,1 - \Delta\,(\,D\sigma + D\,1\,\sigma\,1\,)\,]\,\zeta'$$

$$+ (K) \ldots \ldots \ldots [\,(C - A)\,\sigma + (C\,1 - A\,1)\,\sigma\,1\,]\,y +$$

$$[\,(D - B)\,\sigma + (D\,1 - B\,1)\,\sigma\,1\,]\,\zeta - \Sigma\,(X\sigma + X\,1\,\sigma\,1\,) = a,$$

a étant la conſtante arbitraire ajoutée en intégrant. Je ferai dans cette équation les co-efficiens de y' & ζ' ſous le ſigne Σ chacun égal à zéro, & j'aurai pour déterminer σ & $\sigma\,1$ les deux équations

$$(A' - \Delta\,C)\,\sigma + (A' - C')\,\Delta\,\sigma + (A'\,1 - \Delta\,C\,1)\,\sigma\,1 + (A'\,1 - C'\,1)\,\Delta\,\sigma\,1 = 0\,;$$

$$(B' - \Delta\,D)\,\sigma + (B' - D')\,\Delta\,\sigma + (B'\,1 - \Delta\,D\,1)\,\sigma\,1 + (B'\,1 - D'\,1)\,\Delta\,\sigma\,1 = 0.$$

Je multiplie ces équations, l'une par un facteur Ψ', l'autre par un facteur $\Psi'\,1$, & en opérant comme je viens de faire ſur les propoſées, je trouve

$$(K\,2) \ldots [\,C\Psi' + D\Psi'\,1\,]\,\sigma + [\,C\,1\,\Psi' + D\,1\,\Psi'\,1\,]\,\sigma\,1 = b,$$

& pour déterminer Ψ' & $\Psi'\,1$ les deux équations

$$A'\,\Psi' + B'\,\Psi'\,1 + C'\,\Delta\,\Psi' + D'\,\Delta\,\Psi'\,1 = 0,$$

$$A'\,1\,\Psi' + B'\,1\,\Psi'\,1 + C'\,1\,\Delta\,\Psi' + D'\,1\,\Delta\,\Psi'\,1 = 0,$$

deſquelles on tire

$$A\,\Psi + B\,\Psi\,1 + C\,\Delta\,\Psi + D\,\Delta\,\Psi\,1 = 0,$$

$$A\,1\,\Psi + B\,1\,\Psi\,1 + C\,1\,\Delta\,\Psi + D\,1\,\Delta\,\Psi\,1 = 0.$$

Celles-ci ne ſont autres que les deux propoſées dans leſquelles on auroit fait $X = 0$ & $X\,1 = 0$; tout eſt donc réduit à trouver dans ce cas une valeur particulière de chacune des quantités y & ζ. En effet, on dégageroit alors dans l'équation $K\,2 = b$, celui qu'on voudroit des deux facteurs σ & $\sigma\,1$, $\sigma\,1$ par exemple, & ayant ſubſtitué pour $\sigma\,1$ & $\Delta\,\sigma\,1$ leurs valeurs dans l'une des deux équations du premier ordre qui renferment ces facteurs, elle ne contiendroit plus que σ, $\Delta\,\sigma$ & x; on l'intégreroit complètement, & on auroit la valeur de σ avec deux conſtantes arbitraires, d'où l'on tireroit deux valeurs particulières de ce facteur, & par conſéquent auſſi deux valeurs particulières de l'autre facteur $\sigma\,1$; on auroit donc, au moyen de l'équation $K = a$, deux équations entre y & ζ, qui pouvant renfermer chacune une conſtante arbitraire différente, donneroient les valeurs complètes de ces quantités.

(574). Soient entre les mêmes variables ζ, y & x les deux équations linéaires du ſecond ordre

$$A\,y + B\,\zeta + C\,\Delta\,y + D\,\Delta\,\zeta + E\,\Delta^2\,y + F\,\Delta^2\,\zeta = X,$$

$$A\,1\,y + B\,1\,\zeta + C\,1\,\Delta\,y + D\,1\,\Delta\,\zeta + E\,1\,\Delta^2\,y + F\,1\,\Delta^2\,\zeta = X\,1;$$

On demande de trouver les valeurs complètes de y & ζ chacune en fonctions de x & de constantes. Pour cela, il faut les multiplier, l'une par le facteur σ, l'autre par σ_1; puis les ajouter ensemble, & ensuite intégrer comme nous venons de faire, ce qui donnera

$$\Sigma[(A\sigma + A_1\sigma_1)y + (B\sigma + B_1\sigma_1)\zeta + (C\sigma + C_1\sigma_1)\Delta y + (D\sigma + D_1\sigma_1)\Delta\zeta + (E\sigma + E_1\sigma_1)\Delta^2 y + (F\sigma + F_1\sigma_1)\Delta^2\zeta] =$$
$$\Sigma(X\sigma + X_1\sigma_1) + \text{constante.}$$

Mais on a

$$\Sigma(A\sigma + A_1\sigma_1)y = \Sigma(A''\sigma'' + A''_1\sigma''_1)y'' - (A'\sigma' + A'_1\sigma'_1)y' - (A\sigma + A_1\sigma_1)y,$$

$$\Sigma(B\sigma + B_1\sigma_1)\zeta = \Sigma(B''\sigma'' + B''_1\sigma''_1)\zeta'' - (B'\sigma' + B'_1\sigma'_1)\zeta' - (B\sigma + B_1\sigma_1)\zeta,$$

$$\Sigma(C\sigma + C_1\sigma_1)\Delta y = (C\sigma + C_1\sigma_1)y + \Delta(C\sigma + C_1\sigma_1)\cdot y' - \Sigma\Delta(C'\sigma' + C'_1\sigma'_1)y'',$$

$$\Sigma(D\sigma + D_1\sigma_1)\Delta\zeta = (D\sigma + D_1\sigma_1)\zeta + \Delta(D\sigma + D_1\sigma_1)\cdot\zeta' - \Sigma\Delta(D'\sigma' + D'_1\sigma'_1)\zeta'',$$

$$\Sigma(E\sigma + E_1\sigma_1)\Delta^2 y = (E\sigma + E_1\sigma_1)\Delta y - \Delta(E\sigma + E_1\sigma_1)\cdot y' + \Sigma\Delta^2(E\sigma + E_1\sigma_1)y'',$$

$$\Sigma(F\sigma + F_1\sigma_1)\Delta^2\zeta = (F\sigma + F_1\sigma_1)\Delta\zeta - \Delta(F\sigma + F_1\sigma_1)\cdot\zeta' + \Sigma\Delta^2(F\sigma + F_1\sigma_1)\zeta'';$$

en faisant ces substitutions, on changera l'équation précédente en celle-ci,

$$\Sigma[A''\sigma'' + A''_1\sigma''_1 - \Delta(C'\sigma' + C'_1\sigma'_1) + \Delta^2(E\sigma + E_1\sigma_1)]y''$$
$$+ \Sigma[B''\sigma'' + B''_1\sigma''_1 - \Delta(D'\sigma' + D'_1\sigma'_1) + \Delta^2(F\sigma + F_1\sigma_1)]\zeta''$$
$$+ (K)\ldots\ldots[(C-A)\sigma + (C_1-A_1)\sigma_1]y + [(D-B)\sigma + (D_1-B_1)\sigma_1]\zeta + (E\sigma + E_1\sigma_1)\Delta y + (F\sigma + F_1\sigma_1)\Delta\zeta$$
$$+ [\Delta\cdot(C-E)\sigma - A'\sigma' + \Delta\cdot(C_1-E_1)\sigma_1 - A'_1\sigma'_1]y'$$
$$+ [\Delta\cdot(D-F)\sigma - B'\sigma' + \Delta\cdot(D_1-F_1)\sigma_1 - B'_1\sigma'_1]\zeta'$$
$$- \Sigma(X\sigma + X_1\sigma_1) = a,$$

a étant la constante arbitraire ajoutée en intégrant. On fera dans cette équation les co-efficiens de y'' & ζ'' chacun égal à zéro, & on aura pour déterminer σ & σ_1 les deux équations

$$\left.\begin{aligned}
&(A'' - \Delta C'' + \Delta^2 E)\sigma + (2A'' - \Delta C' - C'' + 2\Delta E')\Delta\sigma + \\
&\quad (A'' - C'' + E'')\Delta^2\sigma \\
&(A''_1 - \Delta C'_1 + \Delta^2 E_1)\sigma_1 + (2A''_1 - \Delta C'_1 - C'' + \\
&\quad 2\Delta E_1)\Delta\sigma_1 + (A''_1 - C''_1 + E''_1)\Delta^2\sigma_1
\end{aligned}\right\} = 0;$$

$$\left.\begin{array}{l}(B'' - \Delta D' + \Delta^2 F)\sigma + (2B'' - \Delta D' - D'' + 2\Delta F')\Delta\sigma + \\[4pt] (B'' - D'' + F'')\Delta^2\sigma \\[4pt] (B''{}_1 - \Delta D'{}_1 + \Delta^2 F{}_1)\sigma{}_1 + (2B''{}_1 - \Delta D'{}_1 - D''{}_1 + \\[4pt] 2\Delta F'{}_1)\Delta\sigma{}_1 + (B''{}_1 - D''{}_1 + F''{}_1)\Delta^2\sigma{}_1\end{array}\right\} = 0.$$

On opérera fur celle-ci comme fur les propofées, après les avoir multipliées, la première par Ψ'', la feconde par $\Psi''{}_1$; & on trouvera premièrement cette équation

$$(K2)\ldots\ldots\ldots [(A'' - C'' + 2\Delta E' - \Delta^2 E)\Psi'' + (B'' - D'' +$$
$$2\Delta F' - \Delta^2 F)\Psi''{}_1)\sigma +$$

$$[(A''{}_1 - C''{}_1 + 2\Delta E'{}_1 - \Delta^2 E{}_1)\Psi'' + (B{}_1'' - D''{}_1 + 2\Delta F'{}_1 -$$
$$\Delta^2 F{}_1)\Psi''{}_1]\sigma{}_1 +$$

$$[(A'' - C'' + E'')\Psi'' + (B'' - D'' + F'')\Psi''{}_1]\Delta\sigma +$$

$$[(A''{}_1 - C''{}_1 + E''{}_1)\Psi'' + (B''{}_1 - D''{}_1 + F''{}_1)\Psi''{}_1]\Delta\sigma{}_1 +$$

$$[\Delta\cdot(A'' - \Delta C' + 2\Delta E' - E'')\Psi'' - (A''' - \Delta C'' + \Delta^2 E')\Psi''' +$$
$$\Delta\cdot(B'' - \Delta D' + 2\Delta F' - F'')\Psi''{}_1 - (B''' - \Delta D'' + \Delta^2 F')\Psi'''{}_1]\sigma' +$$

$$[\Delta\cdot(A''{}_1 - \Delta C'{}_1 + 2\Delta E'{}_1 - E''{}_1)\Psi'' - (A'''{}_1 - \Delta C''{}_1 +$$
$$\Delta^2 E'{}_1)\Psi''' +$$

$$\Delta\cdot(B''{}_1 - \Delta D'{}_1 + 2\Delta F'{}_1 - F''{}_1)\Psi''{}_1 - (B'''{}_1 - \Delta D''{}_1 +$$
$$\Delta^2 F'{}_1)\Psi'''{}_1]\sigma'{}_1$$

$= b$, b étant la conftante arbitraire ajoutée en intégrant; puis ces deux autres;

$$A''\Psi'' + B\Psi''{}_1 + C''\Delta\Psi'' + D''\Delta\Psi''{}_1 + E''\Delta^2\Psi'' + F''\Delta^2\Psi''{}_1 = 0,$$
$$A''{}_1\Psi'' + B''{}_1\Psi''{}_1 + C''{}_1\Delta\Psi'' + D''{}_1\Delta\Psi''{}_1 + E''{}_1\Delta^2\Psi'' +$$
$$F''{}_1\Delta^2\Psi''{}_1 = 0.$$

Mais on tire de celles-ci,

$$A\Psi + B\Psi{}_1 + C\Delta\Psi + D\Delta\Psi{}_1 + E\Delta^2\Psi + F\Delta^2\Psi{}_1 = 0,$$
$$A{}_1\Psi + B{}_1\Psi{}_1 + C{}_1\Delta\Psi + D{}_1\Delta\Psi{}_1 + E{}_1\Delta^2\Psi + F{}_1\Delta^2\Psi{}_1 = 0;$$

qui ne font autres que les deux propofées dans lefquelles on auroit fait $X = 0$ & $X{}_1 = 0$; donc tout eft réduit à trouver dans ce cas deux valeurs particulières de chacune des quantités y & z. Les deux problêmes que nous venons de réfoudre, fuffifent pour faire voir comment il faudra s'y prendre dans des cas plus compliqués; on trouvera conftamment que les théorêmes pour les équations différentielles, que nous avons démontrés (n°s. 275 & *fuiv.*), ont également lieu lorfque les équations font aux différences finies.

(575). Nous allons nous occuper dans les articles fuivans des équations aux différences finies & partielles. Si nous nous fervons de $Z^{y,\,x}$ pour défigner une fonction de y & x; & de $Z^{y,\,x+1}$, $Z^{y,\,x+2}$, &c., pour marquer ce que devient cette fonction dans différens inftans confécutifs, en fuppofant qu'à chacun de ces

inftans

inſtans x augmente d'une unité ; de $Z^{y+1,x}$, $Z^{y+2,x}$, &c., pour marquer ce que devient la même fonction dans différens inſtans conſécutifs, en ſuppoſant qu'à chacun de ces inſtans y augmente d'une unité : il nous ſera facile de voir que $Z^{y,x+1} - Z^{y,x}$ eſt la différence de $Z^{y,x}$ priſe en regardant x ſeul comme variable, que $Z^{y+1,x} - Z^{y,x}$ eſt la différence de la même fonction priſe en regardant y ſeul comme variable, &c.; & par conſéquent que $Z^{y,x+1} - Z^{y,x}$, $Z^{y+1,x} - Z^{y,x}$, &c., ſont des différences finies & partielles de $Z^{y,x}$.

De même que toute équation aux différences finies ordinaires pourra être repréſentée par une équation entre x, y, y', y'', &c.; toute équation aux différences finies & partielles, dans laquelle l'indéterminée ne ſera fonction que de deux variables, ayant chacune l'unité pour différence, pourra être repréſentée par une équation entre x, y, $Z^{y,x}$, $Z^{y,x+1}$, $Z^{y,x+1}$, &c.,

$$Z^{y+1,x}, \quad Z^{y+2,x}, \quad \&c., \quad Z^{y+1,x+1}, \quad Z^{y+2,x+1}, \quad \&c.,$$

$$Z^{y+1,x+1}, \quad Z^{y+1,x+2}, \quad \&c., \quad \&c.$$

On trouvera tous les termes y, y', y'', &c., de la ſuite dont $y^{x'}$ eſt le terme général, en mettant dans ce terme général pour x ſucceſſivement $1, 2, 3$, &c.; on trouvera de même toutes les ſuites dont $Z^{y,x}$ eſt le terme général, en mettant d'abord dans ce terme général pour y ſucceſſivement $1, 2, 3$, &c., ce qui donnera $Z^{1,x}$, $Z^{2,x}$, &c. ; & mettant enſuite dans chacune de ces fonctions pour x ſucceſſivement $1, 2, 3$, &c. On conſtruira de cette manière la table que voici qui renferme toutes les ſuites dont $Z^{y,x}$ eſt le terme général.

$$A \begin{cases} Z^{1,1}, & Z^{1,2}, & Z^{1,3}, & \ldots\ldots\ldots\ldots\ldots & Z^{1,x} \\ Z^{2,1}, & Z^{2,2}, & Z^{2,3}, & \ldots\ldots\ldots\ldots\ldots & Z^{2,x} \\ Z^{3,1}, & Z^{3,2}, & Z^{3,3}, & \ldots\ldots\ldots\ldots\ldots & Z^{3,x} \\ \ldots & \ldots & \ldots & \ldots\ldots\ldots\ldots\ldots & \\ Z^{y,1}, & Z^{y,2}, & Z^{y,3}, & \ldots\ldots\ldots\ldots\ldots & Z^{y,x} \end{cases}$$

Une ſérie y, y', y'', &c. eſt récurrente ſi un terme quelconque eſt égal à un certain nombre de termes précédens multipliés chacun par une fonction de x; lorſqu'un terme quelconque des ſuites A ſera égal à un certain nombre de termes précédens multipliés chacun par une fonction de x & y, on les nommera *récurro-récurrentes*. Ce nom leur a été donné par Laplace, comme on peut le voir dans les mémoires cités n°. 318.

(576). Pour donner un exemple de ſuites récurro - récurrentes, ſoit

$$Z^{y,x} = 2^{y-1} \cdot \frac{(y-1)(y-2)\ldots\ldots\ldots(y-x+1)}{1 \cdot 2 \cdot 3 \ldots\ldots\ldots\ldots\ldots(x-1)};$$

Partie II. Ttt

en fuppofant x fucceffivement égal à 1, 2, 3, &c., on aura cette fuite de fonctions

$$2^{y-1},\ 2^{y-1}.\frac{y-1}{1},\ 2^{y-1}.\frac{y-1}{1}.\frac{y-2}{2},\ 2^{y-1}.\frac{y-1}{1}.\frac{y-2}{2}.\frac{y-3}{3},\ \&c.;$$

en faifant enfuite dans chacune y fucceffivement égal à 1, 2, 3, &c., on formera la table fuivante

	1 , 2 , 3 , 4 , 5 , 6 , 7 . . . . . . y
1	1 , 2 , 4 , 8 , 16 , 32 , 64 , &c.
2	0 , 2 , 8 , 24 , 64 , 160 , 384 , &c.
3	0 , 0 , 4 , 24 , 96 , 320 , 960 , &c.
4	0 , 0 , 0 , 8 , 64 , 320 , 1280 , &c.
5	0 , 0 , 0 , 0 , 16 , 160 , 960 , &c.
6	0 , 0 , 0 , 0 , 0 , 32 , 384 , &c.
7	0 , 0 , 0 , 0 , 0 , 0 , 64 , &c.
.	
.	
x	

Ces fuites font récurro-récurrentes, car un terme quelconque eft égal au double du terme qui précède dans la direction des x, plus au double du terme qui précède celui-ci dans la direction des y. Par exemple,

$$960 = 2.160 + 2.320,\ 320 = 2.64 + 2.96,\ \&c.$$

L'équation aux différences finies & partielles, dont la fonction indéterminée eft le terme général de ces fuites, fera donc $Z^{y,x} = 2 Z^{y-1,x} + 2 Z^{y-1,x-1}$; on aura en même temps cette équation aux différences finies ordinaires $Z^{1,y} = 2 Z^{y-1,1}$. L'équation aux différences finies & partielles ne commence à avoir lieu que lorfque y & x font chacun plus grand que 1 ; ainfi dans cette équation, $Z^{1,x}$ ou $Z^{y,1}$ eft arbitraire ; je dis l'une ou l'autre, car $Z^{y,1}$, par exemple, étant déterminé, au moyen de la propofée on pourra connoître $Z^{y,2}$, $Z^{y,3}$, &c. On a fans doute remarqué que dans cet exemple, l'arbitraire eft déterminé par une équation aux différences finies ordinaires, ce qui arrive le plus fouvent dans les applications du calcul dont il s'agit.

(577). Maintenant l'équation aux différences finies & partielles du premier ordre $Z^{y,x} = A^x Z^{y,x-1} + B^x Z^{y-1,x} + C^x$ dans laquelle A^x, B^x, C^x, désignent différentes fonctions de x seul & de constantes, étant proposée ; on demande d'en trouver l'intégrale complète.

Cette équation ne commence à avoir lieu que lorsque y & x sont l'un & l'autre plus grands que 1 ; ainsi l'une de ces deux fonctions $Z^{1,x}$ ou $Z^{y,1}$ sera arbitraire. Je suppose $Z^{y,1} = \varphi : (y)$, & la proposée donnera

$$(1) \ldots \ldots Z^{y,2} = A^2 \varphi : (y) + B^2 Z^{y-1,2} + C^2,$$

$$(2) \ldots \ldots Z^{y,3} = A^3 Z^{y,2} + B^3 Z^{y-1,3} + C^3 ;$$

A^2, B^2, C^2 & A^3, B^3, C^3 désignant ce que deviennent les fonctions A^x, B^x, C^x, lorsqu'on fait x successivement égal à 2 & 3. Mais l'équation 2 donne

$$Z^{y-1,3} = A^3 Z^{y-1,2} + B^3 Z^{y-2,3} + C^3,$$

de laquelle on tirera la valeur de $Z^{y-1,2}$ & l'ayant substituée dans l'équation 1, on aura

$$Z^{y,2} = A^2 \varphi : (y) + C^2 + \frac{B^2}{A^3} (Z^{y-1,3} - B^3 Z^{y-2,3} - C^3).$$

En mettant cette valeur de $Z^{y,2}$ dans l'équation 2, on la changera en celle-ci,

$$(a\,1) \ldots Z^{y,3} - (B^2 + B^3) Z^{y-1,3} + B^2 B^3 Z^{y-2,3} = (K\,1) \ldots ;$$
$$A^3 (A^2 \varphi : (y) + C^2) + C^3 (1 - B^2).$$

La proposée donne aussi

$$(3) \ldots \ldots Z^{y,4} = A^4 Z^{y,3} + B^4 Z^{y-1,4} + C^4 ;$$

& par conséquent

$$Z^{y-1,4} = A^4 Z^{y-1,3} + B^4 Z^{y-2,4} + C^4,$$

$$Z^{y-2,4} = A^4 Z^{y-2,3} + B^4 Z^{y-3,4} + C^4.$$

Donc si l'on met dans l'équation $a\,1$ pour $Z^{y-1,3}$, $Z^{y-2,3}$ leurs valeurs tirées des deux précédentes, on aura une valeur de $Z^{y,3}$ qui étant substituée dans l'équation 3 la changera en la suivante,

$$(a\,2) \ldots \ldots Z^{y,4} - (B^2 + B^3 + B^4) Z^{y-1,4} + [B^4 (B^2 + B^3) +$$
$$B^2 B^3] Z^{y-2,4} - B^2 B^3 B^4 Z^{y-3,4} = (K\,2) \ldots \ldots$$
$$A^4 K\,1 + C^4 (1 - B^2 - B^3 + B^2 B^3).$$

(578). Je continuerai de faire usage de la proposée pour en tirer

$$(4) \ldots \ldots Z^{y,5} = A^5 Z^{y,4} + B^5 Z^{y-1,5} + C^5 ;$$

puis $Z^{y-1,5} = A^5 Z^{y-1,4} + B^5 Z^{y-2,5} + C^5$,

$\qquad Z^{y-2,5} = A^5 Z^{y-2,4} + B^5 Z^{y-3,5} + C^5$,

$\qquad Z^{y-3,5} = A^5 Z^{y-3,4} + B^5 Z^{y-4,5} + C^5$.

Ces trois dernières équations me donneront les valeurs de $Z^{y-1,4}$, $Z^{y-2,4}$, $Z^{y-3,4}$; je mettrai ces valeurs dans l'équation $a\,2$, & la valeur de $Z^{y,4}$, que j'aurai de cette manière, étant subſtituée dans l'équation 4, la changera en celle-ci,

$(a\,3)\ldots\ldots Z^{y,5} - (B^2 + B^3 + B^4 + B^5) Z^{y-1,5} + [B^5(B^2+B^3+$

$B^4) + B^4(B^2+B^3) + B^2 B^3] Z^{y-2,5} - [B^5(B^4[B^2+B^3]+$

$B^2 B^3) + B^2 B^3 B^4] Z^{y-3,5} + B^2 B^3 B^4 B^5 Z^{y-4,5} = (K\,3)\ldots\ldots$

$A^5 K\,2 + C^5[1 - B^2 - B^3 - B^4 + B^2 B^3 + B^4(B^2+B^3) - B^2 B^3 B^4]$.

Enfin on doit voir, ſans qu'il ſoit néceſſaire de pouſſer plus loin ces opérations, que le problème pourra toujours ſe réduire à l'intégration d'une équation de cette forme

$(A)\ldots\ldots Z^{y,x} - M^x Z^{y-1,x} + N^x Z^{y-2,x} - P^x Z^{y-3,x} + \&c. = V^{y,x}$,

dans laquelle les fonctions M^x, N^x, P^x, &c., $V^{y,x}$, ſeront faciles à déterminer par analogie. Si on les veut d'une autre manière, on remarquera qu'elles ſont telles qu'on a cette ſuite d'équations du premier ordre aux différences ordinaires,

$\qquad M^x = M^{x-1} + B^x$,

$\qquad N^x = N^{x-1} + B^x M^{x-1}$,

$\qquad P^x = P^{x-1} + B^x N^{x-1}$,

$\qquad \&c.$,

$V^{y,x} = A^x V^{y,x-1} + C^x(1 - M^{x-1} + N^{x-1} - P^{x-1} + \&c.)$

On traitera l'équation A comme étant aux différences ordinaires, & on aura la valeur de $Z^{y,x}$ avec des arbitraires qui pourront renfermer x. Mais il ne doit y avoir dans l'intégrale demandée de fonction arbitraire que $\varphi:(y)$; il faudra donc déterminer les autres, ce qu'on fera aiſément en ſubſtituant dans la propoſée la valeur trouvée de $Z^{y,x}$, & en comparant les termes homologues par rapport à x.

(579.) Si l'on propoſoit l'équation

$Z^{y,x} = A^x 1\, Z^{y,x-1} + A^x 2\, Z^{y-1,x-1} + A^x 3\, Z^{y-2,x-1} + \&c.$

$\qquad + B^x 1\, Z^{y-1,x} + B^x 2\, Z^{y-2,x} + B^x 3\, Z^{y-3,x} + \&c.$

$\qquad + C^x;$

comme cette équation eſt du premier ordre par rapport à x, on l'intégreroit par les mêmes procédés que la précédente; c'eſt-à-dire qu'en faiſant $Z^{y,1} = \varphi:(y)$, on parviendroit à une équation de cette forme,

$Z^{y,x} + M^x Z^{y-1,x} + N^x Z^{y-2,x} + P^x Z^{y-3,x} + \&c. = V^{y,x}$,

où

où les fonctions M^x, N^x, P^x ...... $V^{y,x}$ seroient données par les équations suivantes,

$$M^x = M^{x-1} - B^x 1,$$
$$N^x = N^{x-1} - B^x 1 M^{x-1} - B^x 2,$$
$$P^x = P^{x-1} - B^x 1 N^{x-1} - B^x 2 M^{x-1} - B^x 3,$$
&c.
$$V^{y,x} = V^{y,x-1}\left[A^x 1 + A^x 2 + A^x 3 + \&c.\right]$$
$$+ C^x\left[1 + M^{x-1} + N^{x-1} + P^{x-1} + \&c.\right].$$

(580). Je prendrai pour exemple l'équation aux suites récurro-récurrentes dont nous avons parlé plus haut, & que l'on fait être
$$Z^{y,x} = 2 Z^{y-1,x} + 2 Z^{y-1,x-1};$$ on a dans ce cas

$$M^x = M^{x-1} - 2,$$
$$N^x = N^{x-1} - 2 M^{x-1},$$
$$P^x = P^{x-1} - 2 N^{x-1},$$
&c.; $V^{y,x} = 2 V^{y,x-1}.$

Mais (n°. 319) on tire de la première de ces équations
$$M^{x-1} = c - 2 \Sigma 1 = c - 2\cdot(x-1) = -2\cdot(x-1);$$
puisque M^{x-1} doit être nul dans l'hypothèse de $x=1$; donc $M^x = -2 x$. Alors la seconde équation devient $N^x = N^{x-1} + 4\cdot(x-1)$, & donne

$$N^{x-1} = c + 4 \Sigma(x-1) = c + 4\left(\frac{x^2-x}{2} - x + 1\right) =$$
$$4\left(\frac{x^2-x}{2} - x + 1\right),$$

car $x=1$ doit rendre $N^{x-1}=0$; donc $N^x = 2^2\cdot x\cdot\frac{x-1}{2}.$

La troisième équation devient $P^x = P^{x-1} - 2^3\cdot\frac{x^2-3x+2}{2}$, & donne

$$P^{x-1} = c - 2^2 \Sigma(x^2 - 3x + 2) = c - 2^2\left(\frac{x^3}{3} - \frac{x^2}{2} + \frac{x}{6} - \right.$$
$$\left. 3\frac{x^2-x}{2} + 2\cdot(x-1)\right) = -2^2\frac{x^2\cdot(x-1)}{6} + \frac{x\cdot(x-1)^2}{6}$$
$$- 3 x\frac{x-1}{2} + 2\cdot(x-1));$$

donc $P^x = -2^3 x\cdot\frac{x-1}{2}\cdot\frac{x-2}{3}$, &c.

Quant à l'équation $V^{y,x} = 2 V^{y,x-1}$, on en tire $V^{y,x-1} = c\, 2^{x-1}$; mais cette fonction, comme les précédentes, doit être nulle lorsque $x = 1$; donc $V^{y,x}$ est nécessairement nul dans cet exemple. Cela posé, l'équation qu'il s'agira d'intégrer pour résoudre le problème, sera

$$Z^{y,x} - 2 x Z^{y-1,x} + 2^2 \cdot x \cdot \frac{x-1}{2} Z^{y-2,x} - 2^3 \cdot x \cdot \frac{x-1}{2} \cdot \frac{x-2}{3} Z^{y-3,x} + \&c. = 0 ;$$

voici un moyen simple d'y parvenir.

(581). On verra aisément qu'on peut satisfaire à cette équation en prenant $Z^{y,x} = \lambda^{y-1}$, où λ est telle que

$$1 - \frac{2x}{\lambda} + \frac{2^2}{\lambda^2} x \cdot \frac{x-1}{2} - \frac{2^3}{\lambda^3} x \cdot \frac{x-1}{2} \cdot \frac{x-2}{3} + \&c. = 0 ;$$

celle-ci devient $\left(1 - \frac{2}{\lambda} \right)^x = 0$, & ne donne par conséquent qu'une valeur de λ, savoir $\lambda = 2$. Cela posé, on fera $Z^{y,x} = \Pi^{y,x} 2^{y-1}$, & en substituant toujours dans la même équation, on la changera en celle-ci,

$$\Pi^{y,x} - x \Pi^{y-1,x} + x \cdot \frac{x-1}{2} \Pi^{y-2,x} - x \cdot \frac{x-1}{2} \cdot \frac{x-2}{3} \Pi^{y-3,x} + \&c. = 0,$$

qui n'est autre que $\Delta^x \Pi^{y,x} = 0$, & donne

$$\Pi^{y,x} = c_1 \frac{(y-1)(y-2)\ldots\ldots\ldots\ldots(y-x+1)}{1 \cdot 2 \cdot 3 \ldots\ldots\ldots\ldots(x-1)} +$$
$$c_2 \frac{(y-1)(y-2)\ldots\ldots\ldots\ldots(y-x+2)}{1 \cdot 2 \cdot 3 \ldots\ldots\ldots\ldots(x-2)} +$$
$$c_3 \frac{(y-1)(y-2)\ldots\ldots\ldots\ldots(y-x+3)}{1 \cdot 2 \cdot 3 \ldots\ldots\ldots\ldots(x-3)} + \&c. ;$$

il reste à déterminer c_1, c_2, c_3. Pour cela, je mets dans l'équation $Z^{y,x} = 2 Z^{y-1,x} + 2 Z^{y-1,x-1}$, pour $Z^{y,x}$ sa valeur ; &, à cause de

$$\frac{(y-1)(y-2)\ldots\ldots(y-x+1)}{1 \cdot 2 \cdot 3 \ldots\ldots(x-1)} = \frac{(y-2)(y-3)\ldots\ldots\ldots(y-x)}{1 \cdot 2 \cdot 3 \ldots\ldots\ldots(x-1)} +$$
$$\frac{(y-2)(y-3)\ldots\ldots\ldots\ldots(y-x+1)}{1 \cdot 2 \cdot 3 \ldots\ldots\ldots(x-2)},$$

$$\frac{(y-1)(y-2)\ldots\ldots(y-x+2)}{1 \cdot 2 \cdot 3 \ldots\ldots(x-2)} = \frac{(y-2)(y-3)\ldots\ldots(y-x+1)}{1 \cdot 2 \cdot 3 \ldots\ldots(x-2)} +$$
$$\frac{(y-2)(y-3)\ldots\ldots\ldots(y-x+2)}{1 \cdot 2 \cdot 3 \ldots\ldots\ldots(x-3)},$$

&c., il me vient

$$c1 \frac{(y-2)(y-3)\ldots\ldots\ldots(y-x)}{1.2.3\ldots\ldots\ldots(x-1)} + (c1+c2)$$

$$\frac{(y-2)(y-3)\ldots\ldots\ldots\ldots(y-x+1)}{1.2.3\ldots\ldots\ldots\ldots(x-2)} +$$

$$(c2+c3)\frac{(y-2)(y-3)\ldots\ldots\ldots(y-x+2)}{1.2.3\ldots\ldots\ldots\ldots(x-3)}$$

$$+ \&c. = c1 \frac{(y-2)(y-3)\ldots\ldots\ldots(y-x)}{1.2.3\ldots\ldots\ldots(x-1)} +$$

$$(c2+{}'c1)\frac{(y-2)(y-3)\ldots\ldots\ldots(y-x+1)}{1.2.3\ldots\ldots\ldots(x-2)} +$$

$$(c3+{}'c2)\frac{(y-2)(y-3)\ldots\ldots(y-x+2)}{1.2.3\ldots\ldots\ldots(x-3)} + \&c.$$

Cette équation ne peut être identique à moins que

$$c1 = {}'c1,\ c2 = {}'c2,\ c3 = {}'c3., \&c.\,;$$

d'où il suit que $c1$, $c2$, $c3$, &c. doivent être des quantités constantes. Ainsi lorsque x sera $= 1$, on aura $\Pi^{y,x} = c1$, $c1$ étant une quantité constante, & $Z^{y,1} = c1\,2^{y-1}$; mais par la nature de nos suites récurro - récurrentes, $Z^{1,1} = 1$, donc $c1 = 1$. Lorsque x sera $= 2$, on aura $\Pi^{y,x} = \frac{y-1}{1} + c2$ & $Z^{y,2} = 2^{y-1}(y-1+c2)$; mais par la formation de nos suites, $Z^{1,2} = 0$, donc $c2 = 0$. On trouvera de la même manière $c3$ & les autres co-efficiens nuls; & par conséquent que ces suites ont pour terme général

$$2^{y-1} \frac{(y-1)(y-2)\ldots\ldots(y-x+1)}{1.2.3\ldots\ldots\ldots(x-1)}.$$

(582). Soit proposé l'équation du second ordre

$$Z^{y,x} = A^x1\,Z^{y,x-1} + A^x2\,Z^{y,x-2} + B^x1\,Z^{y-1,x} + B^x2\,Z^{y-1,x-1}$$
$$+ C^x Z^{y-2,x} + D^x.$$

Cette équation ne commence à avoir lieu que lorsque y & x sont l'un & l'autre plus grands que 2; ainsi $Z^{y,1}$ & $Z^{y,2}$ resteront nécessairement arbitraires. Je ferai comme dans le problême précédent $Z^{y,1} = \varphi:(y)$, $Z^{y,2} = f:(y)$; & la proposée donnera

$$(1)\ldots\ldots Z^{y,3} = A^31\,f:(y) + A^32\,\varphi:(y) + B^31\,Z^{y-1,3} +$$
$$B^32\,f:(y-1) + C^3 Z^{y-2,3} + D^3,$$

$$(2)\ldots\ldots Z^{y,4} = A^41\,Z^{y,3} + A^42\,f:(y) + B^41\,Z^{y-1,4} +$$
$$B^42\,Z^{y-1,3} + C^4 Z^{y-2,4} + D^4.$$

On tirera de l'équation 2,

$$Z^{y-1,4} = A^4\,1\,Z^{y-1,3} + A^4\,2\,f:(y-1) + B^4\,1\,Z^{y-2,4} +$$
$$B^4\,2\,Z^{y-2,3} + C^4\,Z^{y-3,4} + D^4,$$

& par conséquent

$$Z^{y-2,3} = \frac{1}{B^4\,2}\left(Z^{y-1,4} - A^4\,1\,Z^{y-1,3} - A^4\,2\,f:(y-1) -\right.$$
$$\left. B^4\,1\,Z^{y-2,4} - C^4\,Z^{y-3,4} - D^4\right).$$

En fubftituant cette valeur dans l'équation 1 , il viendra

$$Z^{y,3} = A^3\,1\,f:(y) + A^3\,2\,\varphi:(y) + \left(B^3\,1 - \frac{C^3\,A^4\,1}{B^4\,2}\right)Z^{y-1,3} +$$
$$B^3\,2\,f:(y-1) + D^3 + \frac{C^3}{B^4\,2}\left(Z^{y-1,4} - A^4\,2\,f:(y-1) -\right.$$
$$\left. B^4\,1\,Z^{y-1,4} - C^4\,Z^{y-3,4} - D^4\right).$$

Celle - ci donnera

$$Z^{y-1,3} = A^3\,1\,f:(y-1) + A^3\,2\,\varphi:(y-1) + \frac{B^3\,1\,B^4\,2 - C^3\,A^4\,1}{(B^4\,2)^2}$$
$$(Z^{y-1,4} - A^4\,1\,Z^{y-1,3} - A^4\,2\,f:(y-1) - B^4\,1\,Z^{y-2,4} -$$
$$C^4\,Z^{y-3,4} - D^4) + B^3\,2\,f:(y-2) + D^3 + \frac{C^3}{B^4\,2}\,Z^{y-2,4} -$$
$$A^4\,2\,f:(y-2) - B^4\,1\,Z^{y-3,4} - C^4\,Z^{y-4,4} - D^4).$$

Ainfi on pourra chaffer $Z^{y,3}$, $Z^{y-1,3}$ de l'équation 2 ; par une fuite de procédés femblables , on réduira le problême à l'intégration d'une équation de cette forme

$$Z^{y,x} + M^x\,Z^{y-1,x} + N^x\,Z^{y-2,x} + P^x\,Z^{y-3,x} + \&c. = V^{y,x},$$

ce qu'on fera par la méthode du n°. 571 & *fuiv.*

(583). Il nous refte à faire voir , par différentes applications , l'ufage dont peut être dans l'analyfe , le Calcul intégral aux différences finies ; & d'abord nous réfoudrons un problême où il eft queftion de déterminer l'expreffion générale de quantités affujetties à une certaine loi qui fert à les former.

Soit x le finus d'un angle ζ & y fon cofinus ; on pourra former , au moyen de l'équation

$$(\alpha)\ldots\ldots \text{fin. } n\,\zeta = 2\,y\,\text{fin.}\,(n-1)\,\zeta - \text{fin.}\,(n-2)\,\zeta,$$

la table fuivante ,

$$\text{fin. } \zeta = x,$$
$$\text{fin. } 2\,\zeta = x\,(2\,y),$$
$$\text{fin. } 3\,\zeta = x\,(4\,y^2 - 1),$$
$$\text{fin. } 4\,\zeta = x\,(8\,y^3 - 4\,y),$$
$$\text{fin. } 5\,\zeta = x\,(16\,y^4 - 12\,y^2 + 1),$$

&c.

&c. En continuant plus loin cette table, on parviendroit, par voie d'induction, à déterminer l'expreſſion générale de ſin. $n\zeta$; mais il eſt queſtion de trouver cette expreſſion directement. On verra aiſément qu'on peut ſuppoſer

$$\text{ſin. } n\zeta = x\,[\, A\,y^{n-1} + B\,y^{n-3} + C\,y^{n-5} + D\,y^{n-7} + \&c. \,];$$

& par conſéquent

$$\text{ſin. } (n-1)\,\zeta = x\,['A\,y^{n-2} + 'B\,y^{n-4} + 'C\,y^{n-6} + 'D\,y^{n-8} + \&c. \,];$$
$$\text{ſin. } (n-2)\,\zeta = x\,[''A\,y^{n-3} + ''B\,y^{n-5} + ''C\,y^{n-7} + ''D\,y^{n-9} + \&c. \,].$$

En mettant ces valeurs de ſin. $(n-1)\,\zeta$, ſin. $(n-2)\,\zeta$ dans l'équation α, on en tirera

$$\text{ſin. } n\zeta = 2\,x\,['A\,y^{n-1} + 'B\,y^{n-3} + 'C\,y^{n-5} + 'D\,y^{n-7} + \&c. \,]$$
$$\qquad\quad - x\,[''A\,y^{n-3} + ''B\,y^{n-5} + ''C\,y^{n-7} + \&c. \,];$$

expreſſion qui étant comparée à la première, donnera cette ſuite d'équations

$$2\,'A = A,$$
$$2\,'B - ''A = B;$$
$$2\,'C - ''B = C,$$
$$2\,'D - ''C = D,$$
$$\&c.,$$

qui ne ſont autres que

$$2\,A - A' = 0,$$
$$2\,B - B' = 'A,$$
$$2\,C - C' = 'B,$$
$$2\,D - D' = 'C,$$
$$\&c.$$

Si on avoit $2\,K - K' = X$, & que l'on comparât cette équation à celle du n°. 319, on trouveroit, en déſignant par x le nombre de termes qui précèdent K, pour la valeur complète de K, $K = 2^x\left[c + \Sigma\,\dfrac{X}{2^{x+1}}\right]$; nous allons faire uſage de cette formule pour intégrer les équations de la ſuite précédente.

Pour la première, $x = n-1$ & $X = 0$; donc $A = c\,2^{n-1}$: on déterminera la conſtante arbitraire c, en remarquant qu'on doit avoir $A = 1$ lorſque $n = 1$, ce qui donnera $c = 1$ & $A = 2^{n-1}$. Pour la ſeconde, $x = n-2$ & $X = 'A = 2^{n-2}$; donc $B = 2^{n-2}\left[c - \frac{1}{2}\Sigma\,1\right] = 2^{n-2}\left(c - \dfrac{n-2}{2}\right)$: on déterminera la conſtante arbitraire, en remarquant que la ſuppoſition de $n = 1$ doit donner $B = 0$, & on aura $B = -2^{n-3}(n-1)$. Pour la troiſième, $x = n-3$ & $X = 'B = -2^{n-4}(n-3)$; donc $C = 2^{n-3}\left[c + \frac{1}{4}\Sigma\,(n-3)\right]$;

Partie II. X x x

or $\Sigma(n-3)=\Sigma n-3\,\Sigma 1=\dfrac{n^2-n}{2}-3(n-3)=\dfrac{(n-3)(n-4)}{2}+3$;

donc $C=2^{n-3}\left(c+\frac{3}{4}+\dfrac{(n-3)(n-4)}{8}\right)$:

on déterminera la constante arbitraire, en remarquant que la supposition de $n=3$ doit donner $C=0$, & on aura $C=2^{n-3}\cdot\dfrac{(n-3)(n-4)}{2}$.

Puisque C ne commence à avoir lieu que lorsque $n=5$, j'aurois pu prendre $n-4$ pour le nombre des termes qui précèdent C, & j'aurois trouvé $C=2^{n-4}\left(c+3+\dfrac{(n-3)(n-4)}{4}\right)$; j'aurois déterminé la constante arbitraire, en remarquant que $n=3$ ou $n=4$ doit donner $C=0$, & j'aurois trouvé la même valeur de C que ci-dessus. Lorsque $n=4$, D n'a point encore lieu; donc, à cause de $X='C=2^{n-6}\cdot\dfrac{(n-4)(n-5)}{2}$, on a

$$D=2^{n-4}\left[c-\Sigma\,\dfrac{(n-4)(n-5)}{16}\right].$$

Mais $\Sigma(n-4)(n-5)=\Sigma(n^2-9n+20)=\dfrac{n^3}{3}-\dfrac{n^2}{2}+\dfrac{n}{6}$

$-9\,\dfrac{n^2-n}{2}+20(n-4)=\dfrac{(n-4)(n-5)(n-6)}{3}-40$;

donc $D=2^{n-4}\left(c+\frac{5}{2}-\dfrac{(n-4)(n-5)(n-6)}{3\cdot 16}\right)$.

On déterminera la constante arbitraire, en remarquant que la supposition de $n=4$ doit donner $D=0$, & on aura $D=-2^{n-7}\dfrac{(n-4)(n-5)(n-6)}{2\cdot 3}$, &c.

(584). Le problème qui suit est d'un autre genre; mais je crois qu'on en verra avec plaisir la solution par les méthodes précédentes. Un homme a constitué une somme a en rente, avec cette condition qu'on lui paiera chaque année le $\frac{1}{m}$ de cette somme, en lui retenant la fraction $\frac{1}{n}$ de cet intérêt; en sorte qu'à la fin de la première année, par exemple, il ne doive percevoir que $\frac{a}{m}-\frac{a}{mn}$. Cependant on lui a payé toutes les années $\frac{a}{m}$, & par conséquent plus qu'il ne lui est dû; si le surplus est employé à amortir le capital, on demande ce que deviendra ce capital après un nombre x d'années.

Soit alors y ce capital; à la fin de cette année, il ne sera dû à l'homme en question que $\frac{y}{m}-\frac{y}{mn}$, & lorsqu'on lui aura payé $\frac{a}{m}$ le capital sera diminué de $\frac{a}{m}-\frac{y}{m}+\frac{y}{mn}$. Ainsi le capital de l'année $x+1$, que je désignerai par

y', fera égal à $y - \dfrac{a}{m} + \dfrac{y}{m} - \dfrac{y}{m\,n}$; & on aura à intégrer l'équation

$$y' - \left(1 + \frac{1}{m} - \frac{1}{m\,n} \right) y = - \frac{a}{m}.$$

En la comparant à celle du n°. 319, on trouvera

$$y = \left(1 + \frac{1}{m} - \frac{1}{m\,n} \right)^{x} \left(c - \frac{a}{m} \, \Sigma \left[1 + \frac{1}{m} - \frac{1}{m\,n} \right]^{-x-1} \right).$$

Mais $\Sigma \left[1 + \dfrac{1}{m} - \dfrac{1}{m\,n} \right]^{-x-1}$ est la somme de la progression géométrique

$$\frac{1}{\left(1 + \frac{1}{m} - \frac{1}{m\,n} \right)^{x}}, \quad \frac{1}{\left(1 + \frac{1}{m} - \frac{1}{m\,n} \right)^{x-1}} \ldots\ldots \frac{1}{1 + \frac{1}{m} - \frac{1}{m\,n}},$$

laquelle somme est égale à $\dfrac{\left(1 + \frac{1}{m} - \frac{1}{m\,n} \right)^{x} - 1}{\left(\frac{1}{m} - \frac{1}{m\,n} \right) \left(1 + \frac{1}{m} - \frac{1}{m\,n} \right)^{x}}$; donc

$$y = \left(1 + \frac{1}{m} - \frac{1}{m\,n} \right)^{x} \left(c - \frac{a}{m} \, \frac{\left(1 + \frac{1}{m} - \frac{1}{m\,n} \right)^{x} - 1}{\left(\frac{1}{m} - \frac{1}{m\,n} \right) \left(1 + \frac{1}{m} - \frac{1}{m\,n} \right)^{x}} \right).$$

On déterminera la constante arbitraire par cette condition que $x = 1$ doit donner $y = a$, & on aura $c = \dfrac{(m+1)\,a}{m \left(1 + \frac{1}{m} - \frac{1}{m\,n} \right)}$; donc enfin

$$y = \frac{a}{n-1} \left(n - \left(1 + \frac{1}{m} - \frac{1}{m\,n} \right)^{x-1} \right).$$

Si l'on vouloit l'année à laquelle ce capital feroit nul, on auroit

$$n = \left(1 + \frac{1}{m} - \frac{1}{m\,n} \right)^{x-1} \quad \& \quad x = 1 + \frac{\log. n}{\log. \left(1 + \frac{1}{m} - \frac{1}{m\,n} \right)}.$$

Par exemple, l'intérêt étant à cinq pour cent, & la somme à retenir un dixième de cet intérêt ; on trouveroit $x = 1 + \dfrac{\log. 10}{\log. \left(1 + \frac{9}{100} \right)} = 53, 3$.

(585). Maintenant voici deux autres problêmes tirés du calcul des probabilités. Pour les réfoudre, nous fuivrons la règle ordinaire de ce calcul ; en eftimant la probabilité d'un événement, par le nombre des cas favorables, divifé par le nombre des cas poffibles.

Le premier de ces problêmes confifte à trouver la probabilté qu'un nombre de pièces, qu'on prendra au hafard dans un tas, fera pair ou impair. Je nomme x le nombre de pièces contenues dans le tas, y la fomme des cas dans lefquels le nombre de celle qu'on prendra peut être pair, & z la fomme des cas dans lefquels ce nombre peut être impair. Cela posé, si on augmente le nombre x de pièces d'une unité, alors y' représentera la somme des cas pairs, & sera égal à $y + \zeta$, puisque chacun des cas impairs, combiné avec la nouvelle pièce, donnera un cas pair. De même, ζ' représentera la somme des cas impairs lorsque x augmentera d'une unité, & sera égal à $\zeta + y + 1$. On aura donc ces deux équations $y' = y + \zeta$ & $\zeta' = \zeta + y + 1$, qui ne sont autre que $\Delta y = \zeta$ & $\Delta \zeta = y + 1$. On en tirera bien facilement $\Delta^2 y = y + 1$, équation qui étant comparée à celle du n°. 320, donnera

$$y + \Delta y = 2^x \left[c + \Sigma \frac{1}{2^{x+1}} \right] = 2^x \left[c + \frac{2^x - 1}{2^x} \right], \text{ puisque } \Sigma \frac{1}{2^{x+1}}$$

est la somme de tous les termes de cette progression géométrique $\frac{1}{2^x}$, $\frac{1}{2^{x-1}} \cdots \cdots \frac{1}{2}$. Donc $y = (c + 1) 2^{x-1} - 1$; pour déterminer la constante arbitraire, on observera que x étant 1, on doit avoir $y = 0$; donc $c = 0$, & $y = 2^{x-1} - 1$. Mais $\zeta = \Delta y = 2^x - 1$; donc la somme de tous les cas possibles sera $2^x - 1$. Ainsi on aura pour la probabilité qu'on prendra un nombre pair de pièces

$$\frac{2^{x-1} - 1}{2^x - 1};$$ & pour la probabilité que ce nombre qu'on prendra sera impair,

$$\frac{2^{x-1}}{2^x - 1},$$ d'où il résultera qu'il y aura toujours plus d'avantage à parier pour les nombres impairs que pour les pairs. Je passe au second problême.

(586). Pierre & Paul, dont les adresses respectives sont $:: m : n$, jouant ensemble; sur un nombre y de coups, il en a manqué constamment un nombre x à Pierre, & par conséquent un nombre $y - x$ à Paul, pour gagner; on demande la probabilité respective de ces deux joueurs.

La probabilité de Paul pour gagner dépend du nombre y de coups, & du nombre x qu'il en a manqué à Pierre pour gagner; c'est-à-dire qu'elle peut être représentée par une fonction $Z^{y,x}$ de ces deux nombres. Au coup suivant le nombre y sera diminué d'une unité; & si Paul perd, il ne manquera à Pierre qu'un nombre $x - 1$ de coups pour gagner; alors la probabilité de Paul pour gagner sera $Z^{y-1,x-1}$; au contraire si Paul gagne, cette même probabilité sera $Z^{y-1,x}$. Mais les adresses des deux joueurs étant $:: m : n$; la probabilité que sur un nombre indéfini de coups, Paul gagnera, est $\frac{n}{m+n}$; la probabilité qu'il perdra est $\frac{m}{m+n}$, on a donc

$$Z^{y,x} = \frac{n}{m+n} Z^{y-1,x} + \frac{m}{m+n} Z^{y-1,x-1},$$

équations aux différences finies & partielles, dont l'intégration donnera la solution du problême. En la comparant à celle du n°. 579, on trouvera

$$\Delta^x 1 = 0.$$

$$A^x 1 = 0, \quad A^x 2 = \frac{m}{m+n}, \quad A^x 3 = 0, \text{ \&c.};$$

$$B^x 1 = \frac{n}{m+n}, \quad B^x 2 = 0; \text{ donc}$$

$$M^x = M^{x-1} - \frac{n}{m+n};$$

$$N^x = N^{x-1} - \frac{n}{m+n} M^{x-1};$$

$$P^x = P^{x-1} - \frac{n}{m+n} N^{x-1};$$

$$\text{\&c.,} \quad V^{y,x} = \frac{m}{m+n} V^{y,x-1}.$$

Mais la première de ces équations donne

$$M^{x-1} = c - \frac{n}{m+n} (x-1) = -\frac{n}{m+n} (x-1);$$

car lorsque $x = 1$, on doit avoir $M^{x-1} = 0$; donc $M^x = -\frac{n}{m+n} x$. Alors la seconde équation devient $N^x = N^{x-1} + \frac{n^2}{(m+n)^2} (x-1)$; d'où l'on tire, en déterminant la constante arbitraire comme nous venons de faire,

$$N^{x-1} = \frac{n^2}{(m+n)^2} (x-1) \cdot \frac{x-2}{2}, \text{ \& par conséquent}$$

$$N^x = \frac{n^2}{(m+n)^2} x \cdot \frac{x-1}{2}. \text{ On trouvera de la même manière}$$

$$P^x = -\frac{n^3}{(m+n)^3} x \cdot \frac{x-1}{2} \cdot \frac{x-2}{3}; \text{ \& ainsi des autres.}$$

Quant à l'équation $V^{y,x} = \frac{m}{m+n} V^{y,x-1}$, elle a pour intégrale complète

$$V^{y,x-1} = c \left(\frac{m}{m+n} \right)^{x-1}; \text{ or comme la supposition de } x = 1, \text{ doit}$$

aussi rendre cette fonction nulle; il s'ensuit que dans cet exemple $V^{y,x} = 0$. Le problème est donc réduit à intégrer l'équation que voici

$$Z^{y,x} - \frac{n}{m+n} x Z^{y-1,x} + \frac{n^2}{(m+n)^2} x \cdot \frac{x-1}{2} Z^{y-2,x} -$$

$$\frac{n^3}{(m+n)^3} x \cdot \frac{x-1}{2} \cdot \frac{x-2}{3} Z^{y-3,x} + \text{\&c.} = 0.$$

(587). On satisfera à cette équation, en prenant $Z^{y,x} = \lambda^{y-1}$ \& λ sera donné par

Partie II. Yyy

$$1 - \frac{n}{(m+n)\lambda} x + \frac{n^2}{(m+n)^2 \lambda^2} x \cdot \frac{x-1}{2} - \frac{n^3}{(m+n)^3 \lambda^3} x \cdot$$

$$\frac{x-1}{2} \cdot \frac{x-2}{3} + \&c. = 0,$$

qui n'est autre que $\left(1 - \frac{n}{(m+n)\lambda}\right)^x = 0$. On ne peut tirer de celle-ci

que cette seule valeur de λ, $\lambda = \frac{n}{m+n}$; ainsi pour avoir l'intégrale complète

demandée, on fera $Z^{y,x} = \Pi^{y,x} \left(\frac{n}{m+n}\right)^{y-1}$, valeur qui étant substituée

dans l'équation dont il s'agit, la changera en la suivante,

$$\Pi^{y,x} - x \Pi^{y-1,x} + x \frac{x-1}{2} \Pi^{y-2,x} - x \cdot \frac{x-1}{2} \cdot \frac{x-2}{3} \Pi^{y-3,x} + \&c. = 0;$$

qu'on voit être la même que $\Delta^x \Pi^{y,x} = 0$. Donc

$$Z^{y,x} = \left(\frac{n}{m+n}\right)^{y-1} \left[c_1 + c_2(y-1) + c_3 \cdot \frac{(y-1)(y-2)}{1 \cdot 2} + \dots \right.$$

$$\left. \dots + k \frac{(y-1)(y-2)\dots\dots(y-x+1)}{1 \cdot 2 \cdot 3 \dots\dots(x-1)}\right].$$

Pour déterminer les fonctions $c_1, c_2, c_3 \dots\dots k$ qui peuvent renfermer x, on remarquera que lorsque $y = x$, il est certain que Pierre doit perdre, & qu'alors la probabilité de Paul pour gagner doit se changer en certitude. Or en représentant la certitude par l'unité dont chaque probabilité est une fraction, on verra que $Z^{y,x}$ doit être $= 1$, lorsque $y = x$; dans cette hypothèse la proposée devient $1 = \frac{n}{m+n} Z^{y-1,x} + \frac{m}{m+n}$, & nous apprend que $Z^{y,x}$ doit être aussi $= 1$, lorsque $y = x - 1$; on trouvera de la même manière que la supposition de $y = x - 2$ doit rendre $Z^{y,x} = 1$, & ainsi de suite. Donc si l'on fait $y = 1$, on aura $Z^{y,x} = 1$, & $c_1 = 1$; si l'on fait $y = 2$, on aura $Z^{y,x} = 1$, & $1 = \frac{n}{m+n}(c_1 + c_2)$, d'où l'on tirera $c_2 = \frac{m}{n}$; si l'on fait $y = 3$, on aura $Z^{y,x} = 1$ & $1 = \left(\frac{n}{m+n}\right)^2 (c_1 + 2c_2 + c_3)$, d'où l'on tirera $c_3 = \frac{m^2}{n^2}$; &c. Il suit de tout cela que la probabilité de Paul pour gagner, ou

$$Z^{y,x} = \left(\frac{n}{m+n}\right)^{y-1} \left[1 + \frac{m}{n}(y-1) + \frac{m^2}{n^2} \frac{(y-1)(y-2)}{1 \cdot 2} + \dots \right.$$

$$\left. + \frac{m^{x-1}}{n^{x-1}} \cdot \frac{(y-1)(y-2)\dots\dots(y-x+1)}{1 \cdot 2 \cdot 3 \dots\dots(x-1)}\right].$$

On trouvera dans le mémoire de Laplace, cité au commencement de l'article précédent, la folution de plufieurs autres problêmes intéreffans. C'eft auffi dans ce même mémoire qu'il a remarqué un très-bel ufage du calcul aux différences finies pour déterminer la nature des fonctions d'après des conditions données. Condorcet & Monge ont fait en même temps la même remarque. Nous terminerons ce chapitre par réfoudre deux problêmes, où il fera queftion de déterminer les fonctions arbitraires dans les intégrales complètes de deux équations aux différences partielles, l'une du premier, l'autre du fecond ordre.

(588). L'équation $a = F : (\omega)$, où a eft fonction de x, y & z, & où ω ne renferme que x & y, peut être regardée comme l'intégrale complète de quelqu'équation aux différences partielles du premier ordre. Or l'équation $a = F : (\omega)$ étant propofée, on demande de déterminer la fonction arbitraire, pour qu'elle fatisfaffe à cette condition, qu'en faifant $y = X$, on ait $z = K$; par X & K on entend des fonctions données de x & de conftantes.

Je fuppofe qu'en mettant dans la propofée X & K pour y & z, on la change en la fuivante $A = F : (m)$. Cela pofé, on fera $m = t$, t étant une nouvelle variable ; & lorfqu'on aura tiré de cette équation la valeur de x en fonction de t, on mettra cette valeur dans $A = F : (m)$; fi par cette fubfti-tution celle-ci devient $T = F : (t)$, comme T eft une fonction dont on connoît la forme, il eft clair qu'on connoîtra auffi la forme de la fonction défignée par F.

Je prendrai pour exemple l'équation

$$y^{\frac{x}{y}} \left(z - \frac{a x y \sqrt{(x^2 + y^2)}}{x + 2 y} \right) = F : \left(\frac{x}{y} \right),$$

qui eft (n°. 308) l'intégrale complète de

$$y^2 \frac{d z}{d y} + y x \frac{d z}{d x} + x z = a x y \sqrt{(x^2 + y^2)} ;$$

& je demanderai de déterminer la fonction arbitraire, de manière qu'en faifant $y = x + h$, on ait $z = x + i$, h & i étant des quantités conftantes. Par cette fubftitution, la propofée deviendra

$$(x + h)^{\frac{x}{x + h}} \left(x + i - \frac{a x (x + h) \sqrt{(x^2 + (x + h)^2)}}{3 x + 2 h} \right) = F : \left(\frac{x}{x + h} \right) ;$$

or fi l'on fait $\frac{x}{x + h} = t$, & que l'on mette dans l'équation précédente pour x fa

valeur $\frac{h t}{1 - t}$, on en tirera

$$F : (t) = \left(\frac{h}{1 - t} \right)^{t + 1} \left(t + \frac{i}{h} (1 - t) - \frac{a h t \sqrt{(t^2 + 1)}}{(2 + t)(1 - t)} \right).$$

Donc $F : \left(\frac{x}{y} \right)$, pour fatisfaire à la condition requife, doit avoir la forme par-ticulière que voici :

$$\left(\frac{hy}{y-x}\right)^{\frac{y-x}{y}}\left(\frac{x}{y}+\frac{i}{h}\cdot\frac{y-x}{y}-\frac{ahx\sqrt{(y^2+x^2)}}{(2y+x)(y-x)}\right).$$

(589). Maintenant l'on propose $\alpha = \mathfrak{C}\, F:(\omega)+f:(\pi)$, où α est fonction de x, y & ζ, & où $\mathfrak{C}$, ω & π ne renferment que x & y ; & l'on demande de déterminer les fonctions arbitraires pour qu'elles satisfassent aux deux conditions suivantes ; 1°. qu'en faisant $y = X$, on ait $\zeta = K$; 2°. qu'en faisant $y = X\mathbf{1}$, on ait $\zeta = K\mathbf{1}$; par X, $X\mathbf{1}$, K, $K\mathbf{1}$ on entend des fonctions données de x & de constantes.

Je suppose qu'en faisant successivement les substitutions précédentes, on tire de la proposée les deux équations que voici,

$$(A)\ \ldots\ldots\ldots\ A = B\, F:(m)+f:(n),$$
$$(B)\ \ldots\ldots\ldots\ A\mathbf{1} = B\mathbf{1}\, F:(m\mathbf{1})+f:(n\mathbf{1}).$$

Cela posé, on fera $n = t$, & lorsqu'on en aura tiré la valeur de x en fonction de t, on mettra cette valeur dans l'équation A, qui deviendra par-là

$$(C)\ \ldots\ldots\ldots\ T = \theta\, F:(\tau)+f:(t).$$

On fera aussi $n\mathbf{1} = t$, & en opérant sur l'équation B comme nous avons fait sur l'équation A, on aura

$$(D)\ \ldots\ldots\ldots\ T\mathbf{1} = \theta\mathbf{1}\, F:(\tau\mathbf{1})+f:(t).$$

On ôtera l'équation D de l'équation C, ce qui donnera

$$(E)\ \ldots\ldots\ldots\ T-T\mathbf{1} = \theta\, F:(\tau)-\theta\mathbf{1}\, F:(\tau\mathbf{1}).$$

Il me reste à traiter l'équation E ; pour cela j'imagine une fonction U d'une nouvelle variable u, telle que $\tau = U$ & $\tau\mathbf{1} = U'$, U' étant ce que devient U lorsque u devient $u+1$; puis je tire de $\tau = U$ la valeur de t en fonction de U, & par conséquent aussi la valeur $\tau\mathbf{1}$ en fonction de la même quantité ; si celle-ci $= U\mathbf{1}$, j'aurai $U' = U\mathbf{1}$, équations aux différences finies de laquelle, dans beaucoup de cas, je pourrai tirer la valeur de U en fonction de u. Je mettrai pour t sa valeur en fonction de U dans l'équation E, & comme par cette substitution elle viendra de cette forme,

$$(K)\ \ldots\ldots\ldots\ W = V\, F:(U)+V\mathbf{1}\, F:(U').$$

W, V & $V\mathbf{1}$ étant des fonctions données de U ; le problème pourra toujours se réduire, lorsqu'on aura U en fonction de u, à l'intégration d'une équation linéaire du premier ordre aux différences finies. Je vais éclaircir cette théorie par un exemple.

(590). L'équation $\dfrac{d^2\zeta}{dy^2}+a\dfrac{d^2\zeta}{dy\,dx}+b\dfrac{d^2\zeta}{dx^2}=0$, a pour intégrale complète (n°. 502) $\zeta = F:(r\mathbf{1}\,y+x)+f:(r\mathbf{2}\,y+x)$ lorsque les racines $r\mathbf{1}$ & $r\mathbf{2}$ de l'équation du second degré $r^2+ar+b=0$ sont inégales. On demande de déterminer les fonctions arbitraires de manière qu'elles satisfassent aux deux conditions suivantes, 1°. qu'en faisant $y = ax$, on ait $\zeta = bx^2$;

2°.

2°. qu'en faisant $y = hx$, on ait $z = ix^\mu$; a, b, h, i, λ & μ sont des quantités constantes.

Par ces substitutions, on tire de la proposée

$$bx^\lambda = F:[(ar1+1).x] + f:[(ar2+1).x];$$
$$ix^\mu = F:[(hr1+1).x] + f:[(hr2+1).x].$$

Soit $(ar2+1)x = t$, & la première deviendra

$$\frac{bt^\lambda}{(ar2+1)^\lambda} = F:\left(\frac{ar1+1}{ar2+1}\,t\right) + f:(t);$$

soit aussi $(hr2+1)x = t$, ce qui changera l'autre en celle-ci,

$$\frac{it^\mu}{(hr2+1)^\mu} = F:\left(\frac{hr1+1}{hr2+1}\,t\right) + f:(t).$$

Donc $\dfrac{bt^\lambda}{(ar2+1)^\lambda} - \dfrac{it^\mu}{(hr2+1)^\mu} = F:\left(\dfrac{ar1+1}{ar2+1}t\right) - F:\left(\dfrac{hr1+1}{hr2+1}t\right):$

On fera $\dfrac{ar1+1}{ar2+1}\,t = U$ & $\dfrac{hr1+1}{hr2+1}\,t = U'$;

d'où l'on tirera $U' = RU$, en faisant pour abréger, $\dfrac{(hr1+1)(ar2+1)}{(hr2+1)(ar1+1)} = R.$

On intégrera cette équation aux différences finies, & on trouvera $U = R^u.$ Mais on a

$$\frac{bU^\lambda}{(ar1+1)^\lambda} - \frac{i(ar2+1)^\mu U^\mu}{(ar1+1)^\mu(hr2+1)^\mu} = F:(U) - F:(U') = -\Delta F:(U);$$

donc $F:(U) = \dfrac{i(ar2+1)^\mu}{[(ar1+1)(hr2+1)]^\mu}\,\Sigma U^\mu - \dfrac{b}{(ar1+1)^\lambda}\,\Sigma U^\lambda + \text{const.}$

De plus, U^μ étant égal à $R^{\mu u}$, & $\Sigma R^{\mu u}$ à la somme de la progression géométrique R^μ, $R^{2\mu}\ldots R^{\mu(u-1)}$, ou à $\dfrac{R^{\mu u}-R^\mu}{R^\mu-1}$; il est clair que $\Sigma U^\mu = \dfrac{U^\mu - R^\mu}{R^\mu-1}.$

On trouvera de la même manière que $\Sigma U^\lambda = \dfrac{U^\lambda-R^\lambda}{R^\lambda-1}$; & que par conséquent

$$F:(U) = i\left[\frac{ar2+1}{(h-a)(r1-r2)}\right]^\mu\left(U^\mu - \left[\frac{(hr1+1)(ar2+1)}{(hr2+1)(ar1+1)}\right]^\mu\right)$$
$$- b\left[\frac{hr2+1}{(h-a)(r1-r2)}\right]^\lambda\left(U^\lambda - \left[\frac{(hr1+1)(ar2+1)}{(hr2+1)(ar1+1)}\right]^\lambda\right) + \text{constante};$$

équation à laquelle on peut donner cette forme plus simple,

$$F:(U) = i\left[\frac{(ar2+1)U}{(h-a)(r1-r2)}\right]^\mu - b\left[\frac{(hr2+1)U}{(h-a)(r1-r2)}\right]^\lambda + C.$$

Donc

$$F : \left(\frac{ar\,1 + 1}{ar\,2 + 1}\,t \right) = i \left[\frac{(ar\,1 + 1)\,t}{(h-a)(r\,1 - r\,2)} \right]^{\mu} - l \left[\frac{(ar\,1 + 1)(hr\,2 + 1)\,t}{(ar\,2 + 1)(h-a)(r\,1 - r\,2)} \right]^{\lambda} + C;$$

& par conséquent

$$f : (t) = b \left[\frac{t}{ar\,2 + 1} \right]^{\lambda} \left(1 - \left[\frac{(hr\,1 + 1)(ar\,1 + 1)}{(h-a)(r\,1 - r\,2)} \right]^{\lambda} \right) - i \left[\frac{(ar\,1 + 1)\,t}{(h-a)(r\,1 - r\,2)} \right]^{\mu} - C.$$

Il suit de tout cela que pour que l'intégrale proposée satisfasse aux conditions requises, il faut qu'elle soit

$$\zeta = i \left[\frac{(ar\,2 + 1)(r\,1\,y + x)}{(h-a)(r\,1 - r\,2)} \right]^{\mu} - i \left[\frac{(ar\,1 + 1)(r\,2\,y + x)}{(h-a)(r\,1 - r\,2)} \right]^{\mu} + b \left[\frac{r\,2\,y + x}{ar\,2 + 1} \right]^{\lambda}$$

$$\left(1 + \left[\frac{(hr\,2 + 1)(ar\,1 + 1)}{(h-a)(r\,1 - r\,2)} \right]^{\lambda} - b \left[\frac{(hr\,2 + 1)(r\,1\,y + x)}{(h-a)(r\,1 - r\,2)} \right]^{\lambda}.$$

Nous ne nous étendrons pas davantage sur la détermination des fonctions arbitraires qui entrent dans les intégrales complètes des équations aux différences partielles ; & nous terminerons ce chapitre par remarquer que si les conditions auxquelles on aura à satisfaire ne peuvent pas s'exprimer algébriquement ; ou, ce qui revient au même, si elles ne sont pas soumises à la loi de continuité, il faudra recourir aux surfaces courbes pour construire les fonctions arbitraires.

C H A P I T R E V I I I.

USAGE DU CALCUL AUX DIFFÉRENCES PARTIELLES POUR RÉSOUDRE LE PROBLÉME DU RETOUR DES SUITES, SUIVI D'UN SUPPLÉMENT A LA MÉTHODE DES VARIATIONS.

(591). Nous avons renvoyé à ce chapitre les problêmes sur le retour des suites. Nous ferons usage pour les résoudre du calcul aux différences partielles. Mais il faut auparavant présenter sous une forme plus générale que nous ne l'avons fait n°. 163, le théorême de Taylor. Nous l'énoncerons de la manière suivante.

Pour développer une fonction V de plusieurs quantités t, u, x, y, &c. dans une suite ordonnée par rapport aux puissances de l'une d'elles, de t par exemple, si on désigne par U la valeur de V qui répond à $t = 0$, & par U', U'', U''', &c. ce que deviennent $\frac{dV}{dt}, \frac{d^2 V}{dt^2}, \frac{d^3 V}{dt^3}$, &c., c'est-à-dire les différentielles successives de V prises par rapport à t & divisées par dt, dt^2, dt^3, &c., lorsqu'on fait $t = 0$ & $V = U$, on aura

$$V = U + t\,U' + \frac{t^2}{1\,.\,2}\,U'' + \frac{t^3}{1\,.\,2\,.\,3}\,U''' + \&c.$$

Pour développer la même fonction dans une suite ordonnée par rapport aux puissances de t & de u : soit U la valeur de V qui répond à $t = 0$ & $u = 0$; désignons aussi par $U'1$, $U'2$, $U''1$, $U''2$, $U''3$, $U'''1$, $U'''2$, &c. ce que deviennent $\dfrac{dV}{dt}$, $\dfrac{dV}{du}$, $\dfrac{d^2V}{dt^2}$, $\dfrac{d^2V}{dt\,du}$, $\dfrac{d^2V}{du^2}$, $\dfrac{d^3V}{dt^3}$, $\dfrac{d^3V}{dt^2\,du}$, &c. lorsqu'on fait $t = 0$, $u = 0$ & $V = U$; on aura (n°. 254)

$$V = U + t\,U'1 + \frac{t^2}{1\,.\,2}\,U''1 + \frac{t^3}{1\,.\,2\,.\,3}\,U'''1 + \&c.$$
$$+ u\,U'2 + \frac{u\,t}{1\,.\,2}\,2\,U''2 + \frac{t^2\,u}{1\,.\,2\,.\,3}\,3\,U'''2$$
$$+ \frac{u^2}{1\,.\,2}\,U''3 + \frac{t\,u^2}{1\,.\,2\,.\,3}\,3\,U'''3$$
$$+ \frac{u^3}{1\,.\,2\,.\,3}\,U'''4$$

Il eût été facile de développer V dans une suite ordonnée par rapport aux puissances de trois, de quatre, &c. des quantités qu'elles renferment.

(592). Cela posé, étant donné $\zeta = U$, U est une fonction de t, x, ζ, qui devient fonction de t seul lorsque $x = 0$, trouver la valeur de ζ & même d'une fonction donnée Z de ζ, en t & x, par une suite ordonnée relativement aux puissances de x.

Nous nommerons S la valeur de Z qui répond à $x = 0$, & $S1$, $S2$, $S3$, $S4$, &c. ce que deviennent $\dfrac{dZ}{dx}$, $\dfrac{d^2Z}{dx^2}$, $\dfrac{d^3Z}{dx^3}$, $\dfrac{d^4Z}{dx^4}$, &c. lorsqu'on fait $x = 0$ & $Z = S$; & nous aurons

$$Z = S + x\,S1 + \frac{x^2}{1\,.\,2}\,S2 + \frac{x^3}{1\,.\,2\,.\,3}\,S3 + \frac{x^4}{1\,.\,2\,.\,3\,.\,4}\,S4 + \&c.$$

Maintenant si nous prenons l'équation plus générale $\zeta = \varphi : U$, & que nous supposions $dU = \dfrac{\delta U}{d\zeta}\,d\zeta + \dfrac{\delta U}{dx}\,dx + \dfrac{\delta U}{dt}\,dt$, où il est clair que la caractéristique δ ne doit point être confondue avec la caractéristique d, nous aurons en la différentiant deux fois, l'une par rapport à x, l'autre par rapport à t, ces deux équations

$$\frac{d\zeta}{dx} = \left(\frac{\delta U}{d\zeta}\,\frac{d\zeta}{dx} + \frac{\delta U}{dx} \right)\varphi' : U,$$
$$\frac{d\zeta}{dt} = \left(\frac{\delta U}{d\zeta}\,\frac{d\zeta}{dt} + \frac{\delta U}{dt} \right)\varphi' : U.$$

On éliminera la fonction arbitraire après avoir fait pour abréger

$$\frac{\delta U}{dx} : \frac{\delta U}{dt} = V, \ \& \ \text{on aura} \ \frac{d\zeta}{dx} = V \frac{d\zeta}{dt}.$$

Mais $\dfrac{dZ}{dx} = \dfrac{dZ}{d\zeta} \dfrac{d\zeta}{dx}$, $\dfrac{dZ}{dt} = \dfrac{dZ}{d\zeta} \dfrac{d\zeta}{dt}$; on aura donc aussi

$$(1) \ldots\ldots\ldots\ldots\ldots \frac{dZ}{dx} = V \frac{dZ}{dt}.$$

Cette équation étant différentiée successivement par rapport à x & à t, on en tire

$$\frac{d^2 Z}{dx^2} = \frac{dV}{dx} \frac{dZ}{dt} + V \frac{d^2 Z}{dx\,dt}, \quad \frac{d^2 Z}{dx\,dt} = \frac{dV}{dt} \frac{dZ}{dt} + V \frac{d^2 Z}{dt^2} ;$$

partant $\dfrac{d^2 Z}{dx^2} = \dfrac{dV}{dx} \dfrac{dZ}{dt} + V \dfrac{dV}{dt} \dfrac{dZ}{dt} + V^2 \dfrac{d^2 Z}{dt^2}.$

On trouve aussi $\dfrac{dV}{dx} = \dfrac{\delta V}{d\zeta} \dfrac{d\zeta}{dx} + \dfrac{\delta V}{dx} = V \dfrac{\delta V}{d\zeta} \dfrac{d\zeta}{dt} + \dfrac{\delta V}{dx}$,

$\dfrac{dV}{dt} = \dfrac{\delta V}{d\zeta} \dfrac{d\zeta}{dt} + \dfrac{\delta V}{dt}$, & par conséquent $\dfrac{dV}{dx} = V \dfrac{dV}{dt} - V \dfrac{\delta V}{dt} + \dfrac{\delta V}{dx}$;

c'est pourquoi si l'on fait pour abréger $\dfrac{\delta V}{dx} - V \dfrac{\delta V}{dt} = V_1$,

on aura $\dfrac{d^2 Z}{dx^2} = 2 V \dfrac{dV}{dt} \dfrac{dZ}{dt} + V^2 \dfrac{d^2 Z}{dt^2} + V_1 \dfrac{dZ}{dt}$,

ou $(2) \ldots\ldots\ldots\ldots \dfrac{d^2 Z}{dx^2} = \dfrac{d \cdot V^2 \frac{dZ}{dt}}{dt} + V_1 \dfrac{dZ}{dt}.$

Nous ferons encore pour abréger

$$\frac{\delta V_1}{dx} - V \frac{\delta V_1}{dt} = V_2, \quad \frac{\delta V_2}{dx} - V \frac{\delta V_2}{dt} = V_3,$$

$$\frac{\delta V_3}{dx} - V \frac{\delta V_3}{dt} = V_4, \ \&c, \ \text{d'où nous tirerons}$$

$$\frac{dV_1}{dx} = V_2 + V \frac{dV_1}{dt}, \quad \frac{dV_2}{dx} = V_3 + V \frac{dV_2}{dt},$$

$$\frac{dV_3}{dx} = V_4 + V \frac{dV_3}{dt}, \ \&c.$$

Alors ayant différentié l'équation (2) par rapport à x, ce qui donne

$$\frac{d^3 Z}{dx^3} = V^2 \frac{d^3 Z}{dt^2 dx} + 2 V \frac{dV}{dx} \frac{d^2 Z}{dt^2} + \left(2 V \frac{dV}{dt} + V_1 \right) \frac{d^2 Z}{dx\,dt} +$$

$$\left(2 V \frac{d^2 V}{dx\,dt} + 2 \frac{dV}{dt} \frac{dV}{dx} + \frac{dV_1}{dx} \right) \frac{dZ}{dt},$$

si on y met pour $\dfrac{d^3 Z}{dt^2 dx}$, $\dfrac{d^2 Z}{dt\,dx}$, leurs valeurs tirées de l'équation (1) ;

& pour $\dfrac{d^2 V}{dt\,dx}$, $\dfrac{dV}{dx}$, $\dfrac{dV_1}{dx}$ leurs valeurs tirées des équations qui suivent,

on

On aura

$$\frac{d^3 Z}{d x^3} = V^3 \frac{d^3 Z}{d t^3} + 6 V^2 \frac{d V}{d t} \frac{d^2 Z}{d t^2} + 3 V^2 \frac{d^2 V}{d t^2} \frac{d Z}{d t} + 3 V V_1 \frac{d^2 Z}{d t^2} +$$

$$6 V \left(\frac{d V}{d t} \right)^2 \frac{d Z}{d t} + 3 V_1 \frac{d V}{d t} \frac{d Z}{d t} + 3 V \frac{d V_1}{d t} \frac{d Z}{d t} + V_2 \frac{d Z}{d t},$$

ou $(3)\ldots\ldots \dfrac{d^3 Z}{d x^3} = \dfrac{d^2 \cdot V^3 \frac{d Z}{d t}}{d t^2} + 3 \dfrac{d \cdot V V_1 \frac{d Z}{d t}}{d t} + V_2 \dfrac{d Z}{d t}.$

On trouvera de la même manière

$$(4)\ldots\ldots \frac{d^4 Z}{d x^4} = \frac{d^3 \cdot V^4 \frac{d Z}{d t}}{d t^3} + 6 \frac{d^2 \cdot V^2 V_1 \frac{d Z}{d t}}{d t^2} + 4 \frac{d \cdot V V_2 \frac{d Z}{d t}}{d t^2}$$

$$+ 3 \frac{d \cdot (V_1)^2 \frac{d Z}{d t}}{d t} + V_3 \frac{d Z}{d t};$$

&c. D'où il suit que si nous nommons K_1, K_2, K_3, K_4, &c. ce que deviennent les valeurs de $\frac{d Z}{d x}$, $\frac{d^2 Z}{d x^2}$, $\frac{d^3 Z}{d x^3}$, $\frac{d^4 Z}{d x^4}$, &c. lorsqu'on fait $x = 0$ & $Z = S$, nous aurons

$$Z = S + x K_1 + \frac{x^2}{1 \cdot 2} K_2 + \frac{x^3}{1 \cdot 2 \cdot 3} K_3 + \frac{x^4}{1 \cdot 2 \cdot 3 \cdot 4} K_4 + \&c.,$$

pour la valeur de Z, tirée de l'équation $\zeta = U$.

(593). Nous prendrons pour exemple $\zeta = t + x H$, où H est fonction de ζ seul.

Alors $U = t + x H$, $\frac{\delta U}{d t} = 1$, $\frac{\delta U}{d x} = H$, $V = H$, $V_1 = 0$, $V_2 = 0$, &c.; d'où l'on tire, en nommant

$$S, \quad K_1, \quad K_2, \quad K_3, \quad K_4, \text{ \&c. ce que deviennent}$$

$$Z, \quad H \frac{d Z}{d t}, \quad \frac{d \cdot H^2 \frac{d Z}{d t}}{d t}, \quad \frac{d^2 \cdot H^3 \frac{d Z}{d t}}{d t^2}, \quad \frac{d^3 \cdot H^4 \frac{d Z}{d t}}{d t^3}, \text{ \&c.}$$

lorsqu'on fait $x = 0$ & $\zeta = t$,

$$Z = S + x K_1 + \frac{x^2}{1 \cdot 2} K_2 + \frac{x^3}{1 \cdot 2 \cdot 3} K_3 + \frac{x^4}{1 \cdot 2 \cdot 3 \cdot 4} K_4 + \&c.$$

(594). Ce beau théorème est de Lagrange. Newton est le premier qui se soit occupé du retour des suites. Il se propose de tirer la valeur de y dans cette équation $\zeta = a y + b y^2 + c y^3 + d y^4 + \&c.$

Pour résoudre un problême analogue, nous ferons

$$— H = h \zeta^2 + i \zeta^3 + k \zeta^4 + l \zeta^5 + \&c.$$

Partie II. A a a a

où nous mettrons t pour χ; & si nous ne voulons que la valeur de χ, nous ferons en outre $Z = \chi$, $\dfrac{dZ}{dt} = 1$. Cela posé, à cause de

$$\frac{d \cdot H^2}{dt} = 4 h^2 t^3 + 2 \cdot 5 h i t^4 + 6 (2 h k + i^2) t^5 + \&c. ;$$

$$\frac{d^2 \cdot H^3}{dt^2} = \qquad - 5 \cdot 6 h^3 t^4 - 3 \cdot 6 \cdot 7 h^2 i t^5 - \&c. ;$$

$$\frac{d^3 \cdot H^4}{dt^3} = \qquad\qquad 6 \cdot 7 \cdot 8 h^4 t^5 + \&c. ;$$

Nous aurons, comme l'a trouvé Newton,

$$\chi = t - h x t^2 + (2 h^2 x^2 - i x) t^3 + (5 h^3 x^3 - 5 h i x^2 - k x) t^4 +$$
$$(14 h^4 x^4 - 2 i h 2 i x^3 + 3 (2 h k + i^2) x^2 - l x) t^5 + \&c.$$

(595). Soit encore $H = a \sin. m \chi + b \sin. n \chi + c \sin. p \chi + \&c.$, & l'on ne demande que la valeur de χ par une suite ordonnée relativement aux puissances de x.

De $H = a \sin. m t + b \sin. n t + c \sin. p t + \&c.$, on tire

$$\frac{d \cdot H^2}{dt} = 2 (a \sin. m t + b \sin. n t + c \sin. p t + \&c.) (m a \cos. m t + n b \cos. n t +$$
$$p c \cos. p t + \&c.) = (n^\circ. 7) m a^2 \sin. 2 m t + (m + n) a b \sin. (m + n) t -$$
$$(m - n) a b \sin. (m - n) t + n b^2 \sin. 2 n t + (m + p) a c \sin. (m + p) t -$$
$$(m - p) a c \sin. (m - p) t + (n + p) b c \sin. (n + p) t - (n - p)$$
$$b c \sin. (n - p) t + p c^2 \sin. 2 p t + \&c. ,$$

$$\frac{d^2 \cdot H^3}{dt^2} = 2 \cdot 3 (a \sin. m t + b \sin. n t + c \sin. p t + \&c.) (m a \cos. m t + n b \cos. n t +$$
$$p c \cos. p t + \&c.)^2 - 3 (a \sin. m t + b \sin. n t + c \sin. p t + \&c.)^2 (m^2 a \sin. m t +$$
$$n^2 b \sin. n t + p^2 c \sin. p t + \&c.) = - \frac{3 a m^2}{2} \left(\frac{a^2}{2} + b^2 + c^2 \right) \sin. m t -$$
$$\frac{3 b n^2}{2} \left(\frac{b^2}{2} + a^2 + c^2 \right) \sin. n t - \frac{3 c p^2}{2} \left(\frac{c^2}{2} + a^2 + b^2 \right) \sin. p t + \frac{3 \cdot 3}{4}$$
$$m^2 a^3 \sin. 3 m t + \frac{3 \cdot 3}{4} n^2 b^3 \sin. 3 n t + \frac{3 \cdot 3}{4} p^2 c^3 \sin. 3 p t + \frac{3 a^2 b}{4} (2 m + n)^2$$
$$\sin. (2 m + n) t - \frac{3 a^2 b}{4} (2 m - n)^2 \sin. (2 m - n) t + \frac{3 a b^2}{4} (2 n + m)^2$$
$$\sin. (2 n + m) t - \frac{3 a b^2}{4} (2 n - m)^2 \sin. (2 n - m) t + \frac{3 a c^2}{4} (2 p + m)^2$$
$$\sin. (2 p + m) t - \frac{3 a c^2}{4} (2 p - m)^2 \sin. (2 p - m) t + \frac{3 a^2 c}{4} (2 m + p)^2$$
$$\sin. (2 m + p) t - \frac{3 a^2 c}{4} (2 m - p)^2 \sin. (2 m - p) t + \frac{3 b^2 c}{4} (2 n + p)^2$$
$$\sin. (2 n + p) t - \frac{3 b^2 c}{4} (2 n - p)^2 \sin. (2 n - p) t + \frac{3 b c^2}{4} (2 p + n)^2$$

$\text{fin.} \, (2p + n) \, t - \dfrac{3\,b\,c^2}{4} (2p - n)^2 \, \text{fin.} \, (2p - n) \, t + \frac{3}{2} abc \, [\, (m + n + p)^2$

$\text{fin.} \, (m + n + p) \, t + (m - n - p)^2 \, \text{fin.} \, (m - n - p) \, t - (m + n - p)^2$

$\text{fin.} \, (m + n - p) \, t - (m - n + p)^2 \, \text{fin.} \, (m - n + p) \, t \,] + \&c. ,$

&c. Il ne reste plus qu'à substituer ces valeurs dans

$$\zeta = S + x K_1 + \frac{x^2}{1 \cdot 2} K_2 + \frac{x^3}{1 \cdot 2 \cdot 3} K_3 + \frac{x^4}{1 \cdot 2 \cdot 3 \cdot 4} K_4 + \&c.$$

(596). Nous avons trouvé (n°. 212) entre l'anomalie vraie 6 & l'anomalie moyenne X cette équation différentielle

$$\frac{dX}{d6} = \frac{(2bc + b^2)^{\frac{3}{2}}}{(c + b + c \cos. (6 + n))^2} \quad \text{ou} \quad \frac{dX}{d\zeta} = \frac{(1 - c^2)^{\frac{3}{2}}}{(1 + e \cos. \zeta)^2} \, ;$$

en faisant $6 + n = \zeta$, & nommant a le demi-grand axe & $a\,e$ l'excentricité. Par la méthode du n°. 385, en supposant

$$\int \frac{d\zeta}{(1 + e \cos. \zeta)^2} = \frac{A \, \text{fin.} \, \zeta}{1 + e \cos. \zeta} + B \int \frac{d\zeta}{1 + e \cos. \zeta} \, ;$$

nous trouvons $A = \dfrac{-e}{1 - e^2}$, $B = \dfrac{1}{1 - e^2}$. Nous trouvons en outre (n°. 384)

$$\int \frac{d\zeta}{1 + e \cos. \zeta} = \frac{2}{\sqrt{1 - e^2}} A \, \text{tang.} \, \frac{(1 - e) \, y}{\sqrt{1 - e^2}}, \quad \text{où} \quad y^2 = \frac{1 - \cos. \zeta}{1 + \cos. \zeta} .$$

Il ne sera pas aussi facile de tirer de la même équation la valeur de ζ en X, & c'est cependant le problème qu'il faut résoudre, & qui est connu sous le nom de problème de Kepler.

(597). En développant $\dfrac{1}{(1 + e \cos. \zeta)^2}$, on trouve

$$1 - 2\,e \cos. \zeta + 3\,e^2 \cos. \zeta^2 - 4\,e^3 \cos. \zeta^3 + 5\,e^4 \cos. \zeta^4 ,$$

si nous ne voulons pas pousser l'approximation au-delà des quatrièmes puissances de l'excentricité, qui relativement à l'axe de l'orbite, est toujours une quantité très-petite. Or cette suite étant changée en celle-ci

$$1 + \frac{3}{2} e^2 + \frac{15}{8} e^4 - (2e + 3\,e^3) \cos. \zeta + (\tfrac{3}{2} e^2 + \tfrac{5}{2} e^4) \cos. 2\zeta - e^3 \cos. 3\zeta$$
$$+ \frac{5}{8} e^4 \cos. 4\zeta, \quad \text{on a}$$

$$\int \frac{d\zeta}{(1 + e \cos. \zeta)^2} = (1 + \tfrac{3}{2} e^2 + \tfrac{15}{8} e^4) \, \zeta - (2e + 3\,e^3) \, \text{fin.} \, \zeta +$$

$$(\tfrac{3}{4} e^2 + \tfrac{5}{4} e^4) \, \text{fin.} \, 2\zeta - \frac{e^3}{3} \, \text{fin.} \, 3\zeta + \frac{5}{32} e^4 \, \text{fin.} \, 4\zeta,$$

&, multipliant par

$$(1 - e^2)^{\frac{3}{2}} = 1 - \frac{3}{2} e^2 + \frac{3}{8} e^4 = \frac{1}{1 + \frac{3}{2} e^2 + \frac{15}{8} e^4} ,$$

$$X = \zeta - 2\,e \, \text{fin.} \, \zeta + (\tfrac{3}{4} e^2 + \tfrac{1}{8} e^4) \, \text{fin.} \, 2\zeta - \frac{e^3}{3} \, \text{fin.} \, 3\zeta + \frac{5}{32} e^4 \, \text{fin.} \, 4\zeta.$$

En prenant donc

$$H = 2 \sin. \zeta - \left(\tfrac{3}{4} e + \tfrac{1}{8} e^3\right) \sin. 2\zeta + \frac{e^2}{3} \sin. 3\zeta - \frac{1}{32} e^3 \sin. 4\zeta,$$

on tirera des calculs précédens

$$\zeta = X + \left(2e - \tfrac{1}{4} e^3\right) \sin. X + \left(\tfrac{5}{4} e^2 - \tfrac{11}{24} e^4\right) \sin. 2X +$$
$$\tfrac{13}{12} e^3 \sin. 3X + \tfrac{103}{96} e^4 \sin. 4X.$$

Relativement au problème de Kepler & aux problèmes analogues, on peut consulter mon Introduction à l'Astronomie physique.

(598). L'intégrale première d'une équation différentielle du second ordre étant

$$M\zeta + M1 + \frac{M2}{\zeta} + \frac{M3}{\zeta^2} + \&c. = a,$$ où M, $M1$, &c. renferment les variables x, y & des arbitraires fonctions de x seul; je ferai $\frac{a - M1}{M} = t$, & ayant substitué dans $-\frac{M2}{M}$, $-\frac{M3}{M}$, &c. au lieu de y sa valeur en x & t, en déterminera les arbitraires de manière que la supposition de $x = 0$ fasse disparoître ces co-efficiens. Soit représentée l'intégrale ainsi préparée par

$$\zeta = t + \frac{q1}{\zeta} + \frac{q2}{\zeta^2} + \frac{q3}{\zeta^3} + \&c.;$$ on aura (n°. 592)

$$U = t + \frac{q1}{\zeta} + \frac{q2}{\zeta^2} + \&c., \quad V = \frac{\frac{1}{\zeta}\frac{dq1}{dx} + \frac{1}{\zeta^2}\frac{dq2}{dx} + \frac{1}{\zeta^3}\frac{dq3}{dx} + \&c.}{1 + \frac{1}{\zeta}\frac{dq1}{dt} + \frac{1}{\zeta^2}\frac{dq2}{dt} + \&c.};$$

& il sera facile de trouver ensuite

$$V1 = \frac{\delta V}{dx} - V\frac{\delta V}{dt}, \quad V2 = \frac{\delta V1}{dx} - V\frac{\delta V1}{dt}, \&c.$$

Or $x = 0$, rend $\zeta = t$; ayant donc fait $x = 0$ & $\zeta = t$, on formera

$$V, \frac{d\cdot V2}{dt} + V1, \frac{d^2\cdot V3}{dt^2} + 3\frac{d\cdot VV1}{dt} + V2, \&c.,$$

& l'on en tirera

$$\zeta = t + xK1 + \frac{x^2}{1\cdot2}K2 + \frac{x^3}{1\cdot2\cdot3}K3 + \&c.;$$

on tirera de l'autre intégrale première complète (n°. 550)

$$\zeta = \theta + xH1 + \frac{x^2}{1\cdot2}H2 + \frac{x^3}{1\cdot2\cdot3}H3 + \&c.,$$

&, éliminant ζ, cette intégrale finie

$$t = \theta + x(K1 - H1) + \frac{x^2}{1\cdot2}(K2 - H2) + \frac{x^3}{1\cdot2\cdot3}(K3 - H3) + \&c.$$

Nous ne pousserons pas plus loin ces applications de la théorie du retour des suites, & nous terminerons ce chapitre, & l'ouvrage entier, par généraliser un problème de la méthode des variations dont nous nous sommes occupés n°s. 353 & 354.   (599).

(599). La formule $\int S \, \zeta \, dx \, dy$, où ζ renferme x, y, une fonction z de ces variables, & les différences partielles de tous les ordres de cette fonction ; cette formule, dis-je, étant proposée, on demande quelle seroit sa variation, si la quantité z venoit à varier d'une manière quelconque. Nous avons démontré dans les n^{os}. cités que $\delta \int S \, \zeta \, dx \, dy = \int S \, dx \, dy \, \delta \zeta$; or si l'on suppose

$$d\zeta = L \, dx + M \, dy + N \, dz$$

$$+ P \, d \frac{dz}{dx} + Q \, d \frac{d^2 z}{dx^2} + R \, d \frac{d^3 z}{dx^3} + \&c. ,$$

$$+ P' \, d \frac{dz}{dy} + Q' \, d \frac{d^2 z}{dx \, dy} + R' \, d \frac{d^3 z}{dx^2 \, dy}$$

$$+ Q'' d \frac{d^2 z}{dy^2} + R'' \, d \frac{d^3 z}{dx \, dy^2}$$

$$+ R''' d \frac{d^3 z}{dy^3}$$

à cause de $\delta \frac{dz}{dx} = \frac{d \delta z}{dx}$, $\delta \frac{dz}{dy} = \frac{d \delta z}{dy}$, $\delta \frac{d^2 z}{dx^2} = \frac{d^2 \delta z}{dx^2}$, &c. ;

on aura

$$\delta \int S \, \zeta \, dx \, dy = \int S \, dx \, dy \, \Big(N \delta z$$

$$+ P \frac{d \delta z}{dx} + Q \frac{d^2 \delta z}{dx^2} + R \frac{d^3 \delta z}{dx^3} + \&c. \Big).$$

$$+ P' \frac{d \delta z}{dy} + Q' \frac{d^2 \delta z}{dx \, dy} + R' \frac{d^3 \delta z}{dx^2 \, dy}$$

$$+ Q'' \frac{d^2 \delta z}{dy^2} + R'' \frac{d^3 \delta z}{dx \, dy^2}$$

$$+ R''' \frac{d^3 \delta z}{dy^3}$$

Mais

$$\int\int S \, P \frac{d \delta z}{dx} \, dx \, dy = S \, dy \int P \frac{d \delta z}{dx} \, dx = S \, P \, \delta z \, dy - S \, dy \int \frac{dP}{dx} \, \delta z \, dx =$$

$$S \, P \, \delta z \, dy - \int S \frac{dP}{dx} \, \delta z \, dx \, dy,$$

$$\int S \, P' \frac{d \delta z}{dy} \, dx \, dy = \int dx \, S \, P' \frac{d \delta z}{dy} \, dy = \int P' \, \delta z \, dx - \int dx \, S \frac{dP'}{dy} \, \delta z \, dy =$$

$$\int P' \, \delta z \, dx - \int S \frac{dP'}{dy} \, \delta z \, dx \, dy,$$

$$\int S \, Q \frac{d^2 \delta z}{dx^2} \, dx \, dy = S \, dy \int Q \frac{d^2 \delta z}{dx^2} \, dx = S \, Q \frac{d \delta z}{dx} \, dy -$$

$$S \, dy \int \frac{dQ}{dx} \frac{d \delta z}{dx} \, dx = S \, \Big(Q \frac{d \delta z}{dx} - \frac{dQ}{dx} \, \delta z \Big) \, dy + \int S \frac{d^2 Q}{dx^2} \, \delta z \, dx \, dy,$$

$$\int S \, Q' \frac{d^2 \delta z}{dx \, dy} \, dx \, dy = S \, dy \int Q' \frac{d^2 \delta z}{dx \, dy} \, dx = S \, Q' \frac{d \delta z}{dy} \, dy -$$

$$\int dx\, S\,\frac{d\,Q'}{dx}\,\frac{d\,\delta\zeta}{dy}\,dy = Q'\,\delta\zeta - S\,\frac{d\,Q'}{dy}\,\delta\zeta\,dy - \int \frac{d\,Q'}{dx}\,\delta\zeta\,dx +$$

$$\int S\,\frac{d^{2}\,Q'}{dx\,dy}\,\delta\zeta\,dx\,dy,$$

$$\int S\,Q''\,\frac{d^{2}\,\delta\zeta}{dy^{2}}\,dx\,dy = \int dx\, S\,Q''\,\frac{d^{2}\,\delta\zeta}{dy^{2}} = \int Q''\,\frac{d\,\delta\zeta}{dy}\,dx -$$

$$\int dx\, S\,\frac{d\,Q''}{dy}\,\frac{d\,\delta\zeta}{dy}\,dy = \int \left(Q''\,\frac{d\,\delta\zeta}{dy} - \frac{d\,Q''}{dy}\,\delta\zeta \right) dx +$$

$$\int S\,\frac{d^{2}\,Q''}{dy^{2}}\,\delta\zeta\,dx\,dy,$$

$$\int S\,R\,\frac{d^{3}\,\delta\zeta}{dx^{3}}\,dx\,dy = S\,dy \int R\,\frac{d^{3}\,\delta\zeta}{dx^{3}}\,dx = S\,R\,\frac{d^{2}\,\delta\zeta}{dx^{2}}\,dy -$$

$$S\,dy \int \frac{d\,R}{dx}\,\frac{d^{2}\,\delta\zeta}{dx^{2}}\,dx = S\left(R\,\frac{d^{2}\,\delta\zeta}{dx^{2}} - \frac{d\,R}{dx}\,\frac{d\,\delta\zeta}{dx} + \frac{d^{2}\,R}{dx^{2}}\,\delta\zeta \right) dy -$$

$$\int S\,\frac{d^{3}\,R}{dx^{3}}\,\delta\zeta\,dx\,dy,$$

$$\int S\,R'\,\frac{d^{3}\,\delta\zeta}{dx^{2}\,dy}\,dx\,dy = S\,dy \int R'\,\frac{d^{3}\,\delta\zeta}{dx^{2}\,dy}\,dx = S\,R'\,\frac{d^{2}\,\delta\zeta}{dx\,dy}\,dy -$$

$$S\,dy \int \frac{d\,R'}{dx}\,\frac{d^{2}\,\delta\zeta}{dx\,dy}\,dx = R'\,\frac{d\,\delta\zeta}{dx} - \frac{d\,R'}{dx}\,\delta\zeta - S\left(\frac{d\,R'}{dy}\,\frac{d\,\delta\zeta}{dx} - \right.$$

$$\left. \frac{d^{2}\,R'}{dx\,dy}\,\delta\zeta \right) dy + \int \frac{d^{2}\,R'}{dx^{2}}\,\delta\zeta\,dx - \int S\,\frac{d^{3}\,R'}{dx^{2}\,dy}\,\delta\zeta\,dx\,dy,$$

$$\int S\,R'\,\frac{d^{3}\,\delta\zeta}{dx\,dy^{2}}\,dx\,dy = S\,dy \int R''\,\frac{d^{3}\,\delta\zeta}{dx\,dy^{2}}\,dx = S\,R''\,\frac{d^{2}\,\delta\zeta}{dy^{2}}\,dy -$$

$$\int dx\, S\,\frac{d\,R''}{dx}\,\frac{d^{2}\,\delta\zeta}{dy^{2}}\,dy = R''\,\frac{d\,\delta\zeta}{dy} - \frac{d\,R''}{dy}\,\delta\zeta + S\,\frac{d^{2}\,R''}{dy^{2}}\,\delta\zeta\,dy -$$

$$\int \left(\frac{d\,R''}{dx}\,\frac{d\,\delta\zeta}{dy} - \frac{d^{2}\,R''}{dx\,dy} \right) dx - \int S\,\frac{d^{3}\,R''}{dx\,dy^{2}}\,\delta\zeta\,dx\,dy,$$

$$\int S\,R'''\,\frac{d^{3}\,\delta\zeta}{dy^{3}}\,dx\,dy = \int \left(R'''\,\frac{d^{2}\,\delta\zeta}{dy^{2}} - \frac{d\,R'''}{dy}\,\frac{d\,\delta\zeta}{dy} + \frac{d^{2}\,R'''}{dy^{2}}\,\delta\zeta \right) dx -$$

$$\int S\,\frac{d^{3}\,R'''}{dy^{3}}\,\delta\zeta\,dx\,dy,$$

&c. ; donc $\delta \iint S\,6\,dx\,dy =$

$$\int S\,dx\,dy\,\delta\zeta \left(N - \frac{d\,P}{dx} + \frac{d^{2}\,Q}{dx^{2}} - \frac{d^{3}\,R}{dx^{3}} + \&\text{c.} \right)$$

$$- \frac{d\,P'}{dy} + \frac{d^{2}\,Q'}{dx\,dy} - \frac{d^{3}\,R'}{dx^{2}\,dy}$$

$$+ \frac{d^{2}\,Q''}{dy^{2}} - \frac{d^{3}\,R''}{dx\,dy^{2}}$$

$$- \frac{d^{3}\,R'''}{dy^{3}},$$

$$+ \int dx\, \delta\zeta \left(P' - \frac{dQ'}{dx} + \frac{d^2 R'}{dx^2} + \&c. \right)$$
$$- \frac{dQ''}{dy} + \frac{d^2 R''}{dx\,dy}$$
$$+ \frac{d^2 R'''}{dy^2}$$

$$+ \int dx\, \frac{d\delta\zeta}{dy} \left(Q'' - \frac{dR''}{dx} + \&c. \right) +$$
$$- \frac{dR'''}{dy}$$

$$\int dx\, \frac{d^2 \delta\zeta}{dy^2} \left(R''' - \&c. \right) \&c.$$

$$+ S\, dy\, \delta\zeta \left(P - \frac{dQ}{dx} + \frac{d^2 R}{dx^2} + \&c. \right)$$
$$- \frac{dQ'}{dy} + \frac{d^2 R'}{dx\,dy}$$
$$+ \frac{d^2 R''}{dy^2}$$

$$+ S\, dy\, \frac{d\delta\zeta}{dx} \left(Q - \frac{dR}{dx} + \&c. \right) +$$
$$- \frac{dR'}{dy}$$

$$S\, dy\, \frac{d^2 \delta\zeta}{dx^2} \left(R - \&c. \right) \&c.$$

$$+ \delta\zeta \left(Q' - \frac{dR'}{dx} + \&c. \right) + \frac{d\delta\zeta}{dx} \left(R' - \&c. \right) +$$
$$- \frac{dR''}{dy}$$

$$\frac{d\delta\zeta}{dy} \left(R'' - \&c. \right) \&c.$$

(600). Si cette formule $\int S\, \zeta\, dx\, dy$, devant être un plus grand ou un moindre, on suppose que le premier & dernier ζ soient donnés, on aura

$$N - \frac{dP}{dx} + \frac{d^2 Q}{dx^2} - \frac{d^3 R}{dx^3} + \&c. = 0.$$
$$- \frac{dP'}{dy} + \frac{d^2 Q'}{dx\,dy} - \frac{d^3 R'}{dx^2\,dy}$$
$$+ \frac{d^2 Q''}{dy^2} - \frac{d^3 R''}{dx\,dy^2}$$
$$- \frac{d^3 R'''}{dy^3}$$

www.ingramcontent.com/pod-product-compliance
Lightning Source LLC
LaVergne TN
LVHW020147030726
842520LV00003B/630